Konzepte 47
der Sprach- und Literaturwissenschaft

Herausgegeben von Klaus Baumgärtner

Fachgespräche in Aufklärung und Revolution

Herausgegeben von
Brigitte Schlieben-Lange

Max Niemeyer Verlag
Tübingen 1989

CIP-Titelaufnahme der Deutschen Bibliothek

Fachgespräche in Aufklärung und Revolution / hrsg. von Brigitte Schlieben-Lange. – Tübingen : Niemeyer, 1989
(Konzepte der Sprach- und Literaturwissenschaft ; 47)
NE: Schlieben-Lange, Brigitte [Hrsg.]; GT

ISBN 3-484-22047-3 ISSN 0344-6735

Druck:Weihert-Druck, Darmstadt

Vorbemerkung

Dieser Band ist auf Anregung von Hartwig Kalverkämper zustandegekommen, dem ich an dieser Stelle herzlich danken möchte.

Meinen besonderen Dank möchte ich all jenen sagen, mit denen ich Fachgespräche in dem hier dargelegten Sinne geführt habe: den Kollegen und besonders auch den Studenten, die man ja, wie Humboldt sagt, aufsuchen müßte, wenn sie sich nicht um einen versammelten.

Ich widme den Band dem Andenken meiner Mutter Annemarie Lange-Seidl, die am 14.1.1989 ganz unerwartet gestorben ist. Ich war zu dieser Zeit gerade mit den Korrekturen zu diesem Band befaßt. Mir ist dabei klar geworden, wieviel ich meiner Mutter an Einsichten über Aufklärung und Dialog verdanke, ja wie sehr sie insgesamt meine Auffassung von wissenschaftlicher Tätigkeit geprägt hat.

Und schließlich bin ich dem Herausgeber der Reihe und dem Max Niemeyer Verlag zu Dank verpflichtet, daß sie sich zur Veröffentlichung dieses Sammelbandes entschlossen haben.

Dies ist besonders deshalb bemerkenswert, weil die Beiträge dieses Bandes nicht eindeutig *einer* Fachdisziplin zuzuordnen sind. Sie sind im Schnittpunkt zwischen Linguistik, Literaturwissenschaft, Wissenschaftsgeschichte und Aufklärungsforschung angesiedelt. Ich meine aber, daß zur Selbstverständigung der Wissenschaftler über ihre Tätigkeit Fragen, die über ein Fachgebiet hinausgehen, gestellt werden müssen. Hoffentlich kann der hier vorgelegte Band den einen oder anderen Anstoß zu diesem notwendigen Reflexionsprozeß geben.

Brigitte Schlieben-Lange

Meiner Mutter
Annemarie Lange-Seidl
(1918 – 1989)
in dankbarer Erinnerung
gewidmet

Inhalt

Dialog und Aufklärung

Brigitte Schlieben-Lange

Dialog und Aufklärung

Die Konstitution von Wissenschaft und Wahrheit ist in mehrerlei Hinsicht notwendigerweise dialogisch (Kap. 1). Es hat im Laufe der Geschichte der Wissenschaft immer wieder Momente gegeben, in denen diese dialogische Konstitution von Wissenschaft selbst zur Darstellung und nicht hinter homogenisierenden Systematisierungen zum Verschwinden gebracht worden ist (Kap. 2). Die Aufklärung ist – gerade in ihrem doppelten Anspruch auf Selbstaufklärung und auf Breitenaufklärung – ein solcher ausgezeichneter historischer Moment (Kap. 3).

1. Die dialogische Konstitution von Wissenschaft

Wissenschaft als methodisch geleitete und explizite Konstruktion von Wissen ist notwendigerweise dialogisch. Dadurch unterscheidet sie sich von Alltagswissen, das aus Erfahrungen generalisiert sein kann, ohne notwendigerweise sprachlich ausformuliert worden zu sein. Diese dialogische Konstitution hat mehrere Aspekte: die Notwendigkeit der expliziten Formulierung (1.1.), die Benennung der Fragestellungen (quaestiones) und die argumentative Bearbeitung der Differenzen bei ihrer Beantwortung (1.2.), die Synthese unterschiedlicher Perspektiven bei gleichzeitiger Erhaltung der Perspektivität (1.3.), die Prozeßhaftigkeit der methodischen Erarbeitung von Wissen (1.4.). Schließlich ist Wahrheit zu denken als Konsens in diesem prinzipiell unabgeschlossenen Prozeß (1.5.), der ein plurales Subjekt hat, die Community of Investigators (1.6.).

1.1. Formulierung

In der deutschen romantischen Sprachphilosophie gewinnt die Kategorie der Mitteilung zentrale Bedeutung. So unterscheidet F. A. Bernhardi zwischen der Darstellung von Ideen, Bildern, Begriffen und ihrer Mitteilung für den Dialogpartner. Sprache unterscheidet sich von Denken (und mithin Grammatik von Logik) gerade dadurch, daß sie von Anfang an dialogisch ist, Darstellung für einen anderen, also Mitteilung.[1] In der Humboldtschen Sprachphilosophie wird über die Vorrangigkeit von Darstellung oder Mitteilung letztlich nicht entschieden: einmal will es scheinen, als sei der Denkprozeß selbst, unabhängig von einem dialogischen Gegenüber, an die Objektivierung in der expliziten Formulierung geknüpft, ein anderes Mal ist die Notwendigkeit der Objektivierung für einen anderen die Voraussetzung für die Möglichkeit der Rückkehr ins erste Subjekt, das auf der Basis der solchermaßen vollzogenen Objektivierung sein Denken weiter entfalten kann.[2] Die Frage nach der logischen Priorität ist nicht entscheidbar: Darstellung und Mitteilung sind gleichursprünglich. Sicher ist jedoch, daß Ideen erst in Thesen ausformuliert werden müssen, ehe sie einer ebenso expliziten Bearbeitung unterzogen werden können. Dabei ist es zunächst unerheblich, ob durch die Formulierung etwas zu Tage gefördert wird, das bereits vorher da war, jedoch noch nicht in expliziter und damit in bewußter Weise (dies wäre die Idee, die der Maieutik in den sokratischen Dialogen zugrundeliegt), oder aber ob dadurch etwas Neues gesetzt wird.

Das Gegenüber, das zweite Subjekt, fordert die Formulierung heraus: man denke an die erstaunliche Wirkung, die bei der »allmählichen Verfertigung der Gedanken beim Reden« die Schwester auf Kleist und der Zeremonienmeister des Jeu de Paume auf Mirabeau ausübt. Das Bedürfnis, die Distanz zwischen zwei Subjekten aufzuheben, die prinzipiell weiterbesteht, aber auf Zeit suspendiert wird, führt dazu, daß Ideen ausformuliert werden, die sonst vage und ungeschieden blieben. Der natürliche Grund, etwas aufzuformulieren, ist das andere Subjekt, dem man sich verständlich machen will. Kennt man den Reiz der formulierten Rede, kann man sich im Akt der Selbstverständigung selbst zum anderen erklären, für den formuliert wird.

---

1 Vgl. dazu B. Schlieben-Lange / H. Weydt (1988): »A. F. Bernhardi (1770-1820)«, in: *Histoire Épistémologie Langage*, 10, I: 81-100.

2 Für die erste Lösung sprechen manche Formulierungen im »Kawi-Werk« (z.B. A. Flitner / K. Giel (Hg.): Humboldt-Ausgabe III, S. 428 ff.), für die zweite Lösung Formulierungen in der unmittelbar vorausgehenden Abhandlung:
»Wir haben gesehen, daß der Begriff der Geselligkeit nicht entbehrt werden kann, wenn man den einfachen Act des Denkens zu zergliedern versucht, dasselbe wiederholt sich aber auch im geistigen Leben des Menschen unaufhörlich; die gesellige Mittheilung gewährt ihm Ueberzeugung und Anregung. Die Denkkraft bedarf etwas ihr Gleiches und doch von ihr Geschiedenes. Durch das Gleiche wird sie entzündet, durch das von ihr Geschiedene erhält sie einen Prüfstein der Wesenheit ihrer innern Erzeugungen. Obgleich der Quell der Wahrheit, des unbedingt Festen für den Menschen nur in seinem Inneren liegen kann, so ist das Anringen seines geistigen Strebens an sie immer mit Gefahren der Täuschung umringt. Klar und unmittelbar nur seine veränderliche Beschränktheit fühlend, muss er sie sogar als etwas ausser ihm Liegendes ansehen, und das mächtigste Mittel ihr nahe zu kommen, seinen Abstand von ihr zu messen, ist die gesellige Vereinigung mit Andren. So ist die Sprache ein notwendiges Erforderniss zur Erzeugung des Gedanken, und zur fortschreitenden Ausbildung des Geistes« (Humboldt III, S. 217).

1.1.2. Argumentation

Bereits der erste Anreiz zur Formulierung ist dialogisch konstituiert. Die Notwendigkeit des Dialogs wird dann besonders zwingend, wenn die Gegenstände, über die gesprochen werden soll, kontroverse Bearbeitungen erfordern. Dies ist immer dann der Fall, wenn bisher als selbstverständlich Geltendes problematisiert wird. In diesem Moment werden Fragen (*quaestiones*) formuliert, die argumentativ bearbeitet werden, und dies erfolgt notwendigerweise in kontroverser Form.[3]

Es kommt darauf an, die zu bearbeitende Frage in Teilfragen zu zerlegen und im argumentativen Prozeß zu ermitteln, zu welchen Teilfragen Konsens besteht und welche Fragen im Augenblick, aus welchen Gründen immer, offenbleiben müssen. Der gesamte Wissenschaftsprozeß kann nicht anders als argumentativ vorgestellt werden. In einer bestimmten historischen Situation erweist sich eine Frage – aus wissenschaftsinternen oder wissenschaftsexternen Gründen – als strittig und wird zum Gegenstand argumentativer Texte, solange bis sie in Teilen oder zur Gänze dem Konsens zugeführt worden ist. Die Erscheinungsform der Argumentation ist die Explizierung von Differenzen, ihr Ziel ist die Herstellung von Konsens, zumindest innerhalb der als möglich ermittelten Reichweite.

1.1.3. Synthese

Im Dialog können die prinzipiell unvereinbaren Identitäten mit ihren unterschiedlichen Erfahrungen und Sichtweisen diese Differenz in diesem bestimmten Rahmen aufheben, im argumentativen Dialog zur Konsensfindung zu strittigen Fragen. Dabei wird jedoch die Mehrperspektivität erhalten, und die beteiligten Subjekte können auf ihre Perspektive zurückgreifen. Aus dem Dialog der beiden Subjekte geht etwas Neues hervor, das über das hinausgeht, was jedes einzelne bis dahin für sich formuliert hatte, das aber andererseits auch weniger enthält als die Gesamtheit der Erfahrungen und Assoziationen der beiden Subjekte. Die Synthesen sind Schwellen im Prozeßablauf, von denen aus die Konzeptualisierung einerseits und die Konsensbildung andererseits weitergetrieben werden kann.

1.1.4. Fortschritt

Es ist ein Gemeinplatz, daß der Prozeß der Wissensgewinnung ein prinzipiell offener ist. Dabei denkt man wohl zunächst daran, daß wir neue Tatsachen kennenlernen, die uns zur Revision des bis dahin als gesichert angenommenen Wissens veranlassen, sei es in Form von durch neue instrumentelle Möglichkeiten

---

[3] Zur Argumentation folge ich St. Toulmin (1958), *The Uses of Argument*, Cambridge und W. Klein, der verschiedene Aspekte der Argumentationstheorie in *Lili* 38/39 (1980) dargelegt hat.

zugänglich gemachten Naturobjekten, sei es in der historischen Wissenschaft durch neu entdeckte Texte, Bauten usw.

Die Offenheit liegt aber auch in der dialogischen Konstitution von Wissenschaft begründet: es ist prinzipiell immer möglich, unter neuen Voraussetzungen (etwa den soeben genannten »neuen« Tatsachen) mit anderen oder den gleichen Personen den Prozeß der Konzeptualisierung und partiell fortschreitenden Konsensbildung wieder aufzunehmen.

Damit ist zunächst nur etwas über die Offenheit des Prozesses der Wissenschaft gesagt, nicht darüber, ob dieser Prozeß notwendigerweise den Fortschritt der Wissenschaft impliziert. In den wissenschaftstheoretischen Diskussionen der letzten Jahre ist die Idee des wissenschaftlichen Fortschritts mehr und mehr Gegenstand skeptischer Betrachtungen geworden – allzuoft sind in der Geschichte der Wissenschaften schon sehr ausgearbeitete Wissensbestände zugunsten reduktiver Fragestellungen verdrängt worden. Wie trotzdem vernünftige Annahmen über den Fortschritt in den Wissenschaften formuliert werden können, mag hier offen bleiben. Man sollte jedoch darüber nachdenken, ob ein wie immer verstandener Fortschritt nicht etwas zu tun hat mit Dialogbereitschaft und Dialogfähigkeit im Wissenschaftsprozeß.

1.1.5. Konsens

Nicht nur die Genese von methodisch gewonnenem Wissen ist dialogisch konstituiert: auch die Garantie für die Wahrheit von Annahmen ist letztlich nur durch den Konsens der Dialogpartner im Wissenschaftsprozeß gegeben. Dies ist die Position, die in dem langen Streit um Wahrheitstheorien die Konsenstheorie von Wahrheit vertritt und zwar gegenüber der Korrespondenztheorie, die von der Übereinstimmung von Aussagen mit empirischen Tatsachen als Kriterium für Wahrheit ausgeht.[4] Die Bedingung für die Herstellung eines vernünftigen Konsensus ist eine ideale Sprechsituation:

> Die ideale Sprechsituation ist weder ein empirisches Phänomen noch bloßes Konstrukt, sondern eine in Diskursen unvermeidliche reziprok vorgenommene Unterstellung. Diese Unterstellung kann, sie muß nicht kontrafaktisch sein; aber auch wenn sie kontrafaktisch gemacht wird, ist sie eine im Kommunikationsvorgang operativ wirksame Fiktion. Ich spreche deshalb lieber von einer Antizipation, von einem Vorgriff auf eine ideale Sprechsituation. Dieser Vorgriff allein ist Gewähr dafür, daß wir mit einem faktisch erzielten Konsensus den Anspruch eines vernünftigen Konsensus verbinden dürfen; zugleich ist er ein kritischer Maßstab, an dem jeder faktisch erzielte Konsensus auch in Frage gestellt und daraufhin überprüft werden kann, ob er ein hinreichender Indikator für einen begründeten Konsensus ist. (S. 258)

---

[4] So z.B. dargelegt von J. Habermas (1973): »Wahrheitstheorien«, in: H. Fahrenbach (Hg.): *Wirklichkeit und Reflexion* (= Fs. W. Schulz) Pfullingen: 211-266.

Die Frage, ob in einer bestimmten Situation wissenschaftlicher Kommunikation tatsächlich die Bedingungen, die eine ideale Sprechsituation ausmachen, geherrscht haben, oder ob sie verzerrt worden ist durch Bluff, Eitelkeit, Karrierestreben, Versuche der Bloßstellung usw. usw., ist kein prinzipieller Einwand: die Teilnehmer an einer Argumentation und gerade einer wissenschaftlichen müssen notwendigerweise die Unterstellung machen, daß die Regeln des rationalen Diskurses gelten, weil sie sich sonst selbst aufgeben. »Otherwise they let themselves down«, sagt Grice lakonisch bei der Begründung seiner Konversationsmaximen.

1.1.6. Die Community of Investigators

Das Subjekt des Wissenschaftsprozesses ist die »Community of Investigators«. Genese von Wissen und Garantie von Wahrheit sind im einzelnen Dialog begründet. Diese Einzeldialoge verweisen aber notwendigerweise auf vorausgehende Dialoge, indem sie auf bereits erzielten Konsensen aufbauen oder diese in ihrer Geltung wieder in Frage stellen. Die Fachdialoge sind also in hohem Maße intertextuell. So entsteht die Verwobenheit (Textur) der verschiedenen Wissenschaftsdialoge miteinander. Die einzelnen Dialogpartner sind so in den dialogischen Gesamtprozeß der Wissenschaft, der von der Gesamtheit der Forscher verantwortet wird, eingebunden. Diese Aufhebung des Einzeldialogs im Gesamtdialog hat konstitutive, historische und soziale Aspekte.

Jeder Einzeldialog baut notwendigerweise auf als gesichert Geltendem auf. Der vorhergehende Konsens (der freilich auch wieder in Frage gestellt werden kann), ist die notwendige Basis für die Formulierung einer argumentativ zu bearbeitenden *quaestio*. Nur wenn so vorgegangen wird, d.h. nicht alle Fragen gleichzeitig gestellt werden, sondern auf dem Hintergrund von als gesichert Geltendem einzelne Fragen bearbeitet werden, ist Fortschritt zu erwarten. So ist der neue argumentative Dialog mit *vorher* geführten Dialogen und etablierten Konsensen verbunden. Die Gemeinschaft der Forscher ist auch eine Traditionsgemeinschaft, in der einmal erzielte Konsense solange gelten, bis sie neu problematisiert werden. Und schließlich ist die Vernetzung der argumentativen Dialoge eine soziale Notwendigkeit, da jedes einzelne Mitglied der Community of Investigators nur einen kleinen Teil der formulierbaren Fragen angemessen bearbeiten kann.

1.2. Affinitäten und Abgrenzungen

Angesichts der Skizze der Eigenschaften wissenschaftlicher Dialoge und der dialogischen Konstitution des Wissenschaftsprozesses kann man sich fragen, ob die umrissenen Merkmale eigentlich spezifisch für Wissenschaft und spezifisch für sprachlich formulierte Dialoge sind. Einige der Fragen, die sich in diesem Zusammenhang aufdrängen, seien zumindest benannt.

1.2.1. Dialog und Systematisierung

Sind wissenschaftliche Texte notwendigerweise argumentative Dialoge? Die Erfahrung des Lesers von Wissenschaftsprosa spricht deutlich gegen eine solche Annahme. Ein großer Teil der Texte, die wir Tag für Tag lesen, reduzieren dialogische Elemente auf ein Minimum, ja: verstehen sich auch gänzlich anders, nämlich als Systematisierungen von als gesichert geltendem Wissen. Sind Argumentationen oder Systematisierungen die genuine Form der Wissenschaft? Beide Arten von Texten sind notwendig: die Systematisierungen stellen das zu einer Zeit als gesichert geltende Wissen dar, das Bezugspunkt für neue Argumentationen ist. Andererseits wird der Prozeß der Wissenschaft zweifellos durch die Argumentationen weitergetrieben, die Fragen bearbeiten und neue Teilhorizonte ansteuern. So sind, bei aller zugestandenen Notwendigkeit, systematisierende Bestandsaufnahmen oft steril, in ihrem homogenisierenden Zugriff gelegentlich sogar verwirrend, weil die Fragen aus ihnen verschwunden sind.

1.2.2. Wissenschaftsdialog und literarischer Dialog

Die Tatsache, daß literarische Texte sich in hohem Maße auf frühere literarische Texte beziehen, ist in den letzten Jahren in der Literaturwissenschaft in den Mittelpunkt des Interesses gerückt. Die Wiederentdeckung des Bahtineschen literaturtheoretischen Werks, in dem der Dialog eine zenrale Kategorie ist, und die Formulierung des Intertextualitätskonzepts durch Kristeva waren hier entscheidende Schritte.[5] Ist der Fach- oder Wissenschaftsdialog in irgendeiner spezifischen Weise vom literarischen Dialog unterschieden? Hier sind zwei Aspekte auseinanderzuhalten: die Interaktion der aktuellen Dialogpartner und der Dialog zwischen den Texten (Intertextualität). Wissenschaftliche Dialoge sind in dem hier skizzierten Verständnis symmetrische Dialoge zwischen gleichberechtigten Partnern, während literarische Dialoge zwischen einem Text (nicht dessen Autor) und dem produktiven Leser, der seine Interpretationen am immer gleichbleibenden Text erprobt, stattfinden. Was die intertextuelle Bezugnahme auf andere Texte in literarischen bzw. wissenschaftlichen Texten angeht, so scheint mir auch hier ein Unterschied zu bestehen: frühere wissenschaftliche Texte werden inhaltlich, nicht in ihrer Form, intertextuell wiederaufgenommen; der in ihnen formulierte Geltungsanspruch wird explizit problematisiert, d.h. sie werden in ihrem argumentativen Gehalt vergegenwärtigt und ernstgenommen.

---

[5] Zum Dialog in der Literaturwissenschaft vgl. z.B. R. Lachmann (Hg.) (1982): *Dialogizität*, München, und K. Stierle / R. Warning (Hg.) (1984) *Das Gespräch*, München.

1.2.3. Dialog und Eros

Während die beiden ersten Fragen die Spezifizität *wissenschaftlicher Dialoge* (im Verhältnis zu wissenschaftlichen *Systematisierungen* und *literarischen* Dialogen) zum Gegenstand hatten, betrifft die dritte Frage die Spezifizität des Dialogs in seiner Bestimmung als Aufhebung der Differenz zweier prinzipiell getrennter Individualitäten. Gerät der Dialog damit nicht in die Nachbarschaft der Erotik? Zweifellos ist die Affinität gegeben, entspringen doch beide Arten der Synthese dem Bedürfnis nach – zumindest zeitweiliger – Überwindung der Trennung der einzelnen Subjekte und ihrer Beschränkung und Begrenzung auf sich selbst. So liegt es nahe, daß Dialoge, auch Wissenschaftsdialoge, in ihrer Struktur als analog zur Vereinigung zweier Liebender gedeutet werden können. Die den platonischen Dialogen zugrundeliegende Theorie ebenso wie Humboldts dialogische Sprachtheorie baut auf dieser Analogie auf.[6]

1.3. Die schriftliche Fixierung

Wenn nun die lebendigen Dialoge der Ort der Genese von Wissen sind, was hat es für einen Sinn, sie schriftlich zu fixieren?

1.3.1. Festhalten

Mündliche Dialoge teilen mit allen im Medium der Oralität verfaßten Texten die Vergänglichkeit. Kaum gesprochen, sind sie verschwunden. Was bleibt, ist bestenfalls die Erinnerung an die Resultate. Das Ergebnis vernichtet den Prozeß wie Wittgensteins Leiter, die, wenn sie ausgedient hat, weggeworfen werden kann. Die schriftliche Fixierung verleiht Permanenz. Paradoxerweise ist es also nur im Medium der Schrift möglich, den Prozeß zu bewahren, der die Lebendigkeit des mündlichen Austausches ausmacht, einen Prozeß, der sich ohne die Schrift verflüchtigen würde.

1.3.2. Konzeptualisieren

Auch in anderen Hinsichten gelten natürlich die Möglichkeiten und Zwänge von Schriftlichkeit: Schrifttexte drängen auf Entsituierung, Entpragmatisierung. Sie müssen auch außerhalb der Entstehungsumfelder verständlich sein.[7] So geht von der Schrift der Zwang zu einer situationsentbundenen Konzeptualisierung aus: die Formulierung, möglich gemacht durch Dialog, wird notwendigerweise

6 Vgl. dazu J. Trabant (1985): »Nachwort«, in: J. Trabant (Hg.) (1985): *Wilhelm von Humboldt, Über die Sprache*, München.

7 Dazu ausführlicher B. Schlieben-Lange (1983): *Traditionen des Sprechens*, Stuttgart.

präziser. Auch hier ein ähnliches Paradox: der schriftverfaßte Dialog realisiert die konstitutiven Merkmale des mündlichen Dialogs besser als dieser.

1.3.3. Zeigen

Die Schrift ist eine höhere Stufe der Objektivierung. Sie erlaubt uns in verstärktem Maß, in ein reflexives Verhältnis zu unseren eigenen Produkten zu treten. Die schriftliche Fixierung von Dialogen erlaubt uns, uns den dialogischen Prozeß zu vergegenwärtigen, ihm als Beobachter gegenüberzutreten. Sie erlaubt auch, anderen zu zeigen, wie der dialogische Prozeß der Erkenntnisgewinnung abläuft. Der wissenschaftliche Dialog wird lehrbar.

Die Schriftfixierung der wissenschaftlichen Dialoge ermöglicht erst, die dialogische Erkenntnisgewinnung in allen Konsequenzen voranzutreiben, indem sie die Stufen und Schwellen der Argumentation präsent und somit verfügbar hält, ein größeres Maß an Konzeptualisierung erfordert, ein reflexives Verhältnis zum Wissenschaftsprozeß ermöglicht. Sie ist aber trotz allem die Feststellung der lebendigen Rede, die damit dem Vollzug – zumindest bis auf weiteres – entzogen wird. Damit geht die Gefahr einher, die Fixierung für besser als den Vollzug zu halten, ihre Ergebnisse als endgültig zu lehren.

1.4. Die literarische Bearbeitung

Wenn Wissenschaftsdialoge einer literarischen Bearbeitung unterzogen werden, die über die reine schriftliche Fixierung hinausgeht, so sind darin alle Leistungen der Schriftfixierung, von denen die Rede war, aufgehoben.

1.4.1. Personifizierung

Darüber hinaus bringt eine über die reine Fixierung hinausgehende Bearbeitung die Möglichkeit mit sich, die Positionen idealisierend zu typisieren. Die Uneinheitlichkeit in der Argumentation lebendiger Wissenschaftler im Vollzug kann geglättet und eine kohärente Position entwickelt werden. Umgekehrt können idealisierte Wissenschaftspositionen, die in dieser abstrakten Form niemand vertritt, durch Personen verkörpert und dadurch anschaulich gemacht werden.

1.4.2. Distanzierung

Der literarische Autor ist nicht mit einer der im Dialog vertretenen Positionen identisch. Er schafft alle Personen und distanziert sich damit von allen gleichermaßen. Wohl mag man gelegentlich Anhaltspunkte dafür haben, welche Person am ehesten die Position des Autors verkörpert – systematisch sind jedoch beide geschieden.

Daraus ergibt sich als Nebeneffekt ein Vorteil literarisch gestalteter Fachdialoge: der Autor kann Positionen zur Sprache bringen, die ihm nicht angelastet werden können, da andere – wenn auch fiktive – Personen sie verantworten; ein Vorteil, der in Zeiten der Zensur durchaus schätzenswert ist.

2. Der Fach- und Wissenschaftsdialog in der Geschichte

Im vorangegangenen Abschnitt habe ich die Auffassung dargelegt, daß die Genese von Wissen dialogisch begründet ist. Auch dann wenn die Konstruktion von Wissen nicht in einer realen Dialogsituation erfolgt oder wenn zur Darstellung dieses Konstruktionsprozesses nicht die Dialogform gewählt wird, laufen dialogische Prozesse ab. Der Forscher muß sich mit sich selbst verständigen; er setzt sich mit der Tradition und den Zeitgenossen argumentativ auseinander.

Es hat Zeiten in der Wissenschaftsgeschichte gegeben, zu denen die dialogische Konstruktion von Wissen klar im Bewußtsein war und zu denen man darauf Wert legte, diesen dialogischen Prozeß als solchen schriftlich und literarisch sichtbar zu machen. Die Aufklärung, um die es in diesem Band geht, ist zweifellos eine solche Epoche. Doch wollen wir, ehe wir auf die Aufklärung und damit die Beiträge dieses Bandes eingehen, kurz einen Blick auf andere in dieser Hinsicht interessante Epochen werfen.

2.1. Der philosophische Dialog bei Sokrates und Plato

Wenn man die Fragmente der Vorsokratiker beiseiteläßt, so setzt die abendländische Philosophie mit einem unfangreichen philosophisch-literarischen Werk in Dialogform ein: mit Platos literarischer Überarbeitung und Weiterführung der sokratischen Gespräche, die maieutisch (in der Art der Hebammen) die Gesprächspartner zur Wahrheit führen sollen.

Schleiermacher würdigte zu Beginn des 19. Jahrhunderts in seiner Plato-Ausgabe den Dialog als notwendige Form der platonischen Philosophie. Die Dialogform diene dazu, den Leser »zur eigenen Ideenerzeugung aufzuregen«, zur »freien geistigen Tätigkeit« zu führen. Im Umfeld der idealistischen Philosophie, von deren Verständnis von Dialogizität noch zu sprechen sein wird, mußten die platonischen Dialoge als Musterbeispiele für die Form der Erkenntniserzeugung erscheinen, die gerade theoretisch formuliert wurde.

Doch dann ging schnell das Verständnis für die Dialogform verloren: sie schien den philosophischen Inhalten äußerlich, verstellte diese eher, als sie sie zeigte. Erst Stenzel und dann vor allem Gadamer entdeckten wieder, daß die Dialogform, die es erlaubte, den dialektischen Prozeß der Wissensgewinnung und die Mehrspektivität von Wissen darzustellen, ein wesentlicher Bestandteil der Platonischen Philosophie ist.

Gerade aber wenn man die Prozeßhaftigkeit und die Mehrperspektivität der Genese von Wissen ernstnimmt, stellt sich ein neues Problem: wie kann Plato, der doch selbst wiederholt die Schrift grundlegend kritisiert, sich diesem Medium anvertrauen?[8] Auf diese Frage spitzen neuere Platoforscher die Problematik der Dialoge zu.

Gerade im Zuge der umfassenden Diskussion um Mündlichkeit und Schriftlichkeit in der Linguistik der letzten Jahre ist Platos Schriftlichkeit im Phaidros wiederholt herangezogen worden:

> Also: ich vernahm, in der Gegend von Naukratis in Ägypten sei einer der alten Götter des Landes beheimatet, dem auch der heilige Vogel zugehört, den sie Ibis nennen, – der Name des Gottes selbst sei Theuth. Dieser sei der erste Erfinder von Zahl und Rechnen und von Geometrie und Astronomie, ferner des Brett- und Würfelspiels und vor allem der Schrift. König von ganz Ägypten sei dazumal Thamus gewesen, – er regierte in der großen Stadt des oberen Gebietes, welche die Griechen das ägyptische Theben nennen, und den Gott: Ammon. Zu ihm kam Theuth und zeigte ihm seine Künste und erklärte es für nötig, alle Ägypter daran teilhaben zu lassen. Thamus aber fragte nach dem Nutzen einer jeden, und als jener seine Erklärungen gab, teilte er Lob oder Tadel aus, je nachdem, ob ihm eine Aussage gefiel oder mißfiel. Vielerlei soll da Thamus zu Theuth nach beiden Richtungen über jede Kunst geäußert haben, – es wäre umständlich, es nachzuerzählen. Doch als er bei der Schrift angelangt war: »Dies, o König«, sagte da Theuth, »diese Kenntnis wird die Ägypter weiser machen und ihr Gedächtnis stärken; denn als Gedächtnis- und Weisheits-Elixier ist sie erfunden.« Der aber erwiderte: »O meisterhafter Techniker Theuth! Der eine hat die Fähigkeit, technische Kunstfertigkeiten zu erfinden, doch ein andrer: das Urteil zu fällen, welchen Schaden oder Nutzen sie denen bringen, die sie gebrauchen sollen. Auch du, als Vater der Schrift, hast nun aus Zuneigung das Gegenteil dessen angegeben, was sie vermag. Denn sie wird Vergessenheit in den Seelen derer schaffen, die sie lernen, durch Vernachlässigung des Gedächtnisses, – aus Vertrauen auf die Schrift werden sie von außen durch fremde Gebilde, nicht von innen aus Eigenem sich erinnern lassen. Also nicht für das Gedächtnis, sondern für das Wieder-Erinnern hast du ein Elixier erfunden. Von der Weisheit aber verabreichst du den Zöglingen nur den Schein, nicht die Wahrheit; denn vielkundig geworden ohne Belehrung werden sie einsichtsreich zu sein scheinen, während sie großenteils einsichtslos sind und schwierig im Umgang, – zu Schein-Weisen geworden statt zu Weisen.«

Angesichts dieser vehementen Schriftkritik erscheint die schriftliche Aufzeichnung in der Tat als erstaunlich. Andererseits erhellt daraus aber auch die Tatsache der dialogischen Fixierung. Nur die Dialogform kann garantieren, daß der dialogische Prozeß nachvollziehbar bleibt. So erscheinen die platonischen Dialoge als Form, die die Vorteile von Mündlichkeit und Schriftlichkeit verbin-

[8] Vgl. dazu J. Laborderie (1971): *Le dialogue platonicien de la maturité*, Paris und H. L. Sinaiko (1965): *Love, Knowledge, and Discourse in Plato: Dialogue and Dialectic in Phaedos, Republic, Parmenides*, Chicago, London.

det: Die Prozeßhaftigkeit der Erkenntnissuche bleibt bewahrt, sie kann aber nur im Medium der Schrift gezeigt und tradiert werden.

> The dialogues, I suggest, constitute an attempt by Plato to combine, insofar as possible, the power of both the spoken word and the written word and to avoid the inherent limitations of each. The result is a kind of literary work with which most of us are unfamiliar; the dialogues not only secure remembrance and avoid the futility of the ephemeral spoken word, but they also serve as truly vital initiators of thought; for like a living person, the dialogues »know when to be silent« and »When to speak«. (Sinaiko 1965, S. 15)

2.2. Die disputatio an der mittelalterlichen Universität und in der Neuzeit[9]

»Studium in lectione et disputatione consistit«. Die *disputatio*, als bestimmten Regeln folgendes Streitgespräch über eine *quaestio*, die im Verlauf der *disputatio* in mehrere Teil-*quaestiones* zerlegt wird, zu denen Thesen und Gegenthesen vorgetragen werden, ist das Herzstück des Lehrbetriebs an den mittelalterlichen Universitäten. Ihnen steht die *lectio* als Systematisierung gesicherten Wissens gegenüber. Auch hier gilt die *disputatio* als Ort der Entfaltung und Weiterentwicklung von Wissen. Die in diesem Kontext entwickelten Techniken bestimmen die Universitäten und insgesamt die Struktur von Lehrbüchern bis weit in die Neuzeit hinein. Ein Beispiel ist etwa die im 17. Jahrhundert so bedeutsame Wissenschaftssystematik des Jesuiten Sebastiano Izquierdo »Pharus Scientiarum«, das minutiös in Tractatus einerseits, und Disputationes von offenen Quaestiones, die dann in Hypotheseis abgearbeitet werden, andererseits aufgeteilt ist.

Andererseits wird in der Renaissance die Tradition der griechischen Antike wieder aufgenommen. Viele Abhandlungen sind von vornherein als Gespräche konzipiert. Man denke etwa an die vielen Gespräche zur italienischen »Questione della Lingua« im 16. Jahrhundert, in denen die verschiedenen Personen idealisierte Positionen im Sprachenstreit repräsentieren (z.B. Bembo, Machiavelli, Varchi).

Und schließlich entsteht die neue Tradition der Katechismen, in denen es nicht um Verfertigung von Wissen, sondern um Abfragung von als unumstößlich geltendem Wissen geht. Denken wir uns dann noch die Techniken polizeilicher und inquisitorischer Befragungen, die eine als sicher vermutete, jedoch verschwiegene Meinung aufdecken sollen, so sehen wir uns vor einer ganzen Skala von Gesprächstraditionen, die dem Erkenntnisgewinn mehr oder minder förder-

---

9 Über die Techniken informieren einzelne Fallstudien zu mittelalterlichen Universitäten, z.B. G. Clasen in J. Koch (Hg.) (1959): *Artes Liberales, von der antiken Bildung zur Wissenschaft des Mittelalters*, Leiden, Köln und P. Glorieux (1968): »L'enseignement au Moyen Age«, in: *Archives d'histoire doctrinale et littéraire du Moyen Age* 35: 65-186.

lich sind, und deren Nachbarschaft und Kontaminationen untersucht werden müßten.

2.3. Dialogtheorie in Romantik und Idealismus

Die Aufklärung, die an dieser Stelle ausgeklammert wird, da anschließend die Beiträge dieses Bandes eingehender gewürdigt werden sollen, hat klar erkannt, daß Wissen dialogisch produziert und verbreitet wird. Sie hat diesen Tatbestand jedoch nicht theoretisch bearbeitet. Die rationalistische und die sensualistische Erkenntnistheorie sind monologisch. Erst in der romantischen und idealistischen Sprachtheorie wird die dialogische Konstitution von Erkenntnis zum Gegenstand. Ich habe bereits im Abschnitt 1.1. auf Bernhardi und Humboldt hingewiesen, die den uns hier interessierenden Gedanken ausformuliert haben.

So ist der Ort der Erkenntnis in der Humboldtschen Universität nicht die Vorlesung, sondern das Seminar, wie es von Wolf Ende des 18. Jahrhunderts an der Universität Halle eingeführt worden war. Die Aufgabe des Staates bei der Einrichtung der Universitäten besteht einzig und allein darin, den permanenten Dialog zu ermöglichen:

> Da aber auch das geistige Wirken in der Menschheit nur als Zusammenwirken gedeiht, und zwar nicht bloss, damit Einer ersetze, was dem Anderen mangelt, sondern damit die gelingende Thätigkeit des Einen den Anderen begeistere und Allen die allgemeine, ursprüngliche, in den Einzelnen nur einzeln oder abgeleitet hervorstrahlende Kraft sichtbar werde, so muss die innere Organisation dieser Anstalten ein ununterbrochenes, sich immer selbst wieder belebendes, aber ungezwungenes und absichtsloses Zusammenwirken hervorbringen und unterhalten.
>
> Es ist ferner eine Eigenthümlichkeit der höheren wissenschaftlichen Anstalten, dass sie die Wissenschaft immer als ein noch nicht ganz aufgelöstes Problem behandeln und daher immer im Forschen bleiben, da die Schule es nur mit fertigen und abgemachten Kenntnissen zu thun hat und lernt. Das Verhältniss zwischen Lehrer und Schüler wird daher durchaus ein anderes als vorher. Der erstere ist nicht für die letzteren, Beide sind für die Wissenschaft da; sein Geschäft hängt mit an ihrer Gegenwart und würde, ohne sie, nicht gleich glücklich von statten gehen; er würde, wenn sie sich nicht von selbst um ihn versammelten, sie aufsuchen, um seinem Ziele näher zu kommen durch die Verbindung der geübten, aber eben darum auch leichter einseitigen und schon weniger lebhaften Kraft mit der schwächeren und noch parteiloser nach allen Richtungen muthig hinstrebenden. (A. Flitner / K. Giel (Hg.): Humboldt-Ausgabe IV: 255-256)

2.4. Und heute?

Zweifellos wird auch heute noch Wissen dialogisch erarbeitet: in Seminaren, in Forschergruppen, auf Kongressen und Kolloquien. Aber wohl nie zuvor in der Wissenschaftsgeschichte waren Erarbeitung und Darstellung von Wissenschaft so weit auseinandergeraten. Der Zwang zur originellen Einzelleistung des Forscher-Individuums hat den Blick für die dialogische Einbindung in die Community of Investigators in ihrer historischen und ihrer aktuellen Dimension verstellt. Wenn ein Wissenschaftstheoretiker wie Lakatos in »Proofs and Refutations« auf die Dialogform zurückkommt, so knüpft er an eine zu Unrecht und zum Schaden der Wissenschaftsprozesse verschüttete Tradition an.

Mehr als je zuvor stellt sich aber auch das Problem der »Breitenaufklärung«, der Vermittlung von Wissen über die Fachgrenzen und über die Grenzen des unmittelbaren Forschungsbetriebes hinaus. So hat die Beschäftigung mit den Fachdialogen der Aufklärung eine nicht zu unterschätzende aktuelle Dimension.

3. Fachdialoge der Aufklärung

In der kurzen historischen Skizze haben wir die Aufklärung als einen, wenn nicht ***den*** historisch ausgezeichneten Ort der dialogischen Verfertigung von Wissen ausgespart, um hier die einzelnen Beiträge vorzustellen.

»Aufklärung ist der Ausgang des Menschen aus seiner selbst verschuldeten Unmündigkeit.« Diese Definition Kants impliziert einerseits den Vernunftgebrauch im Prozeß der Selbstverständigung; andererseits kennt Aufklärung keine Grenzen: der Prozeß der Breitenaufklärung ist im Konzept der Aufklärung selbst mitangelegt. Die Community of Investigators tendiert dazu, ihre Grenzen mit denen der gesamten Menschheit gleichzusetzen.

Diesen beiden Komponenten der Aufklärung entspricht auch die Doppelfunktion der Fachdialoge der Aufklärung. Sie dienen einerseits dazu, den Prozeß der Erkenntnisgewinnung sichtbar zu machen, auch die Perspektivität und den Schwebezustand von dialogisch verfertigter Erkenntnis. Andererseits können sie eingesetzt werden, um bereits Gewußtes, als gesichert Geltendes in elementarisierter und stereotypisierter Form »unters Volk« zu bringen.

Diese beiden Seiten der Fachdialoge sind Ausfaltungen der grundsätzlichen Möglichkeiten schriftlich fixierter Dialoge, die Prozesse der Wissensgewinnung zum Gegenstand haben. Im besten Falle verbinden Fachdialoge die Möglichkeiten von Mündlichkeit und Schriftlichkeit: mündliche Dialoge sind lebendige Prozesse der Wissensgewinnung; die Schrift enthält den Zwang zur situationsentbundenen Konzeptualisierung. Schriftlich fixierte Fachdialoge unterliegen aber auch einer doppelten Gefährdung: im Extremfall sind sie nicht lebendig, sondern fragen starr geronnenes Wissen ab; sie können auch auf der Suche nach Verständlichkeit und Elementarisierung unterhalb des Standards der schriftgebundenen Konzeptualisierung bleiben.

Die in diesem Sammelband vereinigten Aufsätze sollen Aspekte des historischen Prozesses und der systematischen Problematik aufzeigen. Sie sind damit einerseits ein Beitrag zur Aufklärungsforschung, die sich erst in letzter Zeit auch mit den Formen der Vermittlung beschäftigt, wie auch zur Erforschung von Fachkommunikation, weil hier eine Reihe systematischer Probleme in exemplarischer Weise vorgeführt werden.

3.1. Die einzelnen Beiträge

Der Band hebt an mit zwei unterschiedlich vorgehenden Interpretationen desselben Texts: Fontenelles »Entretiens sur la Pluralité des Mondes« (1686). *H. Kalverkämper* setzt ein bei den Gattungsbezeichnungen der Frühaufklärung und macht die »Entretiens« als eine der Breitenaufklärung verbundene Gattung aus. In der Binnenanalyse unterscheidet er zwischen fachbezogenen und nichtfachbezogenen Sequenzen, die in einer Situation fingierter Mündlichkeit situiert werden. Es gibt verschiedene Indikatoren für die Art, wie Fachlichkeit eingeführt wird: Verhältnis von Terminus und Erklärung, Verhältnis von vorausgesetztem und eingeführtem Wissen, Beschreibung und Zuordnung von Identifikatoren usw.

Demgegenüber hebt *M. F. Mortureux* die Orientierung auf zwei unterschiedliche Adressaten hervor. Fontenelle will den »mondains ignorants«... »une leçon de physique« und den »savants pédants«... »une leçon de rhétorique« geben. Der Dialog versucht, die Kluft zwischen »homme du monde« und »scientifique« zu überwinden. Er tut dies mithilfe rhetorischer Verfahren. Damit ist das historische Problem der Rhetorik gestellt, die in Fontenelles klassischer episteme fehlt, aber doch allein die notwendige »interkulturelle« Vermittlung leisten kann. Die Hinzufügung des sechsten Abends, die die Rückkopplung nach dem Fortschreiten der Breitenaufklärung enthält, ist gleichzeitig eine *mise en abîme* des Aufklärungsprozesses und der Aufweis seiner natürlichen Grenzen.

B. Hoppe rekonstruiert die Tradition der naturwissenschaftlichen Fachdialoge in der Aufklärung. Sie stellt drei unterschiedliche Funktionalisierungen der Gattung vor: die Verdeutlichung unterschiedlicher Positionen, die Polemik und schließlich die Verteidigung von Religion und Moral.

Chr. Strosetzki untersucht unterschiedliche Arten der Anordnung von Wissen im 18. Jahrhundert. Dementsprechend gilt es bei dialogischen Genera zwischen »mondäner« Konversation einerseits und Fachgespräch andererseits zu unterscheiden.

Die beiden letzten Beiträge reichen in die Revolutionszeit hinein. *L. Eichinger* und *C. Lüsebrink* untersuchen die deutschen Sprachdialoge im 18. Jahrhundert und die sprachpolitischen Dialoge im Elsaß während der Revolution. Dabei weisen sie besonders auf die unterschiedlichen historischen Traditionen und das Problem der Konvergenz hin.

Der letzte Beitrag (*B. Schlieben-Lange*) stellt popularisierende und wissenschaftliche Systematisierungen während der Revolution gegenüber. Wenn auch zunächst die Grenze zwischen beidem klar zu sein scheint, so erweist sich doch, daß beide Formen fachlicher Texte jeweils auch Elemente der anderen Gattung enthalten. Der elementarisierende Dialog ermöglicht *auch* Erkenntnis. Die systematisierende Darstellung ist in hohem Maße auf dialogische Elemente angewiesen.

3.2. Methodische Fragen

In den verschiedenen Beiträgen werden eine Reihe von methodischen und historischen Fragen formuliert.

So ist sicher die Unterscheidung zwischen Gattungen und Gattungsbezeichnungen (Kalverkämper) fundamental, ebenso die Unterscheidung zwischen fachbezogenen und nichtfachbezogenen Elementen. Die Liste von für Fachtexte typischen Verfahren der zunehmenden Einführung von »Fachlichkeit«, die Kalverkämper vorschlägt, könnte sicher noch ergänzt werden. Ebenso verdient die Anregung, neben der Unterscheidung von Mündlichkeit und Schriftlichkeit auch die zwischen authentischer und fingierter Mündlichkeit zu machen, alle Beachtung.

Auf die genaue Unterscheidung zwischen Autor und Dialogrollen einerseits und zwischen Dialogpartnern und außerdialogischen Adressaten macht Mortureux nachdrücklich aufmerksam. Sie fordert außerdem eine Untersuchung rhetorischer Verfahren in Fachdialogen, weiterhin von Verfahren der Textstrukturierung und der prozeßhaften Entfaltung des Fachvokabulars.

Es gilt, unterschiedliche Finalitäten der Dialoge zu klassifizieren (Strosetzki), Texttraditionen auseinanderzuhalten (Eichinger / Lüsebrink), Argumentationen zu rekonstruieren ebenso wie Möglichkeiten der Repragmatisierung (Schlieben-Lange).

3.3. Historische Fragen

Die beherrschende historische Problematik ist die eingangs gemachte Unterscheidung zwischen lebendiger Erkenntnisgewinnung einerseits und steriler Vulgarisierung andererseits sowie der Aufweis zahlreicher historischer Zwischenstufen. Sind Wissenschaft, Philosophie und Pädagogik in der Aufklärung überhaupt wohlgeschiedene Diskursuniversen? Daneben ergibt sich klar die Notwendigkeit, genauer zwischen Phasen der Aufklärung zu unterscheiden: während es in der Frühaufklärung vor allem darum ging, die Kluft zwischen honnêtes gens und Spezialisten zu überwinden, traten in der Spätaufklärung und Revolution ganz neue Schichten auf den Plan. Ein weiteres Forschungsdesiderat sind die Rekonstruktion von Grenzen und Unterscheidungen zwischen verschiedenen Texttraditionen und Gattungen. In welchem Maße haben Katechismen und Gerichtsbefragungen popularisierende Dialoge beeinflußt? Waren sokratische und lukianische

Dialoge (Eichinger) wohlgeschiedene Texttraditionen? Wie verhalten sich Fachdialoge zur »mondänen« Konversation (Strosetzki), wie zu Briefen (Hoppe), wie zu systematischen Gattungen (Kalverkämper)? Wie verhält sich die Problematik des Dialogs zu anderen, in dieser Zeit diskutierten Sprachproblemen, etwa zur Schaffung von volkssprachlichen Fachsprachen (Hoppe), zur Frage der Rhetorik und der Stilebenen (Mortureux, Eichinger / Lüsebrink).

Und schließlich: was können wir für die heute mehr denn je aktuelle Problematik der Breitenaufklärung lernen aus den Errungenschaften und Fehlern der Aufklärung?

Kolloquiale Vermittlung von Fachwissen im frühen 18. Jahrhundert

Gezeigt an den »Entretiens sur la Pluralité des Mondes« (1686) von Fontenelle

Hartwig Kalverkämper

LE SIÈCLE DE LOUIS XIV

Entretiens sur la pluralité des mondes
planche pour l'édition de 1726.

Prof. Dr. Wolfgang Raible
zum 1. März 1989

Avec sa mine refrognée,
Elevé sur ma cheminée,
Descartes dit: Messieurs, c'est moi
Qui dans ces lieux donne la loi.
Mais au fond d'une alcove obscure
Se cache une aimable figure,
Qui se moque du ton qu'il prend,
Et dit tout bas: Oh l'ignorant![1]

---

* Der Kupferstich von B. Picart (»*Fontenelle et la Marquise observant la voûte céleste*«, in der Edition 1727) stammt aus Brunel et al. (1972: 285). Er findet sich auch in Lagarde / Michard (1985: 442, Tafel LXI) sowie in der Fontenelle-Übersetzung von Johann Elert Bode, Berlin 1780 (s. Fontenelle 1983: 424). – Der Stich ist auch wiedergegeben in Teichmann (1983: 8), hier sogar mit einer modernen Analogie zwischen »Salongespräch und Partyunterhaltung über Astronomie«, wo nämlich eine Dame des 20. Jahrhunderts, mit einem Herrn auf der Terrasse den besternten Nachthimmel bestaunend, fragt: »Welcher davon ist die Erde?«
Eine gekürzte Fassung dieses Aufsatzes habe ich mit gleichem Titel als Vortrag im Rahmen des *Romanistischen Kolloquiums II* der Universitäten Bamberg, Mainz, Paderborn und Siegen mit dem Thema »Technische Sprache und Technolekte in der Romania« am 19. November 1985 in Mainz gehalten.

1 »*Sur un portrait de Descartes*«; Fontenelle (1968 III: 175).

Man wird es sich kaum schön genug vorstellen können: Ein weitläufiger französischer Garten, mit hohem Baumbestand und kunstvoll beschnittenen Zierbäumchen in klassizistischen Urnen und florentinischen Töpfen entlang einer langen Pergola; der schwungvoll gefaßte, figurengeschmückte Seerosenteich mit seinen zwei, drei Fontänen; die einladende, marmorne Terrasse, leicht erhöht über der Gartenanlage und umgeben von zierlichen Balustraden mit ihren abwechslungsreich gemeißelten Balustern, die an das künstlerisch reich gestaltete Renaissance-Schloß im Hintergrund heranführt. Die Harmonie von Natur und Architektur wird überspannt von der klaren Ruhe der lauen Nacht und der friedvollen Weite des sternefunkelnden Nachthimmels. Und unter ihm, auf der Terrasse langsam lustwandelnd, ein junger Mann in vornehmer Kleidung und eine anmutige, mit aufwendigen Röcken gekleidete hochgeborene Dame.

Was die beiden an ihrem einsamen Ort miteinander tun, mag die Phantasie ausmalen; aber eines darf man gesichert annehmen: nämlich daß sie miteinander sprechen. Dies ist eine so alltägliche Selbstverständlichkeit, daß es geradezu unmöglich und unmenschlich wäre anzunehmen, die beiden würden nicht miteinander sprechen. Miteinander sprechend handeln gehört eben zu den Grundfesten des Menschseins. Und wenn zwei Menschen miteinander sprechend »umgehen«, spiegeln sie die originäre und zugleich kleinste Gemeinschaft, durch die die Sprache getragen wird: Sprecher und Hörer, eingebunden in ihre Sprech- und Hörsituation.

Die Einzelsprachen haben die vielen Möglichkeiten, diese Grundkonstellation aus der Lebenspraxis zu variieren, mit einem engen begrifflichen Netz zu erfassen versucht: *Gespräch – Unterhaltung – Gedankenaustausch – Geplauder – Dialog – Konversation – Unterredung – Diskussion – Disputation – Besprechung* und andere mehr, wie auch negativ besetzte, so *Klatsch – Tratsch – Streit – Geschwätz – Tuscheln – Stammtischreden* – usw., bis hin zu modernen Formen wie *Expertenbefragung – Interview – Talk Show* und andere weisen als dominante Merkmale die zweiseitige Mündlichkeit in einer natürlichen Kommunikationssituation aus und gewichten dabei, oft recht schwierig genau erfaßbar, bestimmte Züge dieses Ablaufs stärker: so die partnerliche Symmetrie oder Asymmetrie im Kenntnisstand, im sozialen Rang und anderem, oder das Lehrhafte, die Ritualisierungen, die jeweilige Art des sprachlichen Einsatzes (Engagement, Lautstärke, Registerwahl, Körpersprache und anderes), die möglichen Themenkreise etc.

***

Oft läßt sich gerade aus derartigen Merkmalen der Partner und des Miteinander-Sprechens für einen Beobachtenden schließen, wie das Sprechen verläuft, wie die Partner aufeinander bezogen sind, welcher Themenbereich vorherrscht. Auf der Schloßterrasse wird man im kalt strahlenden weißen Licht des Vollmondes den aufwendigen Kopfputz der Dame mit ihrer Fontange-Frisur erkennen und bei dem Herrn den üppigen Kopfaufbau und die lockige Umwallung des Gesichts als Allongeperücke bemerken. Die beiden sind Zeitgenossen Ludwigs XIV. (1638-1715).

Ganz offensichtlich gehören sie in Rang und Auftreten zu den *Gens du monde*, den *Gens de lettres*, den *Galants gens*, *Beaux esprits* oder *Honnêtes gens*, wie die gehobenen sozialen und geistigen Gruppierungen des *Ancien régime* hießen; somit repräsentieren sie jene soziokulturelle Größe, die seit den vierziger Jahren des 17. Jahrhunderts (Duc de Sully, 1568-1641) in dem bekannten Ausdruck ›*La Cour et la Ville*‹ ganzheitlich erfaßt ist.[2]

›*La Cour*‹, also der Königshof und – mit gewissen Einschränkungen – der Adel gaben als Autoritäten durch ihre Lebensweise Normen vor in Fragen des gesellschaftlichen Umgangs, der künstlerischen Entfaltung, des literarischen Geschmacks wie auch der sprachlichen Wahl und Richtigkeit (wovon die berühmte Stelle in den »*Remarques sur la langue françoise*« (1647) von Vaugelas eindeutiges Zeugnis ablegt[3]). ›*La Ville*‹ meint jenes städtische Bürgertum, das als geistig fruchtbare Bildungsschicht im fortschreitenden 17. und beginnenden 18. Jahrhundert zum Träger der kulturellen Entwicklungen heranwächst, indem es Quelle zur Erschließung neuer Interessensgebiete und vielfältiger fachlicher Betätigungen wird, aus der sich dann ein kraftvoller Antrieb des wissenschaftlich-technologischen Fortschritts speist.[4]

Als Angehörige von *La Cour et la Ville* folgen die beiden Personen auf der Schloßterrasse im nächtlichen Garten erwartungsgemäß denjenigen gesellschaftlichen Idealen, die sich in dem Begriff vom ›*Honnête homme*‹, ›*Galant homme*‹, ›*Gentilhomme*‹, bzw. der ›*Honnête femme*‹ verdichten. Eine lange Tradition hat ihn geprägt, und an den Anfängen steht kein geringeres Werk als Ciceros Dialog »*De oratore*« (55 v. Chr.), also ein Grundlagenwerk der (antiken) Rhetorik (›die wahre Redekunst‹) und zudem des Bildungsaristokratismus (›der ideale Redner‹), da die Rhetorik – mit der Dialektik – als eine besondere Beschäftigung der »Freien« (gegenüber den zum Broterwerb notwendigerweise tätigen »Banausen«, also griech. ›Handwerkern‹) galt und somit als eines der Privilegien der Oberschicht zu den *Artes liberales* zählte. Zu Beginn des 16. Jahrhunderts erhält dann das Ideal des *Honnête homme* sein entscheidendes Profil durch den »*Libro del Corte-*

2 Cf. Auerbach (1951).

3 »C'est la façon de parler de la plus saine partie de la Cour, conformément à la façon d'escrire de la plus saine partie des Autheurs du temps.« (*Préface* II, 3; s. auch VII, 3).

4 Dieser Schmelztiegel elitärer Geisteskräfte und intellektueller Spannung bei den vielfältigen »literaturpraktizierenden Gruppen« (Nies 1980: 16) verdienen noch stärkere Aufmerksamkeit der Kulturgeschichte, Bildungsforschung und Literatursoziologie:
»Was wissen wir etwa – um wenige Beispiele aus dem frz. Ancien Régime zu nennen – über die wechselnden Konturen wichtiger Gruppen wie Honnêtes Gens, Gens du Monde, Gens de Lettres, Beaux Esprits, Critiques, Savants im 17. und 18. Jh.?« (Nies 1980: 25 Anm. 53).

giano« (1528) des aus Mantua stammenden Hofmannes und Schöngeistes Baldassare Castiglione (1478-1529). Der Traktat entfaltet in Form von imaginären abendlichen Gesprächen unter Hofleuten in Urbino die verlangten Qualitäten eines vollendeten Hofmannes, eines *uomo universale*. Selber ein herausragender Repräsentant der für die italienische Renaissance typischen ausgeprägten Gesprächskultur, versteht der »*Cortegiano*« den Hofmann »gleichsam von vornherein als exemplarisch ›sprachliches‹ Geschöpf« (Schmölders 1979: 23). Entsprechend haben die vielen Konversationslehren des 17. Jahrhunderts – Berühmtheit erlangten diejenige der Moralisten Nicolas Faret (1596-1646) und Chevalier de Méré (1607-1684) oder die der Preziösen Madeleine de Scudéry (1607-1701) – sich bemüht, zu einer gefälligen und scheinbar mühelosen Art des gesprächigen, unterhaltsamen Umgangs miteinander zu verhelfen, um Eigenschaften wie *virtù, dignità, mediocrità, bienséance, habileté, politesse, bonté* zu erreichen und zu pflegen.[5] So erscheint es ganz zwangsläufig, daß genug davor gewarnt wird, sachbezogene Kenntnisse, Fachwissen also, zu erwerben, geschweige darüber zu sprechen. Ein unspezifisches Mittelmaß – im »*Cortegiano*« die *mediocrità*, französisch als *médiocrité* – war für die *honnêteté* angemessen, eben weil der »honnête homme am Hof [...] ja eine glatte, unangreifbare Oberfläche präsentieren [soll]« (Roth 1981: 167). Fachkenntnisse sind also, weil thematisch eingegrenzt, in der parasitären Hofgesellschaft bei Prinzen, Adeligen, Rednern, Philosophen, Poeten und anderen verpönt; sie werden als Pedantentum, als steriles Fachgelehrtentum der *Savants*, der *Gens doctes*, gebrandmarkt.

Vielmehr soll der *Honnête homme* »nicht von etwas alles, sondern von allem etwas wissen« (Strosetzki 1978: 93), wie der Moralist La Rochefoucauld (1613-1680) in einer Version seiner bekannten »*Maximes*« sagt:[6] »Un honnête homme sait tout et ne se pique de rien«.

Aus einer solchen mediokren Gemeinschaft von Dilettantismus und galantem, zwanglosem Unterhalten leitet sich ebenjene Ausstrahlung ab, die das 17. Jahrhundert als ›*Esprit mondain*‹, als ›*Science mondaine*‹ bzw. ›*Science du monde*‹ erstrebt und in der Salonkultur (seit ihrer Entfaltung im Pariser Hôtel de Rambouillet um 1620) pflegt und sogar in der *Préciosité*-Bewegung überspitzt.[7]

***

5 Cf. Loos (1955).

6 Maxime 203 der »*Réflexions ou Sentences et Maximes morales*« (1665, réed. 1678).

7 Nach den thematisch einschlägigen Untersuchungen von R. Bray, R. Lathuillère, G. Mongrédien und O. de Mourgues hat Joeres (1973: 7-9) die »Merkmale der Préciosité« zusammengestellt:

- *Thematik* (Gesellschaftliche Neuigkeiten, Fragen des literarischen Geschmacks, grammatisch-sprachliche Probleme, Stellung der Frau in der Gesellschaft, Liebe und Galanterie, rechtes moralisches und gesellschaftliches Verhalten, Reiseberichte, wissenschaftliche Themen – zum Beispiel aus der Anatomie, Astronomie, Biologie, Chemie, Mathematik, Philosophie, Physik, Theologie und anderen Fachgebieten).

Man könnte also aus dem Zeitgeist heraus durchaus berechtigt annehmen, die beiden *Honnêtes gens* im Schloßgarten tauschten freundlich-oberflächliche Galanterien, sprachliche Plaisanterien, angesichts der unermeßlichen Natur über sich und der gärtnerisch gestutzten um sich herum lässige Gedankensplitter, *divertissements, négligences, badinage*[8] miteinander aus.

Ein noch näheres Hinsehen belehrt, daß es sich bei der Dame um die Marquise Marguerite de La Mésangère (1658-1714) handelt, und ihr Gesprächspartner Monsieur Bernard Le Bovier de Fontenelle (1657-1757) ist, die sich im Garten des Schlosses von Mésangère, bei Rouen, in der Normandie, ergehen. Den Zeitpunkt ihres Zusammentreffens dort wie auch den genaueren Inhalt ihres Gesprächs teilt Fontenelle nach diesem und noch weiteren Treffen mit der Marquise mit, indem er ein Buch verfaßt mit dem Titel »*Entretiens sur la Pluralité des Mondes*«.

Das Buch erscheint – anonym – erstmals 1686 in Paris, als Fontenelle neunundzwanzig Jahre alt ist. Das Buch erfährt zu Lebzeiten Fontenelles – und das sind hundert Jahre – mit dreiunddreißig Auflagen einen gewaltigen Erfolg. Die breite Resonanz zeigt sich auch in englischen, deutschen, italienischen, russischen, holländischen, griechischen, spanischen und weiteren Übersetzungen.[9]

Eine derart lebhafte Rezeptionsgeschichte, die auch nach Fontenelles Tod nicht abklingt,[10] dürfte mehrere Ursachen haben. Fontenelle hat offensichtlich in drei wichtigen Vorentscheidungen eine für die begeisterte Leserschaft glückliche Wahl getroffen:

1. bei der Wahl der Gattung : *Entretiens*;
2. bei der Wahl der Thematik : das Fachgebiet ›Astronomie‹;
3. bei der Wahl des Gesprächspartners : eine (adelige) Frau.

***

- *Ziele* (Gesellschaftliche Kontakte, Unterhaltung, Zeitvertreib, Emanzipationsbestreben der Frau, Aufbau eines Elitedenkens, Bildungsstreben, sprachliche Verfeinerung und anderes).
- *Äußerer Rahmen* (Salons, Gärten, Parks, Bälle, Promenaden, Unterhaltungen im Rahmen großbürgerlichen und adeligen Umgangs, Gesellschaftsspiele und anderes).
- *Literarische Formen* (s. unter: 1. Wahl der GATTUNG ›*Entretien*‹).
- *Stilistische Mittel* (Pointen, überraschende Wendungen, Wortspiele, Bildhaftigkeit durch Metaphern und Vergleiche, Hyperbolik, Neologismen, Wiederholungsfiguren und andere rhetorisch-stilistische Mittel).

8 Cf. Hausmann (1976: 433).

9 Angaben und Daten von A. Calame in der (hier zugrundeliegenden) kritischen Ausgabe des Werks (Fontenelle 1984: 189).

10 Cf. die Angaben von A. Calame in Fontenelle (1984: 188).

Ich betrachte im folgenden die drei Gesichtspunkte, wobei ich die Gattungsfrage (1.) in einer umfassenderen Ganzheitlichkeit angehe und die Fachthematik (2.) sowie die Gesprächspartnerin (3.) als Übergang zur konkreten Textuntersuchung (4.), die sich der kolloquialen Vermittlung von Fachwissen konkret widmen wird, anspreche.[11]

1. Die Wahl der GATTUNG

Entretiens gehören im 17. Jahrhundert, der Zeit des Hochbarock (ca. 1640-1680), der französischen Klassik (*âge classique*), nicht zu den hohen Gattungen. Man sucht sie vergebens in dem berühmten Lehrgedicht »*L'Art Poétique*« (1674) von Nicolas Boileau-Despréaux (1636-1711). Der *Académicien* ist ganz der Antike und ihren Geistesgrößen, den *Anciens* also, verbunden und orientiert seine klassische Poetik an den antiken, zeitlosen Vorbildern, insbesondere an Aristoteles und Horaz. Tragödie, Komödie und Epos, also ein eingegrenzter Bereich dramatischer (handelnder) und erzählender Mimesis, gelten im *Grand siècle* aus der Autorität der Antike heraus als kanonisch, ihre Werke als vorbildgebend und als allzeit nachahmenswürdig.

Aber schon in der Spätantike war die bloße *imitatio* – hier der Leistungen und Errungenschaften des griechischen Geistes – gescholten worden: Quintilian sagt in seiner »*Institutio oratoria*« (X 2,4): »imitatio per se ipsa non sufficit«, eben weil sie die eigenen Leistungsfähigkeiten lähmt (»pigrum ingenium«).

---

11 1. Wahl der GATTUNG
2. Wahl der THEMATIK
3. Wahl des GESPRÄCHSPARTNERs
4. Der TEXT (›*Premier Soir*‹)
A. Fachbezogenes und nichtfachliches Sprechen
1. Frage-Situationen
2. Thematik
3. Lehrsituation
B. Nichtfachlichkeit
1. Salonkultur
2. Landschaft
C. Übergang von der nichtfachlichen Unterhaltung hin zum fachgebundenen Gespräch
D. Inhaltliche Strukturierungen
E. Lehrsituation
F. Motivation / Interesse–Verständlichkeit / Schwierigkeit
G. Lehrender im fachlichen Dialog
1. Ausgrenzung von Schwierigkeiten
2. Wörter in fachlicher Bedeutung
3. Fachwort-Erklärung
4. Vergleich
5. begleitende Lebenssituation
6. Strategien
H. *Esprit de vulgarisation*

Mehr als tausend Jahre später, im 12. Jahrhundert, wird dann die Einseitigkeit der Blickrichtung zurück auf die Alten weiter abgeschwächt und ausdrücklich ergänzt durch ein neues Selbstverständnis und Leistungsbewußtsein der eigenen Zeit, die ihre Geisteskräfte auf der Grundlage des tradierten Wissens zum Wohle des Fortschritts einsetzt: *Nani gigantum humeris insidentes*, wir sind wie Zwerge, die auf den Schultern von Riesen sitzen und somit – in diese Höhe hinaufgetragen – weiter und umgreifender schauen können, lautete die zwischen den Alten (*antiqui, veteres, auctores*) und der Jetztzeit (*moderni*) ausgleichende respektvolle Position des Frühscholastikers Bernhard von Chartres (+1130). Seine Einstellung umschreibt seine Zeitgenossin Marie de France (ca. 1130-1200), die erste französische Poetin, im Prolog zu ihren »*Lais*« mit *le surplus metre* (›alte Erkenntnisse bereichern‹) und bekräftigt damit im Grunde den Standpunkt von Quintilian (X 2,9), der von *prioribus adicere* spricht: dem nachahmenswerten Alten sollen neue Fortschritte hinzugefügt werden.

Fünfhundert Jahre später aber erstickt der Absolutismus dieses Selbstbewußtsein, das Selbstwertgefühl, den freien Stolz auf eigene Leistung und zwingt den Blick zurück auf die Norm der Alten. In dieser Enge der klassischen Regelpoetik eines Boileau oder René Rapin entzündete Charles Perrault (1628-1703) mit seiner denkwürdigen, turbulenten Akademierede »*Poème sur le Siècle de Louis le Grand*« (27. Januar 1687) die heftige ›*Querelle*‹ zwischen den konservativen *Anciens* wie Nicolas Boileau, Jean Racine, Jacques Bénigne Bossuet, Jean de la Bruyère oder Jean de la Fontaine und den progressiven *Modernes* wie Charles Perrault, Fontenelle, Isaac de Benserade, Marc Antoine Charpentier und anderen.

1716 (geschrieben 1714) wird die ausgleichende »*Lettre sur les occupations de l'Académie*« von François de la Mothe Fenelon (1651-1715) mit ihrem liberalen Zugeständnis an den jeweiligen Eigenwert von Epochen Beruhigung bringen und zugleich den Blick für die unbestreitbare Tatsache öffnen, daß sich ja wirklich neben den klassischen kanonisierten Gattungen ein Kranz von kleineren Gattungen entwickelt hat.

Boileau hatte schon im *Chant II* seiner Poetik auf derartige unbedeutendere literarische Kleingattungen hingewiesen – *idylle, élégie, ode, sonnet, épigramme, rondeau, ballade, madrigal, satire, vaudeville, chanson*. Aber der noch »unmittelbarere Lebensbezug« (Lausberg 1960: 601, § 1242), wie er in solchen *genera minora* bereits zur Entfaltung kam, brach sich ab Mitte des 17. Jahrhunderts hin zur Aufklärungszeit schließlich mit Gattungen Bahn, die sich vom *homme qui ne se pique de rien* abkehrten und somit eher den Bedürfnissen der nicht-literarischen Praxis entsprachen, das heißt die für die sachlich orientierten, fachbezogenen und berufsbedingten Interessen als Aussageformen nun zur Verfügung standen.[12]

Eine »Vielzahl von Vorreden, polemischen Erörterungen und mehr oder weniger systematischen ›Réflexions‹, ›Dissertations‹, ›Traités‹ und ›Discours‹« (Heitmann 1972: 279) entstand und wurde wie auch andere »gefälligere Arten der Erörterung«, so die ›Lettre‹, ›Apologie‹ und ›Défense‹ (loc. cit.), vom mondänen Geschmack des Bildungsbürgertums und der schöngeistigen Schicht angenommen und gepflegt: Ab der Mitte des 17. Jahrhunderts bis zur Revolutionszeit, Ende des 18. Jahrhunderts, hin ist »eine ausgeprägte Vorliebe aristokratisch-mondäner Kreise für eine Reihe vom klassizistischen Kanon verachteter ›genres mineurs‹ unverkennbar« (Nies 1978: 16); »die extreme Reduzierung des klassischen Gattungssystems [läßt] an dessen Randzonen und Leerstellen eine Fülle von Klein- und Kleinstgattungen entstehen« (Köhler 1977: 14), »le goût classique l'emporte dans les grands genres, le goût précieux dans les petits genres« (Bray 1948: 227).

Tatsächlich kann man für diese Entwicklung auf einem vitalen und lebenspraxisnahen Nebenschauplatz des ansonsten festgefügt-engen literarischen Gattungssystems ein reiches Spektrum aktueller Gattungen erkennen, wenn man den Zeitraum zwischen Klassik und Aufklärung, also ab der Mitte des 17. bis zur Mitte des 18. Jahrhunderts, betrachtet.

Dazu bietet es sich an, die beiden jeweils dreibändigen Bibliographien von Alexandre Cioranescu zum 17. und zum 18. Jahrhundert (1969a; 1969b) zu befragen. Man kann unter den dort gesammelten Werken diejenigen herausziehen und zählen, die eine Bezeichnung im Titel führen, mit der sich das Werk als zugehörig zu einer kleinen, untergeordneten, nicht-klassischen Textgattung (wie *Dialogue, Traité, Entretiens, Réflexions* etc.) ausweist. Hier läßt sich, in quantitativ abnehmender Reihenfolge, für die hundert Jahre zwischen 1650 und 1750 eine erste globale Aufstellung vorlegen:[13]

---

12 Dabei gilt es aber zu bedenken, worauf Joeres (1973: 11) zu Recht hinweist:
»Trotz [der] Verschiebung der inhaltlichen Vorzeichen der preziösen Strömung zwischen 1670 und 1690 zugunsten mehr sozial und wissenschaftlich orientierter Themen standen die ›poésie galante‹, die ›petits genres mondains‹ und die ›gentillesses précieuses‹ noch unvermindert in der Gunst des Publikums.«
Joeres belegt diese Einschätzung mit den großen Verkaufserfolgen (Auflagenhöhen) der zeitgenössischen »*Recueil de pièces galantes*«, »*Diverses petites pièces de poésie*« oder »*Lettres galantes*«.
»Beweis war ebenso der 1690 von Fontenelle herausgegebene »*Recueil des plus belles pièces des poètes françois, depuis Villon jusqu'à Bensérade*«, in dessen Zusammenstellung ein gewisses Entgegenkommen gegenüber den ›formes mondaines, gracieuses et légères de la poésie‹ nicht zu übersehen [ist].«

13 Die empirischen Daten entnehme ich meiner Arbeit Kalverkämper (1985). Dort umfaßt das Corpus der Titel mit Gattungsbezeichnung(en) ca. 10.400 Werke, und zwar stammend aus Fachgebieten, Berufszweigen, Sachanliegen, also als »Fachtexte«. Von den auf diese Weise

Lettre, die mit etwa 1.350 Exemplaren in den hundert Jahren die frequenzstärkste Gattung stellt	
Histoire	mit über 900 Exemplaren
Traité	mit etwa 650 Exemplaren
Discours	mit knapp 620 Exemplaren
Réponse(s)	(ca. 540)
Réflexion(s)	(ca. 400)
Dissertation	(ca. 360)
Mémoire	(ca. 320)
Remarque	(ca. 290)
Relation	(ca. 260)
Explication	(ca. 230)
Instruction	(ca. 210)
Abrégé	mit 200 Exemplaren
Défense	(ca. 200)
Description	(ca. 190)
Entretien(s)	mit 170 Exemplaren
Essai	(ca. 160)
Examen	(ca. 160)
Observation(s)	(ca. 150)
Apologie	(ca. 130)
Méthode	(ca. 110)
Art	mit 100 Exemplaren
Réfutation	(ca. 100)
Eclaircissement	(ca. 100)
Dialogue	(ca. 95)

und viele andere mehr.

Eine solche Aufstellung nach der Statistik vermittelt nicht den systematischen Aspekt der Vernetzung, der Interrelationen zwischen diesen *Genres mineurs*, aus denen heraus diese Gattungen sich an das festgezurrte klassische System haben anknüpfen, weiterentwickeln und auch wieder aushängen können. Hierzu erlauben die lexikographischen Techniken klärende Einsichten.[14] Gerade die beiden renommierten Wörterbücher jener Zeit, von Pierre Richelet (1631-1698) und von dem *Académicien* Antoine Furetière (1619-1688)[15], bieten in ihren

erfaßten 122 *Genres mineurs* bieten die frequenzstarken ersten 45 die Grundlage für die Arbeit. Von diesen führe ich hier die ersten 25 an.

14 Theoretisch ausgeführt und methodisch angewandt in Kalverkämper (1980). Auch die literarischen Formen selbst, die Konversationslehren der Zeit sowie die rhetorischen Theorien und poetologischen Reflexionen bieten im 17. und 18. Jahrhundert reiche Aufschlüsse. So offenbart sich gerade auf diesen Feldern der enge Bezug von *dialogue*, *entretien*, *conversation* (cf. auch Strosetzki 1978: 68-71).

15 Richelet (1680), Furetière (1690).

Verweisen und Definitionsarten nach Oberbegriff (Definiendum) und Unterbegriffen (Definientia) die methodisch verwertbaren Möglichkeiten.

Ich biete zur Illustration des Vorgehens nur zwei Fälle: Stichwort ›*Dialogue*‹ wird im Richelet und im Furetière erklärt mit *entretien*, im Furetière zudem noch *de vive voix, de deux ou de plusieurs personnes*. Stichwort ›*Entretiens*‹ nun seinerseits wird in beiden Wörterbüchern nicht, in Umkehrsicht, mit *dialogue* definiert, sondern mit *conversation* und *discours*. Nun wären die lexikographischen Definitionsangaben dieser beiden zu verfolgen. So ergeben sich, bestimmt durch die lexikographische Praxis, recht umfassende Oberbegriffe, von denen fort auf speziellere Unterbegriffe definierend verwiesen wird, was Rückschlüsse auf Hierarchien und semantische Ordnungen zuläßt. Stellt man graphisch dar, wie die Verweise aufeinander zu bzw. von sich weg führen, ergibt sich ein relativ dichtes Netz von Beziehungen.

Aufstellung 1

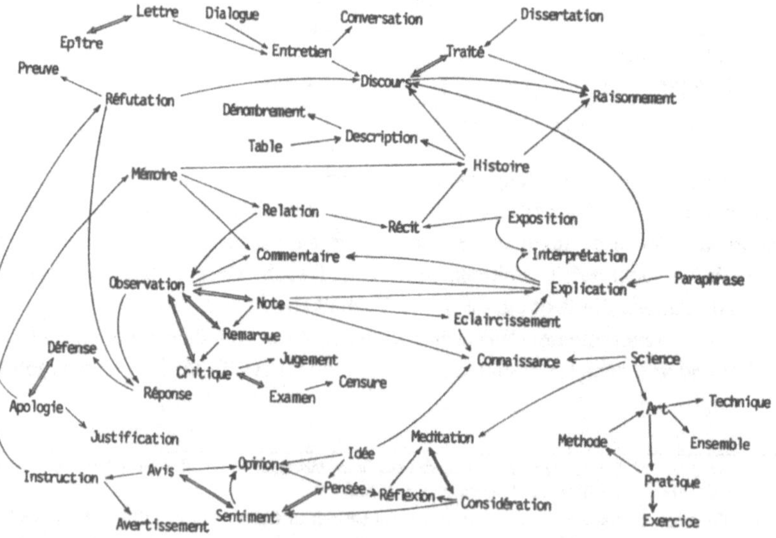

Aber wie stets bei Systemen, kommen auch hier Verdichtungen zu Schwerpunkten (›Zentren‹) und Strukturgrenzen vor. Diese innere Organisation läßt sich mit deren herausragenden Repräsentanten abstrahieren zu sechs Gemeinschaftsfeldern:

Aufstellung 2

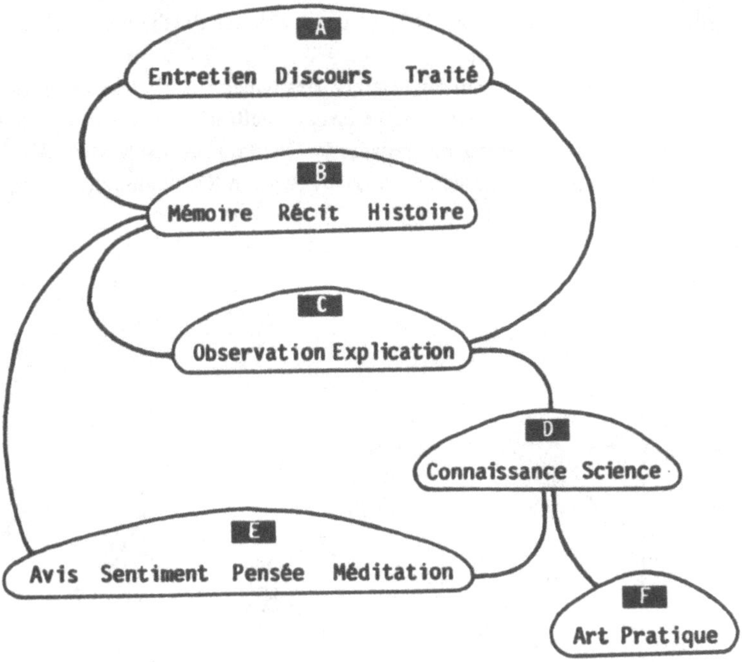

ENTRETIEN – DISCOURS – TRAITE	:	**A**
MEMOIRE – RECIT – HISTOIRE	:	**B**
OBSERVATION – EXPLICATION	:	**C**
CONNAISSANCE – SCIENCE	:	**D**
AVIS – SENTIMENT – PENSÉE – MEDITATION	:	**E**
ART – PRATIQUE	:	**F**

Die Gemeinschaften werden zusammengehalten durch jeweils eigene semantische Gemeinsamkeiten und Affinitäten. Man kann sie jeweils mit einem begrifflichen Merkmal fassen, so daß sich als jeweiliger dominanter Zug ergibt:

für **A**	:	KOMMUNIKATIV
für **B**	:	GESCHICHTLICH
für **C**	:	ANALYTISCH
für **D**	:	SYNTHETISCH
für **E**	:	REFLEXIV
für **F**	:	PRAKTISCH

Hier nun interessiert speziell der Schwerpunkt A KOMMUNIKATIV; denn er erfaßt mit *Entretiens* diejenige Gattung, die den Anlaß für die vorgestellten systematischen Betrachtungen bot.

Es dürfte nämlich vor dem Hintergrund des außerordentlichen Erfolges der Fontenelleschen »*Entretiens*« aufschlußreich sein, daß sich in den hundert Jahren zur Mitte des 18. Jahrhunderts hin gerade das Merkmal A KOMMUNIKATIV gründlich aus dem System der sich neu organisierenden Kleingattungen entfernt:

Aufstellung 3

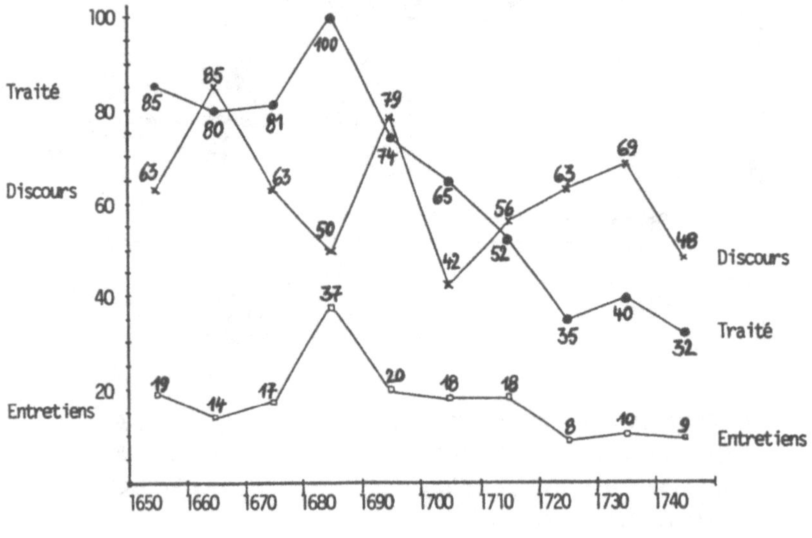

Die entsprechenden Gattungen – *Entretiens, Discours* und *Traité* – verlieren sich nach 1750 hin, das heißt in die wissenshungrige, fachlich interessierte, wissenschaftsorientierte Aufklärungszeit hinein, in die Bedeutungslosigkeit.

Dagegen stark an Gewicht, weil an Frequenz, gewinnen ins 18. Jahrhundert hinein die Schwerpunkte **B** GESCHICHTLICH und **C** ANALYTISCH mit ihren Gattungen.[16]

Die Umschichtung im System der sogenannten Rand- oder Kleingattungen, die nicht literarische, sondern vielmehr sachbezogene, berufsorientierte, fachliche Inhalte in ihren Texten vermitteln, verläuft also offenkundig von denjenigen Gattungen, deren Texte dies in unterhaltender, dialogischer, gesprächiger, narrativer, kolloquialer Art tun, hin zu jener Art der Behandlung, die monologisch, präsentierend, entschieden (durch den Autor), eben ›wissenschaftlich‹ verfährt. Der Gipfelpunkt der kommunikativen Gattungen mit ihren kolloquialen Texten liegt in den Dekaden 1680 und 1690, also in dem etwa zwanzigjährigen Zeitraum, in den auch das Erscheinen der kolloquialen »*Entretiens*« von Fontenelle fällt. Möglicherweise liegen in der danach rapide einsetzenden Enthaltsamkeit gegenüber kommunikativen Vermittlungsformen jene Anfänge heutiger Meinungen, die wissenschaftliche Prosa müsse monologisch, nicht unterhaltsam, als souveräne Autorentscheidung erkennbar, mit nur sparsam eingesetztem stilistischem Schmuck sein.

2. Die Wahl der THEMATIK

Die vermutete zweite glückliche Wahl Fontenelles, nämlich die Thematik, dürfte zweierlei belegen:

Zum einen gab es für Fontenelle – wie für seine Zeitgenossen – keine Möglichkeit, eine Thematik wie diese, nämlich die Astronomie, in einer Textform zu vermitteln, die die klassische Gattungstradition ihm zur Verfügung gestellt hätte: Er mußte für seine Fachinformationen in das Arsenal der Randgattungen ausweichen.

Zum anderen war es, wie nicht zuletzt sein Text selbst mit der Wahl der Gattung ›*Entretiens*‹ beweist, sehr wohl möglich, sachbezogene Fragestellungen, Lehrmeinungen, Fachwissen, Spezialkenntnisse, also pedantisch erworbene Fähigkeiten in einer Unterhaltung vorzubringen, in einem Gespräch zu entfalten, sie narrativ zu entwickeln, sie in der Sensibilität des Dialogs zu dosieren oder zu präzisieren; und dies sowohl in der mündlichen, als auch in der schriftlichen Form. Die Literaturgeschichte belegt dies offenkundig mit dem philosophischen, speziell platonischen bzw. sokratischen Dialog im Altertum, dem Lehrgespräch im Mittelalter bei den Kirchenvätern, dem themengebundenen Meinungsaustauch im Humanismus (Petrarca, Erasmus von Rotterdam und andere), den Streitgesprächen in den religiösen und konfessionellen Auseinandersetzungen, den dialo-

16 Cf. Kalverkämper (1985).

gischen Erörterungen philosophischer, ästhetischer, literarischer und naturwissenschaftlicher Probleme in der europäischen Aufklärungszeit. Die Wechselrede dient als eine selbständige Gattung mit langer europäischer Tradition und einem breiten Spektrum ernsthaft-verbindlicher, sachkundiger, wissenschaftlicher Themen.

›Philosophie‹ nennt die Aufklärung dieses Sammelbecken fachlicher Aktivitäten; und dem kommt die Dialogform, schon von der Texttradition her, auch als Randgattung entgegen. Indem formal zwar die Bezeichnung aufgenommen wird, rückt sie aber inhaltlich von einem ontologischen oder metaphysischen Verständnis ab: »philosophia comprehendit artes et scientias«, lautet, wenn auch mit recht diffuser Begrifflichkeit, der Leitsatz des 18. Jahrhunderts. Eine scharfe Trennung benachbarter und verwandter Disziplinen war mit der Vereinigung von *arts et sciences* unter dem Etikett ›Philosophie‹ nicht – noch nicht – angestrebt: Physik, Astronomie, Mathematik, Optik, Geometrie hatten sich noch nicht fachlich verselbständigt; eher rücken nunmehr deren Grundlagen in den Blickpunkt: »Philosophie verweist jetzt auf das Verfahren, auf die Methode, die jedem wissenschaftlichen Anliegen inhärent ist« (Krauss 1969: 18). Angeregt durch Descartes, der sich – zum Beispiel in seinen *»Principia philosophiae«* (Amsterdam 1644), den *»Les principes de la philosophie«* (Paris 1647), 3. Teil – mit der faßlichen Welt (»monde visible«) grundsätzlich beschäftigte und dessen Sichtweise, gerade nach Fontenelles eigener Einschätzung, »die moderne Wissenschaft möglich [machte]« (Krauss 1969: 21, auch 34), waren Empirie, Anschauung, Meßbarkeit, Experimentieren, Nachprüfen, Praxis zu höheren Maßstäben aufgerückt als Theorie, Spekulation, Vorurteil, Transzendenz und Doktrinen.

Der Vorrang des Beobachtbaren bestimmte die Objekte; eine sachliche Auseinandersetzung mit ihnen war Grundbedingung der Methode, sich ihnen zu nähern; Fortschritt in den Wissenschaften war das erklärte Ziel; und Öffnung des suchenden, interessierten Menschen für die Welt, die ihn umgibt und mit der er zusammenhängt, war die Konsequenz: »Aufklärung ist der Ausgang des Menschen aus seiner selbst verschuldeten Unmündigkeit«, konnte so auch Immanuel Kant (1784) bestimmen.

***

Diese Facetten aufgeklärter Geisteshaltung – statt dieser will allerdings Kant (1784) angemessener eher von einer Haltung »im Zeitalter der Aufklärung« gesprochen wissen – bieten sich für eine komplexe literarische Umsetzung geradezu an; und tatsächlich verwirklicht Fontenelle sie, indem er das aufklärerische Selbstverständnis als *philosophe(s)* verbindet mit der Astronomie als fachlicher Thematik und einem fachlichen Gespräch als Mittel, den allgemeinen wissenschaftlichen Fortschritt zu offenbaren und, im besonderen, als Möglichkeit, den

Zuwachs an vernunftgeleiteter, aufgeklärter geistiger Weite zu steuern, zu fördern und zu bekunden.

Die Gemeinschaft von Gesprächssituationen und Astronomie – neben insbesondere Anatomie, Physik und Chemie – war für das 17. und frühe 18. Jahrhundert nicht so außergewöhnlich. Man unterhielt sich in den feinsinnigen, mondänen Salons und Landsitzen bei erlesener Gesellschaft (*Cercles savants, Gens doctes, Gens du monde, Société de gens de lettres*[17]) über astronomische Neuigkeiten, die als Kuriositäten in Staunen versetzten, als Sensationen Aufsehen erregten wie der berühmte Halleysche Komet von 1680; »die Entdeckung der Satelliten des Jupiter sowie die Beobachtung der Sonnenflecken wurde zu gesellschaftlichen Ereignissen« (Kortum 1966: LXXIII). »Geistvolle Unterhaltung über naturwissenschaftliche und philosophische Probleme zieht man pedantischem Bücherstudium vor. Galantes Verhalten ist dabei noch immer [...] geboten« (Joeres 1973: 11). Die Astronomie des 17. Jahrhunderts hatte hier tatsächlich großartige und umwälzende Entdeckungen – oft genug in Konflikt mit der kirchlichen Lehrmeinung (zum Beispiel bei der Frage des Weltenpluralismus) – gemacht, die die Wißbegier der Salongesellschaft weckten:

Johannes Kepler (1571-1630) berechnete die Bahn des Merkur zwischen Sonne und Erde und setzte sich mit seinen drei Gesetzen zum Umlauf der Planeten um die Sonne für die heliozentrischen Ideen des Kopernikus (1473-1543) ein. Gassendi (1592-1655) beobachtete ebenfalls die Bahn des Merkur zur Sonne. Galilei (1564-1642) entdeckte 1610 vier Jupitermonde und beobachtete den Saturnring. René Descartes (1596-1650) griff das geozentrische System des Ptolemäus (ca. 100-?ca. 160 n. Chr.) und des Dänen Tycho Brahé (1546-1601) an und setzte sich vielmehr für das heliozentrische System des Kopernikus ein. Seine mechanistische Theorie der Wirbel im All (*tourbillons*) fand – bis zu Newtons Gravitationstheorie rund vierzig Jahre später – weiten Anklang (wie auch Fontenelles Position in seinen *»Entretiens«* und sein zähes Festhalten an ihr in den verschiedenen bearbeiteten Neuauflagen bis zu seinem Tod 1750 erweist). Die *»Principes de Philosophie«* (lat. 1644, franz. 1647) gehören zu den grundlegenden naturwissenschaftlichen Abhandlungen jener Zeit. Jean-Dominique Cassini (1625-1712) erkannte zwei Satelliten des Saturn. Christiaan Huygens (1629-1695) in Den Haag steuerte Beobachtungen zum Saturnring, zum Orionnebel und zur Rotation des Mars bei. Isaac Newtons (1643-1727) neue, die cartesianische Wirbeltheorie ersetzende Gravitationstheorie (Kegelschnittbahn) fand größte Be-

---

17 Sie waren meist Keimzellen fachkundigen Amateurforschens und boten Impulse für einen Aufschwung der Wissenschaften, der mit vitalem Einfluß ganz Europa (einschließlich das zaristische Rußland) in seinen Bann schlug. Cf. zu den geistesgeschichtlichen Entwicklungen, kulturgeschichtlichen Errungenschaften und sozialen Verschiebungen soziokulturelle und literatursoziologische Darstellungen wie zum Beispiel Adam (1956), Gusdorf (1966; 1969; 1971; 1973), Hazard (1935; 1946) und andere.

achtung, sein Werk »*Philosophiae naturalis principia mathematica*« (1687) avancierte zum neuen naturwissenschaftlichen Standardwerk.

Der Gegensatz zwischen *Anciens* und *Modernes* war jedenfalls auf dem Gebiet der Astronomie im 17. Jahrhundert lebendig spürbar und wurde durch den regen Gebrauch der weit verbreiteten Teleskopen noch verstärkt hin zu modernistischen Spekulationen über das All, die Sterne, den Mond, die Bewohner fremder, entfernter Welten.[18]

***

In dieser allgemein für kolloquiale Behandlung von Fachthemen empfänglichen Zeit war es wohl eine kommunikative Gratwanderung, sich sprachlich-thematisch zwischen Galanterie, Plaisanterie, zweckfreiem kolloquialem Amusement, also einer *Honnêtes gens*-Konversation auf der einen Seite, und wissenschaftlich-methodischer, fachlicher Auseinandersetzung zum Zweck der Wissensbildung und der Erkenntnisförderung auf der anderen Seite zu bewegen.

Allerdings lassen sich diese beiden Extreme in dem begrifflichen Umkreis von ›Unterhaltung – Dialog – Gespräch – (Gedanken-)Austausch – ...‹ sehr schön kompensieren: nämlich im Wechsel von Frage und Antwort. Frage und Antwort sind nämlich Indikatoren für jenes Lavieren zwischen den Fronten der Galanterie und des fachlichen Ernstes, das bestimmt wird einerseits von Merkmalen wie ›Allgemeinbildung‹, ›fachliches Unwissen‹, ›Laie‹, ›Lernen‹, die der Frage eigen sind, und andererseits von Merkmalen wie ›Fachwissen‹, ›Ausbildung‹, ›Fachmann‹, ›Lehren‹, die die Antwort begleiten.

Die Einschätzung einer Unterhaltung als eine lockere Plauderei oder als einen Meinungsaustausch über Sachverhalte, als ein Lehrgespräch, als ein Fachgespräch, hängt in erster Linie von dem inhaltlichen Zusammenspiel von Frage und Antwort ab: *Wonach* wird gefragt in der Unterhaltung, *wie* wird dabei gefragt, *woraus* leitet sich die Frage ab, *wann* ergibt sich die Frage, *was* setzt die Frage an Kenntnis voraus bzw. signalisiert sie an Vorwissen, *warum* wird gefragt; und bei dem Partner: *was* wird geantwortet, *wie* wird die Antwort gebracht, *was* verlangt sie an Vorwissen. Das ist das – übrigens schon seit dem Altertum, genauer seit der *Circumstantia*-Lehre der antiken Rhetorik und der Stoiker

18 Insbesondere zur Astronomie bemerkt Barrière (1961: 190), sie sei
»[...]l'une des sciences les plus accessibles à cette curiosité par les phénomènes offerts aux yeux qu'il suffit d'observer, quotidiens ou exceptionnels, comètes, éclipses, d'autant qu'ils s'entourent encore de superstitions ou sont en rapport étroit avec sa vie. Elle est favorisée, comme d'ailleurs les autres, par l'intervention ou le perfectionnement des appareils d'observation et de mesure, télescope, microscope, horloges, qui intéressent spécialistes et grand public. [...]. Le système de Copernic avec ses répercussions sur la pensée suscite de vives discussions«.

(Hermagoras von Temnos, 2. Jh. v. Chr.) bekannte – Spektrum der pragmatisch-textuellen Gesichtspunkte, die die Unterhaltung bestimmen.

Der wichtigste Punkt dieses Spektrums ist noch nicht genannt: *Wer* fragt und *wer* antwortet, also die beiden Kommunikationspartner, die den Wechsel von Frage und Antwort als den sprachlichen Signalen für eine Einschätzung der Unterhaltung (als oberflächlich, als fachlich, ...) tragen.

3. Die Wahl des GESPRÄCHSPARTNERs

Die dritte grundlegende Vorentscheidung Fontenelles für sein Werk, nämlich die Wahl des Gesprächspartners, ist sozial bedeutend und aus heutiger Sicht literatursoziologisch für das 18. Jahrhundert typisch: Eine Frau als Partnerin für ein Gespräch über Fachinhalte der Astronomie zu wählen, entspricht in geschickter Weise dem Zeitgeist und verhilft zugleich, übergeordnete Ziele zu verfolgen:

In der preziösen, mondänen Gesellschaft der Salons und gelehrten Zirkel gewann die Frau eine starke gesellschaftliche Stellung, die ein neues Bildungsbewußtsein, und mit ihm ein geschärftes soziales Selbstbewußtsein[19] – die *émancipation féminine* – entstehen ließ. Die Frauen von *La Cour et la Ville* drängten danach, an den Geschehnissen in den Naturwissenschaften teilhaben zu können. Astronomie, Chemie, Physik, Biologie, Anatomie, Mathematik, Geographie öffnen sich im ausgehenden 17. Jahrhundert diesem Verlangen und treten aus der esoterischen Forschung durch pedantische Gelehrte, geduldige Beobachter und kluge Amateure nunmehr hinaus in die Öffentlichkeit einer aufnahmebereiten, wissenshungrigen Laien-Allgemeinheit. Der stürmische Weg in die Aufklärungszeit, das Ausbrechen der Menschen aus Unwissen und Vorurteilen, aus ihrer »Unmündigkeit« (I. Kant), führt zu Bildern, wie sie Paul Hazard (1946: 345-357) eindrucksvoll als für jene Zeit charakteristisch entwirft: Da gibt es zwar das Mätressentum und den Cicisbeo, aber eben auch den feinsinnigen, kunstreichen, gelehrten, kultivierten Salon mit der Frau als geistigem Mittelpunkt, und daneben ebenfalls – wie im Falle der Lebensgefährtin Voltaires, der Madame du Châtelet – jenen Typ Frau, der teilhatte an der geistigen Bewegung und – wie Hazard sagt – »ce n'est pas à aimer, c'est à connaître qu'elles mettaient leur ardeur« (350), und die mit ihrem Partner Wissenschaft betreibt als »étrange couple, qui passait ses soirées avec des binômes et des trinômes« (loc. cit.).

Indem Fontenelle eine Frau – der vornehmen Gesellschaft – als Gesprächsgegenüber wählt, öffnet er sich zugleich jenem vergleichbaren breiten Lesepublikum (*le Public*), das ebenfalls gewillt war, sich aus der geistigen Isolation zu

---

19 Cf. zur Situation der Frau in jener Zeit zum Beispiel Baader (1986), Büff (1979), Elias (1981), von Falke (1977), de Goncourt (1862), Reynier (1929).

lösen und seinen Wissensstand zu vertiefen. Es ist die Masse der *Gens du monde*, die sich von den »*Entretiens*« angesprochen gefühlt haben mußte und die Fontenelle, selber eine Verkörperung des *Honnête homme*, auch ausdrücklich, wie er im Vorwort seines Buches betont, gegenüber den »Sçavans« (den *Gens doctes*, Philosophen, Gelehrten) im Auge hat.

Die beteiligten gesellschaftlichen Gruppierungen, die noch zur Mitte des 17. Jahrhunderts als *La Cour et la Ville* und *Pédants* oder *Savants* getrennt waren, verschmelzen um die Jahrhundertwende ins 18. Jahrhundert zu der soziokulturell gehobenen, geistig engagierten, wissenschaftlich interessierten Elite, die *le Public* ausmachen. Dieses Publikum umfaßt jene öffentlichen Kräfte, die »von einem literarischen Werk erreicht werden [können]« (Bürger 1972: 46), und zwar von Literatur, die Wissenswertes, Sachkundliches, Fachwissenschaftliches vermittelt und – wie die »*Entretiens*« von Fontenelle – »verfaßt [ist] für eine jener intelligenten Marquisen« (Friedrich 1937: 49), also jener Mischung aus *Femme du monde* und *Femme savante*, die als begierig lesendes und gesprächsbegeistertes Publikum diese Verbindung von Poesie und Fachlichkeit, diese schöngeistige Vulgarisation von Fachwissen, diese literarische Laienbelehrung annimmt und rückverstärkt.

Wenn also zeitgenössisch vom Ziel des *divulguer* und *rendre populaire* die Rede ist[20], sind nicht das breite einfache Volk, *le Peuple*, als »unterer Schicht der erwerbstätigen Bevölkerung« (Bürger 1972: 46) gemeint[21], sondern »die naturwissenschaftlichen Laien unter den gebildeten ›gens du monde‹« (Joeres 1973: 76): Mit den »*Entretiens*« als »un exemple de cet aristocratisme intellectuel«[22] erweist sich Fontenelle, dem herrschenden Zeitgeist durchaus entsprechend, als »ein ›vulgarisateur‹ ohne Volk« (Joeres 1973: 77): Im ›*Sixième Soir*‹ sagt der Dialogpartner, also Fontenelle, über die Verteilung von Fachwissen[23] zur Marquise:

> Contentons-nous d'être une petite troupe choisie qui les [scil. Habitans des Planetes] croyons, et ne divulgons pas nos mysteres dans le Peuple (158, Z. 37-39).[24]

---

20 Man muß aber hierbei bedenken, daß diese Begriffe »zur Entstehungszeit der »*Entretiens*« noch nicht gebräuchlich waren, sondern erst zu Beginn des 19. Jahrhunderts im Sinne einer Verbreitung von Tatsachen unter dem allgemeinen Volk zögernd aufkamen« (Joeres 1973: 75).

21 »Das Volk ist stumm in diesem Jahrhundert, und es wird lange dauern, bis es seine Stimme wieder erhebt.« (Auerbach 1951: 40).

22 A. Calame in Fontenelle (1984: 158 Anm. 1).

23 Es geht um die Frage, ob das gesicherte Faktenwissen in der Astronomie es rechtfertigt, daß man – wie die Marquise – die Existenz von Planetenbewohnern und die Bewohnbarkeit aller Planeten behaupten kann.

24 Zitiert nach der Ausgabe von A. Calame (Fontenelle 1984). Angabe von Seite und Zeile bei Stellen außerhalb des ›*Premier Soir*‹; für den ›*Premier Soir*‹ gilt nur Zeilenangabe (Z.). – Man muß allerdings für diese Stelle präzisieren, daß Fontenelle, ganz *homme d'esprit*, hier

Seine bewußten Reflexionen über die Zielgruppe – wie sie auch von anderen Autoren mit Titeln wie »*Newton pour les dames*«, »*La physique [amenée] à la portée des dames*«, »*La fine philosophie, accommodée à l'intelligence des dames*« oder mit gezielten *Ouvrages de vulgarisation* signalisiert werden – führen Fontenelle zu dem Schluß, einen Weg sprachlich und darstellerisch-inhaltlich zu suchen, »où [la Philosophie] ne fût ni trop seche pour les Gens du monde, ni trop badine pour les Sçavans« (›*Preface*‹ Z. 26 f.). Er strebt einen didaktisch-methodisch durchdachten Weg zwischen den Extremen von Fachmann (*Sçavant*) und Laie an, »un milieu où la Philosophie« – gemeint ist das philosophisch-mathematisch-naturwissenschaftliche Fachwissen – »convînt à tout le Monde« (›*Préface*‹ Z. 32 f.). Fontenelle und seine »*Entretiens*« von 1686 dürften sich somit durchaus berechtigt anbieten, als Einsetzen der Aufklärungsepoche mit ihren gerade derartigen Zielen zu gelten, wie Werner Krauss das »Tor der französischen Aufklärung« vom üblicherweise genannten Jahrhundertbeginn ja auch zu dem etwa dreißigjährigen Fontenelle hin, »zwischen 1686 und 1688« (1969: 7), vorverschoben hat.

Rund siebzig Jahre nach ihm wird die Enzyklopädie von Diderot und D'Alembert (1751-1780) ausdrücklich als »*Dictionnaire raisonné des sciences, des arts et des métiers*« antreten mit dem Anspruch, ein wissenschaftliches und allgemeinverständliches Werk zu sein; und der von Diderot verfaßte Artikel ›*Encyclopédie*‹ im 5. Band (1755) bietet auch ein entsprechend begründendes Stimmungsbild (Diderot 1755: 637, 2. Kol.):

> Les connoissances les moins communes sous le siecle passé, le deviennent de jour en jour. Il n'y a point de femmes, à qui l'on ait donné quelqu'éducation, qui n'employe avec discernement toutes les expressions consacrées à la Peinture, à la Sculpture, à l'Architecture, & aux Belles-Lettres. Combien y a-t-il d'enfans qui ont du Dessein, qui savent de la Géométrie, qui sont Musiciens, à qui la langue domestique n'est pas plus familiere que celle de ces arts, & qui disent, un accord, une belle forme, un contour agréable, une parallele, une hypothénuse, une quinte, un triton, un arpégement, un microscope, un télescope, un foyer, comme ils diroient une lunette d'opera, une épée, une canne, un carrosse, un plumet? Les esprits sont encore emportés d'un autre mouvement général vers l'Histoire naturelle, l'Anatomie, la Chimie, & la Physique expérimentale. Les expressions propres à ces sciences sont déja très- communes, & le deviendront nécessairement davantage.

***

eher einen mondänen Begriff von ›*peuple*‹ meint (entgegen dem mehr sozial gestimmten Vorverständnis der Marquise: 158, Z. 40), der die Menschen außerhalb des Aufgeklärtseins umfaßt (»ils ne raisonnent jamais«: 158, Z. 42) und sich von den aufgeklärten *raisonneurs* abgrenzt.

Aber was zu einer wirklichen Lebendigkeit im Lernen und Lehren, im Vorbringen von Wissen und seinem Verstehen, im Ausbreiten von empirischen Tatsachen und Nachfragen wissenschaftlicher Informationen, in Frage und Antwort eben, führt, ist nicht die Enzyklopädie, leistet nicht die möglichst erschöpfende Fülle, sondern ermöglicht nur das Gespräch, der gelehrte Gedankenaustausch im sensiblen Beachten der Bedürfnisse und der geistigen Möglichkeiten des lernbegierigen Partners. Und in dieser Stärke der kolloquialen Vermittlung von Fachwissen liegt die Chance, die Fontenelle bei der Wahl der Gattung, bei der Wahl der Thematik und bei der Wahl seines Gegenüber ergriffen und verwirklicht hat.

Er gilt mit dieser Berücksichtigung des Rezipienten in der Auswahl seines Stoffes, in der Dosierung der Materialfülle, in der Aufgelockertheit und Anmut der sprachlichen Mittel als ein *vulgarisateur*, als ein galant schreibender Sachbuchautor und ein herausragender Meister des *esprit de vulgarisation* (cf. 4. H.).

4. Der TEXT (›*Premier Soir*‹)[25]

Ich werde im folgenden am konkreten Text, und zwar anhand des Teils ›*Premier Soir*‹ des aus sechs Abendgesprächen[26] bestehenden Gesamttextes »*Entretiens sur la Pluralité des Mondes*« (1686) offenzulegen versuchen, wie die kolloquiale Vermittlung von Fachwissen unter dem übergeordneten Gesichtspunkt der Vulgarisation abläuft.

***

Der Text wird eingeleitet durch eine Rahmenerzählung, in der die Dimensionen des erzählten Rahmens sofort genannt sind: die Handlungsträger (Aktan-

---

25 Die folgenden Ausführungen stützen sich grundsätzlich auf die konkrete Textanalyse, wie sie im Anhang vorgestellt ist; ohne sie wären die Erkenntnisse zum Verhältnis von Fachlichkeit und Nichtfachlichkeit im literarischen Werk gar nicht möglich. – Die Zahlen für die Belegstellenangabe beziehen sich auf die Zeilenzählung in der kritischen Ausgabe von A. Calame (Fontenelle 1984). Die nachgesetzten *F* und *M* geben den jeweiligen Sprecher des Dialogs – Fontenelle oder die Marquise – an. – Zur Strukturierung s. Disposition Anm. 11.

26 Premier Soir: *Que la Terre est une Planete qui tourne sur elle-meme, et autour du Soleil.* (Fontenelle 1984: 13-45)
Second Soir: *Que la Lune est une Terre habitée.* (46-75)
Troisième Soir: *Particularités du Monde de la Lune. Que les autres Planetes sont habitées aussi.* (76-101)
Quatrième Soir: *Particularités des Mondes de Venus, de Mercure, de Mars, de Jupiter, et de Saturne.* (102-132)
Cinquième Soir: *Que les Etoiles Fixes sont autant de Soleils, dont chacun éclaire un Monde.* (133-156)
Sixième Soir: *Nouvelles pensées qui confirment celles des Entretiens précédens. Dernieres Découvertes qui ont été faites dans le Ciel.* (157-179)

ten) (*nous*, dann *la Marquise* und *je*), die Zeit (*un soir*, genauer *après souper*), der Ort (*le Parc*), die Situation (*aller se promener*). Aus dieser Konstellation heraus entspinnt sich das Gespräch zwischen dem Ich der Rahmenerzählung – also Fontenelle – und der Marquise.

A

Das Gespräch selbst läßt sich unter zwei beherrschenden Aspekten verfolgen, die sich selbst aus der Unterhaltung heraus anbieten: dem Gesichtspunkt des **FACHBEZOGENEN SPRECHENS UND ARGUMENTIERENS** und dem Gesichtspunkt des **NICHTFACHLICHEN SPRECHENS**.

Bis in unsere Gegenwart hinein ist nicht genau und unangreifbar festgelegt, was denn an Gegenständen und Sachverhalten und Handlungszusammenhängen fachlich sei, was denn die Fachlichkeit eines Faches ausmache, wo sie beginnt und wo sie endet, wie sie geschichtet ist und welche Beziehung sie zum Fach (zu ihrem Fach) hat.[27] Die moderne Fachsprachen-Forschung hat, nachdem sie – etwa ab den siebziger Jahren – bereits eifrig zu Fachsprachen wortbezogene Untersuchungen vorgelegt hatte, erst recht spät, in den endenden siebziger Jahren, dieses Problem überhaupt gesehen, ihren eigenen, sie profilierenden und abgrenzenden Standort ›Fach‹ nicht reflektiert und möglicherweise definiert zu haben[28]; und bis heute werden mit den Begriffen ›Fach‹ und ›fachlich‹ Merkmale verschiedener Art verknüpft. Man darf wohl bei aller Vagheit im einzelnen davon ausgehen[29], daß Gesichtspunkte wie ›genaues Wissen‹, ›vertiefte Kenntnis von Zusammenhängen‹, ›erlerntes Arbeitsfeld‹/›Beruf‹ eine prägende Rolle bei dem Verständnis des ›Fach‹-Begriffs spielen, wobei sich, ausgehend von der arbeitsteiligen Tradition handwerklicher und wissenschaftlicher Berufe, als zwei große Orientierungen darüber lagern: die mehr praxisbezogenen (›praktisch-handwerklichen‹) und die stärker wissensgeleiteten (›theoretisch-wissenschaftlich-intellektuellen‹) fachlichen Tätigkeiten (bei vollem Bewußtsein, wie problematisch auch diese Grobeinteilung ist!).

Im Fontenelle-Text findet sich zwar kein Hinweis auf Qualifizierungen wie ›Fachmann‹, ›Gelehrter‹, ›Experte‹, ›Spezialistentum‹, ›Beruf‹, ›Laie‹, aber ausdrückliche Gegebenheiten, die zum begrifflichen Umfeld der Fachlichkeit gehören, geben doch Aufschluß, gerechtfertigt in ›Fachliches‹ und ›Nichtfachliches‹ trennen zu dürfen:

---

27 Cf. Kalverkämper (1979; 1980a).

28 Cf. Kalverkämper (1978; 1980b).

29 Cf. Kalverkämper (1980a).

1.

Zum einen die **Frage-Situationen**, wie sie den Fortlauf des Textes beherrschen:

- *Qu'appelés-vous tous ces Mondes?* (61 M)
- *la Philosophie est devenuë bien méchanique?* (156 M)
- *Quand on eut reconnu cette disposition des Cieux [...]?* (227 M)
- *Et pour quoi ne les faisoit-on que de cristal, [...]?* (291 M)
- *Le Soleil est au centre de l'Univers, et là il est immobile, après lui, qu'est-ce qui suit?* (356 M)
- *Et la Lune?* (369 M)
- *[...] celui [scil. le tour] que le Soleil fait tous les jours sur notre tête, comment se fait-il?* (464 M)
- *[...] c'est donc [...] une imagination?* (482 M)
- *Mais [...] comment la Terre avec tout son poids se soûtient-elle sur vôtre matiere celeste [...]?* (538 M)
- *Est-il possible qu'il ne laissera pas quelque petite marque sensible [...]?* (651 M)

Sie signalisieren – hier konkret seitens der Marquise (M) – eindeutig Informationsgefälle, Wissensunterschiede, wie sie zwischen Fachmann (Fontenelle) und Laie (die Marquise) bestehen.

2.

Zum anderen die **Thematik**, die erfragt wird und nur über vertiefte Kenntnis, über genaueres, erarbeitetes Wissen – und sei es, wie in 63 F und 65 M formuliert, eine *folie* (›Steckenpferd‹) – ergründet werden kann:

die Philosophie:

- *parler de Philosophie* (83 F)
- *Toute la Philosophie n'est fondée que sur deux choses* (102 F);

die Astronomie:

Schon als Rahmenthema in der Überschrift:

- *Que la terre est une planète qui tourne sur elle-même, et autour du Soleil* (2)

sowie in der Rahmenerzählung:

– *prouver que [...]* (91)

schließlich im Gespräch selbst:

– *le fondement de l'Astronomie* (199 F);

die Physik:

– *matière de Physique* (91);

zudem die Optik und die Mathematik; wobei für jene Zeit, das 17./18. Jahrhundert, noch keine genauen fachlichen Grenzen und Zuständigkeiten gelten und diese insgesamt meist als ›philosophische Arbeitsgebiete‹ figurieren.

3.

Schließlich, aus den Informationsfragen (*1.*) und der Thematik (*2.*) fast notwendig entstehend, legt die **Lehrsituation** eine Trennung in ›fachlich‹ und ›nichtfachlich‹ nahe. Gerade das Lehren und Lernen werden mit dem Wunsch verknüpft, vom Nichtwissenden zum eingeweihten Wissenden, vom Laien zum fachlich Eingewiesenen zu wechseln:

– *donnez-la [scil. votre folie] -moi* (74 M)

und direkt:

– *apprenez-moi vos Etoiles* (82 M),

verlangt die Marquise vom Astronomen Fontenelle.

Und dann beginnt er schließlich – 102 F –, lang zu dozieren, lüftet sein Wissen – 177 F sagt er: *tirer le rideau* – und läßt die unwissende Marquise (91 F: *une personne comme elle, qui ne savait rien en matière de Physique*) in die Fachzusammenhänge eintreten (*vous montrer le Monde*, 177 F).

B

Die Spalte der **NICHTFACHLICHKEIT** in der Textanalyse ist insbesondere für den Beginn der Abendunterhaltung besetzt. Dort finden sich von Fontenelle und der Marquise Dinge angesprochen und Begriffe verwendet, die zwei Vorkommensweisen angehören:

1.

Zum einen Formen und Konversationsweisen aus der Welt der Salons, der Galanterie und Plaisanterie. Man kann sie in einem weiten Verständnis als Einfluß und Verwirklichung der **Salonkultur** in dem abendlichen Gespräch auffassen (ich habe die auffallenden Vorkommen mit dünnen Punkten umkastet):

Da werden Themen, Motive, Einstellungen angesprochen, wie sie in den zeitgenössischen Konversationslehren angeraten werden, und dies zum Teil in einer Art von sprachlichen Floskeln und geistigen Versatzstücken, wie sie für eine Unterhaltung unter *Honnêtes gens* angebracht erschien (457 F ist dafür typisch: *des pas d'Amants; chiffres gravés sur l'écorce des arbres; vos Adorateurs*):

Als Themen:

- *beauté* (20 M)
- *spectacle / opéra* (116 F);

als Einstellungen der Lebensführung und des Handelns:

- *aimer* (58 M), *amants* (38 M), *aimable* (83 F)
- *charmant* (307 F)
- *trouver du plaisir* (74 M), *faire plaisir* (69 F), *plaisant* (479 M, 611 M)
- *manière riante* (69 F)
- *adoucir* (261 F)
- *loisir* (216 M)
- *réjouissant* (567 F);

als Konventionen:

- *demander pardon* (63 F)
- *ne pas permettre* (16).

2.

Die besondere Kommunikationssituation, am lauen Abend im schönen Park, inmitten einer anregenden Natur, bringt – zum anderen – Themen ins Gespräch, die sich aus der Lieblichkeit des **Ortes** und aus der **Landschaft**, die zum später anschließenden fachlichen Weiterdenken anregt, ableiten:

Die Klischees von der Schönheit der Natur (*beauté* 18 F, 20 M, 24 F), ihre anrührende Wirkung auf den Menschen (*toucher* 27 M; *triste, passionné* 44 F), das Träumen unter dem Himmelszelt (*rêver* 14; *rêverie douce* 29 M, 52 F; *s'abandonner à la lune et aux étoiles* 16) lassen an die Bukolik, an die Hirten- und Schäferdichtung, an die Arkadische Poesie denken und erinnern in ihrem

Charakter als Versatzstücke an den altantiken (Homer) Topos vom *locus amoenus*, wie er, vermittelt über die Frührenaissance und den Humanismus, bis ins 16. Jahrhundert in der italienischen und französischen Dichtung Verwendung fand. Dabei setzte sich Fontenelle in seinem »*Discours sur la nature de l'églogue*« (1688) mit großer Breitenwirkung dafür ein, nicht ein reales, anschauliches Abbild des Landlebens in der literarischen Idylle zu verarbeiten; der Schöngeist Jean-Baptiste Du Bos (1670-1742) wird die Eingangsszene der »*Entretiens*« (Z. 4-60) als »die schönste Ekloge seit 50 Jahren« (Joeres 1973: 99) bezeichnen.

Die Idylle des Schäferlebens läßt sich sehr schön einbinden in die fachwissenschaftlichen Darlegungen und Erörterungen – zumal mit dem Himmel, den Sternen, dem Mond, der Ruhe und gemütvollen Weite ein Brückenschlag sich geradezu anbietet –, indem man in ihr die Keimzelle astronomischer Beobachtungen vermutet und behauptet: Fontenelle (199 F) gründet auf den Chaldäischen Schäfern zwischen Euphrat und Tigris im Altertum seine Wissenschaftsgeschichte der Astronomie. Und die Marquise leitet aus ihrer parallelen Situation einer *vie pastorale à la campagne* (216 M) für sich selbst begeistert ab, *que je tienne à l'Astronomie* (212 M).

C

Aber schon vor diesem Rückgriff auf die Entstehungsgeschichte einer Fachwissenschaft gelingt der **ÜBERGANG VOM NICHTFACHLICHEN GEPLÄNKEL HIN ZUM FACHGEBUNDENEN, AN DER ASTRONOMIE INTERESSIERTEN DIALOG.**

Insbesondere die Begriffe aus dem Arsenal der Hirtendichtung hatten schon die Thematik vorbereitet, mit *tous ces Mondes* (60 F) fällt dann das Reizwort, das mit spezifischem Interesse, man mag sagen: mit Fachinteresse von der Marquise aufgegriffen wird.

Das anschließende Wechseln zwischen fachlichem Reiz und nichtfachlichen Manövern führt, übergeleitet durch einen Rückgriff in die befreiende Rahmensituation (ab 91), in der der Bogen nochmals vom fachlichen Thema bis zur Salonoberflächlichkeit (*bagatelle* 98) gespannt ist, hin zur fachlichen Ausbreitung, zur Fachvorlesung. Sie wird entsprechend angekündigt (*voici par ou je commençai* 100 F), was auch eine reflektierende Durchdringung, eine gewisse Methodik der fachlichen Darstellungen signalisiert und gerade hierin durchscheinen läßt, daß es sich bei den »*Entretiens*« nicht um ein authentisches Protokoll, sondern um eine mit Distanz geschriebene literarische Kunstform für bestimmte, mitzuteilende Inhalte handelt.[30]

---

30 Zu dieser Frage der Übergänge und Beziehungen von Mündlichkeit und Schriftlichkeit äußern sich Koch / Oesterreicher (1985) in neuartiger Sichtweise. Nach ihrer Terminologie wären die »*Entretiens*« zu kategorisieren als konzeptionell (das heißt »hinsichtlich der kom-

D

Fontenelle spricht – ich habe in der Textanalyse (im Anhang) die folgenden **INHALTLICHEN STRUKTURIERUNGEN** markiert mit Pfeil links außen – von den *Mouvements de l'Univers* (130 F), den Systemen (228 F), von denen er gemäß der Wissenschaftsgeschichte zuerst das ptolemäische (261 F), danach das kopernikanische (335 F) als das akzeptable (307 F) darstellt (in der Rahmenerzählung 664 erwähnt er noch als drittes das System von Ticho-Brahé (1546-1601)).

Die dann folgenden inhaltlichen Gliederungen des Fachgesprächs werden dem Fachmann Fontenelle aus der Regie genommen, die souveräne, methodisch aufgebaute Fachvorlesung fügt sich nun dem Dialogpartner: Die Marquise nämlich signalisiert ab jetzt mit ihren Einlassungen die inhaltlichen Brüche und bestimmt somit die weitere Struktur des Gesprächs:[31]

munikativen Strategien, der *Konzeption* sprachlicher Äußerungen« [17]) auf dem Kontinuum zwischen den beiden idealtypischen Modi ›geschrieben‹ und ›gesprochen‹ liegend, also: ›geschriebenes Gesprochenes‹; und als medial natürlich: graphisch (gegenüber dem phonischen Code). Innerhalb des Spannungsfeldes zwischen den kommunikativen Bedingungen der »Sprache der Nähe« einerseits (Kombination von Merkmalen der Mündlichkeit wie ›Dialog‹, ›freier Sprecherwechsel‹, ›Vertrautheit der Partner‹, ›*face-to-face*-Interaktion‹, ›freie Themenentwicklung‹, ›keine Öffentlichkeit‹, ›Spontaneität‹, ›starkes Beteiligtsein‹, ›Situationsverschränkung‹ und anderen) und, auf der anderen Seite, der »Sprache der Distanz« (mit den kombinierten Merkmalen der Schriftlichkeit wie ›Monolog‹, ›kein Sprecherwechsel‹, ›Fremdheit der Partner‹, ›räumliche und zeitliche Trennung‹, ›festes Thema‹, ›völlige Öffentlichkeit‹, ›Reflektiertheit‹, ›geringes Beteiligtsein‹, ›Situationsentbindung‹ und anderen) (21) vermitteln die »*Entretiens*« den Eindruck der »hergestellten Nähe« (24), der »fingierten Mündlichkeit« (24, Anm. 23; Goetsch 1985) – dies natürlich unter den dominanten Vorgaben des preziösen Umgangs miteinander zur Mitte des 17. und im frühen 18. Jahrhundert. – Von daher mag man Joeres (1973: 93-96) zustimmen, wenn er annimmt, daß Fontenelle, wie er in der ›*Préface*‹ mit »ce Livre (-ci)« oder ähnlichem (Z. 38, 77, 159, 169 f.), »cet Ouvrage« (Z. 117, 129 f.) schon selbst andeutet, von einer verschriftlichten Form von vornherein ausging und – schon durch die Wahl der Gattungsbezeichnung ›*entretien(s)*‹ ›Gespräch(e)‹ (gegenüber ›*dialogue*‹ »als rein literarische Form« [87]) – ungeachtet der Wahrheit dem Leser wenigstens »die Wahrscheinlichkeit des stattgefundenen Gesprächs« (93), eine mögliche Echtheit also (95), suggerieren wollte: Der Leser sollte die Illusion einer *authenticité* haben: »die »*Entretiens sur la Pluralité des Mondes*« waren der Bericht eines Gespräches« (96). – Neumann (1933), allerdings mit einer Arbeit – Karl Voßler hat sie betreut – aus einer Zeit, in der die Fragen von Schriftlichkeit und Mündlichkeit eigensinniger angesehen wurden (man denke nur an die Beurteilungen der Dialekte oder der alten Sprachstufen), schätzt Fontenelles »*Dialogues*« und »*Entretiens*« ein: »[Sie] sind eben reine Gespräche« (81): »Dadurch, daß Fontenelle den »style périodique« nicht beibehält, sondern zum »style coupé« greift, welcher der natürlichen Lebendigkeit der Franzosen entspricht und schon im Mittelalter vorbildlich ist, gelingt es ihm, die Schriftsprache der gesprochenen Salonsprache der damaligen Zeit zu nähern« (80).

31 Ab Mitte des ›*Second Soir*‹ greift die Marquise noch wesentlich aktiver in den Verlauf der wissenschaftlichen Gespräche ein. Cf. Punkt E. Die Schaltstellen der Einlassungen sind in der Textanalyse eingekreist.

– Den gehörten inhaltlichen Komplex um *systèmes, cercles, mouvements* verengt sie (413 M) auf das Reizwort *tourner*, und zwar in bezug auf *la Terre*, also den Jahreskreis, wozu Fontenelle dann Näheres ausführt.

– In einem weiteren verengenden Schritt erfragt sie (462 M) das *tourner* in bezug auf *le Soleil*, und zwar unter dem Gesichtspunkt des Tagesablaufs.

– Mit ihrer Frage zum Gewicht der Erde und seinen Konsequenzen für die Stabilität der Erde im All (502 M) bringt die Marquise eine neue Thematik ein, die in konsequenten Schritten dialogisch behandelt wird, bis die Marquise (565 M) aus den vorhergegangenen Erkenntnissen zum *tourner* und den gerade gehörten Informationen zum Gewicht der Erde eine neuerliche Zäsur setzt mit ihrem synthetisierenden Schluß – im Sinne von *la Terre et moi, nous tournons* (565 M) –, welcher dann den Anlaß gibt, eine hypothetische Konstellation – nämlich die außerirdische, am Platz im All fixierte Beobachtung der rotierenden Erdkugel – als ein Beispiel zu durchdenken.

– Sie sieht, wieder einen neuen Themenkreis eröffnend, in den Denkspielen eine *difficulté sérieuse* (620 M), nämlich die Frage nach der Mitbewegung der Luft, wozu Fontenelle dann Erklärungen gibt.

– Die Marquise schließt letztendlich die gemeinsame Unterhaltung aus eigener Entscheidung (662 M) mit Aussicht auf den nächsten Abend; und die Rahmenerzählung berichtet noch von dem *discernement vif et prompt* (672), mit dem die Marquise zwischen den angebotenen Weltsystemen auf Grund ihrer neu erworbenen Kenntnisse nun souverän für Kopernikus votiert.

E

Die vorgestellte inhaltliche Gliederung des Gesprächsverlaufs zwischen dem Fachmann und dem Laien (s. D) hat eine in den gleichartigen Werken des 17. und 18. Jahrhunderts ebenfalls stark favorisierte **LEHRSITUATION** erhellt, die ganz offensichtlich sich didaktisch fruchtbringend auswirkt:

Der Fachmann hat einige Informationen zum Fach – sozusagen, im wahrsten Sinne, als Hintergrund – geboten, und der Laie übernimmt dann mit seinen Fragen die Regie der ihm zugedachten Belehrung, er bestimmt die Lehrinhalte, weil er selbst seine Lücken kennt und spürt, wo ihm noch etwas problematisch erscheint und Fragen für ihn ungeklärt geblieben sind. Der Lehrende tritt zurück aus seiner dominanten Rolle, die ihm sein Wissensvorsprung natürlicherweise einräumt. Eigentlicher Souverän der fachbezogenen Unterhaltung ist vielmehr der im Fachwissen Schwächere, der lernende Partner, der den Verlauf des dialogischen Lernprozesses mit seinen themen(neu)bestimmenden Fragen und Einwürfen steuert. Die kolloquiale Vermittlung von Fachwissen räumt dem Lernenden größtmögliche Freiheiten ein, was natürlich gekoppelt ist mit erhöhtem Risiko für den Lehrenden: seine fachliche Kompetenz, seine methodische Flexibilität und sein Reaktionsvermögen auf thematische Sprünge sind in besonderer Weise herausgefordert.

So wiegt sich die stets gegebene Asymmetrie des Lehrdialogs in etwa auf: Der fachliche Überhang des Fachmannes wird kompensiert durch die selbstbewußt steuernde Freiheit des lernenden Laien, indem dieser die fachlichen Auskünfte nur selektiv erbittet und nur gezielt und seinen Interessen entsprechend und seinen Lücken angemessen fragt und somit die Gelegenheiten für den Fachmann zur selbstgefälligen Eigendarstellung erheblich einschränkt.

Von den vielen Methodiken heutiger Didaktik, wie dem genetischen oder dem produktionsorientierten oder dem sachbezogenen oder dem methodenorientierten oder dem kritischen Lernen, dürfte das dialogische Lernen demjenigen, auf den es in einer guten, funktionierenden Didaktik eigentlich ankommt und dem ja alle methodisch-didaktische Reflexion gilt, also dem Lernenden, die größtmögliche Freiheit im Lernprozeß einräumen. Individuell in der Zweierkonstellation (Fontenelle – Marquise) erfolgreich vorgeführt, von der Aufklärung aber in allgemeiner Breitenwirkung angestrebt, machen die »*Entretiens*« eine typisch aufklärerische didaktische Progression vor[32]: Indem der lernende Partner in das lehrende Gespräch und die fachlichen Inhalte als Fragender einbezogen wird, rückt er so aus dem Schatten des unmündig rezipierenden und den Entscheidungen des belehrenden Fachmanns ausgelieferten Laien nun in das – wenn auch gegenüber dem Lehrenden möglicherweise blassere – Licht des mitdenkenden, aktiven, seine Vernunft einsetzenden und seinen Verstand kritisch gebrauchenden, eben »aufgeklärten« Partners im Fachgespräch.[33]

F

Doch Freiheit (s. E) bedeutet zugleich Engagement, auch in der didaktisch glücklichen Situation der kolloquialen Fachvermittlung. Dieses Engagement liegt in dem Begriff der **MOTIVATION** des Lernenden, und zwar hier eindeutig ver-

---

32 François de Fenne setzt sie 1690 um in eine für den Sprachunterricht neuartige Grammatik in Dialogform – »*Entretiens familiers pour les amateurs de la langue françoise*« –, die auch, in ihrem zweiten Teil, szenische Einbettungen von Konversations-Versatzstücken in typische Kommunikationssituationen bietet, um charakteristische Umgangsformen – »dont on se doit gouverner parmi le beau monde« – lebensnah und konversationspraktisch zu vermitteln. – Die Tradition der Sprachen-Grammatiken weist nur sehr selten diesen kommunikativen Typ aus. Eine wirklich systematische Integration in eine Grammatik-Konzeption haben die Dialogizität und die »Syntax des Gesprächs« erst mit der Textgrammatik von Harald Weinrich erfahren (1982).

33 Diese didaktischen Möglichkeiten sind zu jener Zeit mehr soziologisch gedeutet worden, zum Beispiel Bary (1673: 10 f.), der meint, »Bücher [haben] in Konversationsform gegenüber Büchern in diskursiver Form den Vorteil, je nach dem Charakter der weiblichen bzw. männlichen Konversationspartner sprechen und schreiben zu lehren. Diese Form ist für Leute von Welt, die diskursive dagegen für Einsiedler konzipiert« (Strosetzki 1978: 71).

standen im Sinne eines *genitivus subiectivus*: Motivation, die der Lernende einbringt. Es bietet sich gerade für das 18. Jahrhundert an, stattdessen den da aufkommenden anthropologisch, didaktisch und ästhetisch besetzten Begriff des Interesses zu verwenden:[34] Sein Interesse verhilft dem Lernenden dazu, im Prozeß der Wissensvermittlung neue, noch nicht angesprochene Elemente in das Gespräch einzubringen und es auf diese Weise dynamisch zu halten.

Im Extremfall schüttelt der interessierte Schüler sogar die nach seiner Meinung falsch laufende Unterhaltung ab und bringt sie zurück auf seine Informationswünsche: So verweigert die Marquise die galanten Abirrungen Fontenelles, indem sie bestimmt: *Laissons-là les Adorateurs et parlons du Soleil* (460 M); oder: *Sérieusement* (563 M); oder: *Mais il me vient une difficulté sérieuse* (620 M).

Auf der anderen Seite ist die Marquise aber durchaus daran interessiert, die Dinge **verständlich** und nicht zu schwierig ausgebreitet zu bekommen; sie dürfte sich in dieser Haltung durchaus als eine Zeitgenossin der Salonkultur ausweisen: Die inhaltliche Konstanz – ich habe in der Textanalyse des Anhangs solche Konstanzen mit dicken Punktlinien markiert – von zum Beispiel (259 M – 330 M) *net / intelligible / content, adoucir, simplicité charmante, faire les choses à moins de frais, épargne extraordinaire* und *pas tant de peine à comprendre* zeigt, wie wichtig Kriterien wie ›Faßlichkeit‹, ›Einsichtigkeit‹, ›ökonomische Simplifizierung‹, ›Leichtigkeit‹, ›schöne Aufbereitung‹ (*adoucir* 261 F) sind, um ein fachbezogenes Interesse des Lernenden aufrecht zu erhalten.[35]

Gerade hier kann die kolloquiale Vermittlung von Fachwissen flexibel sein und die Informationen je nach Reaktion beim interessiert lernenden Partner dosieren. Ein schönes Beispiel dafür, wie bewußt die Partner die Schwierigkeit des Stoffes reflektieren und das Verständnis zwischen Fachmann und Laie sensibel ausloten, bietet eine Stelle im ›*Sixième Soir*‹ (Z. 152-163):

– (M) [...] je croi fermement que la Terre tourne.
– (F) Je ne vous ai pourtant pas dit la meilleure raison qui le prouve, repliquai-je.

34 Cf. Weinrich (1985: 232 f.).

35 Sie gehören auch zum Argumentationshaushalt der modernen Sprachpflege und zur Kritik allgemein an der aktuellen Wissenschaftssprache. Cf. Kalverkämper / Weinrich (1986: Teil II) sowie Weinrich (1986) und Gauger (1986); cf. auch Anm. 45 und 46. Die sprachlichen Barrieren und sozialen Probleme, die daraus erwachsen, waren auf dem Gebiet der Fachkommunikation im ausgehenden 17., frühen 18. Jahrhundert ähnlich wie heute: »Zweifelsohne hätten wohl die ›gens du monde‹, die sich in den Vorlesungen eines Régis [scil. oder Leroy, Pierre Sylvain; 1632-1707; cartesianischer *vulgarisateur*] oder Lémerys [scil. Nicolas; 1645-1715; Apotheker, Chemiker, ›Pharmazeut‹] drängten, so manches Mal den Satz Martines [scil. aus »*Les Femmes savantes*« von Molière, II 6] übernehmen können: »Tout ce que vous prêchez est, je crois, bel et bon; mais je ne saurais, moi, parler votre jargon«.« (Joeres 1973: 72).

– (M) Ah! s'écria-t-elle c'est une trahison de m'avoir fait croire les choses avec de foibles preuves. Vous ne me jugiés donc pas digne de croire sur de bonnes raisons?
– (F) Je ne vous prouvois les choses, répondis-je, qu'avec de petits raisonnements doux, et accomodés à votre usage; en eussai-je employé d'aussi solides et d'aussi robustes que si j'avois eu à attaquer un Docteur?
– (M) Oüi, dit-elle, prenés-moi présentement pour un Docteur, et voyons cette nouvelle preuve du mouvement de la Terre.
– (F) Volontiers, repris-je, la voici. [...].

G

Somit hat auch der **LEHRENDE IM FACHLICHEN DIALOG** gewisse Entscheidungen zu treffen, die er in partnerbezogener Wachsamkeit[36] einfließen läßt.

1.

Die krasseste Entscheidung ergibt sich aus der vollen fachlichen Kompetenz und didaktisch-methodischen Souveränität heraus, wenn nämlich Fontenelle – allerdings an nur einer Stelle im ›*Premier Soir*‹[37] – das schwierig verstehbare Wissen **ausdrücklich ausgrenzt** und somit die komplexe Fachinformation auf die Fähigkeiten seiner lernenden Gesprächspartnerin hin reduziert (419 F): Schon mit *d i f f é r e n t s (points de vue)* und *d e s bizzarreries* semantisch und morphologisch vorbereitet, sagt er, wobei er seine Rolle als Fachmann klar herausstreicht und die des Partners als Laien kenntlich macht:

---

36 Fontenelle hatte »die weithin sprachlich bedingten Schwierigkeiten bemerkt, die die ›gens du monde‹ beim Erwerb naturwissenschaftlicher Erkenntnisse zu überwinden hatten. Er sah den »abîme qui séparait les philosophes et le vulgaire« [...]. Um diesen Abgrund überbrücken zu können, mußte man die Fähigkeiten besitzen, die man, Fontenelle zufolge, von einem Sekretär der Akademie der Wissenschaften erwartete:
»Il falloit à cette compagnie [das ist die Académie des Sciences] un secrétaire qui entendît et qui parlât bien toutes les différentes langues de ces savans [das sind die Mitglieder der Akademie]; celle d'un chymiste, par exemple, et celle d'un astronome qui fût auprès du public leur interprète commun; qui pût donner à tant de matières épineuses et abstraites des éclaircissemens, un certain tour, et même un agrément que les auteurs négligent quelquefois de leur donner, et que cependant la plupart des lecteurs demandent.« (Joeres 1973: 73).

37 Am Ende des ›*Cinquième Soir*‹ (dort Z. 563-567) – mit dem in der ersten Ausgabe (1686 bei der Veuve C. Blageart, Paris, verlegt) die »*Entretiens*« endeten; cf. zum (neuen) ›*Sixième Soir*‹ ab der Nouvelle édition, Paris 1687 (verlegt bei Michel Guérout): Fontenelle (1984: 9, Anm. 1; 157, Anm. 1; 181 f.) – sagt Fontenelle zur Marquise:
»[...] il me suffit d'avoir mené votre esprit aussi loin que vont vos yeux.
Quoi! s'écria-t-elle, j'ai dans la tête tout le Système de l'Univers! Je suis sçavante!
Oui, repliquai-je, vous l'êtes assés raisonnablement, [...].«

- *Il n'est pas nécessaire que je vous parle de...*

und

- *Il suffit que vous sachiez que...*

Das erspart Exkurse und belastende Erklärungen und gewichtet, aus der Autorität des fachlich Wissenden heraus, zugleich die angebotene Information für den Partner.

2.

Eine subtilere Ökonomie leistet sich – und seiner Partnerin – der Fachmann Fontenelle, indem er **Wörter in fachlicher Bedeutung** und fachlichem Kontext verwendet, ohne sie einzuführen, ohne sie zu erklären, ohne sie als bekannt bei der Marquise zu erfragen. Auch hier (cf. C) mag ein weiteres Indiz zu sehen sein, daß die »*Entretiens*« nur eine fiktive Kommunikationssituation, eine fingierte Mündlichkeit wiedergeben; denn in einer realistischen Unterhaltung hätte es sicherlich rückversichernde Fragen des Fachmanns an den Laien gegeben.

Gerade am Anfang (60 F) spricht Fontenelle von *tous ces mondes*, und hier ist die einzige Stelle, an der die Marquise ein Fachwort erfragt (*Qu'appelés-vous tous ces Mondes?* 61 M). Ansonsten gebraucht Fontenelle Fachwörter wie

- *Étoile* (68 F)
- *raison* (79 F)
- *mouvemens de l'Univers* (133 F)
- *le Chariot* (›Wagen‹, ›Bär‹) (195 F)
- *contrepoids* (153 F)
- *ressort* (›Springfeder‹) (154 F)
- *décrire un cercle* (360 F)
- *faire sa révolution* (›seinen Umlauf vollenden‹) (368 F)
- *répondre à* (›treffen auf‹) (435 F)
- *marcher* (491 F)
- *espace* (532 F)
- *nager* (›schweben‹) (532 F)

und andere.

Wörter wie diese – es handelt sich gar nicht um viele – sind allerdings, wie ein Blick in ein zeitgenössisches Wörterbuch, zum Beispiel den »*Dictionaire universel*« von Furetière (1690) beweist, auch in nichtfachlichen Kontexten und dabei in nicht gravierend vom fachlichen Verwendungszusammenhang abweichender Bedeutung bekannt.

Fontenelle belehrt und argumentiert also auf der Grundlage, gewisse Kenntnisse und Bedeutungen als bekannt einfach voraussetzen zu können, und andererseits die Unterhaltung nicht zu stark mit Bedeutungs- und Sacherklärungen zu belasten. Hierin steht er ganz in der Methodik des *adoucir* (261 F) und ebenjener *simplicité charmante* (307 F), die er selbst mit Blick auf seine Partnerin angibt.

Andererseits rechtfertigt die Marquise die in sie gesetzten Erwartungen ihres Fachmanns, indem sie selbst verschiedentlich Fachwörter und fachliche Zusammenhänge gekonnt einbringt:

- *La Philosophie est devenuë bien méchanique?* (156 M)
- *l'ordre de la Nature* (168 M)
- *je vois bien qu'il faut que je m'en tienne à l'Astronomie* (212 M)
- *cette disposition des Cieux* (227 M),

schließlich – mit Übernahme ihrer dialogsteuernden Rolle (ab 413 M) – ihre geäußerten fachgebundenen Überlegungen (413 M, 462 M, 479 M, 517 M, 538 M, 620 M).

3.

Um so mehr fallen dann jene Stellen auf, in denen ein **Fachwort erklärt** (a.) oder in denen nach fachlichen Ausführungen dann das zugehörige Fachwort ›rückblickend‹-summierend angeführt wird (b.):

(a.)

Tous ces mondes (60 F), das erste fachliche Stichwort, löst eine wahre Kettenreaktion fachlicher und galanter Geplänkel aus, und die ganze folgende Gesprächseinheit (ab 100), selbst mit den Informationen der noch folgenden fünf Abende, bilden dazu den Erklärungskontext. Das Fachwort – der fachbezogene Ausdruck – hat initiierende Funktion für die Textkomposition.

Explizite Erklärungssignale, die das Wissensgefälle zwischen Fachmann und Laien sprachlich sehr deutlich werden lassen, sind nur spärlich und diskret eingesetzt (hier gesperrt; Fachwort hier in fett):

- *O n l e s a p p e l l e* ***étoiles fixes*** (182 F) mit nachfolgendem Erklärungskontext:

  = *parce qu'elles ne paroissent avoir que le mouvement de leur Ciel, qui les emporte avec lui d'Orient en Occident* (184 F);
  = *au lieu que les Etoiles Fixes sont toujours dans la même situation les unes à l'égard des autres* (193 F);

= *le Chariot, par exemple, que vous voyés qui est formé de ces sept Etoiles, a toujours été fait comme il est, et le sera encore long-tems* (195 F).

– *(Astres) q u ' o n a p p e l l e des* **planètes** (186 F), ebenfalls mit Folge-Erklärung:

= *Ces Planettes n'étant point attachées à un même Ciel, ayant des mouvemens inégaux, elles se regardent diversement, et figurent diversement ensemble* (190 F);

= *la Lune est tantôt proche du Soleil, tantôt elle en est éloignée, et il en va de même des autres Planettes* (197 F).

Das Fachwort – und in einer Gesprächssituation mit Wissenslücken und Fachkenntnis-Gefälle noch spezieller: das erklärungsbedürftige, dem Partner als Ausdruck oder in der (fachlichen) Bedeutung unbekannte Wort – wird (mit einem gängigen fachdidaktischen Aufmerksamkeitssignal an den Hörer, nämlich *on l'appelle, ça s'appelle* etc.) in den Gesprächsablauf relativ ungestützt eingeflochten und erhält, dann sich anschließend, eine mehr oder weniger aspektereiche Erklärung: Die Bedeutung des Fachwortes wird im weiteren Textverlauf entfaltet. Dies läßt sich sprachlich ausdrücklich – metasprachlich also – vorbereiten, indem Signale wie *c'est-à-dire, ce qui signifie/implique, il s'agit dans ce cas / à ce sujet, on entend par cela / là* etc. angeben, daß nun die im Fachwort kondensierten Merkmale (als ›Definition‹ des Terminus) im Folgetext auseinandergezogen und – gemäß der Auswahlentscheidung des Erklärenden – hintereinander vorgebracht werden: Die Komplexität der (Fach-)Wortsemantik löst sich auf in die Linearität der (fachsprachlichen) Textsemantik.

Dies[38] ist eine beliebte, in modernen Texten des 20. Jahrhunderts und auch von Fontenelle bevorzugte Textstrategie, Fachwissen, wie es sich im Gebrauch von Fachwörtern zeigt, dem Laien nahezubringen, wenn dieser voraussehbar das Wort und die Sache (das Objekt, den Sachverhalt, den fachlichen Handlungszusammenhang) nicht kennt. Darin steckt sicher eine didaktische Grunderfahrung: Der unvorbereitete Einsatz eines in Ausdruck und Bedeutung neuen Fachwortes weckt, wenn dies in vertretbarer Dosierung und Streuung im Textverlauf geschieht, die Neugierde und – wie im Fall der Marquise (zum Beispiel sofort einleitend: *Qu'appelés-vous tous ces Mondes, me dit-elle, en me regardant, et en se tournant vers moi?* 61 M) – sogar Spannung des Laien und fördert – »motiviert« – so seine Lernwilligkeit und Wißbegierde: Die Unvermitteltheit des Fremdarti-

---

38 Es bietet sich an, die Komponenten dieser Strukturgemeinschaft – Fachwort plus Erklärungstext – gemäß ihrer Determinationsrichtung im Text zu präzisieren, indem man entweder vom ›kataphorischen Terminus‹ oder aber – was vorzuziehen wäre – vom ›anaphorischen (das heißt also textuell rückwirkenden, auf den im Textverlauf bereits gelieferten Terminus zurückverweisenden) Erklärungstext‹ spricht (cf. Kalverkämper 1987).

gen steigert zwangsläufig die Aufmerksamkeit für den folgenden (Erklärungs-)-Text.

(b.)

Wesentlich weniger wird im 18. wie im 20. Jahrhundert die umgekehrte Verlaufsrichtung zwischen Fachwort und seiner Erklärung gewählt, also die Bündelung eines vorab gebotenen Erklärungstextes in einem quasi abschließenden, summierenden Fachwort:[39]

> Si la Terre ne changeoit point de place sur le Cercle où elle est, je verrois toujours le Soleil répondre aux mêmes Etoiles Fixes; mais dès que la Terre change de place, il faut que je le voye répondre à d'autres Etoiles. [...] et comme la Terre fait son Cercle en un an autour du Soleil, je vois le Soleil en l'espace d'une année répondre successivement à diverses Etoiles Fixes qui composent un Cercle (437 F – 445 F),

als vorbereitender Erklärungstext, dessen Informationen dann kondensiert werden in dem – metasprachlich als Fachaussage signalisierten (*s'appelle*) – Fachwort, das sich nun unmittelbar anschließt:

– *Ce Cercle s' a p p e l l e* ***le Zodiaque*** (445 F).

(c.)

Eine Mischung beider Erklärungsstrategien (a.) und (b.) gewichtet in sich auch wieder eindeutig für die didaktisch offensichtlich geeignetere Fassung der anaphorischen Erklärung des Fachwortes (s. (a.)):[40]

So bietet sich in der textthematisch wichtigen Sequenz 226 M bis 232 F, in der es, von der Marquise erfragt (227 M), um das Himmelssystem geht, eine nur knappe Vorlauf-Information an – *Il fut question, repris-je, de deviner comment toutes les parties de l'Univers devoient être arrangées* (228 F) –, die dann, sprachlich durch Anapher noch verstärkt (*et c'est-là que* 230 F), in das metasprachlich als Fachwort eingeführte (*les Sçavans appellent* 231 F) ›(*faire un*) *Sistême*‹ (231 F) münden. Dieses *sistême* bildet dann das Schlüsselfachwort, das ausführliche fachliche Folge-Informationen zu den Systemen eröffnet, die sich al-

---

39 Die Komponenten dieser Strukturgemeinschaft ließen sich unter diesen Determinationsabfolgen präzisieren zu ›anaphorischer Terminus‹ oder – ratsamer – ›kataphorischer (das heißt also textuell den bündelnden, kondensierenden Terminus vorbereitender, auf ihn hinzielender) Erklärungstext‹ (cf. Kalverkämper 1987).

40 Ähnlich sind die in fachlichen Zusammenhängen auftauchenden Eigennamen von Astronomen behandelt: *Descartes* (147 F), *Ptolomée* (261 F), *Copernic* (335 F), *Ticho-Brahé* (666).

le (Ptolomäus 262 F; Kopernikus 335 F; Ticho-Brahé 666 F)[41] auf das Fachwort *sistême* (231 F) zurückbeziehen.

4.

Offensichtlich viel beliebter als die Erklärungskontexte zu Fachwörtern (s. *3.*), die mehr definitorisch vorgehen, sind Strategien der Anschaulichkeit, wie sie der **Vergleich** ermöglicht.

Dieses Stilmittel setzt Fontenelle gerade dort ein, wo er fachliche Sachverhalte und Zusammenhänge erklären will. Kommt der Vergleich schon selten in der dialogischen (›dramatischen‹) literarischen Form vor, dürfte sein bevorzugtes Auftauchen hierbei noch auf die lehrende Vermittlung von Fachwissen eingeschränkt sein; andernfalls würden wohl eher das Gleichnis oder die Parabel gewählt.

Der Vergleich ermöglicht es, in optimaler Weise auf den lernbegierigen Partner einzugehen und seine spezifischen Voraussetzungen, die er in das Fachgespräch einbringt, zu berücksichtigen. So wählt Fontenelle seine Vergleiche aus der Lebenssituation und dem Erfahrungsschatz der kultivierten, mondänen Dame (er nimmt sogar ausdrücklich Bezug darauf: *vous avez l'expérience* 519 F):

- *Nature* wird mit *spectacle* / *opéra* / *théâtre* und ihren Charakteristika verglichen (116 F) (Typ: ***X est Y***)
- die Mechanik des Universums mit einer Uhr (158 F) (Typ: ***X est Y***)
- die Fixsterne mit Himmelsnägeln (182 F) (Typ: ***comme***)
- die generelle menschliche Situation mit der eines gewissen *Fou Athénien* (231 F) (Typ: ***comme***)
- der Erdlauf um die Sonne mit einer Schiffsfahrt (418 F) (Typ: ***la même chose que***)
- die beiden Bewegungen der Erde (um die Sonne im Jahr, um sich selbst in 24 Stunden) mit dem Lauf einer Kugel des Boule-Spiels (465 F) (Typ: ***X fait la même chose que Y***)
- die Schwebefähigkeit der Erde trotz ihres Gewichts mit der Schwimmfähigkeit eines Lastschiffes (529 F) (Typ: ***aussi***)
- die Lufthülle der Erde mit dem Seidengespinst des Kokons (631 F) (Typ: ***c'est ainsi que***).

Der Rekurs auf Bekanntes mag aber auch, wenn er nicht abwechslungsreich ist und nicht viele Bereiche der Erlebniswelt und des Erfahrungswissens anspricht, eintönig wirken und sich – im Dialog als prompte Reaktion des Partners

41 Einen synoptischen Vergleich der Weltsysteme, zusätzlich natürlich mit dem von Fontenelle nicht beachteten Newton / Kepler, bietet Teichmann (1983: 100 f.) mit einer Aufstellung nach zehn Gesichtspunkten.

– der Kritik aussetzen: Der Marquise reicht erst einmal das Vergleichen mit einem Lastschiff (*Je ne veux plus vous dire rien tant que vous aurez le gros vaisseau* 544 M), und sie empfindet die Seidenraupe und ihren Kokon als unpassendes Bild (*Vous me présentez la Terre sous des idées bien méprisables* 637 M).

5.

Was die Vergleiche sprachlich leisten, bietet ein Fachgespräch als ein Gespräch ebenso pragmatisch, nämlich die unauffällig **begleitende Lebenssituation** und die greifbare, erlebbare Anschauung. In sie bindet Fontenelle seine lehrenden Ausführungen konkret ein:

Dies betrifft also beide Gesprächspartner als Handelnde, den Abend als Zeitpunkt, den Park als Ort, die Situation als Unterhaltung. Für den Text der »*Entretiens*« bedeutet diese didaktisch sehr geschickte Methodik, daß das Gespräch eine stete Rückbindung in die Rahmenhandlung erfährt, so daß die Rahmenerzählung zu Anfang (1-17) und am Ende (664-685) nicht isoliert wirkt und immer wieder während der Unterhaltung durchscheint. Das Verfahren läßt sich schön an der Strukturskizze der Textanalyse im Anhang verfolgen: die Punkte in den Spalten der ›Rahmenerzählung‹ – Aktanten, Zeit, Ort und Situation – geben derartige Aktualisierungen des Rahmens im Dialog an.

Sehr komplex kommen sie zur Geltung an Stellen, in denen Fontenelle als Lehrender die Kommunikationssituation des Rahmens ausdrücklich in seine kolloquialen Ausführungen aufnimmt:

– *le Chariot, par exemple, que vous voyés [...], a toujours été fait comme il est, [...]* (195 F)
– *Ce Cercle s'appelle le Zodiaque. Voulés-vous que je vous fasse ici une figure sur le sable?* (445 F)
– *Avés-vous remarqué, lui répondis-je, qu'une boule qui rouleroit sur cette allée auroit deux mouvemens?* (465 F)
– *[...] pour dormir en assurance, et si vous en avés besoin pour cette nuit, nous en [scil. éléphants] mettrons dans nôtre Systême autant qu'il vous plaira, [...]* (559 F).

Auch die Marquise orientiert die vernommenen Fachinformationen an den Umständen der gemeinsamen Situation in ihrem Schloßgarten:

– *[...] j'ai autant de loisir que l'Astronomie en peut demander. Heureusement encore nous sommes à la Campagne, et nous y menons quasi une vie pastorale; tout cela convient à l'Astronomie* (216 M).

6.

Fontenelle verfolgt als Lehrender im fachlichen Dialog somit ein Bündel von **Strategien** für die Vermittlung von Fachwissen. Gerade darin gründet sich jene in Literaturgeschichten variantenreich vorgetragene Einschätzung: »il vulgarise la science« (Delvaille 1910: 212):

> Fontenelle est le premier qui ait mis à la portée des gens du monde les principes de l'astronomie moderne, et qui ait rendu familières des notions qui auparavant étaient réservées aux savans. (G.-B. Depping [Ed.] in Fontenelle (1968 I: xxj))

- Er grenzt schwierige Fachinhalte als schwierig aus (cf. *1.*).
- Er argumentiert stark mit vorausgesetztem Vorwissen beim lernenden Partner und erwartet von ihm ein Interesse des aktiven Mitdenkens; wobei er aber über sprachliche Strategien der (Fachwort-)Erklärung Verstehenshilfen im Text, das heißt in der Unterhaltung, anbietet (cf. *2.*, *3.*)..
- Er illustriert fachliche Zusammenhänge, die für den Laien erstaunlich oder absolut neuartig sind, mit Vergleichen, die eine Analogie zur bekannten Welt des Partners, zu seinen Lebenssituationen und seinen Wirklichkeitsmodellen schlagen (cf. *4.*).
- Er bezieht die gemeinsam erlebte Lehrsituation in seine fachlichen Ausführungen mit ein und leitet aus dieser Einbindung in die konkrete Umwelt und Lebenserfahrung des lernenden Partners Hilfen für das Verständnis fachlicher Probleme und Zusammenhänge ab (cf. *5.*).

Die Gemeinschaft dieser Merkmale, wie sie sich im Text der »*Entretiens*« niederschlagen, bewirken die im frühen 18. Jahrhundert herausragende wie auch für heutige Verhältnisse zwischen Sprache und Wissenschaft richtungsweisende Leistung Fontenelles, sprachlich, fachwissenschaftlich und gesellschaftlich eine ingeniöse Synthese gefunden zu haben; »il réalisait un sérieux progrès en comblant l'abîme qui séparait les philosophes et le vulgaire« (Delvaille 1910: 213).

H

Alle diese Entscheidungen, wie sie sich in dichter Verwebung und gemischter Abfolge im Text finden, orientieren sich am laienhaften Lerner als dem im Fachwissen prinzipiell schwächeren Partner. Sie richten sich aus nach dem beherrschenden methodischen Grundsatz des partnerachtenden Fachmanns, nämlich der erstrebenswerten Verständlichkeit.

Der Dialog als partnerschaftliche Textform bietet hierfür die geeigneten kommunikativen Voraussetzungen. Und der Fachmann als wissender Souverän spielt in ihm die Möglichkeiten verständnisvollen Lehrens aus. Und der Laie als Gesprächspartner wird im Dialog geachtet, indem ihm aus seiner Laienschaft heraus eine dialogsteuernde Funktion zuwächst (s. **D, E**).

Aus dieser dreipoligen Interrelationalität von Fachmann, Laie und Textform ›*Entretien (Conversation, Dialogue, Unterhaltung, Gespräch, Dialog,...)*‹ entsteht jener ***ESPRIT DE VULGARISATION***, den das ausgehende 17. und beginnende 18. Jahrhundert als eine Facette ihrer sehr bewußt gelebten Sprachkultur so sehr schätzten und der den Bildungsbedürfnissen und geistigen Möglichkeiten der Aufklärungszeit so trefflich entsprach.

Eine Kulturgeschichte des Begriffs ›Vulgarisation‹ (oder ›Popularisierung‹, ›Laiisierung‹) und der mit ihm verbundenen Geisteshaltungen und Sozialentwicklungen muß noch geschrieben werden. Sie wäre gerade im ausgehenden 20. Jahrhundert wichtig vor dem Hintergrund aktueller bildungspolitischer Hoffnungen, daß man die soziale Entfremdung, wie sie durch eine kaum mehr überbrückbare Fachesoterik um sich greift, aufhalten sowie das Leiden der modernen Gesellschaft am Nichts-(mehr-)Verstehen kurieren könne, indem sich die Wissenschaften und Technologien in eine partnerachtende, also öffentliche Transparenz hinein öffnen. Wissenschaftstransfer, fachexterne Kommunikation, kommunikationsethische Verantwortung der Fachwissenden – derartige Ansprüche beherrschen die Suche nach einem neuen Umgang zwischen den Fachleuten und den Laien, deren Auseinanderklaffen in unseren arbeitsteiligen Gesellschaften sich trotz vorhandener Bildungsanstrengungen längerfristig als sozialer Zündstoff zu entlarven droht: Gerade bei zum Beispiel neuzeitlichen nationalen Chemie-Katastrophen und nuklearen Unfällen und ihren übernationalen Konsequenzen wird spürbar, wie nah der Wechsel von vernunftgeleitetem Verhalten und fachwissengestütztem Urteil hin zu emotionaler Unkontrolliertheit und irrationalen Reaktionen ist. Vertrauensbildung – weniger durch die Autorität des Expertenstatus, als vielmehr durch Transparenz in den fachlich-sachlichen Abläufen, Entscheidungen und Zielen – wächst somit zu einer sozialen Aufgabe heran, die nur in Kooperation zwischen Fachleuten und interessierten Laien geleistet werden kann: Die bekannten Stichwörter der »Bringschuld« von Fachleuten gegenüber der Gesellschaft[42] und der »Holschuld« der bildungswilligen, sachinteressierten Öffentlichkeit bedingen einander. In ihnen kristallisiert sich jener Bedingungsablauf

42 Wobei man auch an ein neues spezifisches Berufsbild denken kann, das unter Etiketten wie ›Wissenschaftsvermittler‹, ›Wissenschaftsjournalist‹, ›Kommunikationsingenieur‹, ›Wissenschafts- und Technologie-Dolmetscher‹, ›Information Broker‹ und anderen entworfen und aktuell diskutiert wird. – Zu den beiden Schlagwörtern der sozial verantwortlichen Bindung der Wissenschaften s. Kalverkämper / Weinrich (1986: bes. 166).

von Verständlichkeit, Verständigung und Verständnis, der notwendig ist in einer humanen, mündigen, »aufgeklärten« Gesellschaft.

In ihren Möglichkeiten und Grenzen haben das endende 17. und das 18. Jahrhundert der heutigen Zeit vorgeführt, wie dieses kommunikationsethische Problem einer *Vulgarisation scientifique* als eine soziale Herausforderung gelöst werden kann.[43] Der *vulgarisateur* als Fachmann, der Laien Einblicke in sein Fachgebiet gewährt und ihnen verständnisvolle Durchblicke ermöglicht, indem er didaktisch sensibel und verantwortungsvoll auswählend vorgeht und bereitwillig seine Fachgrenzen und Fachsprachen (mit deren terminologischen Ökonomie) verläßt; und auf der Nehmerseite die um Verständnis bemühte Gesellschaft, deren Mitglieder ihre Allgemeinbildung einsetzen, mitdenken und interessiert nachfragen, also in den Prozeß der Verständigung durch Verständnis stets mit dem Maßstab der Verständlichkeit eingreifen.

Nun muß allerdings einschränkend zugegeben werden, daß im 17., 18. Jahrhundert die Position des ›Fachmanns‹ und die des ›Laien‹ soziokulturell recht gut zu trennen waren (s. 3.), und auch vom fachlichen Spektrum her als ›fachspezifisch, beruflich Wissender‹ oder als ›Nicht-Eingeweihter‹ durchaus überschaubar waren (s. 2.). Da aber das Phänomen als solches durch die Jahrhunderte geblieben ist und nach wie vor, auch bei sich ändernden soziokulturellen Umständen, sich als ein Problem stellt, liegt das Hauptgewicht der ›Vulgarisation‹, des – modern gesagt – Wissenschaftstransfers, konstant bei den Texten, also im Bereich des Sprachlichen, als eine tatsächlich ›fach-externe‹ ›Kommunikation‹, als eine Herausforderung an die Sprachkultur.

Schon die Wahl der Textsorte hat sich hier als vorbestimmende Weichenstellung für einen gelingenden *Esprit de vulgarisation* erwiesen. Eine Gattung eher am Rande des stark profilierten Mittelfeldes im Gattungsspektrum zu wählen, heißt zugleich die Chancen nutzen zu können, die man dann mit der relativen Unschärfe in deren Eigenverständnis und Texttradition übernimmt. Fontenelle hat zwar *entretiens* führen lassen – bzw. in fiktiver Authentizität geführt (s. C) – und somit schon von der Gattungswahl her (»*Entretiens*«) eine themenfixierte Progression vorgegeben, die dem Interesse, fachbezogen zu instruieren entgegenkommt – Richelet bestimmt in seinem »*Dictionnaire*« ›*entretien*‹ immerhin als »touchant quelque matiere« –, aber er kann die Freiheit (*la liberté naturelle de la Conversation;* ›*Préface*‹ 102) ausschöpfen, immer wieder den Eindruck einer »eigentlichen« *conversation* aufkommen zu lassen, über die Richelet mitteilt, sie »roule sur beaucoup de choses«, weshalb sie mit ihren *digressions, ornemens étrangers* und ihrem *fondement réel* (›*Préface*‹ 101, 91, 114) eher zum galanten

43 Und auch von hierher rechtfertigt es sich, Wissenschaftsgeschichte zu betreiben sowie darauf zu drängen, daß die bisher fast ausschließlich an zeitaktuellen Fachsprachen-Problemen interessierte und arbeitende Fachsprachen-Forschung sich – wie mit diesem Beitrag – auch in historischer Perspektive engagiert.

Lebensstil, zur preziösen Gesprächskultur paßt. In bezug auf Thema und Lesepublikum erhält das Werk der Vulgarisation somit ein Prägung, die sich, innerhalb dieses breiten Gattungsrahmens, natürlich sprachlich niederschlagen muß.

Auch hierbei bieten die Entscheidungen Fontenelles empirische Anknüpfungspunkte für die aktuell aufkommende Sprachkritik der Wissenschaftssprachen.

Anzusetzen wäre dabei natürlich an der ingeniösen Mischung im sprachlichen Stil. In den »*Entretiens*« wird eben nicht ›nur‹ oder ›rein‹ fachsprachlich, als Fachjargon, in Fachterminologie, gesprochen – trotz weitgehend und beherrschend fachlicher Thematik, nämlich Astronomie –; vielmehr begeht Fontenelle als Autor und Gesprächspartner einen stilistischen Mittelweg.[44] Er hält in der sprachlichen Wahl die Balance zwischen anstrengender Fachinformation und entspannendem Geplauder, zwischen ernsthafter Belehrung und spielerischer Galanterie – *ni trop seche [...] ni trop badine* (›*Préface*‹ 26 f.) –, zwischen Neuem an Kenntnissen aus der Wissenschaft und bekannter Lebenssituation mit ihrem gesellschaftlichen Halt, zwischen *instruire* und *divertir* (›*Préface*‹ 44), was natürlich als stilistische Merkmale an die poetische Tradition (Horaz) der Ziele des *docere* und *delectare*, von *utilis* und *dulcis*, anknüpft.

Trockener, spröder Lernstoff einerseits, hinter kalten Entdeckungs- und Forschungsinstrumenten durch beharrliches Beobachten erarbeitet und in der Gelehrtenstube mit Fleiß und Entbehrung zu Papier gebracht, und andererseits eine anmutige, abwechslungsreiche, fesselnde sprachliche Darstellungsweise (*style doux, clair, simple*) und geschickte literarische Fassung (*adoucir* [261 F] zu einer *simplicité charmante* [310 F; 684]) schließen sich nicht aus, bereichern sich vielmehr gegenseitig[45] zu *raisonnements doux* (›*Sixième Soir*‹ 158 F), wodurch sich

---

[44] Im ›*Sixième Soir*‹, Z. 157-160, sagt Fontenelle bezeichnenderweise:
»Je ne vous prouvois les choses [...] qu'avec de petits raisonnements doux, et accomodés à votre usage; en eussai-je employé d'aussi solides et d'aussi robustes que si j'avois eu à attaquer un Docteur?«
Die besonderen textuellen Entscheidungen des fachlich versierten Autors bei der fachexternen Kommunikation mit Laien sind komplex faßbar in dem Begriff ›Fachsprachen-Hermeneutik‹ (Kalverkämper 1988), der – unter dem Merkmal ›Verständlichkeit‹ und ihrer Sicherung – mehr umgreift als nur stilistische Gesichtspunkte.

[45] Bezeichnend hierfür ist schon, daß – bereits angelegt im ausgehenden 17. Jahrhundert – die antike Einteilung in drei Stilebenen (*style sublime/héroïque, style médiocre, style simple*) nunmehr in ein pragmatisches Verständnis hinein geöffnet wird (cf. auch Middelberg 1969): Stilistiken, Konversationslehren, Rhetoriken und Poetiken vermitteln einen Stilbegriff mit neuen Merkmalen wie *›pureté‹, ›convenable‹, ›beauté‹, ›aisé‹, ›agréable‹, ›plaisant‹, ›grâce‹, ›douceur‹, ›élégance‹, ›facile‹, ›politesse‹, ›abondance‹* (Strosetzki 1978: 36). Immerhin trifft man hier auf Stilqualitäten, auf die gerade die Wissenschaft sich heutzutage wieder verstärkt als sprachliche Tugenden besinnt, indem ›Faßlichkeit‹, ›Anmut‹ (Gauger 1986), sprachliche Achtung vor dem ›unbekannten Adressaten‹ (Weinrich 1986), ein kritisches Nachdenken über die zeitgenössische Sprachkultur (cf. Weinrich 1985) für die fachliche Kommunikation – und insbesondere für sie mit ihren beherrschenden Bindungen an die außersprachliche Welt, an die Partner und an die Gesellschaft – gefordert werden. (S. 57!)

die Fachwissenschaft ›in lächelnder Art‹, mit *idées riantes* (›*Préface*‹ :85), als eine heitere Wissenschaft, anbietet.

Das verträgliche, gleichberechtigte Miteinander von Inhalt und Form, so wesensverschieden sie als *sec* und *doux* sein mögen, leuchtet, in poetischer Verdichtung, in jener geistreichen Schilderung »*Sur un portrait de Descartes*« auf, die als einleitendes ›Motto‹ bereits auf diese rückblickende Würdigung der kolloquialen Vermittlung von Fachwissen einstimmt – ein literarisch-gesellschaftliches Faktum des ausgehenden 17. und des frühen 18. Jahrhunderts; und vielleicht eine neu entdeckte Herausforderung für eine Wissenschaftsprosa im 20. Jahrhundert: »On peut être plus savant que Fontenelle, mais on ne saurait le dépasser dans l'art de bien dire et de faire comprendre«[46].

Bibliographie

Abensour, Léon (1923): *La femme et le féminisme avant la Révolution*. Paris. [Réimpr. Genève 1977].

Adam, Antoine (1956): *Histoire de la littérature française au XVIIe siècle*. V: *La fin de l'école classique (1680-1715)*. Paris.

Algarotti, Francesco (1738): *Le Newtonianisme pour les dames, ou Entretiens sur la lumière, sur les couleurs, et sur l'attraction*. Traduits de l'italien [*Il Newtonianismo per le dame*] par Duperron [Louis Adrien du Perron] de Castera. I, II. Paris.

Auerbach, Erich (1951): La Cour et la Ville. In: Auerbach, Erich (1951): *Vier Untersuchungen zur Geschichte der französischen Bildung*. Bern. 12-50. [Erheblich veränderte und erweiterte Fassung von : Ders. (1933): *Das französische Publikum des 17. Jahrhunderts*. München. (Münchner Romanistische Arbeiten. 3)].

Baader, Renate (1986): *Dames de Lettres. Autorinnen des preziösen, hocharistokratischen und »modernen« Salons (1649-1698): Mlle de Scudéry – Mlle de Montpensier – Mme d'Aulnoy*. Stuttgart. (Romanistische Abhandlungen. 5).

Barrière, Pierre (1961): *La vie intellectuelle en France, du XVIe siècle à l'époque contemporaine*. Paris. (L'Evolution de l'humanité. Bibliothèque de synthèse historique. 96).

Bary, René (1662):*L'esprit de la cour ou les conversations galantes*. Paris.

Pascal hat mit seiner Sprache gezeigt, daß die Fachthemen der Religion literarisch umgesetzt werden können; Descartes beweist mit seinen Schriften, daß die Fachprobleme der Philosophie als literaturfähig gelten dürfen; Fontenelle schließlich öffnet die Literatur für die Naturwissenschaft, die Fachthematik für die Literatur.

Noch im 19. Jahrhundert wird die Einheit von Wissenschaft und Literatur in Frankreich in einer Weise gepflegt werden, die die Gewichte stark zur sprachlichen Fassung hin, als stilistische Raffinesse, als Bekundung des eigenen Schreibtalents, verschiebt, und zwar auf Kosten des fachwissenschaftlichen Zugriffs, gerade in den (aufkommenden und die Naturgeschichte ablösenden) Naturwissenschaften (cf. Lepenies 1976).

46 A. Calame, ›*Introduction*‹ in Fontenelle (1984: LII).
Offenkundiges Indiz eines verstärkten Bewußtseins für die ausschlaggebende Rolle verständlicher Sprache bei der fachlichen und fachexternen Kommunikation sind die öffentlichen Preise (wie der ›Sigmund-Freud-Preis für wissenschaftliche Prosa‹ der Deutschen Akademie für Sprache und Dichtung, Darmstadt) (cf. auch Anm. 35) sowie der stark expandierende Markt bei den Sachbüchern über Spezialthemen aus den verschiedenen Fachgebieten.

– (1673): *Journal de conversation, où les plus belles matières sont agitées de part et d'autre.* Paris.

Beugnot, Bernard (1971): *L'entretien au XVIIe siècle. Leçon inaugurale.* Montréal.

Bogumil, Sieghild (1978): Die Parkkonzeption bei Rousseau oder die Natur als Lenkung und Ablenkung. In: *Park und Garten im 18. Jahrhundert.* Heidelberg. 100-112. (Beiträge zur Geschichte der Literatur und Kunst des 18. Jahrhunderts. 2).

Boileau, Nicolas (1970): *L'Art Poétique.* [1674]. Hg., eingel. u. kommentiert v. August Buck. München. (Studientexte. 6).

Bray, Bernard (1972): Le dialogue comme forme littéraire au XVIIe siècle. In: *Cahiers de l'Association internationale des études françaises* 24, 9-29.

Bray, René (1948): *La préciosité et les précieux de Thibaut de Champagne à Jean Giraudoux.* Paris.

Brunel, Pierre / Bellenger, Yvonne / Couty, Daniel / Sellier, Philippe / Truffet, Michel (1972): *Histoire de la littérature française.* Paris, Bruxelles, Montréal.

Brunet, Pierre (1931): *Introduction des théories de Newton en France au XVIIIe siècle (avant 1738).* Paris. [Réimpr. Genève 1970].

Buck, August / Kauffmann, Georg /Spahr, Blake Lee / Wiedemann, Conrad [Hg.] (1981): *Europäische Hofkultur im 16. und 17. Jahrhundert.* II. Hamburg. (Wolfenbütteler Arbeiten zur Barockforschung. 9).

Buck, Günther (1984): Das Lehrgespräch. In: Stierle / Warning (1984: 191-210).

Büff, Renate (1979): *Ruelle und Realität. Preziöse Liebes- und Ehekonzeptionen und ihre Hintergründe.* Heidelberg. (Studia Romanica. 35).

Bürger, Peter (1972): Zur Auffassung des Publikums bei Du Bos und Desfontaines. In: Bürger, Peter (1972): *Studien zur französischen Frühaufklärung.* Frankfurt. 44-68. (Edition Suhrkamp. 525).

Cioranescu, Alexandre (1969a): *Bibliographie de la littérature française du dix-septième siècle.* I, II, III. 2nde éd. [reprod. photomécan. de l'éd. 1965-66] Paris.

– (1969b): *Bibliographie de la littérature française du dix-huitième siècle.* I, II, III. Paris.

Cosentini, John W. (1952): *Fontenelle's art of dialogue.* New-York.

Delambre, Jean Baptiste Joseph (1827): *Histoire de l'astronomie.* IV: *Histoire de l'astronomie au XVIIIe siècle.* Paris.

Delvaille, Jules (1910): *Essai sur l'histoire de l'idée de progrès jusqu'à la fin du XVIIIe siècle.* [Thèse] Paris.

Deutsche Akademie für Sprache und Dichtung (1980-82): *Der öffentliche Sprachgebrauch.* I, II, III. Stuttgart. – I: *Die Sprachnorm-Diskussion in Presse, Hörfunk und Fernsehen.* Bearb. v. Birgitta Mogge. 1980. – II: *Die Sprache des Rechts und der Verwaltung.* Bearb. v. Ingulf Radtke. 1981. – III: *Schulen für einen guten Sprachgebrauch.* Bearb. v. Birgitta Mogge / Ingulf Radtke. 1981. –

Diderot, Denis (1755): Encyclopédie. In: Diderot, Denis / D'Alembert, Jean Le Rond [Eds.] (1751-1780): *Encyclopédie, ou Dictionnaire raisonné des sciences, des arts et des métiers, par une société de gens de lettres.* Paris. V (1755), 635 (3. Kol.) – 649 (2. Kol.). [Nouvelle impression en facsimilé de la première édition de 1751-1780, I-XXXV. Stuttgart, Bad Cannstatt 1966].

Elias, Norbert (1981): *Die höfische Gesellschaft. Untersuchungen zur Soziologie des Königtums und der höfischen Aristokratie.* 5. Aufl. Darmstadt, Neuwied. (Soziologische Texte. 54).

von Falke, Jacob (1977): *Der französische Salon. Galanterie, Amüsement, Esprit im 17. Jahrhundert.* Hg. u. bearb. v. Ulrike Romm. Bonn.

de Fenne, François (1690): *Entretiens familiers pour les amateurs de la langue françoise, divisés en deux parties, dont la première contient un abrégé des règles et des observations de la grammaire et l'autre la manière dont on se doit gouverner parmi le beau monde*. Leiden.

Fontenelle, Bernard le Bovier de (1968 [1688]): *Discours sur la nature de l'églogue*. [1688]. In: Fontenelle (1968 III: 51-69).

– (1968 [1752]): *Théorie des Tourbillons cartésiens, avec des réflexions sur l'attraction*. [1752]. In: Fontenelle (1968 I: 565-614).

– (1968): *OEuvres complètes*. I, II, III. Edition par G.-B. Depping. Genève. [Réimpr. de l'éd. de Paris 1818].

– (1983): *Dialogen über die Mehrheit der Welten*. Mit Anmerkungen und Kupfertafeln von Johann Elert Bode. Berlin 1780. Faks. Nachdruck Weinheim. (Dokumente zur Geschichte von Naturwissenschaft, Medizin und Technik. 5).

– (1984): *Entretiens sur la pluralité des mondes* [1686]. Edition critique avec une introduction et des notes par Alexandre Calame. 2nde éd. Paris. (Société des textes français modernes. 132).

Friedrich, Hugo (1937): *Descartes und der französische Geist*. Leipzig. (Wissenschaft und Zeitgeist. 6).

Furetière, Antoine (1690): *Dictionaire universel, contenant generalement tous les mots françois tant vieux que modernes, & les Termes de toutes les sciences et des arts*, [...]. I, II, III. La Haye, Rotterdam. [Faks. Nachdruck mit Zugaben u. Bearbeitungen Paris 1978].

Galle, Roland (1980): Diderot – oder die Dialogisierung der Aufklärung. In: von Stackelberg [Hg.] (1980: 209-247).

– (1985): Honnêteté und sincérité. In: Nies, Fritz / Stierle, Karlheinz [Hg.] (1985): *Französische Klassik. Theorie – Literatur – Malerei*. München. 33-60. (Romanistisches Kolloquium. 3).

Gauger, Hans-Martin (1986): Zur Sprache der Wissenschaft: Sermo incurvatus in se ipsum. In: Kalverkämper / Weinrich [Hg.] (1986: 119-123).

Goetsch, Paul (1985): Fingierte Mündlichkeit in der Erzählkunst entwickelter Schriftkulturen. In: *Poetica* 17, 202-218.

de Goncourt, Edmond / de Goncourt, Jules (1862): *La femme au XVIIIe siècle*. Paris. [Nouvelle édition revue et augmentée Paris 1898].

Grimm, Gunter E. (1983): *Literatur und Gelehrtentum in Deutschland. Untersuchungen zum Wandel ihres Verhältnisses vom Humanismus bis zur Frühaufklärung*. Tübingen. (Studien zur deutschen Literatur. 75).

Guntau, Martin (1987): Der Herausbildungsprozeß moderner wissenschaftlicher Disziplinen und ihre stadiale Entwicklung in der Geschichte. In: *Berichte zur Wissenschaftsgeschichte* 10, 1-13.

Gusdorf, Georges (1966-1973): *Les sciences humaines et la pensée occidentale*. I, III, IV, VI. Paris. (Bibliothèque scientifique). – I: *De l'histoire des sciences à l'histoire de la pensée*. 1966. – III. *La révolution galiléenne. II*. 1969. – IV: *Les principes de la pensée au siècle des lumières*. 1971. – VI: [*Les sciences humaines et la conscience occidentale*]. *L'avènement des sciences humaines au siècle des lumières*. 1973.

Hausmann, Frank-Rutger (1975): Einleitung [Dichtungstheorie]. In: Hausmann, Frank-Rutger / Mandelsloh, Elisabeth Gräfin / Staub, Hans [Hg.] (1975): *Französische Poetiken*. I: *Texte zur Dichtungstheorie vom 16. bis zum Beginn des 19. Jahrhunderts*. Stuttgart. 3-15. (Reclams Universal-Bibliothek. 9789).

– (1976): Montesquieu und die Musen. Zum Verhältnis von »Belles Lettres« und »Sciences« im 18. Jahrhundert. In: *Germanisch-Romanische Monatsschrift* N.F. 26, 427-439.

Hazard, Paul (1935): *La crise de la conscience européenne (1680-1715).* Paris.

– (1946): *La pensée européenne au XVIIIe siècle de Montesquieu à Lessing.* I, II, III [Notes et références]. Paris.

Heitmann, Klaus (1972): Frankreich [Dichtungslehren]. In: Buck, August / Heitmann, Klaus / Mettmann, Walter [Hg.] (1972): *Dichtungslehren der Romania aus der Zeit der Renaissance und des Barock.* Frankfurt. 253-500. (Dokumente zur europäischen Poetik. 3).

Hess, Gerhard (1967): Fontenelles ›Dialogues des Morts‹. In: Hess, Gerhard (1967): *Gesellschaft, Literatur, Wissenschaft. Gesammelte Schriften. 1938-1966.* Hg. v. Hans Robert Jauß / Cl. Müller-Daehn. München. 123-133.

Hirzel, Rudolf (1895): *Der Dialog. Ein literarhistorischer Versuch.* Leipzig.

Humbert, Pierre (1952): *L'astronomie en France au XVIIe siècle.* Alençon. (Les Conférences du Palais de la Découverte. Série D, No. 8).

Joeres, Ulrich (1973): *Unterhaltende und unterrichtende Preziosität bei Fontenelle. Zur preziösen Darstellungsform bei Fontenelle und ihrer Funktion für die »Entretiens sur la Pluralité des Mondes«.* Diss. Marburg.

Jurt, Joseph (1985): Das literarische Feld der Französischen Klassik zwischen Autonomie und Heteronomie. – Zu Alain Viala, »Naissance de l'écrivain. Sociologie de la littérature à l'âge classique.« Paris 1985. In: *Romanistische Zeitschrift für Literaturgeschichte / Cahiers d'Histoire des Littératures Romanes* 10, 469-481.

Kalverkämper, Hartwig (1978): Die Problematik von Fachsprache und Gemeinsprache. In: *Sprachwissenschaft* 3, 406-444.

– (1979): Der Begriff der Fachlichkeit in der Fachsprachen-Linguistik – Tradition, Kritik und Methoden-Ausblick. In: *Fachsprache.* Sonderheft 1: »Zweites Europäisches Fachsprachen-Symposium, Bielefeld 1979«. Wien. 53-71.

– (1980a): Das Wortfeld der Fachlichkeit im Französischen. Ein Beitrag der Wortfeld-Forschung zur Methodologie der Fachsprachen-Linguistik. In: *Sprachwissenschaft* 5, 415-496.

– (1980b): Die Axiomatik der Fachsprachen-Forschung. In: *Fachsprache* 2, 2-20.

– (1985): *Fächer und Fachtexte zwischen französischer Klassik und Aufklärung (1650-1750).* Habilitationsschrift Freiburg im Br.

– (1987): Vom Terminus zum Text. In: Sprissler, Manfred [Hg.] (1987): *Standpunkte der Fachsprachenforschung.* Tübingen. 39-78. (forum Angewandte Linguistik. 11).

– (1988): Fachexterne Kommunikation als Maßstab einer Fachsprachen-Hermeneutik. Verständlichkeit kernphysikalischer Fakten in spanischen Zeitungstexten. In: Kalverkämper, Hartwig [Hg.] (1988): *Fachsprachen in der Romania.* Tübingen. 151-193. (Forum für Fachsprachen-Forschung. 8).

Kalverkämper, Hartwig / Weinrich, Harald [Hg.] (1986): *Deutsch als Wissenschaftssprache. 25. Konstanzer Literaturgespräch des Buchhandels, 1985.* Tübingen. (Forum für Fachsprachen-Forschung. 3).

Kant, Immanuel (1975 [1784]): Beantwortung der Frage: Was ist Aufklärung [1784]. In: Kant, Immanuel (1975): *Was ist Aufklärung? Aufsätze zur Geschichte und Philosophie.* Hg. u. eingeleitet v. Jürgen Zehbe. 2., erw. u. verb. Aufl. Göttingen. 55-61. (Kleine Vandenhoeck-Reihe. 1258).

Kloepfer, Rolf (1982): Grundlagen des »dialogischen Prinzips« in der Literatur. In: Lachmann (1982: 85-106).

Koch, Peter / Oesterreicher, Wulf (1985): Sprache der Nähe – Sprache der Distanz. Mündlichkeit und Schriftlichkeit im Spannungsfeld von Sprachtheorie und Sprachgeschichte. In: *Romanistisches Jahrbuch* 36, 15-43.

Köhler, Erich (1977): Gattungssystem und Gesellschaftssystem. In: *Romanistische Zeitschrift für Literaturgeschichte / Cahiers d'Histoire des Littératures Romanes* 1, 7-22.

Kortum, Hans (1966): Die Hintergründe einer Akademiesitzung im Jahre 1687. In: Krauss, Werner / Kortum, Hans (1966): *Antike und Moderne in der Literaturdiskussion des 18. Jahrhunderts*. Berlin. LXI-XCVIII. (Schriftenreihe der Arbeitsgruppe zur Geschichte der deutschen und französischen Aufklärung. 7).

Krauss, Werner (1969): *Fontenelle und die Aufklärung*. Textauswahl und einleitende Abhandlung von Werner Krauss. München. (Theorie und Geschichte der Literatur und der schönen Künste. Texte und Abhandlungen. 9).

– (1971): *Die Literatur der französischen Frühaufklärung*. Frankfurt. (Schwerpunkt Romanistik. 7).

– (1972): *Die Literatur der französischen Aufklärung*. Darmstadt. (Erträge der Forschung. 9).

Kruse, Margot (1981): Sprachlich-literarische Aspekte der höfischen ›jeux de conversation‹ in Italien und Frankreich. In: Buck et al. (1981: 33-40).

Lachmann, Renate [Hg.] (1982): *Dialogizität*. München. (Theorie und Geschichte der Literatur und der schönen Künste. Reihe A: Hermeneutik – Semiotik – Rhetorik. 1).

Lagarde, André / Michard, Laurent (1985): *XVIIe siècle. Les grands auteurs français du programme. Anthologie et histoire littéraire*. Paris.

Lausberg, Heinrich (1960): *Handbuch der literarischen Rhetorik. Eine Grundlegung der Literaturwissenschaft*. München.

Lepenies, Wolf (1976): Der Wissenschaftler als Autor. Buffons prekärer Nachruhm. In: Lepenies, Wolf (1976): *Das Ende der Naturgeschichte. Wandel kultureller Selbstverständlichkeiten in den Wissenschaften des 18. und 19. Jahrhunderts*. München, Wien. 131-168. (Hanser Anthologie).

Loos, Erich (1955): *Baldassare Castigliones »Libro del cortegiano«. Studien zur Tugendauffassung des Cinquecento*. Frankfurt. (Analecta Romanica. Beihefte zu den Romanischen Forschungen. 2).

Mann, Golo (1986): Der europäische Geist im späten 17. Jahrhundert. In: Mann, Golo / Nitschke, August [Hg.] (1986): *Propyläen Weltgeschichte. Eine Universalgeschichte*. VII: *Von der Reformation zur Revolution*. Berlin, Frankfurt. 349-384.

Middelberg, Paul (1969): *Qualifikationen für »style« in der Literatur des französischen 17. und 18. Jahrhunderts. Ein lexikalischer Beitrag zur Stilkritik*. Diss. Münster.

Mongrédien, G. (1950): *La vie de société aux XVIIe et XVIIIe siècles*. Paris.

Mornet, Daniel (1911): *Les sciences de la nature en France au XVIIIe siècle. Un chapitre de l'histoire des idées*. Paris.

– (1926): *La pensée française au XVIIIe siècle*. Paris.

Mouy, Paul (1934): *Le développement de la physique cartésienne (1646-1712)*. Paris.

Neumüller, Josef (1933): *Fontenelles Stil im Lichte der Satzverknüpfung*. Diss. München.

Niderst, Alain (1972): *Fontenelle à la recherche de lui-même (1657-1702)*. Paris.

Nies, Fritz (1978): *Genres mineurs. Texte zur Theorie und Geschichte nichtkanonischer Literatur (vom 16. Jahrhundert bis zur Gegenwart)*. Hg. u. kommentiert von Fritz Nies unter Mitarbeit von Jürgen Rehbein. München. (Kritische Information. 78).

– (1980): Die ausgeklammerte Hauptsache. Vorüberlegungen zu einer pragmatischen Systematik des literaturwissenschaftlichen Gegenstandsbereichs. In: Eschbach, Achim / Rader, Wendelin [Hg.] (1980): *Literatursemiotik*. II: *Methoden – Analysen – Tendenzen*. Tübingen. 7-27. (Kodikas/Code. Supplement 1/II).

Quintilianus, Marcus Fabius (1972-1975): *Institutionis oratoriae libri XII. – Ausbildung des Redners. Zwölf Bücher.* Hg. u. übers. v. Helmut Rahn. I [Buch I-VI], II [Buch VII-XII]. Darmstadt. (Texte zur Forschung. 2,3).

Raible, Wolfgang (1978): Langer Rede dunkler Sinn. Zur Verständlichkeit von Texten aus der Sicht der Sprachwissenschaft. In: Engel, Ulrich/Grosse, Siegfried [Hg.] (1978): *Grammatik und Deutschunterricht.* Jahrbuch 1977 des Instituts für deutsche Sprache (Mannheim). Düsseldorf. 316-337. (Sprache der Gegenwart. 44).

Rapin, René (1674): *Réflexions sur la Poëtique d'Aristote, et sur les ouvrages des Poëtes anciens et modernes.* Paris.

Reynier, Gustave (1929): *La femme au XVIIe siècle. Ses ennemis et ses défenseurs.* Paris.

Richelet, Pierre (1680): *Dictionnaire françois, contenant les mots et les choses, plusieurs nouvelles remarques sur la langue françoise:* [...]. Genève. [Faks. Nachdruck (in 1 Band) Hildesheim 1973].

Ricken, Ulrich (1961): *»Gelehrter« und »Wissenschaft« im Französischen. Beiträge zu ihrer Bezeichnungsgeschichte vom 12. bis 17. Jahrhundert.* Berlin. (Deutsche Akademie der Wissenschaften zu Berlin. Veröffentlichungen des Instituts für Romanische Sprachwissenschaft. 15).

– (1978): Le champ lexical »science – littérature« en français et en allemand. In: *Dix-Huitième Siècle* 10: »Que'est-ce que les Lumières?«, 33-45.

Rödiger, Johannes (1935): *Darstellung der geographischen Naturbetrachtung bei Fontenelle. Pluche und Buffon in methodischer und stilistischer Hinsicht.* Leipzig.

Roelens, Maurice (1972): Le dialogue philosophique, genre impossible. L'opinion des siècles classiques. In: *Cahiers de l'Association internationale des études françaises* 24, 43-58.

Roth, Oskar (1981a): *Die Gesellschaft der Honnêtes Gens. Zur sozialethischen Grundlegung des honnêteté-Ideals bei La Rochefoucauld.* Heidelberg. (Studia Romanica. 41).

– (1981b): Höfische Gesinnung und *honnêteté* im Frankreich des 17. Jahrhunderts. In: Buck et al. (1981: 239-244).

Schalk, Fritz (1977): *Studien zur französischen Aufklärung.* 2., verb. u. erw. Aufl. Frankfurt. (Das Abendland. N.F. 8).

– (1978): Die Akademien und die Entstehung neuer Wissenschaften im Zeitalter der Aufklärung. In: *Berichte zur Wissenschaftsgeschichte* 1, 37-42.

– (1986): Die europäische Aufklärung. In: Mann, Golo / Nitschke, August [Hg.] (1986): *Propyläen Weltgeschichte. Eine Universalgeschichte.* VII: *Von der Reformation zur Revolution.* Berlin, Frankfurt. 467-512.

Schatzberg, Walter (1968): Gottsched as a popularizer of science. In: *Modern Language Notes* 83, 752-770.

Schröder, Gerhard (1981): ›Courtisan‹ und ›honnête homme‹. Zum Problem der Entstehung eines bürgerlichen Bewußtseins im 17. Jahrhundert. In: Buck et al. (1981: 245-248).

Spitz, René Arpad (1976): *Vom Dialog. Studien über den Ursprung der menschlichen Kommunikation und ihrer Rolle in der Persönlichkeitsbildung.* Stuttgart.

von Stackelberg, Jürgen [Hg.] (1980a): *Europäische Aufklärung. III.* Wiesbaden. (Neues Handbuch der Literaturwissenschaft. 13).

– (1980b): Die französische Frühaufklärung. In: von Stackelberg (1980a: 25-50).

Stierle, Karlheinz (1984): Gespräch und Diskurs. Ein Versuch im Blick auf Montaigne, Descartes und Pascal. In: Stierle / Warning (1984: 297-334).

Stierle, Karlheinz / Warning, Rainer [Hg.] (1984): *Das Gespräch.* München. (Poetik und Hermeneutik. XI).

Strosetzki, Christoph (1978): *Konversation. Ein Kapitel gesellschaftlicher und literarischer Pragmatik im Frankreich des 17. Jahrhunderts.* Frankfurt, Bern, Las Vegas. (Studia Romanica et Linguistica. 7).

Teichmann, Jürgen (1983): *Wandel des Weltbildes. Astronomie, Physik und Meßtechnik in der Kulturgeschichte.* Mit Beiträgen von Volker Bialas und Felix Schmeidler. 2., erw. u. überarb. Aufl. Darmstadt.

Vierhaus, Rudolf [Hg.] (1985): *Wissenschaften im Zeitalter der Aufklärung.* Göttingen.

Weinrich, Harald (1961): Vaugelas und die Lehre vom guten Sprachgebrauch in der französischen Klassik. In: *Zeitschrift für Romanische Philologie* 77, 528-544. [Auch in: Weinrich (1985: 104-135)].

– (1980): Über Sprachnormen nachdenken. In: Deutsche Akademie der Wissenschaften (1980: 9-24). [Auch in: Weinrich (1985: 11-18)].

– (1982): *Textgrammatik der französischen Sprache.* Stuttgart.

– (1982a): Der richtige und der gute Sprachgebrauch. In: Deutsche Akademie der Wissenschaften (1980: 7-14). [Auch in: Weinrich (1985: 27-32)].

– (1985): *Wege der Sprachkultur.* Stuttgart.

– (1986): Sprache und Wissenschaft. In: Kalverkämper / Weinrich (1986: 183-193). [Auch in: Weinrich (1985: 42-60)].

Wolfe, Ph. J. (1974): *Dialogue et société: Le genre du dialogue en France de 1630 à 1671.* Princeton University. Univ. Microf. Ann Arbor / Michigan.

Anhang I: Textanalyse

Aktn.	:	Aktanten (Handlungsbeteiligte)
Einkreisungen	:	Schaltstellen der Einlassungen der Marquise (s. 4. **D**, Anm. 31; sowie 4. **E**)
Dicke-Punkte-Linien	:	Inhaltliche Konstanz (thematische Beziehungen) (s. 4. **F**)
Pfeile:		
links außen	:	Inhaltliche Strukturierungen (s. 4. **D**)
dünne Punkte	:	In-Bezug-Setzungen von Umkastungen aus dünnen Punkten
geschlägelte Linie	:	Semantische Beziehungen (Zugehörigkeit zu einem Wortfeld)
gerade Linie	:	In-Bezug-Setzungen
Umkastungen:		
dünne Punkte	:	Wörter aus dem Umfeld der Galanterie, Begriffe der Salonkultur (s. 4. **B** *1.*)
unterbrochene Linie	:	Begriffe aus dem Umfeld des Locus amoenus
durchgezogene Linie	:	Bündelung von Zusammengehörigem

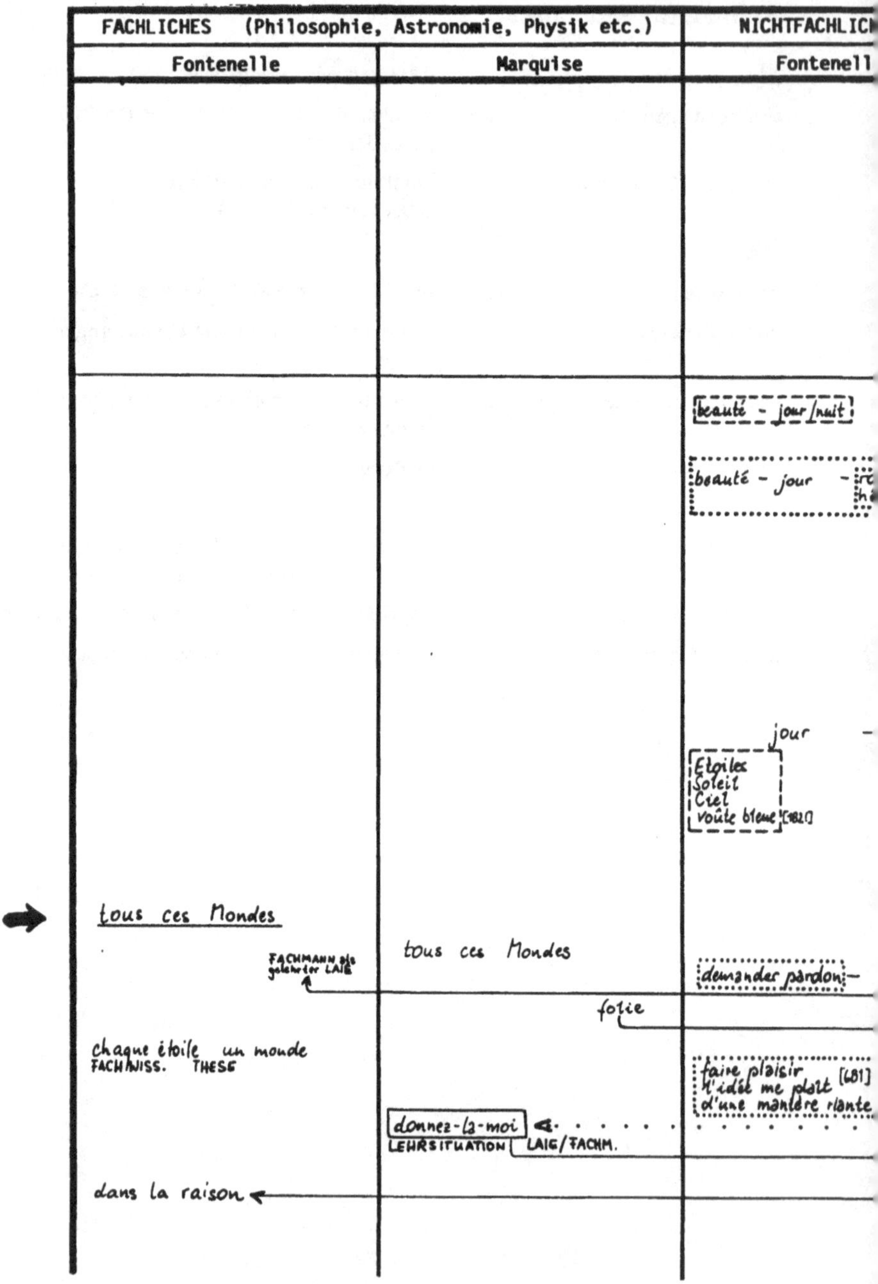

FACHLICHES (Philosophie, Astronomie, Physik etc.)
NICHTFACHLICH
Fontenelle
Marquise
Fontenell
beauté - jour/nuit
beauté - jour
jour
Etoiles
Soleil
Ciel
voûte bleue
[182f]
tous ces Mondes
tous ces Mondes
FACHMANN als gelehrter LAIE
demander pardon
folie
chaque étoile un monde
FACHWISS. THESE
faire plaisir
l'idée me plaît
d'une manière riante
[181]
donnez-la-moi
LEHRSITUATION
LAIE/FACHM.
dans la raison

elt/Erfahrung)	RAHMENERZÄHLUNG				1
arquise	Aktn.	Zeit	Ort	Situat.	

1 *PREMIER SOIR*

2 *QUE LA TERRE EST UNE PLANETE QUI TOURNE SUR ELLE-MEME, ET AUTOUR DU SOLEIL*

THESE/ THEMA [35613]

4 *Nous allâmes donc un Soir après souper nous promener dans le Parc.*

7 *La Lune étoit levée*

11 *Il n'y avoit pas un nuage qui dérobât, ou qui obscurcît la moindre Etoile*

14 *Ce spectacle me fit rêver;*

15 *et peut-être sans la Marquise essai-je rêvé assés longtems;*

16 *mais la présence d'une si aimable Dame ne me permit pas de m'abandonner à la Lune et aux Etoiles.*

lune / étoiles / rêver

18 F le jour même n'est pas si beau qu'une belle nuit

20 M la beauté du jour est comme une beauté blonde; mais la beauté de la nuit est une beauté brune

24 F le jour est ce qu'il y a de plus beau dans la Nature, et les Héroïnes de Roman sont presque toujours blondes

27 M Ce n'est rien que la Beauté, si elle ne touche.

29 le jour ne vous eût jamais jetté dans une rêverie aussi douce que celle à la vûë de cette belle nuit

31 F ---

38 M Pourquoi les Amans, qui sont bons Juges de ce qui touche, ne s'adressent-ils jamais qu'à la nuit dans toutes les Chansons et dans toutes les Elegies

41 F ---

42 M ---

44 F [le jour] n'inspire point je ne sçai quoi de triste et de passionné

47 On s'imagine que les Etoiles marchent avec plus de silence que le Soleil, les objets que le Ciel présente sont plus doux

52 le spectacle du jour est trop uniforme, ce n'est qu'un Soleil, et une voûte bleuë, mais il se peut que la vûë de toutes ces Etoiles semées confusément favorise la rêverie

58 M j'aime les Etoiles et je me plaindrois volontiers du Soleil qui nous les efface.

60 F je ne puis lui pardonner de me faire perdre de vûë tous ces Mondes

61 M Qu'appelés-vous tous ces Mondes?

63 F Je vous demande pardon. Vous m'avés mis sur ma folie

65 M Quelle est donc cette folie?

67 F je me suis mis dans la tête que chaque Etoile pourroit bien être un Monde

69 je le tiens pour vrai, parce qu'il me fait plaisir à croire. C'est une idée qui me plaît, et qui s'est placée dans mon esprit d'une maniere riante.

74 M puis-que votre folie est si agréable, donnés-la moi, je croirai sur les Etoiles tout ce que vous voudrés, pourvû que j'y trouve du plaisir.

77 F ce n'est pas un plaisir comme celui que vous auriés à une Comedie de Moliere; c'en est un qui est je ne sçai où dans la raison, et qui ne fait rire que l'esprit.

ur/nuit – comme: blonde/brune

ur/nuit – toucher / rêverie douce / belle nuit

nuit – toucher

étoiles

LAIE erfragt FACHWISSEN

éable: du plaisir

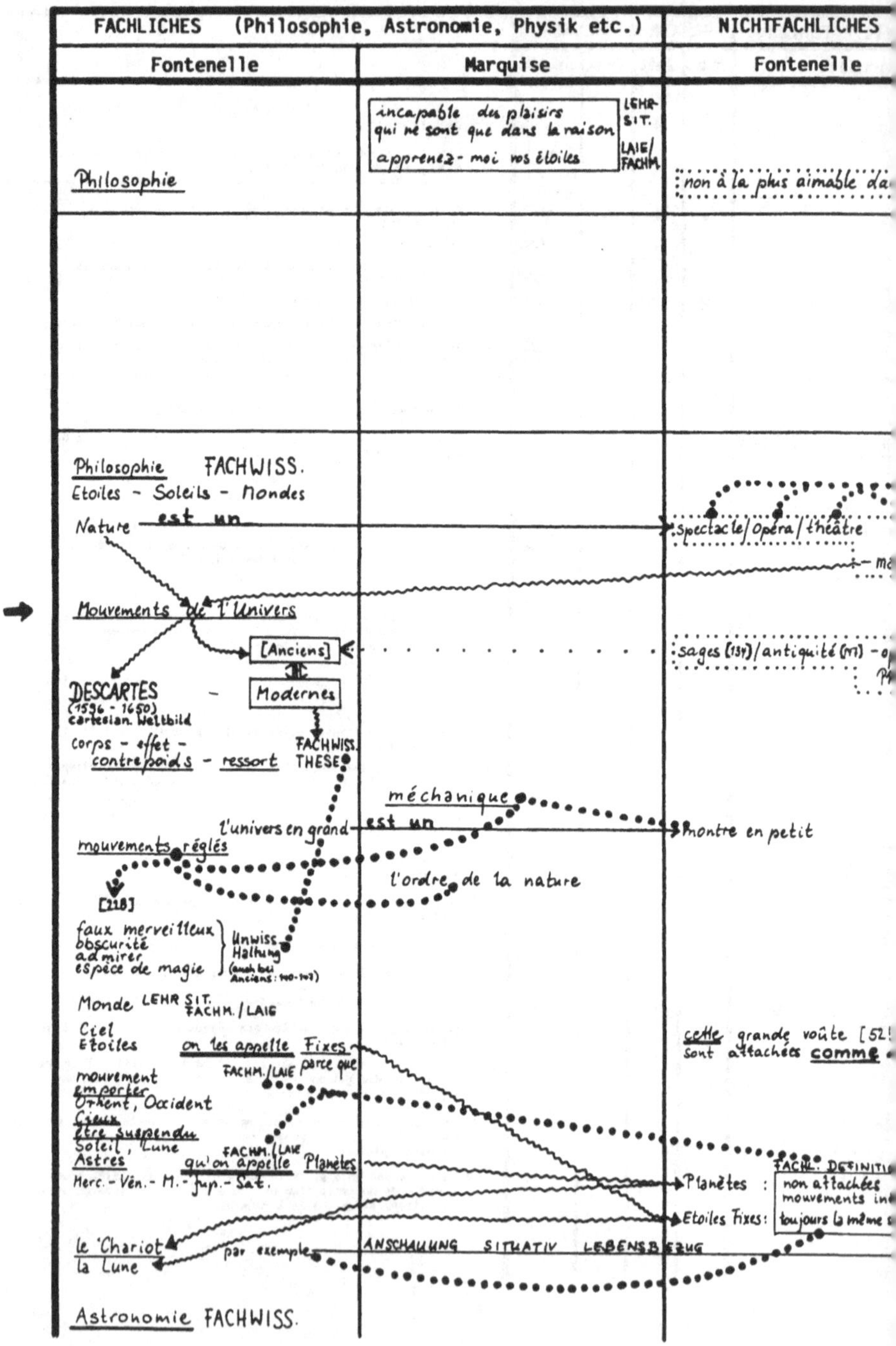
FACHLICHES (Philosophie, Astronomie, Physik etc.)
NICHTFACHLICHES
Fontenelle
Marquise
Fontenelle
incapable des plaisirs qui ne sont que dans la raison
apprenez-moi vos étoiles
LEHR-SIT.
LAIE/FACHM.
Philosophie
non à la plus aimable da
Philosophie FACHWISS.
Etoiles - Soleils - Mondes
Nature est un
spectacle/Opéra/théâtre
Mouvements de l'Univers
[Anciens]
Modernes
sages (134)/antiquité (171)
DESCARTES
(1596 - 1650)
cartesian. Weltbild
corps - effet -
contrepoids - ressort
FACHWISS. THESE
méchanique
l'univers en grand est un
montre en petit
mouvements réglés
l'ordre de la nature
[218]
faux merveilleux
obscurité
admirer
espèce de magie
Unwiss. Haltung
Monde LEHR SIT. FACHM./LAIE
Ciel
Etoiles
on les appelle Fixes
FACHM./LAIE parce que
cette grande voûte [52]
sont attachées comme
mouvement
emporter
Orient, Occident
Cieux
être suspendu
Soleil, Lune
Astres
FACHM./LAIE
qu'on appelle Planètes
Merc.-Vén.-M.-Jup.-Sat.
Planètes :
Etoiles Fixes :
FACHL. DEFINITI
non attachées
mouvements in
toujours la même
le Chariot
la Lune
par exemple
ANSCHAUUNG SITUATIV LEBENSBEZUG
Astronomie FACHWISS.

/Erfahrung) …ise	RAHMENERZÄHLUNG Aktn.	Zeit	Ort	Situat.	2
					80 M croyés-vous qu'on soit incapable des plaisirs qui ne sont que dans la raison? (82) apprenés-moi vos Etoiles. 83 F Non! il ne me sera point reproché que j'aye parlé de Philosophie à la plus aimable personne que je connoisse
	● ●			● LEHR-SIT. mat. de Physique [105] THESE/THEMA bagat. Philos.	*91 je vis que je ne sçavois pas où commencer mon discours; car avec une personne comme elle, qui ne sçavoit rien en matiere de Physique, il falloit prendre les choses de bien loin, pour lui prouver que* *la Terre pouvait être une Planete, et les Planetes autant de Terres, et toutes les Etoiles autant de Soleils qui éclairoient des Mondes.* *98 il auroit mieux valu s'entretenir de bagatelles* *100 pour lui donner une idée générale de la Philosophie, voici par où je commençai*
					102 F Toute la Philosophie n'est fondée que sur deux choses 105 vous verriés bien si les Etoiles sont des Soleils qui éclairent autant de Mondes, ou si elles n'en sont pas 116 je me figure toujours que la Nature est un grand Spectacle qui ressemble à celui de l'Opera. Du lieu où vous êtes à l'Opera, vous ne voyés pas le Théatre tout-à-fait comme il est; on a disposé les Décorations et les Machines 130 dans les Machines que la Nature présente à nos yeux, les cordes sont parfaitement bien cachées, et elles le sont si bien, qu'on a été long-tems à deviner ce qui causoit les mouvemens de l'Univers. 133 représentés-vous tous les Sages à l'Opera 136 supposons qu'ils voyoient le Vol de Phaëton 147 A la fin Descartes, et quelqu'autres Modernes sont venus 150 Ainsi on ne croit plus qu'un corps se remuë, s'il n'est tiré, ou plûtôt poussé par un autre corps; on ne croit plus qu'il monte ou qu'il descende, si ce n'est par l'effet d'un contrepoids ou d'un ressort 156 M la Philosophie est devenuë bien méchanique? 158 F On veut que l'Univers ne soit en grand, que ce qu'une Montre est en petit, et que tout s'y conduise par des mouvemens réglés 168 M Il est surprenant que l'ordre de la Nature ne roule que sur des choses si simples 172 F Assés de gens ont toujours dans la tête un faux Merveilleux envelopé d'une obscurité qu'ils respectent. Ils n'admirent la Nature, que parce qu'ils la croyent une espece de Magie
	●			● LEHR-SIT.	177 vous êtes si bien disposée à entrer dans tout ce que je veux vous dire, que je croi que je n'ai qu'à tirer le rideau, et à vous montrer le Monde. 182 c'est ce Ciel bleu, cette grande voûte où il semble que les Etoiles sont attachées comme des cloux. On les appelle Fixes, parce qu'elles ne paroissent avoir que le mouvement de leur Ciel, qui les emporte avec lui d'Orient en Occident. (186) Entre la Terre et cette derniere voûte des Cieux, sont suspendus à différentes hauteurs, le Soleil, la Lune, et les cinq autres Astres qu'on appelle des Planetes, Mercure, Venus, Mars, Jupiter et Saturne. (190) Ces Planettes n'étant point attachées à un même Ciel, ayant des mouvemens inégaux, elles se regardent diversement, au lieu que les Etoiles Fixes sont toujours dans la même situation les unes à l'égard des autres;
→	●	●	●	●	(195) le Chariot, par exemple, que vous voyés, a toujours été fait comme il est; mais la Lune est tantôt proche du Soleil, tantôt elle en est éloignée, et il en va de même des autres Planettes. (199) Voilà comme les choses parurent à ces anciens Bergers de Chaldée, dont le grand loisir produisit les premieres observations, qui ont été le fondement de l'Astronomie

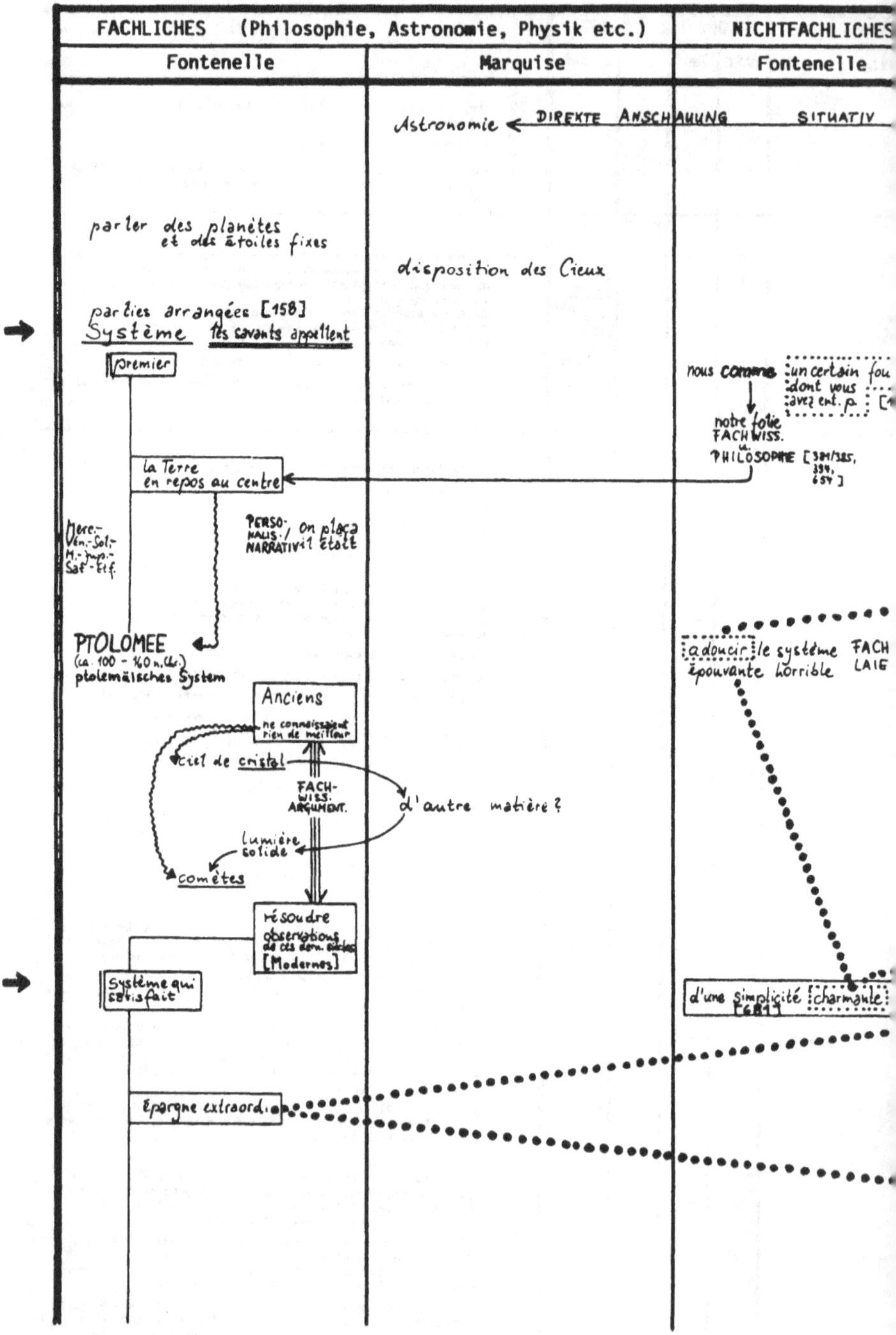

FACHLICHES (Philosophie, Astronomie, Physik etc.)
NICHTFACHLICHES
Fontenelle
Marquise
Fontenelle
Astronomie
DIREKTE ANSCHAUUNG
SITUATIV
parler des planètes et des étoiles fixes
disposition des Cieux
parties arrangées [158]
Système
les savants appellent
premier
nous comme
un certain fou dont vous avez ent. p.
notre folie
FACHWISS. u. PHILOSOPHIE
la Terre en repos au centre
PERSONALIS./ NARRATIV
on plaça il était
PTOLOMEE
(ca. 100 - 160 n. Chr.)
ptolemäisches System
adoucir
le système épouvante horrible
FACH LAIE
Anciens
ne connaissaient rien de meilleur
ciel de cristal
FACH-WISS. ARGUMENT.
d'autre matière ?
lumière solide
comètes
résoudre observations de ces dern. siècles
[Modernes]
Système qui satisfait
d'une simplicité
charmante
[681]
Epargne extraordi.

t/Erfahrung)	RAHMENERZÄHLUNG				3
quise	Aktn.	Zeit	Ort	Situat.	
agne te	●	●	●		212 M je vois bien qu'il faut que je me tienne à l'Astronomie. 216 j'ai autant de loisir que l'Astronomie en peut demander. Heureusement encore nous sommes à la Campagne, et nous y menons quasi une vie pastorale; tout cela convient à l'Astronomie
					220 F Ce n'est pas la vraye vie pastorale, que de parler des Planetes, et des Etoiles Fixes
					227 M Quand on eut reconnu cette disposition des Cieux que vous m'avés dites, de quoi fut-il question?
					228 F Il fut question de deviner comment toutes les parties de l'Univers devoient être arrangées, et c'est-là que les Sçavans appellent faire un Sistême. (231) Mais avant que je vous explique le premier des Sistêmes, il faut que vous remarquiés, que nous sommes tous faits naturellement comme un certain Fou Athènien dont vous avés entendu parler 237 Notre folie à nous autres, est de croire aussi que toute la nature est destinée à nos usages 243 Sur ce principe on ne manqua pas d'abord de s'imaginer qu'il falloit que la Terre fût en repos au centre de l'Univers, tandis que tous les Corps cèlestes prendroient la peine de tourner alentour pour l'èclairer. 248 Ce fut donc au-dessus de la Terre qu'on plaça Mercure, ensuite Venus, le Soleil, Mars, Jupiter, Sature. Au-dessus de tout cela ètoit le Ciel des Etoiles Fixes.
net intelligible contente FAßLICHK. EINSICHTIGK.					259 M il me paroît assés net, et assés intelligible, et pour moi je vous déclare que je m'en contente
					261 F je vous adoucis bien tout ce Sistême. Si je vous le donnois tel qu'il a été conçû par Ptolomèe son Auteur, il vous jetteroit dans une èpouvante horrible. 269 les Anciens avoient imaginé je ne sçai combien de Cercles 272 L'embarras de tous ces Cercles ètoit grand dans un tems où l'on ne connoissoit encore rien de meilleur 285 Ces Philosophes faisoient un Ciel de cristal, qui imprimoit ce mouvement aux Cieux infèrieurs.
					291 M Et pour quoi ne les faisoit-on que de cristal? N'eussent-ils pas été bons de quelque autre matiere?
					294 F Non, il falloit que la lumiere passât au travers; et d'ailleurs il falloit qu'ils fussent solides. 299 Mais on a vû des Cometes, qui briseroient tout le cristal des Cieux 302 il a fallu se rèsoudre à faire les Cieux d'une matiere fluide, telle que l'Air. Enfin il est hors de doute par les Observations de ces derniers Siècles, et l'ancien Sistême est absolument insoutenable. 307 Je vais donc vous en proposer un qui satisfait à tout, car il est d'une simplicitè charmante.
à moins de frais les autres LEICHTIGK.					311 M votre Philosophie est une espece d'enchere, où ceux qui offrent de faire les choses à moins de frais, l'emportent sur les autres
					314 F Il est vrai et ce n'est que par-là qu'on peut attraper le Plan sur lequel la Nature a fait son Ouvrage. Elle est d'une èpargne extraordinaire
imagination peine à comprendre ÖKONOMIE					330 M Je serai bien aise, que le Sistême dont vous m'allès parler imite de fort près la Nature; car ce grand mènage-là tournera au profit de mon imagination, qui n'aura pas tant de peine à comprendre

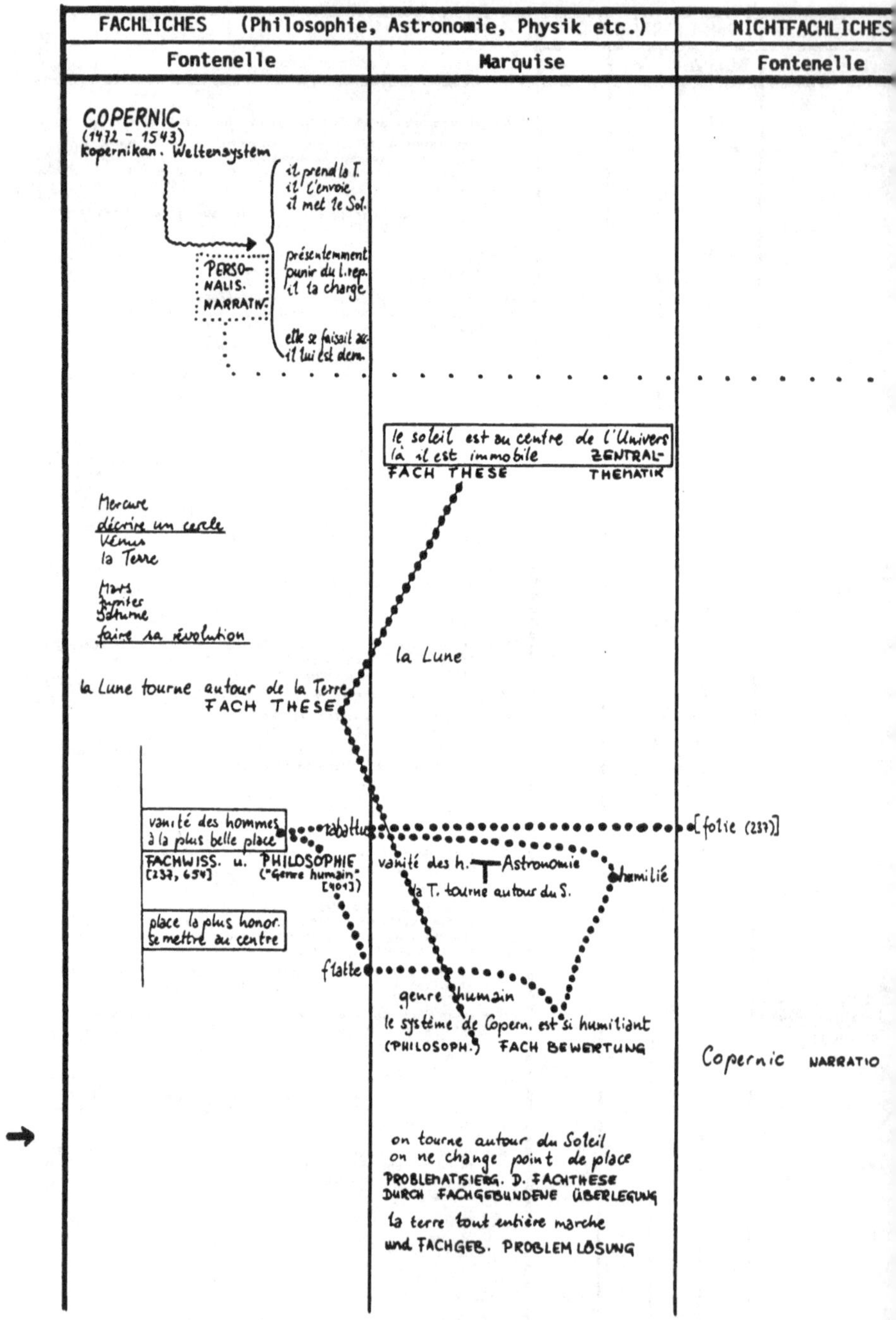

FACHLICHES (Philosophie, Astronomie, Physik etc.)
NICHTFACHLICHES
Fontenelle
Marquise
Fontenelle
COPERNIC
(1472 - 1543)
kopernikan. Weltensystem
il prend la T.
il l'envoie
il met le Sol.
PERSO-
NALIS.
NARRATIV.
présentemment
punir du l. rep.
il la charge
elle se faisait
il lui est dem.
le soleil est au centre de l'Univers
là il est immobile
ZENTRAL-
THEMATIK
FACH THESE
Mercure
décrire un cercle
Vénus
la Terre
Mars
Jupiter
Saturne
faire sa révolution
la Lune
la Lune tourne autour de la Terre
FACH THESE
vanité des hommes
à la plus belle place
rabattue
[folie (237)]
FACHWISS. u. PHILOSOPHIE
[237, 654]
("Genre humain" [404])
vanité des h.
Astronomie
humilié
la T. tourne autour du S.
place la plus honor.
se mettre au centre
flatté
genre humain
le système de Copern. est si humiliant
(PHILOSOPH.) FACH BEWERTUNG
Copernic NARRATIO
on tourne autour du Soleil
on ne change point de place
PROBLEMATISIERG. D. FACHTHESE
DURCH FACHGEBUNDENE ÜBERLEGUNG
la terre tout entière marche
und FACHGEB. PROBLEMLÖSUNG

/Erfahrung)	RAHMENERZÄHLUNG				4
uise	Aktn.	Zeit	Ort	Situat.	

335 F Figurès-vous un Allemand nommè Copernic, qui fait main-basse sur tous ces Cieux solides qui avoient ètè imaginès par l'Antiquitè. Il dètruit les uns, il met les autres en pièces.

(339) Saisi d'une noble fureur d'Astronome, il prend la Terre et l'envoye bien loin du centre de l'Univers, il y met le Soleil.

342 Les Planetes ne tournent plus autour de la Terre, et ne l'enferment plus au milieu du Cercle.

346 Tout tourne prèsentement autour du Soleil, la Terre y tourne elle-même, et pour la punir du long repos qu'elle s'ètoit attribuè, Copernic la charge le plus qu'il peut de tous les mouvemens qu'elle donnoit aux Planetes et aux Cieux.

(350) Enfin de tout cet èquipage cèleste dont cette petite Terre se faisoit accompagner et environner, il ne lui est demeurè que la Lune qui tourne encore autour d'elle.

peusement

354 M il vient de vous prendre un enthousiasme qui vous a fait expliquer les choses si pompeusement, que je ne croi pas les avoir entenduës.

(356) Le Soleil est au centre de l'Univers, et là il est immobile, après lui, qu'est-ce qui suit?

358 F C'est Mercure.

359 le Soleil est à peu près le centre du cercle que Mercure dècrit. Au-dessus de Mercure est Venus, qui tourne de même.

362 Ensuite vient la Terre qui dècrit autour du Soleil un plus grand Cercle que ces Planetes.

(364) Enfin suivent Mars, Jupiter, Saturne;

(367) aussi employe-t-il plus de tems qu'aucune autre Planete à faire sa rèvolution

369 M Et la Lune?

370 F La Lune tourne autour de la Terre et ne l'abandonne point.

e restée abandonnoient
otre Allemand
ire perdre la Lune

376 M j'aime la Lune, de nous être restèe lorsque toutes les autres Planetes nous abandonnoient. Avouès que si votre Allemand eût pû nous la faire perdre, il l'auroit fait volontiers.

381 F Je lui sçai bon grè d'avoir rabattu la vanitè des hommes, qui s'etoient mis à la plus belles place de l'Univers

385 M croyès-vous que la vanitè des hommes s'ètende jusqu'à l'Astronomie? Croyès-vous m'avoir humiliée, pour m'avoir appris que la Terre tourne autour du Soleil?

394 F la même inclination qui fait qu'on veut avoir la place la plus honorable dans une cèrèmonie, fait qu'un Philosophe dans un Sistème se met au centre du Monde

399 ce principe qui le flatte

401 M c'est-là une calomnie contre le Genre humain. On n'auroit donc jamais dû recevoir le Sistême de Copernic, puis-qu'il est si humiliant.

404 F Copernic lui-même se dèfioit-il fort du succès de son opinion.

409 sçavès-vous ce qu'il fit? il mourut. Il ne voulut point essuyer toutes les contradictions qu'il prèvoyait, et il se tira habilement d'affaire.

(413) M on a de la peine à s'imaginer qu'on tourne autour du Soleil; car enfin on ne change point de place

● (Aktn.) ● (Situat.)

416 Je vois, ce me semble, à votre air, que vous m'allès dire que comme la Terre tout entiere marche ...

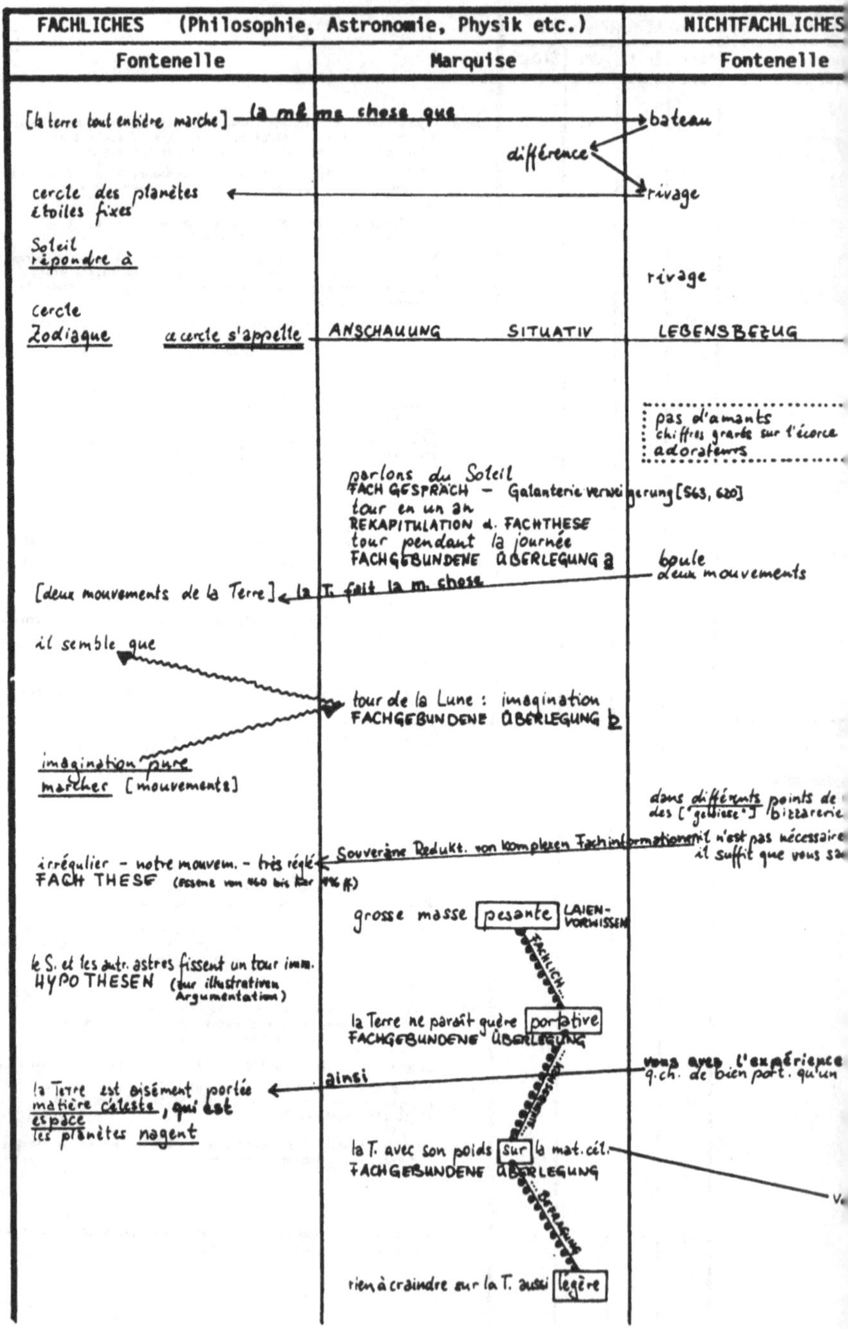

FACHLICHES (Philosophie, Astronomie, Physik etc.)
NICHTFACHLICHES
Fontenelle
Marquise
Fontenelle
[la terre tout entière marche]
la même chose que
bateau
différence
rivage
cercle des planètes
étoiles fixes
Soleil
répondre à
rivage
cercle
Zodiaque
ce cercle s'appelle
ANSCHAUUNG
SITUATIV
LEBENSBEZUG
pas d'amants
chiffres gravés sur l'écorce
adorateurs
parlons du Soleil
FACHGESPRÄCH – Galanterieverweigerung [563, 620]
tour en un an
REKAPITULATION d. FACHTHESE
tour pendant la journée
FACHGEBUNDENE ÜBERLEGUNG a
boule
deux mouvements
[deux mouvements de la Terre]
la T. fait la m. chose
il semble que
tour de la Lune : imagination
FACHGEBUNDENE ÜBERLEGUNG b
imagination pure
marcher [mouvements]
dans différents points de
des ["gebiese"] bizzarerie
irrégulier – notre mouvem. – très réglé
FACH THESE
Souveräne Redukt. von komplexen Fachinformationen
il n'est pas nécessaire
il suffit que vous sa
grosse masse
pesante
LAIEN-VORWISSEN
FACHLICH
le S. et les autr. astres fissent un tour imm.
HYPOTHESEN (zur illustrativen Argumentation)
la Terre ne paraît guère
portative
FACHGEBUNDENE ÜBERLEGUNG
vous avez l'expérience
q.ch. de bien port. qu'un
ainsi
la Terre est aisément portée
matière céleste, qui est
espace
les planètes nagent
la T. avec son poids
sur
la mat. cél.
FACHGEBUNDENE ÜBERLEGUNG
rien à craindre sur la T. aussi
légère

Erfahrung)	RAHMENERZÄHLUNG				5
uise	Aktn.	Zeit	Ort	Situat.	

…parc

…sant
…rre prend
…leil ne fait rien

LEHR-SIT.

LEHR-SIT.

/ LAIE
/ LAIE

LEHR-SIT.

…GERUNG

418 F Assurément, c'est la même chose que dans un Bateau

422 M Oui, mais voici une différence, je trouverois à mon réveil le rivage changé

427 F Non pas, le rivage est changé aussi. Vous sçavés qu'au de-là de tous les Cercles des Planetes sont les Etoiles Fixes, voilà notre rivage.

433 en poussant ma vûë en ligne droit au de-là du Soleil, je le verroi nécessairement répondre à quelques Etoiles Fixes

441 C'est-là le rivage qui change tous les jours

443 je vois le Soleil en l'espace d'une année répondre successivement à diverses Etoiles Fixes qui composent un Cercle. Ce Cercle s'appelle le Zodiaque. Voulés-vous que je vous fasse ici une figure sur le sable?

447 M Non, je m'en passerai bien, et puis cela donneroit à mon Parc un air sçavant, que je ne veux pas qu'il ait.

457 F Il vaut mieux qu'on n'y voye que des pas d'Amans, c'est-à-dire, votre nom et vos chiffres gravés sur l'écorce des arbres par la main de vos Adorateurs.

460 M Laissons-là les Adorateurs et parlons du Soleil.

462 il décrit le Cercle que nous décrivons nous-mêmes, mais ce tour ne s'acheve qu'en un an, et celui que le Soleil fait tous les jours sur notre tête, comment se fait-il?

465 F Avés-vous remarqué, qu'une boule qui rouleroit sur cette allée auroit deux mouvemens?

471 La Terre fait la même chose. Dans le tems qu'elle avance sur le Cercle qu'elle décrit en un an autour du Soleil, elle tourne sur elle-même en vingt-quatre heures

477 il semble qu'il s'élève

478 il semble qu'il s'abaisse

479 M Cela est assés plaisant, la Terre prend tout sur soi, et le Soleil ne fait rien. Et quand la Lune et les autres Planetes et les Etoiles Fixes paroissent faire un tour sur notre tête en vingt-quatre heures, c'est donc aussi une imagination?

483 F Imagination pure

491 Nous marchons, et les autres Planetes marchent aussi, mais plus ou moins vite que nous; cela nous met dans différens points de vûë à leur égard, et nous fait paroître dans leurs cours des bizzarreries dont il n'est pas nécessaire que je vous parle. Il suffit que vous scachiés que ce qu'il y a d'irrégulier dans les Planetes, ne vient que de la diverse maniere dont notre mouvement nous les fait rencontrer, et qu'au fond elles sont toutes très-réglées.

502 M pour une grosse masse aussi pesante qu'elle [la Terre] est, on lui demande bien de l'agilité

503 F Mais, lui aimeriés-vous mieux que le Soleil, et tous les autres Astres qui sont de très-grands Corps, fissent en ving-quatres heures autour de la Terre un tour immense

517 M le Soleil et les Astres sont tout de feu, le mouvement ne leur coûte rien; mais la Terre ne paroît guere portative.

519 F Et croiriez-vous, si vous n'en aviès l'expérience, que ce fût quelque chose de bien portatif, qu'un gros Navire

529 Ainsi la terre toute massive est aisément portée au milieu de la matiere celeste, qui est infiniment plus fluide que l'eau, et qui remplit tout ce grand espace où nagent les Planetes.

538 M Mais comment la Terre avec tout son poids se soûtient-elle sur vôtre matiere celeste

541 F Ce n'est pas à dire que ce qui est fluide, en soi plus leger. Que dites-vous de notre gros vaisseau

544 M Je ne veux plus vous dire rien tant que vous aurés le gros Vaisseau

545 Mais m'assurés-vous bien qu'il n'y ait rien à craindre sur une pirouette aussi legere que vous me faites la Terre?

FACHLICHES (Philosophie, Astronomie, Physik etc.)		NICHTFACHLICHES
Fontenelle	Marquise	Fontenelle
		faire porter la T. par éléphants
	un autre système	
		dormir en assurance avoir besoin pour cette
	Sérieusement FACHGESPRÄCH – Galanterieverweigerung [460, 620] [la T.] et moi tournent	
		avec plaisir idées réjouissantes q. fois – p. ex. – je me
	Ainsi il passe continuellement des gens et au bout de 24 hs. ns. y revenons REKAPITULATION der illustrierten Fachthese	
		il pass
	Mais il me vient une diff. sérieuse FACH GESPRÄCH – Galanterieverweigerung [460, 563] nous changeons d'Air FACHGEBUNDENE ÜBERLEGUNG	
l'air tourne avec nous FACH THESE		
	c'est ainsi que	ver à soie / coques
la Terre est couverte [d'air]		
mouvement général		
	on n'est pas assuré qu'on tourne FAKTEN-VERIFIKATION on le reconnaît ?	
mouvemts. nat. – morale FACHWISS.SCHAFT u. PHILOSOPHIE [237, 381, 385, 394]		

(Erfahrung)	RAHMENERZÄHLUNG				6
uise	Aktn.	Zeit	Ort	Situat.	

548 F faisons porter la Terre par quatre Elephans, comme font les Indiens.

550 M Voici bien un autre Sistême.

559 F pour dormir en assurance, et si vous avès besoin pour cette nuit, nous en [èléphants] mettrons dans nôtre Systême autant qu'il vous plaira

(ung in Kommsit.)

563 M Sérieusement,

565 je me sens assés de courage pour oser tourner

567 F vous tournerès avec plaisir, et vous vous ferès sur ce Systême des idèes rèjoüissantes.

(568) Quelque-fois, par exemple, je me figure que je suis suspendu en l'air, et que j'y demeure sans mouvement pendant que la Terre tourne sous moi en vingt-quatre heures.

(571) Je vois passer sous mes yeux [...].

584 M Ainsi donc dans le même lieu où nous sommes à présent, je ne dis pas dans ce Parc, mais dans ce même lieu, à le prendre dans l'Air, il y passe continuellement d'autres Peuples qui prennent notre place; et au bout de vingt-quatre heures nous y revenons.

589 F Copernic ne le comprendroit pas mieux.

(590) D'abord il passera par ici [...].

(ant)

611 M Il est assés plaisant d'imaginer ce que vous venés de me dire

620 Mais il me vient une difficulté serieuse. Si la Terre tourne, nous changeons d'Air à chaque moment, et nous respirons toûjours celui d'un autre Pays.

623 F Nullement, l'Air qui environne la Terre nous suit, et tourne avec nous.

(626) Vous avès vû quelque-fois l'ouvrage d'un Ver à Soye, ou ces Coques que ces petits animaux travaillent avec tant d'art pour s'y emprisonner.

631 C'est ainsi que la Terre est couverte depuis sa surface jusqu'à une certaine hauteur.

(AS BEWERTUNG — idées méprisables)

637 M Vous me présentés la Terre sous des idées bien méprisables

642 F la Nature nous emporte tous ensemble d'un mouvement general, et se joüe de la petite boule.

648 M le malheur est qu'on n'est pas assuré qu'on tourne

651 Est-il possible qu'il ne laissera pas quelque petite marque sensible à laquelle on le [le mouvement de la Terre] reconnoisse?

654 F Les mouvemens les plus naturels et les plus ordinaires, sont ceux qui se font le moins sentir, cela est vrai jusque dans la Morale.

(et — c'est bailler)

659 M Ah! vous moralisés, quand il est question de Phisique, cela s'appelle baailler.

(662) Demain nous reviendrons ici, vous avec vos Sistêmes, et moi avec mon ignorance.

(LAIE/FACHM. — LEHR-SIT.)

(LEHR-SIT.)

664 En retournant au Château, je lui dis, pour épuiser la matiere des Sistêmes, qu'il en y avoit un troisiéme inventé par Ticho-Brahé,
qui voulant absolument que la Terre fût immobile, la plaçoit au centre du Monde, et faisoit tourner autour d'elle le Soleil.

(M LAIE — T. tourne autour du Sy — FACHL. ENTSCHEIDG. Copernic)

672 Mais la Marquise qui a le discernement vif et prompt, jugea qu'il y avoit trop d'affectation à exempter la Terre de tour tourner autour du Soleil

(M F LAIE/FACHM — [69, 307] — uniforme riant simplic. plaisir)

681 et enfin il fut resolu que nous nous en tiendrons à celui de Copernic,
qui est plus uniforme et plus riant, et n'a aucun mélange de préjugé. En effet, la simplicité dont il est persuadé, et sa hardiesse fait plaisir.

Anhang II: Text (›Premier Soir‹)

Text zusammengestellt aus der Ausgabe Fontenelle (1984)

PREMIER SOIR

Que la Terre est une Planete qui tourne sur elle-meme, et autour du Soleil.

Nous allâmes donc un Soir après souper nous promener dans le Parc. Il faisoit un frais délicieux, qui nous récompensoit d'une journée fort chaude que nous avions essuyée. La Lune étoit levée il y avoit peut-être une heure, et ses rayons qui ne venoient à nous qu'entre les branches des Arbres, faisoient un agréable mélange d'un blanc fort vif, avec tout ce verd qui paroissoit noir. Il n'y avoit pas un nuage qui dérobât, ou qui obscurcît la moindre Etoile, elles étoient toutes d'un or pur et éclatant, et qui étoit encore relevé par le fond bleu où elles sont attachées. Ce spectacle me fit rêver ; et peut-être sans la Marquise eussai-je rêvé assés long-tems ; mais la présence d'une si aimable Dame ne me permit pas de m'abandonner à la Lune et aux Étoiles. Ne trouvés-vous pas, lui dis-je que le jour même n'est pas si beau qu'une belle nuit ; Oüi, me répondit-elle, la beauté du jour est comme une beauté blonde qui a plus de brillant ; mais la beauté de la nuit est une beauté brune qui est plus touchante [1]. Vous êtes bien généreuse, repris-je, de donner cet avantage aux Brunes, vous qui ne l'êtes pas. Il est pourtant vrai que le jour est ce qu'il y a de plus beau dans la Nature, et que les Héroïnes de Roman, qui sont ce qu'il y a de plus beau dans l'imagination, sont presque toujours blondes. Ce n'est rien que la Beauté, répliqua-t-elle, si elle ne touche. Avoués que le jour ne vous eût jamais jetté dans une rêverie aussi douce que celle où je vous ai vû prêt de tomber tout à l'heure à la vûë de cette belle nuit. J'en conviens, répondis-je ; mais en récompense, une Blonde comme vous me feroit encore mieux rêver que la plus belle nuit du monde, avec toute sa beauté brune. Quand cela seroit vrai, repliqua-t-elle, je ne m'en contenterois pas. Je voudrois que le jour, puisque les Blondes doivent être dans ses interêts, fît aussi le même effet. Pourquoi les Amans, qui sont bons Juges de ce qui touche, ne s'adressent-ils jamais qu'à la nuit dans toutes les Chansons et dans toutes les Elegies que je connois ? Il faut bien que la nuit ait leurs remerciemens, lui dis-je ; mais reprit-elle, elle a aussi toutes leurs plaintes. Le jour ne s'attire point leurs confidences ; d'où cela vient-il ? C'est apparemment, répondis-je, qu'il n'inspire point je ne sçai quoi de triste et de passionné. Il semble pendant la nuit que tout soit en repos. On s'imagine que les Etoiles marchent avec plus de silence que le Soleil, les objets que le Ciel présente sont plus doux, la vûë s'y arrête plus aisément ; enfin on en rêve mieux, parce qu'on se flatte d'être alors dans toute la Nature la seule personne occupée à rêver. Peut-être aussi que le spectacle du jour est trop uniforme, ce n'est qu'un Soleil, et une voûte bleuë, mais il se peut que la vûë de toutes ces Etoiles semées confusément, et disposées au hazard en mille figures différentes, favorise la rêverie, et un certain désordre de pensées où l'on ne tombe point sans plaisir. J'ai toujours senti ce que vous me dites, reprit-elle, j'aime les Etoiles, et je me plaindrois volontiers du Soleil qui nous les efface. Ah ! m'écriai-je, je ne puis lui pardonner de me faire perdre de vûë tous ces Mondes. Qu'appelés-vous tous ces Mondes, me dit-elle, en me regardant, et en se tournant vers moi ? Je vous demande pardon, répondis-je. Vous m'avés mis sur ma folie, et aussi-tôt mon imagination s'est échapée. Quelle est donc cette folie, reprit-elle ? Hélas ! repliquai-je, je suis bien fâché qu'il faille vous l'avouer, je me suis mis dans la tête que chaque Etoile pourroit bien être un Monde. Je ne jurerois pourtant pas que cela fût vrai, mais je le tiens pour vrai, parce qu'il me fait plaisir à croire. C'est une idée qui me plaît, et qui s'est placée dans mon esprit d'une maniere riante. Selon moi, il n'y a pas jusqu'aux Vérités à qui l'agrément ne soit nécessaire. Et bien, reprit-elle, puisque votre folie est si agréable, donnés-la moi, je croirai sur les Etoiles tout ce que vous voudrés, pourvû que j'y trouve du plaisir. Ah ! Madame, répondis-je, bien vîte, ce n'est pas un plaisir comme celui que vous auriés à une Comedie de Moliere ; c'en est un qui est je ne sçai où dans la raison, et qui ne fait rire que l'esprit. Quoi donc, reprit-elle, croyés-vous qu'on soit incapable des plaisirs qui ne sont que dans la raison ? Je veux tout à l'heure vous faire voir le contraire, apprenés-moi vos Etoiles. Non, repliquai-je, il ne me sera point reproché que dans un Bois, à dix heures du Soir, j'aye parlé de Philosophie à la plus aimable personne que je connoisse. Cherchés ailleurs vos Philosophes.

J'eus beau me deffendre encore quelque tems sur ce ton-là, il fallut ceder. Je lui fis du moins promettre pour mon honneur, qu'elle me garderoit le secret, et quand je fus hors d'état de m'en pouvoir dédire, et que je voulus parler, je vis que je ne sçavois pas où commencer mon discours ; car avec une personne comme elle, qui ne sçavoit rien en matiere de Physique, il falloit prendre les choses de bien loin, pour lui prouver que la Terre pouvoit être une Planete, et les Planetes autant de Terres, et toutes les Etoiles autant de Soleils qui éclairoient des Mondes. J'en revenois toujours à lui dire qu'il auroit mieux valu s'entretenir de bagatelles, comme toutes personnes raisonnables auroient fait en notre place. A la fin cependant, pour lui donner une idée générale de la Philosophie, voici par où je commençai.

Toute la Philosophie, lui dis-je, n'est fondée que sur deux choses, sur ce qu'on a l'esprit curieux et les yeux mauvais ; car si vous aviés les yeux meilleurs, que vous ne les avés, vous verriés bien si les Etoiles sont des Soleils qui éclairent autant de Mondes, ou si elles n'en sont pas ; et si d'un autre côté vous étiés moins curieuse, vous ne vous soucieriés pas de le sçavoir, ce qui reviendroit au même ; mais on veut sçavoir plus qu'on ne voit, c'est-là la difficulté. Encore, si ce qu'on voit, on le voyoit bien, ce seroit toujours autant de connu, mais on le voit tout autrement qu'il n'est. Ainsi les vrais Philosophes passent leur vie à ne point croire ce qu'ils voyent, et à tâcher de deviner ce qu'ils ne voyent point, et cette condition n'est pas, ce me semble, trop à envier. Sur cela je me figure toujours que la Nature est un grand Spectacle qui ressemble à celui de l'Opera. Du lieu où vous êtes à l'Opera, vous ne voyés pas le Théatre tout-à-fait comme il est ; on a disposé les Décorations et les Machines, pour faire de loin un effet agréable, et on cache à votre vûë ces rouës et ces contrepoids qui font tous les mouvemens. Aussi ne vous embarassés-vous guere de deviner comment tout cela joue. Il n'y a peut-être que quelque Machiniste caché dans le Parterre, qui s'inquiéte d'un Vol qui lui aura paru extraordinaire, et qui veut absolument démêler comment ce Vol a été exécuté [1]. Vous voyés bien que ce Machiniste-là est assés fait comme les Philosophes. Mais ce qui, à l'égard des Philosophes, augmente la difficulté, c'est que dans les Machines que la Nature présente à nos yeux, les cordes sont parfaitement bien cachées, et elles le sont si bien, qu'on a été long-tems à deviner ce qui causoit les mouvemens de l'Univers. Car représentés-vous tous les Sages à l'Opera, ces Pithagores, ces Platons, ces Aristotes, et tous ces gens dont le nom fait aujourd'hui tant de bruit à nos oreilles ; supposons qu'ils voyoient le Vol de Phaëton que les Vents enlevent [2], qu'ils ne pouvoient découvrir les cordes, et qu'ils ne sçavoient point comment le derriere du Théatre étoit disposé. L'un d'eux disoit ; *C'est une certaine Vertu secrette qui enleve Phaëton.* L'autre, *Phaëton est composé de certains nombres qui le font monter.* L'autre, *Phaëton a une certaine amitié pour le haut du Théatre ; il n'est point à son aise quand il n'y est pas.* L'autre, *Phaëton n'est pas fait pour voler, mais il aime mieux voler, que de laisser le haut du Théatre vuide ;* et cent autres rêveries que je m'étonne qui n'ayent perdu de réputation toute l'Antiquité [1]. A la fin Descartes, et quelqu'autres Modernes sont venus, qui ont dit : *Phaëton monte, parce qu'il est tiré par des cordes, et qu'un poids plus pesant que lui descend.* Ainsi on ne croit plus qu'un corps se remuë, s'il n'est tiré, ou plûtôt poussé par un autre corps ; on ne croit plus qu'il monte ou qu'il descende, si ce n'est par l'effet d'un contrepoids ou d'un ressort [2] ; et qui verroit la Nature telle qu'elle est, ne verroit que le derriere du Théatre de l'Opera.

A ce conte, dit la Marquise, la Philosophie est devenuë bien méchanique ? Si méchanique, répondis-je, que je crains qu'on en ait bientôt honte. On veut que l'Univers ne soit en grand, que ce qu'une Montre est en petit, et que tout s'y conduise par des mouvemens réglés qui dépendent de l'arrangement des parties [1]. Avoués la vérité. N'avés-vous pas eu quelquefois une idée plus sublime de l'Univers, et ne lui avés-vous point fait plus d'honneur qu'il ne méritoit ? J'ai vû des gens qui l'en estimoient moins, depuis qu'ils l'avoient connu. Et moi, repliqua-t-elle, je l'en estime beaucoup plus, depuis que je sçai qu'il ressemble à une Montre. Il est surprenant que l'ordre de la Nature, tout admirable qu'il est, ne roule que sur des choses si simples.

Je ne sçai pas, lui répondis-je, qui vous a donné des idées si saines ; mais en vérité, il n'est pas trop commun de les avoir. Assés de gens ont toujours dans la tête un faux Merveilleux envelopé d'une obscurité qu'ils respectent. Ils n'admirent la Nature, que parce qu'ils la croyent une espece de Magie où l'on n'entend rien ; et il est sûr qu'une chose est deshonorée auprès d'eux, dès qu'elle peut être conçûë. Mais, Madame, continuai-je, vous êtes si bien disposée à entrer dans tout ce que je veux vous dire, que je croi que je n'ai qu'à tirer le rideau, et à vous montrer le Monde.

De la Terre où nous sommes, ce que nous voyons de plus éloigné, c'est ce Ciel bleu, cette grande voûte où il semble que les Etoiles sont attachées comme des cloux. On les appelle Fixes, parce qu'elles ne paroissent avoir que le mouvement de leur Ciel, qui les emporte avec lui d'Orient en Occident. Entre la Terre et cette derniere voûte des Cieux, sont suspendus à différentes hauteurs, le Soleil, la Lune, et les cinq autres Astres qu'on appelle des Planetes, Mercure, Venus, Mars, Jupiter et Saturne. Ces Planettes n'étant point attachées à un même Ciel, ayant des mouvemens inégaux, elles se regardent diversement, et figurent diversement ensemble, au lieu que les Etoiles Fixes sont toujours dans la même situation les unes à l'égard des autres ; le Chariot, par exemple, que vous voyés qui est formé de ces sept Etoiles, a toujours été fait comme il est, et le sera encore long-tems ; mais la Lune est tantôt proche du Soleil, tantôt elle en est éloignée, et il en va de même des autres Planettes. Voilà comme les choses parurent à ces anciens Bergers de Chaldée, dont le grand loisir produisit les premieres observations, qui ont été le fondement de l'Astronomie ; car l'Astronomie est née dans la Chaldée, comme la Géometrie naquit, dit-on, en Egypte, où les inondations du Nil, qui confondoient les bornes des champs, furent cause que chacun voulut inventer des mesures exactes pour reconnoître son champ d'avec celui de son voisin [1]. Ainsi l'Astronomie est fille de l'Oisiveté, la Géometrie est fille de l'Interêt, et s'il étoit question de la Poësie, nous trouverions apparemment qu'elle est fille de l'Amour.

Je suis bien aise, dit la Marquise, d'avoir appris cette généalogie des Sciences, et je vois bien qu'il faut que je m'en tienne à l'Astronomie. La Géometrie, selon ce que vous me dites, demanderoit une ame plus interessée que je ne l'ai, et la Poësie en demanderoit une plus tendre, mais j'ai autant de loisir que l'Astronomie en peut demander. Heureusement encore nous sommes à la Campagne, et nous y menons quasi une vie pastorale ; tout cela convient à l'Astronomie. Ne vous y trompés pas, Madame, repris-je. Ce n'est pas la vraye vie pastorale, que de parler des Planetes, et des Etoiles Fixes. Voyés si c'est à cela que les Gens de l'Astrée passent leur tems [2]. Oh ! répondit-elle, cette sorte de Bergerie-là est trop dangereuse. J'aime mieux celles de ces Chaldéens dont vous me parliés. Recommencés un peu, s'il vous plaît, à me parler Chaldéen. Quand on eut reconnu cette disposition des Cieux que vous m'avés dites, de quoi fut-il question ? Il fut question, repris-je, de deviner comment toutes les parties de l'Univers devoient être arrangées, et c'est-là ce que les Sçavans appellent faire un Sistême [1]. Mais avant que je vous explique le premier des Sistêmes, il faut que vous remarquiés, s'il vous plaît, que nous sommes tous faits naturellement comme un certain Fou Athénien dont vous avés entendu parler, qui s'étoit mis dans la fantaisie que tous les Vaisseaux, qui abordoient au Port de Pirée, lui appartenoient [2]. Notre folie à nous autres, est de croire aussi que toute la nature, sans exception, est destinée à nos usages [3] ; et quand on demande à nos Philosophes, à quoi sert ce nombre prodigieux d'Etoiles Fixes, dont une partie suffiroit pour faire ce qu'elles font toutes, ils vous répondent froidement qu'elles servent à leur réjouir la vûe. Sur ce principe on ne manqua pas d'abord de s'imaginer qu'il falloit que la Terre fût en repos au centre de l'Univers, tandis que tous les Corps célestes qui etoient faits pour elles, prendroient la peine de tourner alentour pour l'éclairer. Ce fut donc au-dessus de la Terre qu'on plaça la Lune ; et au-dessus de la Lune on plaça Mercure, ensuite Venus, le Soleil, Mars, Jupiter, Saturne. Au-dessus de tout cela étoit le Ciel des Etoiles Fixes. La Terre se trouvoit justement au milieu des Cercles que décrivent ces Planetes, et ils étoient d'autant plus grands, qu'ils étoient plus éloignés de la Terre, et par conséquent les Planetes plus éloignées employoient plus de tems à faire leur cours, ce qui effectivement est vrai. Mais je ne sçai pas, interrompit la Marquise, pourquoi vous semblés n'approuver pas cet ordre-là dans l'Univers ; il me paroît assés net, et assés intelligible, et pour moi je vous déclare que je m'en contente. Je puis me vanter, repliquai-je, que je vous adoucis bien tout ce Sistême. Si je vous le donnois tel qu'il a été conçû par Ptolomée son Auteur, ou par ceux qui y ont travaillé après lui, il vous jetteroit dans une épouvante horrible. Comme les mouvemens des Planetes ne sont pas si réguliers, qu'elles n'aillent tantôt plus vîte, tantôt plus lentement, tantôt en un sens, tantôt en un autre, et qu'elles ne soient quelquefois plus éloignées de la Terre, quelquefois plus proches : les Anciens avoient imaginé je ne sçai combien de Cercles différemment entrelassés les uns dans les autres, par lesquels ils sauvoient toutes ces bizarreries [1]. L'embarras de tous ces Cercles étoit si grand, que dans un tems où l'on ne connoissoit encore rien de meilleur, un Roi de Castille, grand Mathématicien, mais apparamment peu dévot, disoit que si Dieu l'eût appelé à son Conseil, quand il fit le Monde, il lui eût donné de bons avis [2]. La pensée est trop libertine ; mais cela même est assés plaisant, que ce Sistême fût alors une occasion de péché, parce qu'il étoit trop confus. Les bons avis que ce Roi vouloit donner, regardoient sans doute la suppression de tous ces Cercles dont on avoit embarrassé les mouvemens célestes. Apparemment ils regardoient aussi une autre suppression de deux ou trois Cieux superflus qu'on avoit mis au de-là des Etoiles Fixes. Ces Philosophes, pour expliquer une sorte de mouvement dans les Corps célestes, faisoient au de-là du dernier Ciel que nous voyons, un Ciel de cristal, qui imprimoit ce mouvement aux Cieux inférieurs. Avoient-ils nouvelle d'un autre mouvement ? C'étoit aussitôt un autre Ciel de cristal. Enfin les Cieux de Cristal ne leur coûtoient rien. Et pour quoi ne les faisoit-on que de cristal, dit la Marquise ? N'eussent-ils pas été bons de quelque autre matiere ? Non, répondis-je, il falloit que la lumiere passât au travers ; et d'ailleurs il falloit qu'ils fussent solides. Il le falloit absolument ; car Aristote avoit trouvé que la solidité étoit une chose attachée à la noblesse de leur nature, et puisqu'il l'avoit dit, on n'avoit garde d'en douter [1]. Mais on a vû des Cometes, qui étant plus élevées qu'on ne croyoit autrefois, briseroient tout le cristal des Cieux par où elles passent, et casseroient tout l'Univers [1] ; et il a fallu se résoudre à faire les Cieux d'une matiere fluide, telle que l'Air. Enfin il est hors de doute par les Observations de ces derniers Siécles, que Venus et Mercure tournent autour du Soleil, et non autour de la Terre, et l'ancien Sistême est absolument insoutenable par cet endroit [2]. Je vais donc vous en proposer un qui satisfait à tout, et qui dispenseroit le Roi de Castille de donner des avis, car il est d'une simplicité charmante, et qui seule le feroit préferer. Il sembleroit, interrompit la Marquise, que votre Philosophie est une espece d'enchere, où ceux qui offrent de faire les choses à moins de frais, l'emportent sur les autres. Il est vrai, repris-je, et ce n'est que par-là qu'on peut attraper le Plan sur lequel la Nature a fait son Ouvrage. Elle est d'une épargne extraordinaire; tout ce qu'elle pourra faire d'une maniere qui lui coûtera un peu moins, quand ce moins ne seroit presque rien, soyés sûre qu'elle ne le fera que de cette maniere-là. Cette épargne néanmoins s'accorde avec une magnificence surprenante qui brille dans tout ce qu'elle a fait. C'est que la magnificence est dans le dessein, et l'épargne dans l'exécution [1]. Il n'y a rien de plus beau qu'un grand dessein que l'on exécute à peu de frais. Nous autres nous sommes sujets à renverser souvent tout cela dans nos idées. Nous mettons l'épargne dans le dessein qu'a eu la Nature, et la magnificence dans l'exécution. Nous lui donnons un petit dessein, qu'elle exécute avec dix fois plus de dépense qu'il ne faudroit; cela est tout-à-fait ridicule. Je serai bien aise, dit-elle, que le Sistême dont vous m'allés parler imite de fort près la Nature; car ce grand ménage-là tournera au profit de mon imagination, qui n'aura pas tant de peine à comprendre ce que vous me dirés. Il n'y a plus ici d'embarras inutiles, repris-je. Figurés-vous un Allemand nommé Copernic, qui fait main-basse sur tous ces Cercles différens, et sur tous ces Cieux solides qui avoient été imaginés par l'Antiquité. Il détruit les uns, il met les autres en piéces. Saisi d'une noble fureur d'Astronome, il prend la Terre et l'envoye bien loin du centre de l'Univers, où elle s'étoit placée, et dans ce centre, il y met le Soleil, à qui cet honneur étoit bien mieux dû. Les Planetes ne tournent plus autour de la Terre, et ne l'enferment plus au milieu du Cercle qu'elles décrivent. Si elles nous éclairent, c'est en quelque sorte par hazard, et parce qu'elles nous rencontrent en leur chemin. Tout tourne présentement autour du Soleil, la Terre y tourne elle-même, et pour la punir du long repos qu'elle s'étoit attribué, Copernic la charge le plus qu'il peut de tous les mouvemens qu'elle donnoit aux Planetes et aux Cieux. Enfin de tout cet équipage céleste dont cette petite Terre se faisoit accompagner et environner, il ne lui est demeuré que la Lune qui tourne encore autour d'elle. Attendés un peu, dit la Marquise, il vient de vous prendre un enthousiasme qui vous a fait expliquer les choses si pompeusement, que je ne croi pas les avoir entenduës. Le Soleil est au centre de l'Univers, et là il est immobile, après lui, qu'est-ce qui suit? C'est Mercure, répondis-je, il tourne autour du Soleil, en sorte que le Soleil est à peu près le centre du cercle que Mercure décrit [1]. Au-dessus de Mercure est Venus, qui tourne de même autour du Soleil. Ensuite vient la Terre, qui étant plus élevée que Mercure et Venus, décrit autour du Soleil un plus grand Cercle que ces Planetes. Enfin suivent Mars, Jupiter, Saturne, selon l'ordre où je vous les nomme; et vous voyés bien que Saturne doit décrire autour du Soleil le plus grand Cercle de tous; aussi employe-t-il plus de tems qu'aucune autre Planete à faire sa révolution. Et la Lune? vous l'oubliés, interrompit-elle. Je la retrouverai bien, repris-je. La Lune tourne autour de la Terre et ne l'abandonne point; mais comme la Terre avance toujours dans le Cercle qu'elle décrit autour du Soleil, la Lune la suit, en tournant toujours autour d'elle; et si elle tourne autour du Soleil, ce n'est que pour ne point quitter la Terre.

Je vous entends, répondit-elle, et j'aime la Lune, de nous être restée lorsque toutes les autres Planetes nous abandonnoient. Avoués que si votre Allemand eût pû nous la faire perdre, il l'auroit fait volontiers; car je vois dans tout son procedé qu'il étoit bien mal intentionné pour la Terre. Je lui sçai bon gré, repliquai-je, d'avoir rabattu la vanité des hommes, qui s'étoient mis à la plus belle place de l'Univers, et j'ai du plaisir à voir présentement la Terre dans la foule des Planetes. Bon, répondit-elle, croyés-vous que la vanité des hommes s'étende jusqu'à l'Astronomie? Croyés-vous m'avoir humiliée, pour m'avoir appris que la Terre tourne autour du Soleil? Je vous jure que je ne m'en estime pas moins. Mon Dieu, Madame, repris-je, je sçai bien qu'on sera moins jaloux du rang qu'on tient dans l'Univers, que de celui qu'on croit devoir tenir dans une chambre, et que la préséance de deux Planetes ne sera jamais une si grande affaire, que celle de deux Ambassadeurs. Cependant la même inclination qui fait qu'on veut avoir la place la plus honorable dans une cérémonie, fait qu'un Philosophe dans un Sistême se met au centre du Monde, s'il peut. Il est bien aise que tout soit fait pour lui; il suppose peut-être sans s'en appercevoir ce principe qui le flatte, et son cœur ne laisse pas de s'interesser à une affaire de pure spéculation. Franchement, répliqua-t-elle, c'est-là une calomnie que vous avés inventée contre le Genre humain. On n'auroit donc jamais dû recevoir le Sistême de Copernic, puisqu'il est si humiliant. Aussi, repris-je, Copernic lui-même se défioit-il fort du succès de son opinion. Il fut très-long-tems à ne la vouloir pas publier. Enfin il s'y résolut, à la priere de Gens très-considérables ; mais aussi le jour qu'on lui apporta le premier Exemplaire imprimé de son Livre, sçavés-vous ce qu'il fit ? il mourut [1]. Il ne voulut point essuyer toutes les contradictions qu'il prévoyait, et se tira habilement d'affaire. Ecoutés, dit la Marquise, il faut rendre justice à tout le monde. Il est sûr qu'on a de la peine à s'imaginer qu'on tourne autour du Soleil ; car enfin on ne change point de place, et on se retrouve toujours le matin où l'on s'étoit couché le soir. Je vois, ce me semble, à votre air, que vous m'allés dire que comme la Terre toute entiere marche... Assurément, interrompis-je, c'est la même chose que si vous vous endormiés dans un Bateau qui allât sur la Riviere, vous vous retrouveriés à votre réveil dans la même place et dans la même situation à l'égard de toutes les parties du Bateau. Oüi, mais, repliqua-t-elle, voici une différence, je trouverois à mon réveil le rivage changé, et cela me feroit bien voir que mon Bateau auroit changé de place. Mais il n'en va pas de même de la Terre, j'y retrouve toutes choses comme je les avois laissées. Non pas, Madame, répondis-je, non pas, le rivage est changé aussi. Vous sçavés qu'au de-là de tous les Cercles des Planetes sont les Etoiles Fixes, voilà notre rivage. Je suis sur la Terre, et la Terre décrit un grand Cercle autour du Soleil. Je regarde au centre de ce Cercle, j'y vois le Soleil. S'il n'effaçoit point les Etoiles, en poussant ma vûë en ligne droit au de-là du Soleil, je le verroi nécessairement répondre à quelques Etoiles Fixes, mais je vois aisément pendant la nuit à quelles Etoiles il a répondu le jour, et c'est exactement la même chose. Si la Terre ne changeoit point de place sur le Cercle où elle est, je verrois toujours le Soleil répondre aux mêmes Etoiles Fixes ; mais dès que la Terre change de place, il faut que je le voye répondre à d'autres Etoiles. C'est-là le rivage qui change tous les jours, et comme la Terre fait son Cercle en un an autour du Soleil, je vois le Soleil en l'espace d'une année répondre successivement à diverses Etoiles Fixes qui composent un Cercle. Ce Cercle s'appelle le Zodiaque. Voulés-vous que je vous fasse ici une figure sur le sable ? Non, répondit-elle je m'en passerai bien, et puis cela donneroit à mon Parc un air sçavant, que je ne veux pas qu'il ait. N'ai-je pas oüi dire qu'un Philosophe qui fut jetté par un naufrage dans une Isle qu'il ne connoissoit point, s'écria à ceux qui le suivoient, en voyant de certaines figures, des lignes et des Cercles tracés sur le bord de la Mer : *Courage, Compagnons, l'Isle est habitée, voici des pas d'hommes ?* Vous jugés bien qu'il ne m'appartient point de faire de ces pas-là, et qu'il ne faut pas qu'on en voye ici.

Il vaut mieux en effet, répondis-je, qu'on n'y voye que des pas d'Amans, c'est-à-dire, votre nom et vos chiffres gravés sur l'écorce des arbres par la main de vos Adorateurs [1]. Laissons-là, je vous prie, les Adorateurs, reprit-elle, et parlons du Soleil. J'entens bien comment nous nous imaginons qu'il décrit le Cercle que nous décrivons nous-mêmes, mais ce tour ne s'acheve qu'en un an, et celui que le Soleil fait tous les jours sur notre tête, comment se fait-il ? Avés-vous remarqué, lui répondis-je, qu'une boule qui rouleroit sur cette allée auroit deux mouvemens ? elle iroit vers le bout de l'allée, et en même tems elle tourneroit plusieurs fois sur elle-même, en sorte que la partie de cette boule qui est en haut, descendroit en bas, et que celle d'en bas monteroit en haut. La Terre fait la même chose. Dans le tems qu'elle avance sur le Cercle qu'elle décrit en un an autour du Soleil, elle tourne sur elle-même en vingt-quatre heures ; ainsi en vingt-quatre heures chaque partie de la Terre perd le Soleil, et le recouvre, et à mesure qu'en tournant on va vers le côté où est le Soleil, il semble qu'il s'élève ; et quand on commence à s'en éloigner, en continuant le tour, il semble qu'il s'abaisse. Cela est assés plaisant, dit-elle, la Terre prend tout sur soi, et le Soleil ne fait rien. Et quand la Lune et les autres Planetes et les Etoiles Fixes paroissent faire un tour sur notre tête en vingt-quatre heures, c'est donc aussi une imagination ? Imagination pure, repris-je, qui vient de la même cause. Les Planetes font seulement leurs Cercles autour du Soleil en des tems inégaux selon leurs distances inégales, et celle que nous voyons aujourd'hui répondre à un certain point du Zodiaque, ou de ce Cercle d'Etoiles Fixes, nous la voyons demain à la même heure répondre à un autre point, tant parce qu'elle a avancé sur son Cercle, que parce que nous avons avancé sur le nôtre. Nous marchons, et les autres Planetes marchent aussi, mais plus ou moins vîte que nous ; cela nous met dans différens points de vûë à leur égard, et nous fait paroître dans leur cours des bizarreries dont il n'est pas nécessaire que je vous parle. Il suffit que vous sçachiés que ce qu'il y a d'irrégulier dans les Planetes, ne vient que de la diverse maniere dont notre mouvement nous les fait rencontrer, et qu'au fond elles sont toutes très-réglées. Je consens qu'elles le soient, dit la Marquise, mais je voudrois bien que leur regularité coûtât moins à la Terre, on ne l'a guere ménagée, et pour une grosse masse aussi pesante qu'elle est, on lui demande bien de l'agilité. Mais, lui, répondis-je, aimeriés-vous mieux que le Soleil, et tous les autres Astres qui sont de très-grands Corps, fissent en vingt-quatre heures autour de la Terre un tour immense, que les Etoiles Fixes qui seroient dans le plus grand Cercle, parcourussent en un jour plus de vingt-sept mille six cens soixante fois deux cens millions de lieuës ? [1] Car il faut que tout cela arrive, si la Terre ne tourne pas sur elle-même en vingt-quatre heures. En verité, il est bien plus raisonnable qu'elle fasse ce tour, qui n'est tout au plus que de neuf mille lieuës. Vous voyés bien que neuf mille lieuës en comparaison de l'horrible nombre que je viens de vous dire, ne sont qu'une bagatelle.

Oh ! repliqua la Marquise, le Soleil et les Astres sont tout de feu, le mouvement ne leur coûte rien ; mais la Terre ne paroît guere portative. Et croiriez-vous, repris-je, si vous n'en aviés l'expérience, que ce fût quelque chose de bien portatif, qu'un gros Navire monté de cent cinquante pieces de Canon, chargé de plus de trois mille hommes, et d'une très-grande quantité de Marchandises ? Cependant il ne faut qu'un petit soufle de vent pour le faire aller sur l'eau, parce que l'eau est liquide, et que se laissant diviser avec facilité, elle resiste peu au mouvement du Navire ; ou s'il est au milieu d'une Riviere, il suivra sans peine le fil de l'eau, parce qu'il n'y a rien qui le retienne. Ainsi la terre toute massive qu'elle est, est aisément portée au milieu de la matiere celeste, qui est infiniment plus fluide que l'eau, et qui remplit tout ce grand espace où nagent les Planetes [1]. Et où faudroit-il que la Terre fût cramponnée pour résister au mouvement de cette matiere celeste, et ne s'y pas laisser emporter ? C'est comme si une petite boule de bois pouvoit ne pas suivre le courant d'une Riviere.

Mais, repliqua-t-elle encore, comment la Terre avec tout son poids se soûtient-elle sur vôtre matiere celeste, qui doit être bien legere, puisqu'elle est si fluide ? Ce n'est pas à dire, répondis-je, que ce qui est fluide, en soit plus leger. Que dites-vous de notre gros vaisseau, qui avec tout son poids est plus leger que l'eau, puisqu'il y surnage ? Je ne veux plus vous dire rien, dit-elle comme en colere, tant que vous aurés le gros Vaisseau. Mais m'assurés-vous bien qu'il n'y ait rien à craindre sur une piroüette aussi legere que vous me faites la Terre [1] ? Et bien, lui répondis-je, faisons porter la Terre par quatre Elephans, comme font les Indiens [2]. Voici bien un autre Sistême, s'écria-t-elle. Du moins j'aime ces Gens-là d'avoir pourvû à leur seureté, et fait de bons fondemens, au lieu que nous autres Coperniciens, nous sommes assés inconsiderés pour vouloir bien nager à l'avanture dans cette matiere céleste. Je gage que si les Indiens sçavoient que la Terre fût le moins du monde en peril de se mouvoir, ils doubleroient les Elephans.

Cela le meriteroit bien, repris-je, en riant de sa pensée, il ne faut point s'épargner les Elephans pour dormir en assurance, et si vous en avés besoin pour cette nuit, nous en mettrons dans nôtre Systême autant qu'il vous plaira, ensuite nous les retrancherons peu à peu, à mesure que vous vous rassurerés. Sérieusement, repritelle, je ne croi pas dès à present qu'ils me soient fort nécessaires, et je me sens assés de courage pour oser tourner. Vous irés encore plus loin, repliquai-je, vous tournerés avec plaisir, et vous vous ferés sur ce Systême des idées réjoüissantes. Quelque-fois, par exemple, je me figure que je suis suspendu en l'air, et que j'y demeure sans mouvement pendant que la Terre tourne sous moi en vingt-quatre heures [1]. Je vois passer sous mes yeux tous ces visages differens, les uns blancs, les autres noirs, les autres bazanés, les autres olivâtres. D'abord ce sont des Chapeaux, et puis des Turbans, et puis des Têtes cheveluës, et puis des Têtes rases ; tantôt des Villes à clochers, tantôt des Villes à longues aiguilles qui ont des Croissans, tantôt des Villes à Tours de Porcelaine, tantôt de grands Pays qui n'ont que des Cabanes ; ici des vastes Mers ; là des deserts épouventables ; enfin toute cette varieté infinie qui est sur la surface de la Terre.

En verité, dit-elle, tout cela meriteroit bien que l'on donnât vingt-quatre heures de son temps à le voir. Ainsi donc dans le même lieu où nous sommes à présent, je ne dis pas dans ce Parc, mais dans ce même lieu, à le prendre dans l'Air, il y passe continuellement d'autres Peuples qui prennent notre place ; et au bout de vingt-quatre heures nous y revenons.

Copernic, lui répondis-je, ne le comprendroit pas mieux. D'abord il passera par ici des Anglois qui raisonneront peut-être de quelque dessein de Politique avec moins de gayeté que nous ne raisonnons de nôtre Philosophie [1] ; ensuite viendra une grande Mer, et il se pourra trouver en ce lieu-là quelque Vaisseau qui n'y sera pas si à son aise que nous. Après cela paroîtront des Iroquois, en mangeant tout vif quelque prisonnier de guerre, qui fera semblant de ne s'en pas soucier [2] ; des Femmes de la Terre de Jesso, qui n'employeront tout leur temps qu'à préparer le Repas de leurs Maris, et à se peindre de bleu les lévres et les sourcils pour plaire aux plus vilains hommes du monde [1] ; des Tartares qui iront fort dévotement en Pelerinage vers ce Grand Prêtre qui ne sort jamais d'un lieu obscur, où il n'est éclairé que par des Lampes, à la lumiere desquelles on l'adore [2] ; de belles Circassiennes ne feront aucune façon d'accorder tout au premier venu, hormis ce qu'elles croyent qui appartient essentiellement à leurs Maris [3] ; de petits Tartares qui iront voler des Femmes pour les

Turcs et pour les Persans [1]; enfin nous, qui débiterons peut-être encore des rêveries [2].

Il est assés plaisant, dit la Marquise, d'imaginer ce que vous venés de me dire ; mais si je voyois tout cela d'en haut, je voudrois avoir la liberté de hâter ou d'arrêter le mouvement de la Terre, selon que les objets me plairoient plus ou moins, et je vous assure que je ferois passer bien vîte ceux qui s'embarassent de politique, ou qui mangent leurs ennemis ; mais il y en a d'autres pour qui j'aurois de la curiosité. J'en aurois pour ces belles Circassiennes, par exemple, qui ont un usage si particulier. Mais il me vient une difficulté serieuse. Si la Terre tourne, nous changeons d'Air à chaque moment, et nous respirons toûjours celui d'un autre Pays. Nullement, Madame, répondis-je, l'Air qui environne la Terre ne s'étend que jusqu'à une certaine hauteur, peut-être jusqu'à vingt lieuës tout au plus [1]; il nous suit, et tourne avec nous. Vous avés vû quelquefois l'ouvrage d'un Ver à Soye, ou ces Coques que ces petits animaux travaillent avec tant d'art pour s'y emprisonner. Elles sont d'une soye fort serrée, mais elles sont couvertes d'un certain duvet fort leger et fort lâche. C'est ainsi que la Terre, qui est assés solide, est couverte depuis sa surface jusqu'à une certaine hauteur, d'une espece de duvet, qui est l'Air, et toute la Coque de Ver à Soye tourne en même temps. Au-delà de l'Air est la matiere céleste, incomparablement plus pure, plus subtile, et même plus agitée qu'il n'est.

Vous me présentés la Terre sous des idées bien méprisables, dit la Marquise. C'est pourtant sur cette Coque de Ver à Soye qu'il se fait de si grands Travaux, de si grandes Guerres, et qu'il regne de tous côtés une si grande agitation. Oüi, répondis-je, et pendant ce tems-là la Nature qui n'entre point en connoissance de tous ces petits mouvemens particuliers, nous emporte tous ensemble d'un mouvement general, et se joüe de la petite boule.

Il me semble, reprit-elle, qu'il est ridicule d'être sur quelque chose qui tourne, et de se tourmenter tant ; mais le malheur est qu'on n'est pas assuré qu'on tourne ; car enfin, à ne vous rien celer, toutes les précautions que vous prenés pour empêcher qu'on ne s'apperçoive du mouvement de la Terre, me sont suspectes. Est-il possible qu'il ne laissera pas quelque petite marque sensible à laquelle on le reconnoisse ?

Les mouvemens les plus naturels, répondis-je, et les plus ordinaires, sont ceux qui se font le moins sentir, cela est vrai jusque dans la Morale. Le mouvement de l'amour propre nous est si naturel, que le plus souvent nous ne le sentons pas, et que nous croyons agir par d'autres principes [1]. Ah ! vous moralisés, dit-elle, quand il est question de Phisique, cela s'appelle baailler. Retirons-nous, aussi-bien en voilà assés pour la premiere fois. Demain nous reviendrons ici, vous avec vos Sistêmes, et moi avec mon ignorance.

En retournant au Château, je lui dis, pour épuiser la matiere des Sistêmes, qu'il en y avoit un troisiéme inventé par Ticho-Brahé, qui voulant absolument que la Terre fût immobile, la plaçoit au centre du Monde, et faisoit tourner autour d'elle le Soleil, autour duquel tournoient toutes les autres Planetes, parce que depuis les nouvelles découvertes, il n'y avoit pas moyen de faire tourner les Planetes autour de la Terre [1]. Mais la Marquise qui a le discernement vif et prompt, jugea qu'il y avoit trop d'affectation à exempter la Terre de tourner autour du Soleil, puisqu'on n'en pouvoit pas exempter tant d'autres grands Corps ; que le Soleil n'étoit plus si propre à tourner autour de la Terre, depuis que toutes les Planetes tournoient autour de lui ; que ce Sistême ne pouvoit être propre tout au plus qu'à soûtenir l'immobilité de la Terre, quand on avoit bien envie de la soûtenir, et nullement à la persuader ; et enfin il fut resolu que nous nous en tiendrions à celui de Copernic, qui est plus uniforme et plus riant, et n'a aucun mélange de préjugé. En effet, la simplicité dont il est persuade, et sa hardiesse fait plaisir.

«L'Astronomie Fontenellisée» ou: Science, Langage et Société dans l'episteme classique

Marie-Françoise Mortureux

Dialogue de Vulgarisation Scientifique[1]

«L'astronomie fontenellisée»: c'est en ces termes que M. Foucault, dans *Les Mots et les Choses*, évoque les *Entretiens sur la Pluralité des Mondes*, dont Fontenelle fit paraître la première édition en 1686, suivie dès 1687 d'une seconde édition revue et augmentée.

Cette oeuvre est citée à l'appui d'une analyse de l'episteme classique, caractérisée par «l'appartenance réciproque du savoir et du langage»[2], que manifeste notamment «l'intérêt que l'âge classique porte à la science, la publicité de ses débats, son caractère fortement exotérique, son ouverture au profane»[2]. C'est donc en premier lieu le thème de ces *Entretiens* qui leur vaut d'être ainsi mentionnés, c'est-à-dire l'exposé de l'astronomie copernicienne et cartésienne: ils apparaissent caractéristiques de l'episteme classique parce qu'ils traitent de connaissances scientifiques.

En revanche, la forme dialoguée du texte, que signale son titre, est apparemment négligée par M. Foucault. Or ce choix énonciatif est loin, semble-t-il, d'être neutre, relativement aux thèses développées dans *Les Mots et les Choses*.

Certes, le dialogue est une forme textuelle courante à l'époque classique, et il a suscité des recherches aussi nombreuses que variées; les commentateurs s'interrogent tour à tour sur le rôle que joue l'échange verbal représenté dans le texte, sur sa contribution au développement du propos, et sur sa relation à la société. Toutes les questions de ce genre se posent en effet à propos de toutes les oeuvres qui se présentent sous la forme d'un dialogue. Cependant, s'agissant des *Entretiens* de Fontenelle, de telles interrogations se trouveront orientées par le fait que cet ouvrage se donne explicitement comme objectif de diffuser dans les milieux mondains des connaissances scientifiques récemment produites; et la réflexion

---

1 J'ai publié en 1983 *La formation et le fonctionnement d'un discours de la vulgarisation scientifique au XVIIIème siècle à travers l'oeuvre de Fontenelle*. A. N. Lille III et Paris, Didier Erudition, 732 p. (thèse de doctorat d'Etat, soutenue en 1978).
Dans le cadre de cette recherche, les *Entretiens sur la pluralité des Mondes* avaient fait l'objet d'une analyse de discours, utilisant les techniques linguistiques. La présente contribution s'appuie sur certains résultats obtenus alors pour mettre en lumière le fonctionnement et les fonctions du dialogue scientifique dans cette oeuvre de Fontenelle.

2 Foucault (1966: 103).

sera enrichie par la prise en compte de cette visée «pédagogique» en quelque sorte, qui suppose des interlocuteurs inégaux par le savoir, au contraire de maints autres dialogues échangés entre partenaires égaux[3]. Le thème scientifique de l'ouvrage, sa visée vulgarisatrice, ne sont donc pas indépendants de la forme dialoguée qu'il revêt. Et ce sera par conséquent comme dialogue de vulgarisation scientifique qu'il sera envisagé ici: dans cette perspective, on décrira d'abord le fonctionnement du dialogue dans la structuration du texte, et le type de relation discursive qu'il met en scène; et l'on enchaînera sur la fonction du dialogue dans la vulgarisation des connaissances entreprise à travers ce texte, où l'on verra en effet se déployer le discours classique qui, en attribuant à chaque chose représentée le nom qui convient, se fait «science»[4].

Mais nous ne pouvons en rester là, si nous voulons approfondir les enjeux épistémologiques de cette entreprise fontenellienne. En effet, son texte, par la forme dialoguée sous laquelle il apparaît, semble contredire les conclusions concernant l'episteme classique auxquelles parvient M. Foucault en analysant, dans le chapitre I de *Les Mots et les Choses*, un tableau de Velasquez (*Les suivantes*):

> Peut-être y a-t-il, dans ce tableau de Velasquez, comme la représentation de la représentation classique, et la définition de l'espace qu'elle ouvre.

Cet espace apparaît caractérisé par un «vide essentiel», à savoir la disparition de ce qui fonde la représentation:

> celui à qui elle ressemble, et celui aux yeux de qui elle n'est que ressemblance. Ce sujet [...] a été élidé. Et libre enfin de ce rapport qui l'enchaînait, la représentation peut se donner comme pure représentation. (Foucault 1966: 31)

Libre et pure à l'égard aussi bien de l'objet représenté que des sujets qui se le représentent.

Or – nous allons le voir – le dialogue des *Entretiens* met en scène, représente aussi bien l'auteur que son public, échangeant, à travers des mots différents, des représentations d'abord différentes de l'univers, pour élaborer ensemble une représentation qui leur soit finalement commune: cette mise en scène de la société qui intervient en tiers dans le couple «parler et connaître» pose la question de la rhétorique, entendue comme art d'adapter les discours aux contraintes sociales, dans l'episteme classique: la question ne se réduit pas à: «Comment parler vrai?» Elle doit se compliquer en: «A qui, comment, parler vrai?» Or il est de fait que la *Grammaire* et la *Logique* de Port-Royal n'ont jamais été complétées par une *Rhétorique*; de même que substituer au titre choisi par son auteur «*Entretiens» sur la Pluralité des Mondes* la métonymie «astronomie fontenellisée» revient à occulter

3 Chevalier (1977).

4 Foucault (1966: 136).

notamment la présence des sujets qui se représentent l'univers et conversent à son sujet. C'est ce contraste entre la «représentation» de leur existence dans le dialogue fontenellien, et leur absence dans la théorie – celle de Port-Royal, mais aussi celle de M. Foucault quand il évoque Fontenelle – qui devra être interrogé pour évaluer, en conclusion, la portée de l'oeuvre.

Dialogue et Texte: La relation discursive

Lettre / Conversations

Le texte publié en 1686 sous le titre *Entretiens sur la pluralité des Mondes* comprend successivement:

une Préface, qui présente la suite comme une «fiction»[5], (5)

une Lettre, qui introduit le récit des «Conversations» annoncées dans le titre du livre,

cinq «Soirs», ainsi nommés «parce qu'effectivement nous n'eumes de ces Entretiens que les Soirs.» (12)

Ils sont alors simplement numérotés «Premier Soir», «Second Soir», et ainsi de suite, en guise de titre.

Ces Entretiens s'échangent entre la «Marquise», propriétaire du parc qui leur offre le lieu nécessaire (on peut y contempler le ciel étoilé) et l'énonciateur qui écrit «je» tout au long du texte, de la Préface aux Conversations en passant par la Lettre.

Cet énonciateur, qui se présente donc comme confondu avec l'auteur, reste anonyme; conformément à un usage fréquent, qui a supporté diverses interprétations, l'ouvrage est en effet paru sous l'anonymat; mais les journaux du temps, qui saluent sa parution (*Le Mercure Galant*, les *Nouvelles de la République des Lettres*), désignent ou nomment Fontenelle comme son auteur.

L'énonciateur est censé écrire à un ami, qualifié lui-même de «Philosophe», le récit de ses conversations vespérales avec cette Marquise qui le recevait dans sa propriété de campagne. Cette relation, qui enchâsse le récit des Conversations dans la Lettre, est d'autant plus marquée que la typographie de l'époque ignorait les guillemets; aussi le texte des «Soirs» est-il jalonné d'innombrables incises du type «dis-je / dit-elle», avec toutes sortes de variantes lexicales (*répondre, reprendre, répliquer, s'exclamer,...*); ces incises, outre les indications qu'elles fournissent sur le déroulement du dialogue, rappellent la présence du Philosophe

[5] Je cite les *Entretiens* selon l'édition de M. Calame (= Fontenelle (1966 [1686]).

destinataire de la Lettre: témoin muet, mais non absent des Conversations ainsi relatées. On distingue en effet, parmi les occurrences de «je» renvoyant à l'énonciateur, celles qui appartiennent au texte des Conversations et celles qui appartiennent à celui de la Lettre. L'analyse du fonctionnement de chacune de ces deux classes permet d'établir une relation entre le contenu des propos et leur destinataire privilégié: Philosophe ou Marquise; au premier s'adressent, par exemple, les réserves très vives, les réticences, que l'énonciateur oppose au désir exprimé par son hôtesse de s'instruire en astronomie:

> J'eus beau me deffendre quelque tems sur ce ton-là, il fallut ceder. Je lui fis du moins promettre pour mon honneur, qu'elle me garderoit le secret, et quand je fus hors d'état de m'en pouvoir dédire, et que je voulus parler, je vis que je ne sçavois pas où commencer mon discours; ...J'en revenois toujours à lui dire qu'il auroit mieux valu s'entretenir de bagatelles... (16-17)

En revanche, c'est à elle qu'est destinée la pseudo-démonstration de la révolution terrestre, que l'énonciateur fonde, au *Premier Soir*, sur l'observation du Zodiaque; car cette argumentation n'est pas scientifiquement valide, et l'énonciateur le sait si bien qu'il le révélera lui-même plus tard à son interlocutrice; l'insistance avec laquelle ce développement se trouve signalé comme destiné à la Marquise suggère que, par delà cette interlocutrice, l'énonciateur s'adresse au Philosophe pour attirer son attention sur cette particularité.

Le premier trait qu'il faut souligner concernant le dialogue dans les *Entretiens* de Fontenelle, c'est donc qu'il s'agit, non d'un tête à tête, mais d'une conversation devant un tiers; ce n'est pas un duo, mais un trio: l'énonciateur, son ami Philosophe, et son hôtesse la Marquise; ces deux derniers, quoiqu'ils soient l'un et l'autre destinataires de l'énonciateur, ne sont pas sur le même plan; ils ne se rencontrent pas; et seul le premier est omniprésent dans le texte, quoiqu'absent des Conversations: destinataire permanent du récit, et des commentaires, qu'en déroule ce texte:

F —> P [F <—> M]

(où F désigne l'énonciateur, P le Philosophe, et M la Marquise).

Quel sens donner à cette fiction? Comment l'interpréter?

La Préface

La Préface de l'ouvrage, tout d'abord, fournit là-dessus les informations que l'auteur a jugées utiles; il y définit son propos:

> J'ai voulu traiter la Philosophie d'une manière qui ne fût point Philosophique; j'ai tâché de l'amener à un point, où elle ne fût ni trop seche pour les Gens du monde, ni trop badine pour les Sçavans. (4)

Il est bien conscient que

> En cherchant un milieu où la philosophie convînt à tout le Monde (4).

il n'évitera pas que ses différents lecteurs goûteront différemment son ouvrage; il précise donc les types de lecteurs à qui il s'adresse, et les objectifs qui sont les siens à leur égard:

> Je dois avertir ceux qui liront ce Livre, et qui ont quelque connoissance de la Physique, que je n'ai point du tout prétendu les instruire, mais seulement les divertir en leur présentant d'une maniere un peu plus agréable et plus égayée, ce qu'ils sçavent déjà plus solidement; et j'avertis ceux à qui ces Matieres sont nouvelles, que j'ai crû pouvoir les instruire et les divertir tout ensemble. Les premiers iront contre mon intention, s'ils cherchent ici de l'utilité; et les seconds, s'ils n'y cherchent que de l'agrément. (4-5)

Fontenelle viserait donc un public double, auquel il proposerait des lectures distinctes: à cette ambition répondrait la structure de la «fiction» qui met en scène l'auteur adressant à un Philosophe une relation épistolaire des «Soirs» qu'il a passés à parler d'astronomie à une Marquise; celle-ci doit s'instruire en se divertissant, tandis que le premier ne devrait que se divertir, si l'on admet que chacun de ces personnages représente une partie du public visé.

On pourrait donc dire ceci: le texte met en scène une représentation de l'objectif poursuivi par son auteur, selon un procédé pédagogique courant qui consiste à présenter comme acquis ce qui est précisément recherché. La Préface, du reste, mentionne cette intention:

> J'ai mis dans ces Entretiens une Femme que l'on instruit... J'ai crû que cette fiction me serviroit et à rendre l'Ouvrage plus susceptible d'agrément, et à encourager les Dames par l'exemple... (5-6)

Et contrairement au public des connaisseurs, qui ne fait l'objet d'aucun commentaire, cette Femme, représentante du public mondain, est analysée assez longuement par l'auteur:

> ...une Femme... qui n'a jamais oüi parler de ces choses-là... qui ne sortant jamais des bornes d'une personne qui n'a nulle teinture de Science, ne laisse pas d'entendre ce qu'on lui dit, et de ranger dans sa tête sans confusion les Tourbillons et les Mondes. Pourquoi des Femmes cederoient-elles à cette Marquise imaginaire, qui ne conçoit que ce qu'elle ne peut se dispenser de concevoir? A la vérité elle s'applique un peu, mais qu'est-ce ici que s'appliquer? Ce n'est pas pénétrer à force de méditation une chose obscure d'elle-même, ou expliquée obscurément, c'est seulement ne point lire sans se représenter nettement ce qu'on lit. Je

ne demande aux Dames pour tout ce Sistême de Philosophie, que la même application qu'il faut donner à la Princesse de Clèves, si on veut en suivre bien l'intrigue, et en connoître toute la beauté. Il est vrai que les idées de ce Livre-ci sont moins familieres à la plupart des Femmes que celles de la Princesse de Clèves, mais elles n'en sont pas plus obscures, et je suis sûr qu'a une seconde lecture tout au plus, il ne leur sera rien échapé. (5-6)

Le dialogue serait dont un procédé rhétorique destiné à faciliter aux Mondains l'approche de l'astronomie, en même temps qu'à divertir les Philosophes-savants à travers le récit qui leur en est fait.

Ce dernier point, cependant, appelle des précisions complémentaires. Car certaines modalités de la relation épistolaire du dialogue semblent, comme on l'a vu, signaler tel ou tel passage du texte comme particulièrement destiné à tel ou tel public, philosophe-savant ou marquise-mondaine; ainsi a été cité plus haut le début du récit, où l'énonciateur confie à son correspondant son embarras devant la demande de la Marquise; il se donne comme plus ou moins contraint de satisfaire la curiosité scientifique de cette dernière; or ces propos font parfaitement écho à la Préface, dans laquelle on lit aussi:

Il se peut bien faire qu'en cherchant un milieu où Philosophie convînt à tout le Monde, j'en aye trouvé un où elle ne convienne à personne; les milieux sont trop difficiles à tenir, et je ne croi pas qu'il me prenne envie de me mettre une seconde fois dans la même peine. (4)

Le divertissement ne serait pas la seule raison d'être de l'enchâssement des Conversations dans la Lettre; à travers cette fiction se trouverait incluse dans le texte l'image d'une demande émanant du public mondain lui-même, une demande qui pourrait légitimer auprès des philosophes-savants l'entreprise qu'a risquée Fontenelle, et sur le succès de laquelle il exprime ses craintes; car elle produit, il le sait, un «composé bizarre», et:

...c'est-là le point le plus important de cet Ouvrage, et c'est cela justement dont je ne puis rendre raison. (8)

Cela tient au fait qu'il a voulu allier le «vrai» scientifique et le «faux» agréable:

Comme je n'ai pas prétendu faire un Sistême en l'air, et qui n'eût aucun fondement, j'ai employé de vrais raisonnemens de Physique, et j'en ai employé autant qu'il a été nécessaire... Je n'ai rien voulu imaginer... qui fût entierement impossible et chimerique. J'ai tâché de dire tout ce qu'on... pouvoit penser raisonnablement, et les visions même que j'ai ajoutées à cela, ont quelque fondement réel. Le vrai et le faux sont mêlés ici, mais ils y sont toujours aises à distinguer. (6-7-8)

A cette distinction contribue le fonctionnement de la relation épistolaire des Conversations, et par là il contribue à assurer le sérieux de l'ouvrage.

Démarche pédagogique à l'usage des mondains et argument justificatif à l'adresse des philosophes-savants: c'est ainsi que le texte invite à interpréter sa structure dialoguée, Fontenelle mettant ici en place une rhétorique récurrente dans la littérature de vulgarisation scientifique.[6]

Dans quelle mesure cette image, lisible dans le texte, est-elle corroborée par les informations extérieures à ce texte, dont nous pouvons disposer: études historiques générales et commentaires de l'oeuvre elle-même?

Globalement, les sources extérieures à l'oeuvre de Fontenelle, loin de démentir l'image qu'il propose lui-même de son ancrage social, la confirment, en la précisant sur quelques aspects:

– les commentateurs contemporains de Fontenelle ont vu en lui un «interprète» capable d'établir la communication entre les deux composantes du public intellectuel de l'époque que sont les «savants» et les mondains; il aurait su résoudre notamment le problème de vocabulaire qui les sépare:

> Le système du monde qui, pour un autre, serait la matiere d'une dissertation dogmatique, et qu'on ne pourrait entendre qu'avec un dictionnaire, devient, entre ses mains, un badinage agréable;

écrit Basnage de Beauval[7] par exemple. Et l'extraordinaire succès des Entretiens[8] est un indice de l'adéquation de l'entreprise à la société de son temps.

– Au XXème siècle, de nombreux critiques assimilent cet ouvrage à une conception déjà périmée de la vulgarisation scientifique, selon laquelle les lecteurs non spécialistes constitueraient son seul public[9]; cette tendance, qui ignore le rôle aujourd'hui reconnu à la vulgarisation dans le champ scientifique, conduit, s'agissant des *Entretiens*, à occulter le fonctionnement de la lettre dans le texte, et à méconnaître le fait que Fontenelle s'adresse aussi aux Philosophes/savants. Sur ce point aussi, les informations inscrites dans le texte sont complétées par les témoignages du temps: d'abord, il faut rappeler que l'édition originale de 1686 s'oppose à l'édition critique d'A. Calame (1966) par une disposition qui, précisément, met en cause la relation énonciative; la présentation matérielle de cette dernière, en effet, numérotant les lignes et les pages sans interruption de la Préface à la Lettre, et repartant à zéro au début de chaque Soir, tend à intégrer la Lettre à la Préface, soulignant ainsi son aspect méta-discursif relativement aux conversations. Au contraire, en 1686, la Préface est imprimée en italique, tandis que le reste l'est en romain; la Lettre s'achève en bas d'une page, et les Soirs se suivent, sans interruption; ainsi Lettre et Soirs s'intègrent au même énoncé; cette présen-

6 Mortureux (1982) (1983).

7 Basnage de Beauval (1702).

8 Fontenelle (1966 [1686]: IX-X).

9 Jacobi et Shinn (1985).

tation manifeste la double relation discursive nouée par l'énonciateur à travers un unique énoncé.

Le discours tenu au Philosophe nous a déjà paru exprimer une sorte de justification relativement à l'entreprise d'«interprétation» mondaine des discours savants; mais il y a plus, si l'on en croit les contemporains de Fontenelle, et entre autres le plus incisif de tous, Voltaire, qui lui a écrit:

> ...la nature devait à la France un homme comme vous pour corriger les Savants, et pour donner aux ignorants le goût des Sciences.[10]

Corriger les savants, mais de quoi? de leur style pédant, si fréquemment dénoncé au XVIIème siècle que l'opposition entre «la langue pédante» et «la langue courtisane» est reprise par F. Brunot dans l'*Histoire de la Langue Française*: «Les Savants bien disants n'étaient qu'une minorité;... exception pour... Fontenelle. Quand il succéda à Duhamel, lors de la réorganisation de 1699, on peut dire que l'éloquence et la pureté du langage entrèrent avec lui à l'Académie (des Sciences)... Une ère nouvelle s'ouvrait. C'est le XVIIIème siècle qui commence.»[11]

Cette dernière phrase permet enfin de lever une ambiguïté sur les rapports entre Savants et Philosophes: ces derniers sont représentés dans le texte par le destinataire de la Lettre, qui est ainsi qualifié:

> Heureusement vous êtes Philosophe... Peut-être même serez-vous bien-aise que j'aye attiré Madame la Marquise dans le parti de la Philosophie. (10-11)

En revanche, les Savants semblent exclus du trio mis en scène dans les *Entretiens*, bien qu'ils soient nommés (une fois) dans la Préface, et fréquemment évoqués dans les témoignages de l'époque; qu'est-ce à dire?

Alors que Voltaire loue Fontenelle d'avoir «corrigé» les savants, ce dernier avoue seulement avoir prétendu divertir ceux de ses lecteurs «qui ont quelque connoissance de la Physique»; et l'on peut penser que c'est ce dernier groupe que représente le correspondant Philosophe; s'il lui suffit de les «divertir», c'est qu'ils ne sont pas, ou plus, affligés de pédanterie; et comme tel, cet ami Philosophe réalise ce qui sera en effet l'idéal du XVIIIème siècle: un intellectuel mondain, alliant les grâces de la bonne société au rationalisme scientifique; c'est à répandre cet idéal que s'attache Fontenelle en proposant, dans un même ouvrage, une leçon de physique aux mondains ignorants et une leçon de rhétorique aux savants pédants. De la structure énonciative des *Entretiens* se dégage l'image d'une relation double et hiérarchisée, entre l'énonciateur et deux groupes sociaux que

---

10 Lettre à Fontenelle citée par L. Maigron (1906: 296 sv.).

11 Histoire de la langue française, t. IV, Livre Quatrième, ch. XIV et sv.

l'auteur viserait à réunir; le dialogue enchâssé dans la lettre a donc, lui aussi, une double fonction:

– fonction pédagogique, elle-même dédoublée, puisqu'il s'agit d'enseigner simultanément la physique et le «bon usage» rhétorique;

– fonction critique: il s'agit d'intégrer au texte des commentaires, plus ou moins explicites, qui doublent la démarche didactique d'un méta-discours concernant la problématique de l'ouvrage.

Sur ce dernier point, la prise en considération de la seconde édition des *Entretiens* qui, en 1687, est augmentée d'un *Sixième Soir*, éclaire singulièrement la réflexion critique que Fontenelle consacre à son oeuvre, et la problématique à travers laquelle il la définit.

Le Sixième Soir

Le *Sixième Soir*, publié dans la réédition de 1687, remet doublement en cause la clôture du texte: d'abord le sous-titre annonce les «dernières Découvertes qui ont été faites dans le Ciel», ce qui pourrait faire attendre une série indéfinie de *Soirs*, au rythme des progrès de la recherche scientifique. Surtout il s'ouvre sur une nouvelle rencontre entre l'énonciateur et la Marquise; cette dernière lui raconte alors la tentative malheureuse qu'elle a faite de jouer à son tour la vulgarisatrice: elle a parlé à deux amis de ses connaissances en astronomie, et surtout de l'hypothèse selon laquelle la vie pourrait s'être développée sur d'autres planètes; ceux-ci ont manifesté une telle conviction dans leur refus d'admettre pareille hypothèse que la Marquise, ébranlée, demande à son interlocuteur des *Cinq* premiers *Soirs* des justifications complémentaires.

Le dialogue enchâssé dans la lettre s'ouvre donc sur un second dialogue enchâssé lui-même dans le premier, selon une composition «en abîme»: les «Amis» jouent dans le Dialogue 2 le rôle qu'assumait en 1 la Marquise, qui, elle-même en 2 occupe la place qu'avait en 1 l'énonciateur, lequel enfin se trouve en 2 dans la même position de témoin muet que son correspondant Philosophe en 1:

[F —> P [F <—> M [M <—> W[12]]]]

Lettre — Dialogue 2 (6e Soir)

Dialogue 1 (Soirs 1 à 5)

«Fiction» des *Entretiens*

Cette composition «en abîme» pourrait, elle aussi, se poursuivre indéfiniment: on pourrait imaginer que les deux «Amis» de la Marquise, convaincus, ex-

12 W symbolise les «Amis» de la Marquise.

posent à leur tour à d'autres personnes de leur monde ce qu'ils ont appris d'elle, et ainsi de suite...:

[F —> P [F <—> M [M <—> W[...W <—> W'...]]]]

Lettre Dialogue^n (non réalisé)

Dialogue 2 (6e Soir)

Dialogue 1 (Soirs 1 à 5)

«Fiction» des *Entretiens*

Cette fuite figurerait le processus de diffusion de la Philosophie dans le Monde, mais elle est stoppée par l'incapacité des amis de la Marquise à entrer

> dans aucun raisonnement qui fût un peu sérieux,

fermant ainsi le groupe des Philosophes sur

> une petite troupe choisie. (158)

La structure dialoguée du texte, par conséquent, représente, «met en scène», la problématique de l'entreprise de Fontenelle: jusqu'où peut se poursuivre la diffusion de la philosophie, quel public peut-elle toucher, à quelles conditions?

Les propos que tient l'énonciateur à la Marquise dans ce *Sixième Soir* complètent, précisent, éclairent les réserves préliminaires qu'il avait exprimées à l'intention de son correspondant Philosophe dans le *Premier Soir* (16); ils concernent particulièrement les qualités intellectuelles requises pour accéder à la Philosophie:

> Les Horloges les plus communes et les plus grossières, marquent les heures, il n'y a que celles qui sont travaillées avec plus d'art qui marquent les minutes. De même les esprits ordinaires sentent bien la différence d'une simple vrai-semblance à une certitude entiere; mais il n'y a que les esprits fins qui sentent le plus ou le moins de certitude ou de vrai-semblance, et qui en marquent, pour ainsi dire, les minutes par leur sentiment. (162)

et l'on y trouve un écho de la fameuse distinction pascalienne entre esprit de géométrie et esprit de finesse; l'énonciateur invite son interlocutrice à s'interroger

> sur quoi est fondée ‹une› certitude? (161)

il lui fait distinguer certitude et vraisemblance, «démonstration mathématique» et argumentation fondée sur des «preuves», comme le raisonnement par analogie. On voit donc l'énonciateur prolonger la leçon de physique par une leçon de logique et de rhétorique, qui ne fait qu'expliciter davantage les moyens nécessaires à la première.

Physique, rhétorique, logique: on retrouve les matières principales de cette formation des mondains à la «Philosophie» (comme on dirait d'un programme scolaire), qui constitue l'entreprise de Fontenelle. En observant la structure dialoguée du texte des *Entretiens*, on est donc conduit à s'interroger sur la double fonction qu'assume cette mise en scène:

– concernant la fonction que j'ai appelée «pédagogique», on se demandera comment la position intermédiaire de l'énonciateur, s'adressant simultanément à son correspondant Philosophe et à son interlocutrice Mondaine, détermine son exposé de la physique; on analysera les modalités de ce discours double, ou plutôt dédoublé, en les reliant à l'objectif – avoué par son auteur, et reconnu par les lecteurs du XVIIIème siècle – de répandre la culture philosophique dans le monde en y diffusant les connaissances scientifiques.

– concernant l'autre fonction, celle qui renvoie à la problématique d'un tel discours, on l'éclairera à la lumière des recherches consacrées depuis une vingtaine d'années à l'«episteme» classique; il s'agit de dégager et d'apprécier les implications de «cette appartenance réciproque du savoir et du langage»[13] qui est, selon M. Foucault, une disposition fondamentale de cette episteme: car une telle disposition, s'il est clair qu'elle soutient une entreprise comme celle de Fontenelle, n'en rend pas moins problématique le statut de la rhétorique, entendue comme art d'adapter les discours, de les soumettre aux nécessités sociales.

Dialogue et Vulgarisation Scientifique

Dans sa *Préface*, Fontenelle prétend donc avoir «mis dans ces Entretiens une Femme», en espérant que «cette fiction» serait source d'agrément, mais aussi que «l'exemple» de la Marquise «servirait... à encourager les Dames»: ce procédé pédagogique banal, qui consiste à mettre en scène, autrement dit à présupposer réalisé ce qu'on cherche au contraire à atteindre, suscite de notre part deux sortes de questions: d'abord, quelle attitude la Marquise propose-t-elle ainsi aux lectrices des *Entretiens*? C'est-à-dire en fait, quelle image de son public mondain le texte de Fontenelle présente-t-il? Ensuite, la présence (fictive) de cette interlocutrice mondaine contraint nécessairement l'énonciateur, pour exposer les connaissances que les savants ont élaborées, à adopter un langage différent de celui de ces derniers; un langage cependant, que ceux-ci, témoins des Conversations à travers la Lettre, ne doivent pas récuser... Comment Fontenelle adapte-t-il son lan-

13 Foucault (1966: 103).

gage à son public mondain? Et quel exemple propose-t-il ainsi aux savants à travers son propre discours?

L'«Exemple» de la Marquise

L'image du bon lecteur que Fontenelle met en scène dans son texte se dégage à travers deux aspects du fonctionnement de ce discours dédoublé:

d'une part, l'énonciateur exprime dans sa Lettre à son correspondant Philosophe son opinion sur la Marquise;

d'autre part, les propos qu'il lui prête dans le dialogue lui-même éclairent le personnage.

Le texte de la Lettre

Le texte de la Lettre ne se limite pas à l'énoncé qui précède le *Premier Soir*, puisqu'il se confond avec le récit des Conversations qui en fait l'objet principal; ce récit englobe donc, outre le texte des Conversations rapportées (au «style direct»), quelques commentaires, généralement placés en introduction aux différents «Soirs».

L'ensemble de ces indications, au demeurant fort rares, produit le portrait suivant: une femme d'esprit, d'intelligence vive (11) et rapide (11 et 46), curieuse et impatiente de s'instruire (76 et 133), mais ignorante (16).

Cela ne fait que reprendre les propos de la *Préface*, plus riche et explicite sur ce thème, notamment sur le mode de lecture recommandé, comme nous l'avons vu ci-dessus.

Ce portrait de la Marquise n'est pas démenti, bien entendu, par le rôle que l'énonciateur lui fait jouer dans la conversation; on peut le cerner avec une certaine précision en adoptant la méthode suivante:

Les sous-titres

On observe, en effet, une autre addition remarquable au texte des *Entretiens* dans l'édition de 1687: celle de sous-titres à chacun des «Soirs», sous forme de propositions savantes, tant par leur syntaxe que par leur contenu:

Premier Soir
Que la Terre est une Planete qui tourne
sur elle-même, et autour du Soleil.

...

Cinquieme Soir

Que les Etoiles Fixes sont autant de Soleils, dont chacun éclaire un Monde.

Les propositions qui figurent dans ces sous-titres sont reprises et développées dans la conversation, dont elles expriment un condensé; on relève systématiquement, parmi les phrases qui reprennent ces propositions dans l'énoncé des conversations, celles qui sont données comme assumées par la Marquise; autrement dit, celles qui sont enchassées dans une phrase principale dont le sujet renvoie à cette dernière; ces phrases sont introduites soit par un *Vous*, si elles sont données comme émises par l'énonciateur, soit par un *je*, si elles sont censées émises par la Marquise.

Les verbes de ces phrases principales, dont le sujet *vous* ou *je* renvoie à la Marquise, contribuent à préciser le personnage de cette interlocutrice sous ses deux aspects – nécessairement complémentaires dans le dialogue – de destinataire («vous...») et de locutrice («je...»).

Ces phrases sont peu nombreuses: 12 en tout, par exemple, dans l'énoncé du *Premier Soir*; et l'on peut, par conséquent, citer sans difficulté l'ensemble des syntagmes significatifs

> ...vous voyés bien... (29)
>
> ...vous sçavés... (32)
>
> Il suffit que vous sçachiés... (34)
>
> ...aimeriés-vous mieux... (35)

(cette dernière exprime une fausse interrogation, intervenant dans une démonstration par l'absurde).

Le rôle assigné à la Marquise est clair: c'est l'exemple d'une auditrice attentive et docile que son personnage propose ici au public.

Son rôle de locutrice ne dément pas cette image: elle y exprime ses sentiments, son accord avec l'exposé, sa bonne volonté en général, qui va exceptionnellement jusqu'à manifester le désir de coopérer en anticipant sur les propos du maître:

> ...j'aime... je me plaindrois volontiers... (15)
>
> ...j'aime... (30)
>
> ...je voudrois bien (34)
>
> ...je gage... (37)

...je me sens assés de courage pour oser... (38)

...je voudrois avoir la liberté... (41)

...je vois... qu'il [Copernic] étoit bien mal intentionné pour la Terre (30)

...je vois, ce me semble, à votre air, que vous m'allés dire... (31)

Ces interventions de la Marquise sont, comme on pouvait s'y attendre, plutôt plus fréquentes dans la dernière partie du *Premier Soir*.

Le type de phrases examiné est encore moins nombreux dans l'énoncé du *Cinquième Soir* qui clôt (provisoirement) le texte de Fontenelle en 1686; mais les occurrences relevées n'en reflètent pas moins une modification dans le personnage de la Marquise, et, corrélativement, dans celui de son interlocuteur; cette modification signale le trajet (intellectuel, psychologique) accompli par ces deux personnages au long de leurs Conversations, le déplacement culturel opéré à travers le dialogue scientifique; il offre donc une image de la démarche que propose Fontenelle à ses contemporains pour diffuser la culture scientifique et philosophique.

Le *Cinquième Soir* s'ouvre par une phrase de «récit», qui indique au correspondant philosophe la curiosité impatiente de la Marquise; le dialogue rapporté enchaîne, avec les questions suivantes qui traduisent cette curiosité concernant les Etoiles Fixes:

...seront-elles habitées comme les Planetes, me dit-elle? Ne le seront-elles pas?... (133)

questions auxquelles l'énonciateur répond immédiatement:

...vous le devineriés peut-être, si vous en aviés bien envie. (133)

réponse qui témoigne qu'au fil de ces Conversations, la Marquise est appelée à changer d'attitude; elle doit dépouiller la relative passivité qui accompagnait sa docilité pour prendre de l'initiative et coopérer à la découverte des connaissances. L'appel du maître ne reste pas vain: en effet, pour aider son interlocutrice, il reprend une argumentation proche de celle de Descartes dans les *Principes de la philosophie*, qui lui permet de conclure:

...les voilà donc lumineuses par elles-mêmes, et toutes, en un mot, autant de Soleils. (134)

La Marquise, alors, prend la parole:

Ne me trompai-je point,... ou si je vois où vous me voulès mener? M'allés-vous dire: *Les Etoiles Fixes sont autant de Soleils, notre Soleil est le centre d'un Tourbillon qui tourne autour de lui, pourquoi chaque Etoile Fixe ne sera-t-elle pas aussi le centre d'un Toubillon qui aura un mouvement autour d'elle? Notre Soleil a des Planetes qu'il éclaire, pourquoi chaque Etoile Fixe n'en aura-t-elle pas aussi qu'elle éclairera?* Je n'ai à vous répondre, lui dis-je, que ce que répondit Phedre à Enone, *C'est toi qui l'as nommé.* (134)

Ces lignes sont significatives à plusieurs égards: bien entendu, elles manifestent d'abord les «progrès» accomplis par la Marquise dans son approche de la culture scientifique et philosophique: la voici désormais capable de déduire elle-même certaines conclusions en raisonnant par analogie, autrement dit «assez raisonnablement sçavante» (156), comme l'affirme l'énonciateur en conclusion au *Cinquième Soir*.

D'autres traits, dans le dialogue du *Cinquième Soir*, reflètent la métamorphose des interlocuteurs; outre quelques autres interventions analogues de la Marquise, on remarque ceci: l'énonciateur lui-même se donne un rôle plus personnel dans l'exposé scientifique; il prend en charge plusieurs développements fournissant des indications sur la démarche heuristique, sur ses difficultés, les questions en suspens, les solutions avancées; il prend parti dans telle ou telle polémique, sans plus craindre de désorienter une interlocutrice dès lors avertie des modes du raisonnement «philosophique». Corrélativement, apparaît dans l'énoncé du *Cinquième Soir* un «nous» qui englobe les deux interlocuteurs dans le même effort de recherche:

...que dirons-nous...? Vous êtes trop équitable...; je ferai... Nous supposerons... (151)

A cet égard, l'«exemple» proposé par Fontenelle à ses lectrices / lecteurs mondains est parfaitement conforme à l'idéal du bon élève: curieux, appliqué, attentif, et évoluant de la simple docilité à l'initiative coopérante.

Cependant, les mêmes propos cités plus haut, par lesquels la Marquise reconnaît en chaque Etoile un Soleil, appellent d'autres commentaires; en effet, la citation de Racine, par laquelle l'énonciateur salue cette découverte, signale au moins deux aspects du discours qui doivent être mis en relation avec le dialogue scientifique: la coexistence, la cooccurrence, dans l'énoncé, de segments évoquant les discours des savants et de segments empruntant à la culture des mondains; au moment où la Marquise atteint le but que l'énonciateur avait évoqué dans sa *Lettre*, dès le *Premier Soir*,

...lui prouver que la Terre pouvoit être une Planete, et les Planetes autant de Terres, et toutes les Etoiles autant de Soleils qui éclairoient des Mondes (16 et 17),

celui-ci évoque l'oeuvre de Racine; à la connaissance scientifique répond la culture littéraire, dirait-on aujourd'hui. Cela entraîne à examiner de près comment, dans ce dialogue, chacun s'exerce à parler le langage de l'autre.

Ensuite, les termes empruntés à *Phèdre* attirent l'attention sur le rôle joué par le «nom», les noms, dans le discours scientifique; l'attribution du nom exact exige un parcours que l'énonciateur fait accomplir à la Marquise, mais qui soulève de redoutables problèmes dans l'idéologie classique de la représentation.

Nous reviendrons donc, en premier lieu, sur la démarche de la Marquise, pour montrer que du *Premier* au *Cinquième Soir* elle apprend principalement à utiliser un vocabulaire exact; la modification du vocabulaire traduit précisément l'acquis des connaissances. Ensuite, nous explorerons, à tous les niveaux du texte, le fonctionnement de ce discours dédoublé, qui se déroule à travers la mise en contact de langages (ou de styles) différents: mondain et savant.

La mise au jour de ces mécanismes permettra de mieux comprendre les enjeux sociaux et philosophiques de l'entreprise, auxquels sera consacrée la dernière partie de cette contribution.

Des Etoiles au Soleil

On peut dire que le dialogue scientifique se développe, et que l'apprentissage de la Marquise s'inscrit, entre deux échanges, c'est-à-dire les lignes extraites du *Cinquième Soir*, qui seront reprises ici pour être mises en regard de cet extrait du *Premier Soir*:

> ...reprit-elle, j'aime les Etoiles, et je me plaindrois volontiers du Soleil qui nous les efface. Ah! m'écriai-je, je ne puis lui pardonner de me faire perdre de vûë tous ces Mondes. Qu'appelés-vous tous ces Mondes, me dit-elle...? (15)

> Ne me trompai-je point, s'écria la Marquise, ou si je vois où vous me voulés mener? M'allés-vous dire: *Les Etoiles fixes sont autant de soleils, notre Soleil est le centre d'un Tourbillon qui tourne autour de lui, pourquoi chaque Etoile Fixe ne sera-t-elle pas aussi le centre d'un Tourbillon qui aura un mouvement autour d'elle? Notre Soleil a des Planetes qu'il éclaire, pourquoi chaque Etoile Fixe n'en aura-t-elle pas aussi qu'elle éclairera?* Je n'ai à vous répondre, lui dis-je, que... *C'est toi qui l'as nommé.* (134)

Ces deux échanges suggèrent ou posent l'équivalence entre les noms:

Etoiles et Mondes, au début du discours,
Etoiles Fixes et Soleil(s), à la fin.

De ces quatre termes, le premier (*Etoiles*) et le dernier (*Soleil*) désignent des objets célestes qui appartiennent à l'expérience banale, l'expérience «naïve» dirait G. Bachelard; ces mots eux-mêmes ne sont pas obscurs, et c'est l'occurrence de *Mondes* dans la bouche de l'énonciateur qui provoque la question de la Marquise, elle-même à l'origine du dialogue scientifique. Quant à *Etoiles Fixes*, il est lui-même présenté et défini dès le début de l'exposé:

> De la Terre où nous sommes, ce que nous voyons de plus éloigné, c'est ce Ciel bleu, cette grande voûte où il semble que les Etoiles sont attachées comme des cloux. On les appelle

Fixes, parce qu'elles ne paroissent avoir que le mouvement de leur Ciel, qui les emporte avec lui d'Orient en Occident. (21)

Aux Etoiles fixes s'opposent les *Planètes*, ou astres errants:

...les... Astres qu'on appelle des Planetes... Ces Planettes [sic]... ayant des mouvements inégaux, elles se regardent diversement, et figurent diversement ensemble, au lieu que les Etoiles Fixes sont toujours dans la même situation les unes à l'égard des autres. (21)

Les Fixes et les Planètes sont donc deux variétés d'Etoiles; ce mot courant réunit, voire confond, suivant l'usage des simples admirateurs du ciel étoilé, deux types de corps célestes que distinguent les astronomes. Une analyse lexicologique minutieuse[14] a permis d'établir qu'au long du discours le dialogue joue, de façon déterminante, sur les relations entre les quelques noms ici relevés: *Etoile(s)* est assez rapidement éliminé par le couple *Etoiles Fixes / Planètes* qui se substitue à lui; puis apparaissent des équivalences structurelles et sémantiques entre *Etoiles Fixes* et *Soleil(s)*, qui à son tour tend à remplacer le premier, témoin cette phrase exemplaire:

Tous les Soleils sont Soleils de jour pour le Tourbillon où ils sont placés, et Soleils de nuit pour tous les autres Tourbillons. (139)

Etoile(s) alors réapparait, dans la suite du *Cinquième Soir* où il fonctionne comme équivalent courant des deux autres (*Etoiles Fixes* et *Soleils*).

L'apprentissage de ce vocabulaire par la Marquise réalise donc exactement l'objectif annoncé par l'énonciateur à son correspondant philosophe au début du *Premier Soir*:

...lui (= à la Marquise) prouver que la Terre pouvoit être une Planete, et les Planetes autant de Terres, et toutes les Etoiles [autant de Soleils qui éclairoient] des Mondes. (16-17)

L'addition [...] en 1687 de cette précision (qui fonctionne dans la *Lettre*) manifeste le souci de Fontenelle d'employer un vocabulaire exact, et des définitions au demeurant infiniment plus claires et explicites que celles du *Dictionnaire* de Furetière, par exemple.[15]

Quant au terme *Monde(s)*, il n'est pas défini dans le discours, où il est présent d'un bout à l'autre; l'analyse de sa distribution dans les *Entretiens*, conforme à ce qu'en disent les dictionnaires du temps[16], montre que dans l'emploi illustré

---

14 Mortureux (1983: 317 sv.).

15 Le refus des dictionnaires du temps d'assumer l'assertion de l'héliocentrisme les conduit à d'extraordinaires confusions et contradictions: Voir Mortureux (1979: 192-198).

16 Par exemple, dans Furetière:
Monde. s. masc. Assemblage de toutes les parties qui composent l'Univers. Dieu a créé le monde en six jours...

par la question initiale de la Marquise et le titre de l'ouvrage, il fonctionne comme un équivalent plus ou moins courant du terme scientifique *Tourbillon*, terme qui est, lui, attaché à la théorie cartésienne.

Comme substitut d'un terme scientifique, l'emploi de *Monde(s)*, sans jamais être inexact, ne fait pas non plus l'objet d'une définition précise; en cela, il s'oppose au vocabulaire proprement scientifique; et la cooccurrence, dans l'ouvrage de Fontenelle, des deux mots, n'est qu'un exemple, particulièrement net, de cette recherche d'un langage commun, par mise en contact de langages différents (mondain et savant); ainsi la Marquise, ayant reconnu autant de Soleils que d'Etoiles (Fixes), s'écrie-t-elle:

> vous m'accablés de Mondes et de Tourbillons (140)

dans un contexte où il est clair que les deux mots sont synonymes référentiels. Au terme du dialogue, cette exclamation montre que l'interlocutrice mondaine, bien qu'elle n'ait pas obtenu de réponse directe et précise à sa question initiale («Qu'appelés-vous tous ces Mondes...?» (15)), a su trouver une solution: elle est elle-même devenue capable d'établir les correspondances entre vocabulaires différents, savant et plus courant. La maîtrise langagière témoigne des progrès dans la connaissance de l'astronomie, et elle s'accomplit à travers le dialogue, entendu au plein sens du terme, c'est-à-dire comme un échange langagier.

«Parler Chaldéen», ou Le Langage de l'Autre

Cet échange langagier se manifeste donc à la surface du texte, sous la forme de la Conversation (dite «fictive») entre l'énonciateur et la Marquise.

Mais dans toute son épaisseur, le texte est constitué par la mise en contact de discours, de codes, de vocabulaires différents, empruntés soit aux savants, soit aux mondains. La structure profonde du texte, pourrait-on dire, se définit par cet-

---

> *Monde*, se dit aussi des Systemes particuliers que les Philosophes se sont imagines être compris dans cet Univers... Nôtre *Monde* est le systeme dans lequel se meuvent les astres & les Planetes que nous voyons. Descartes explique les Cometes, en disant que ce sont des astres d'un autre *Monde*, d'un autre systeme, qui entrent dans le nôtre... Quelques-uns disent aussi le *monde* de la Lune, parce qu'ils croyent que la Lune & les autres globes celestes peuvent être habitez.

Tourbillon. s. m. Vent subit, impétueux & tournoyant... typhons.

> *Tourbillon*, se dit aussi d'un creux qu'on trouve dans quelques mers ou rivieres... *Tourbillon*, est aussi un terme de la Philosophie de Descartes, qui pretend qu'il y a dans le ciel plusieurs revolutions d'astres autours de divers centres, qui font des systemes differents, & pareils à celuy de nostre region de Planettes: que les astres de l'un entrent quelquefois dans la region de l'autre, & s'y rendent visibles: par où il explique l'apparition des Cometes. Il appelle ces différents systemes des *tourbillons*.

Sur le détail des relations entre *Monde(s)* et *Tourbillon(s)* dans le texte de Fontenelle, voir Mortureux (1983: 389-429).

te mise en contact, au terme de laquelle mondains et savants, ayant appris à parler le langage les uns des autres, partageraient un discours commun, se rencontreraient en un «milieu où la Philosophie [convient] à tout le Monde» (4).

Le contact s'établit, à différents niveaux, à travers différents procédés, qui vont du «clivage» de l'énoncé en deux expressions qui se redoublent, jusqu'à la fusion. Ce dernier stade est atteint notamment, dans le vocabulaire, grâce à la métaphore. Pour le dédoublement-redoublement, on l'observe à tous les niveaux du texte: l'enchâssement de la Conversation mondaine dans une Lettre philosophique, qui se traduit par la juxtaposition aux titres «mondains» (les *Soirs*) de sous-titres «savants» (propositions annonçant le contenu des leçons d'astronomie); la succession de développements à peu près identiques par leur contenu, mais relevant de «styles» différents; la coordination d'expressions paraphrastiques. Entre ces diverses réalisations (qui ont en commun de manifester la mise en contact de langages différents) et les métaphores, fonctionnent de nombreuses comparaisons, qui explicitent le rapprochement entre discours savant et discours mondain.

Quelques exemples suffiront ici à illustrer ce mode de fonctionnement.

La prosopopée de Copernic

La révolution copernicienne est exposée dès le *Premier Soir*, dans les lignes qui occupent approximativement le centre de son énoncé:

> Figurés-vous un Allemand nommé Copernic, qui fait main basse sur tous ces Cercles différens, et sur tous ces Cieux solides qui avoient été imaginés par l'Antiquité. Il détruit les uns, il met les autres en piéces. Saisi d'une noble fureur d'Astronome, il prend la Terre et l'envoye bien loin du centre de l'Univers, où elle s'étoit placée, et dans ce centre, il y met le Soleil, à qui cet honneur étoit bien mieux dû. Les Planetes ne tournent plus autour de la terre, et ne l'enferment plus au milieu du Cercle qu'elles décrivent. Si elles nous éclairent, c'est en quelque sorte par hazard, et parce qu'elles nous rencontrent en leur chemin.
>
> Tout tourne présentement autour du Soleil, la Terre y tourne elle-même, et pour la punir du long repos qu'elle s'étoit attribué, Copernic la charge le plus qu'il peut de tous les mouvemens quelle donnoit aux Planetes et aux Cieux. Enfin de tout cet équipage céleste dont cette petite Terre se faisoit accompagner et environner, il ne lui est demeuré que la Lune qui tourne encore autour d'elle. Attendés un peu, dit la Marquise, il vient de vous prendre un enthousiasme qui vous a fait expliquer les choses si pompeusement, que je ne croi pas les avoir entenduës. Le Soleil est au centre de l'Univers, et là il est immobile, après lui, qu'est-ce qui suit?
>
> C'est Mercure, répondis-je, il tourne autour du Soleil, en sorte que le Soleil est à peu près le centre du cercle que Mercure décrit. Au-dessus de Mercure est Venus, qui tourne de même autour du Soleil. Ensuite vient la Terre, qui étant plus élevée que Mercure et Venus, décrit autour du Soleil un plus grand Cercle que ces Planetes. Enfin suivent Mars, Jupiter, Saturne, selon l'ordre où je vous les nomme; et vous voyés bien que Saturne doit décrire autour du Soleil le plus grand Cercle de tous; aussi employe-t-il plus de tems qu'aucune autre Planete

à faire sa révolution. Et la Lune? vous l'oubliés, interrompit-elle. Je la retrouverai bien, repris-je. La Lune tourne autour de la Terre... (28-30)[17]

Comme on le voit facilement, ce développement se scinde en deux: une première partie, qui met en scène Copernic en recourant à la figure rhétorique de la prosopopée[18] précède la présentation héliocentriste des phénomènes célestes. Il y a plus: la version «imagée» de l'héliocentrisme apparaît à l'initiative de l'interlocuteur s'adressant à son interlocutrice mondaine, alors que la version non imagée, celle qui fait écho aux propositions savantes du sous-titre, est réclamée par cette mondaine: échange de «styles» dans le cadre de la Conversation (fictive).

Cependant, si l'on y regarde encore de plus près, on peut dire que la dualité apparente de l'échange se résoud en un discours unique, qui traduit la démarche scientifique sous son double aspect: d'abord la prosopopée, en mettant en scène Copernic, évoque l'activité créatrice du chercheur dans l'élaboration d'une théorie; puis sont exposés les résultats de ses travaux, considérés comme acquis. Il devient alors impossible de prétendre que l'une ou l'autre de ces deux composantes de l'exposé est plus ou moins savante ou mondaine.

Au niveau du vocabulaire, l'exemple le plus significatif de cette dualité est fourni par la phrase de la Marquise, commentée ci-dessus:

Vous m'accablés de Mondes et de Tourbillons. (140)

La coordination des deux vocables, ici coréférentiels, dans un unique syntagme manifeste à la fois leur différence et leur ressemblance; et la production de semblables énoncés, au sein desquels se trouve simultanément posée et neutralisée la différence, apparaît comme le thème, le sens et le terme du discours.

Comparaisons

A cet égard, la comparaison est un procédé plus explicite, certes, mais elle ne va pas aussi loin dans la recherche d'un discours commun; en effet, elle établit un rapprochement entre deux systèmes de référence, sans aller jusqu'à les confondre.

Parmi les nombreuses comparaisons qui soutiennent l'exposé, trois ont été retenues ici, à cause de leur intérêt à plusieurs points de vue: contrairement à quelques autres (comme la Terre et le Bateau, la position respective des Planètes et l'équilibre des liquides non miscibles,...), elles ont en commun de ne pas être inspirées par les discours savants, mais elles empruntent leur comparant à l'expé-

---

17 Cette citation occupe les lignes 335 à 371 de l'énoncé du *Premier Soir*, qui compte 685 lignes dans l'édition de référence.

18 «La Prosopopée... consiste à mettre en quelque sorte en scène, les absens, les morts, les êtres surnaturels, ou même les êtres inanimés; à les faire agir, parler, répondre, ainsi qu'on l'entend...» P. Fontanier. *Les Figures du discours* (1968 [1830]: 404).

rience de la vie mondaine; la première, extraite du *Premier Soir*, compare ce que les savants nomment «masse élémentaire» (c'est-à-dire la Terre et son atmosphère) à un cocon de vers à soie; les deux suivantes, extraites du *Cinquième Soir*, comparent respectivement les Comètes à des Ambassadeurs, et la logique à la galanterie; la première et la dernière sont proposées par l'énonciateur en réponse à une objection de son interlocutrice, mais la seconde l'est par cette interlocutrice, approuvée et relayée par l'énonciateur: ainsi se manifeste encore la fécondité du dialogue, qui suscite les rapprochements interculturels et les progrès de la Marquise dans l'assimilation de la culture «philosophique».

Dans le texte des deux premières figurent des métaphores, soit au terme de la comparaison (c'est le cas pour la première, qui véritablement produit la métaphore), soit au cours de son développement (dans la seconde): ainsi s'affirme encore le sens, le but du dialogue, qui est d'élaborer un langage commun à partir du contact entre langages différents:

> ...l'Air qui environne la terre ne s'étend que jusqu'à une certaine hauteur, peut-être jusqu'à vingt lieuës tout au plus; il nous suit, et tourne avec nous. Vous avés vû quelquefois l'ouvrage d'un Ver à Soye, ou ces Coques que ces petits animaux travaillent avec tant d'art pour s'y emprisonner. Elles sont d'une Soye fort serrée, mais elles sont couvertes d'un certain duvet fort leger et fort lâche. C'est ainsi que la terre, qui est assés solide, est couverte depuis sa surface jusqu'à une certaine hauteur, d'une espece de duvet, qui est l'Air, et toute la Coque de Ver à Soye tourne en même temps. (42)

> ...un grand espace [...] sans Planetes [...], c'est l'appartement des Planetes étrangères qui entrent dans notre Monde.
> J'entends, dit-elle. Nous ne leur permettons pas d'entrer jusque dans le coeur de notre Tourbillon, et de se mêler avec nos Planetes, nous les recevons comme le Grand Seigneur reçoit les Ambassadeurs qu'on lui envoye. Il ne leur fait pas l'honneur de les loger à Constantinople, mais seulement dans un Fauxbourg de la Ville. Nous avons encore cela de commun avec les Ottomans, repris-je, qu'ils reçoivent les Ambassadeurs sans en renvoyer, et que nous ne renvoyons point de nos Planetes aux Mondes voisins. (147)

On peut encore remarquer, dans ce dernier échange, que la Marquise emploie le terme scientifique cartésien («notre Tourbillon»), alors que l'énonciateur parle de «notre Monde»[19]...

Quant au dernier extrait, il explicite la démarche suivie en la fondant sur le raisonnement analogique:

---

19 Ceci peut être mis en relation avec le fait que Fontenelle est l'auteur à la fois de ces *Entretiens sur la Pluralité des Mondes*, explicitement destinés à un vaste public, et d'un *Traité des Tourbillons*, publié tardivement (en 1752), mais rédigé longtemps avant, sans qu'on puisse en fixer très sûrement la date; sa publication représente une prise de position (un peu attardée) en faveur du cartésianisme, dans la polémique qui oppose les milieux savants à l'occasion de la diffusion du newtonianisme.

...votre Sistême est-il bien vrai? [...] Il me semble qu'il n'est appuyé que sur une petite convenance bien legere. Une Etoile Fixe est lumineuse d'elle-même comme le Soleil, par conséquent il faut qu'elle soit comme le Soleil le centre et l'ame d'un Monde, et qu'elle ait ses Planetes qui tournent autour d'elle. Cela est-il d'une necessité bien absoluë? Ecoutés, Madame, repondis-je, puisque nous sommes en humeur de mêler toujours des folies de la galanterie à nos discours les plus serieux, les raisonnements de Mathématique sont faits comme l'Amour. Vous ne sçauriés accorder si peu de choses à un Amant, que bien-tôt après il ne faille lui en accorder davantage, et à la fin cela va loin. De même accordés à un Mathematicien le moindre principe, il va vous en tirer une consequence, qu'il faudra que vous lui accordiés aussi, et de cette consequence encore une autre; et malgré vous-même, il vous mene si loin, qu'à peine le pouvés-vous croire. Ces deux sortes de Gens-là prennent toujours plus qu'on ne leur donne. Vous convenés que quand deux choses sont semblables en tout ce qui me paroît, je les puis croire aussi semblables en ce qui ne me paroît point, s'il n'y a rien d'ailleurs qui m'en empêche. De-là, j'ai tiré que la Lune étoit habitée, parce qu'elle ressemble à la Terre, les autres Planetes parce qu'elles ressemblent à la Lune. Je trouve que les Etoiles fixes ressemblent à notre Soleil, je leur attribuë tout ce qu'il a. Vous êtes engagée trop avant pour pouvoir reculer, il faut franchir le pas de bonne grace. Mais, dit-elle, sur le pied de cette ressemblance que vous mettés entre les Etoiles Fixes et notre Soleil, il faut que les Gens d'un autre grand Tourbillon ne le voyent que comme une petite Etoile Fixe, qui se montre à eux seulement pendant leurs nuits.
Cela est hors de doute, répondis-je. (137-138)[20]

Métaphores et autres figures

Cependant quelques exemples d'autres figures achèveront d'illustrer ce parcours discursif au terme duquel le contact entre langages différents permet aux interlocuteurs de se rencontrer en un «milieu» offert à tous:

– des métaphores isolées, telles:

...de tout cet équipage céleste dont cette petite Terre se faisoit accompagner et environner, il ne lui est demeuré que la Lune qui tourne encore autour d'elle. (29)

Il faut toutefois noter que la plupart des métaphores de ce type sont intégrées dans des comparaisons, dont elles sont en fait le produit, comme nous l'avons vu.

– la substitution de «Ciel de cristal» au terme scientifique *Cieux cristallins* autorise une présentation simplifiée des recherches faites sur la parallaxe des comètes:

...on a vû des Cometes, qui étant plus élevées qu'on ne croyoit autrefois, briseroient tout le cristal des Cieux par où elles passent, et casseroient tout l'Univers. (26-27)

---

20 L'importance de ce passage pour comprendre la rhétorique des *Entretiens* m'a paru justifier la longueur de cette citation.

Mais elle évoque aussi le vocabulaire poétique, dans lequel le cristal évoque fréquemment une eau limpide...

– Enfin, la recatégorisation de *Soleil* en nom commun, et sa substitution à *Etoile(s) Fixe(s)* réalise la figure centrale du discours de Fontenelle; c'est à la fois une métaphore et une métonymie: en effet, elle consacre l'identité (c'est-à-dire la ressemblance absolue) de ces astres, qui ne nous apparaissent différents que parce que, tout en se trouvant contigus dans l'espace, ils sont si inégalement distants de nous que cette ressemblance échappe à nos yeux: seul le raisonnement nous révèle cette ressemblance. Or c'est précisément la tâche du Philosophe que d'apprendre à critiquer la perception naïve que nous avons du monde; l'exposé de l'astronomie proprement dit est encadré, dans le texte des *Entretiens*, par les deux passages suivants:

> ...voici par où je commençai.
> Toute la Philosophie, luis dis-je, n'est fondée que sur deux choses, sur ce qu'on a l'esprit curieux et les yeux mauvais; car si vous aviés les yeux meilleurs, que vous ne les avés, vous verriés bien si les Etoiles sont des Soleils qui éclairent autant de Mondes, ou si elles n'en sont pas; et si d'un autre côté vous étiés moins curieuse, vous ne vous soucieriés pas de le sçavoir, ce qui reviendroit au même; mais on veut sçavoir plus qu'on ne voit, c'est-là la difficulté. Encore, si ce qu'on voit, on le voyoit bien, ce seroit toujours autant de connu, mais on le voit tout autrement qu'il n'est. Ainsi les vrais philosophes passent leur vie à ne point croire ce qu'ils voyent, et à tâcher de deviner ce qu'ils ne voyent point... (17)

et

> ...il me suffit d'avoir mené votre esprit aussi loin que vont vos yeux. (156)

Entre les deux, la Marquise découvre progressivement ce que l'énonciateur avait indiqué dès le début à son correspondant philosophe comme thème de leurs conversations:

> ...que la Terre pouvoit être une Planete, et les Planetes autant de Terres, et toutes les Etoiles autant de Soleils qui éclairoient des Mondes. (16-17)

Et le vocabulaire traduit cette découverte; en effet, la même figure affecte plusieurs autres vocables, comme *Lune*, qui finit par désigner tout satellite, et un ensemble de termes qui réfèrent aux révolutions sidérales: ainsi *jour, nuit, année, midi* vont nommer les durées de rotation et de révolution des diverses Planètes:

> Venus [...] Pour ses années, elles ne sont que de près de huit mois, puisqu'elle tourne en ce tems-là autour du Soleil. (102-103)

> Mars [...] ses années valent deux de nos années, à un mois et demi près. (113)

et ainsi de suite.

Au terme des Conversations, la Marquise partage donc la vision, ou plutôt la conception du monde élaborée par les savants; mais cette conception est traduite dans le vocabulaire qui lui demeure familier, à elle et à ses semblables.

Mécanique et machinerie

Avant de clore cet inventaire des procédés rhétoriques qui réalisent le rapprochement (inter)culturel tenté dans les *Entretiens*, il convient de mentionner au moins deux autres développements, fondés sur une comparaison, et significatifs à l'égard de cet échange culturel; il s'agit, d'une part de la comparaison entre la Terre et un Bateau, qui, faisant intervenir le Zodiaque, permet à l'énonciateur de convaincre la Marquise de la révolution terrestre (31-32); et, d'autre part du fameux «Mythe de l'Opéra», c'est-à-dire de la comparaison entre la Nature et l'Opéra (17-20), développée par l'énonciateur en introduction à sa première leçon d'astronomie.

Pour dégager leur fonctionnement et leur fonction véritables, il faut faire intervenir une approche comparative entre les *Entretiens* et les discours savants (*Principes* de Descartes, *Physique* de Rohault, *Système de Philosophie* de Régis,...). Ces deux développements apparaissent alors comme deux versions inverses mais complémentaires de la même démarche d'adaptation du discours savant au public mondain, voire de contamination du premier par le second:

La première comparaison est empruntée aux discours savants: elle vient de Descartes, et elle est reprise régulièrement par ses disciples; mais dans les *Entretiens*, l'intervention du Zodiaque pour montrer la révolution terrestre pervertit le raisonnement, qui repose en fait sur une confusion entre l'expérience courante du «mouvement» et sa défintion scientifique; cette confusion est dénoncée par Descartes lui-même dans les *Principes*, que Fontenelle avait lus; mais divers indices relevés dans le texte des *Entretiens* tendent à prouver qu'elle est volontaire de la part de Fontenelle: d'une part, le fonctionnement des marques énonciatives signale ce passage comme particulièrement destiné à la Marquise; d'autre part, dans le *Sixième Soir*, l'énonciateur lui révélera:

> Je suis sûr que vous ne croyés pas le mouvement de la Terre autant qu'il devroit être crû, en êtes-vous beaucoup à plaindre? Oh! pour cela, reprit-elle, j'en fais bien mon devoir, vous n'avés rien à me reprocher, je croi fermement que la terre tourne. Je ne vous ai pourtant pas dit la meilleure raison qui le prouve, repliquai-je. Ah! s'écria-t-elle c'est une trahison de m'avoir fait croire les choses avec de foibles preuves. Vous ne me jugiés donc pas digne de croire sur de bonnes raisons? Je ne vous prouvois les choses, répondis-je, qu'avec de petits raisonnements doux, et accomodés à votre usage; en eussai-je employé d'aussi solides et d'aussi robustes que si j'avois eu à attaquer un Docteur? (163)

A l'inverse, la comparaison de la Nature à l'Opéra est absente des discours savants; elle paraît bien empruntée à la culture du public mondain, comme l'évocation du roman de Madame de La Fayette, *La Princesse de Clèves*, dans la *Préface*, celle de *L'Astrée* d'Honoré d'Urfé au *Premier Soir*, ou celle de la Phèdre de Racine au *Cinquième Soir*. En revanche on n'y peut repérer aucune faute de logique; et, surtout, la lecture comparée des ouvrages savants et des *Entretiens* montre que cette longue évocation de la «machinerie» de l'Opéra occupe la place, et pour ainsi dire tient le rôle, de l'exposé des lois de la «mécanique», préalable à toute approche de l'astronomie cartésienne. Fontenelle, peut-on dire, substitue à l'exposé de la mécanique l'observation (rationnelle) de la machinerie...

Si bien qu'on ne saurait dire laquelle des deux est la plus satisfaisante au regard de la vérité scientifique, de l'adaptation d'une comparaison savante, ou de l'invention d'une comparaison mondaine: le Zodiaque et l'Opéra illustrent complémentairement la recherche du «milieu» philosophique où peuvent se rencontrer savants et mondains.

Ainsi peut se définir le «parler chaldéen» que réclame la Marquise à son hôte:

> Recommencés un peu, s'il vous plait, à me parler Chaldéen. (22-23)

ce qui signifie, dans le contexte, la reprise de la leçon d'astronomie après un intermède galant; en effet l'énonciateur a rappelé l'origine chaldéenne de cette science, et c'est donc à travers une figure (métonymie) qu'est évoqué ce dialogue qui a pour thème une version[21] de l'astronomie accessible à tous: leçon de physique pour les mondains, leçon de «pédagogie» pour les savants.

L'Enjeu du Dialogue: La question rhétorique

Ce dialogue, à travers lequel une mondaine s'initie à l'astronomie récente sans pour autant affronter le langage des savants, représente un tour de force rhétorique: certains, comme A. Niderst,n'y ont vu qu'un défi littéraire:

> «son intention initiale n'a donc pas été de répandre dans le monde une cosmologie dont il eût été entêté, mais de faire l'essai d'*une litterature* susceptible d'amuser n'importe quel public malgré le sérieux apparent des thèmes traités. Et n'a-t-il pas voulu relever le défi du Père Rapin qui jugeait qu'‹on serait ridicule› de développer *en littérature* le système de Copernic ou celui de Descartes? Certes, la philosophie et surtout la morale auront leur importance, mais la vérité scientifique compte moins aux yeux Fontenelle que *l'habile rhétorique* qu'il faut déployer pour faire comprendre et aimer une matière aussi aride».[22]

---

21 une «interprétation», selon les termes des contemporains de Fontenelle. Voir Mortureux (1983: 113-115 et 651 sv.).

22 A. Niderst (1972: 265). C'est moi qui souligne.

Mais M. Foucault, lui, avait donc cité les *Entretiens* parmi les oeuvres exemplaires de l'episteme classique, définie notamment par «l'appartenance réciproque du savoir et du langage»:

> A l'âge classique, connaître et parler s'enchevêtrent dans la même trame: il s'agit pour le savoir et pour le langage, de donner à la représentation des signes par lesquels on puisse la dérouler selon un ordre nécessaire et visible. [...] il est de la nature la plus originaire de la science d'entrer dans le système des communications verbales, et de celle du langage d'être connaissance dès son premier mot. Parler, éclairer et savoir sont, au sens strict du terme, *du même ordre*. L'intérêt que l'âge classique porte à la science, la publicité de ses débats, son caractère fortement exotérique, son ouverture au profane, l'astronomie fontenellisée, Newton lu par Voltaire, tout ceci n'est sans doute rien de plus qu'un phénomène sociologique. Il n'a pas provoqué la plus petite altération dans l'histoire de la pensée, pas modifié d'un pouce le devenir du savoir. Il n'explique rien, sauf bien sûr au niveau doxographique où en effet il faut le situer; mais sa condition de possibilité, elle est là, dans cette appartenance réciproque du savoir et du langage. Le XIXe siècle, plus tard, la dénouera, et il lui arrivera de laisser l'un en face de l'autre un savoir refermé sur lui-même, et un pur langage, devenu, en son être et sa fonction, énigmatique, – quelque chose qu'on appelle, depuis cette époque *Littérature*. Entre les deux se déploieront à l'infini les langages intermédiaires, dérivés, ou si l'on veut déchus, du savoir aussi bien que des oeuvres. (Foucault 1966: 103)

Le Discours de la Nature

De fait, l'exemplarité des *Entretiens* apparaît aussi bien à la lumière d'études générales qu'à l'analyse de leur texte:

D'une part, sur un plan général, l'analyse lexicologique réalisée par Cl. Cristin confirme que l'opposition entre Lettres et Sciences, telle que nous la connaissons, ne s'applique pas à l'époque de Fontenelle:

> L'étonnante équivalence (entre *Lettres* et *Sciences*) s'explique donc par le fait que, pour les lecteurs du XVIIème Siècle, les sciences renvoient à toutes les connaissances qu'un cerveau humain peut assimiler, tandis que les «lettres» représentent ces connaissances ou une quelconque partie de ces connaissances, une fois assimilées par le cerveau humain. A cette nuance près, [...] l'on pourrait dire que les deux termes sont synonymes. (Christin 1973: 87)

> Il est donc nécessaire de rappeler que la «littérature», dans le sens où nous utilisons aujourd'hui ce mot, n'existait pas avant 1750. En isolant certaines oeuvres particulières de l'ensemble de la production imprimée d'autrefois, la notion moderne de littérature a finalement accrédité l'idée fausse d'un milieu autonome de créateurs dont la poésie, le théâtre et le roman auraient été le domaine exclusif. (Christin 1973: 89)

D'autre part, le texte même des *Entretiens* illustre fidèlement plusieurs aspects de l'episteme classique analysée par M. Foucault dans *Les mots et les choses*:

– le rôle du nom: l'attribution du nom *Soleil* aux Etoiles Fixes, qui est apparue comme le terme du discours de 1686, illustre la définition suivante:

> ...parler ou écrire, ce n'est pas dire les choses ou s'exprimer, ce n'est pas jouer avec le langage, c'est s'acheminer vers l'acte souverain de nomination, aller, à travers le langage, jusque vers le lieu où les choses et les mots se nouent en leur essence commune, et qui permet de leur donner un nom [...] La tâche fondamentale du «discours» classique, c'est *d'attribuer un nom aux choses* et *en ce nom de nommer leur être*. (Foucault 1966: 133 et 136)

– le fondement naturel de cette attribution de nom:

> pour qu'un nom commun fût possible, il fallait qu'il y eût entre les choses cette ressemblance immédiate qui permettait aux éléments signifiants de courir le long des représentations, de glisser à leur surface, de s'accrocher à leurs similitudes pour former finalement des désignations collectives. [...] Il doit y avoir continuité dans la nature. (Foucault 1966: 158 et 159)

Cependant «l'expérience ne nous livre pas, tel quel, le continu de la nature» Foucault 1966: 160), car l'ordre profond est souvent brouillé par les apparences superficielles: ces deux thèmes sont également développés par Fontenelle:

– le contraste entre la vision naïve et la connaissance scientifique fait l'objet d'un exposé préalable à celui de l'astronomie; celui-ci s'ouvre sur une définition de la «philosophie» aux termes de laquelle, nous l'avons vu, la tension entre l'acuité de la curiosité et la faiblesse de la perception («l'esprit curieux et les yeux mauvais») déterminerait, au fond, ce que nous appellerions aujourd'hui la recherche scientifique; la philosophie apparaît mue par le désir de «sçavoir plus qu'on ne voit». Ces considérations, destinées à «donner une idée générale de la Philosophie», apparaissent primordiales, dans tous les sens du terme: introductrices, fondatrices et axiomatiques; elles débouchent sur le Mythe de l'Opéra, à la faveur duquel se trouve affirmée l'existence des mécanismes cachés qui commandent les phénomènes naturels, et dont la découverte fait l'objet de la philosophie:

> Du lieu où vous êtes à l'Opera vous ne voyés pas le Théatre tout-à-fait comme il est; ... on cache à votre vûë ces rouës et ces contrepoids qui font tous les mouvemens... et qui verroit la Nature telle qu'elle est, ne verroit que le derriere du Théatre de l'Opera. (17-20)

– la continuité de la nature (c'est-à-dire son unité profonde) et l'étalement dans l'espace des ressemblances et des différences est un thème qui court à travers les *Troisième, Quatrième* et *Cinquième Soirs*; il apparaît ainsi:

> Tous les visages sont en general d'un même modele; mais ceux de deux grandes Nations, comme des Européens, si vous voulés, et des Afriquains ou des Tartares, paroissent être faits sur deux modeles particuliers, et il faudroit encore trouver le modele des visages de

chaque Famille. Quel secret doit avoir eu la Nature pour varier en tant de manieres une chose aussi simple qu'un visage? Nous ne sommes dans l'Univers que comme une petite Famille, dont tous les visages se ressemblent; dans une autre Planete, c'est une autre Famille, dont les visages ont un autre Air.

Apparemment, les differences augmentent à mesure que l'on s'éloigne, et qui verroit un Habitant de la Lune et un Habitant de la Terre, remarqueroit bien qu'ils seroient de deux Mondes plus voisins qu'un Habitant de la Terre et un Habitant de Saturne. (96)

Au *Cinquième Soir*, c'est la Marquise elle-même qui demande:

Ne faut-il pas pourtant, reprit-elle, que les Mondes, malgré cette égalité différent en mille choses, car un fond de ressemblance ne laisse pas de porter des différences infinies?

Assurément, repris-je... (139)

Car au *Quatrième Soir*, la Marquise, déjà elle, avançait l'hypothèse suivante:

Il me vient une pensée, dit-elle. Tous les Habitans de Mercure sont vifs, tous ceux de Saturne sont lents. Parmi nous les uns sont vifs, les autres lents; cela ne viendroit-il point de ce que notre Terre étant justement au milieu des autres Mondes, nous participons des extrêmités? (130)

hypothèse à laquelle acquiesce l'énonciateur, en fondant du même coup l'aptitude des hommes à connaître l'Univers sur la position «moyenne» qu'occupe la Terre parmi les Planètes, relativement au Soleil; plus éloignée du Soleil que Mercure, Vénus ou Mars, mais plus proche que Jupiter et Saturne, elle offre un observatoire privilégié:

...il est assés commode d'être ici, on y voit tous les autres Mondes en abrégé. (130)

Ainsi, voit-on l'objectif défini au *Premier Soir*,

Prouver que la Terre pouvoit être une Planete, et les Planetes autant de Terres, et toutes les Etoiles autant de Soleils qui éclairoient des Mondes, (16-17)

se réaliser à travers le «voyage des Mondes» au long duquel la Marquise, au fur et à mesure qu'elle s'éloigne de la Terre dans l'espace, redécouvre la même chose ailleurs; ce «voyage des Mondes» accompli en pensée mène les deux interlocuteurs de la Terre aux dernières Etoiles visibles en cinq *Soirs*, dont les soustitres indiquent bien ce double mouvement d'éloignement et de redécouverte du même ailleurs:

Premier Soir. Que la Terre est une Planete qui tourne sur elle-même, et autour du Soleil.

Second Soir. Que la Lune est une Terre habitée.

Troisième Soir. Particularités du Monde de la Lune. Que les autres Planetes sont habitées aussi.

Quatrième Soir. Particularités des Mondes de Venus, de Mercure, de Mars, de Jupiter, et de Saturne.

Cinquième Soir. Que les Etoiles Fixes sont autant de Soleils, dont chacun éclaire un Monde. (13, 46, 76, 102, 133)

Il ne peut donc faire aucun doute que la diffusion de connaissances et d'une culture scientifique soit l'enjeu des *Entretiens*; et par conséquent il faut examiner toutes les implications de l'entreprise tentée par Fontenelle dans ce «dialogue scientifique».

Nature, Langage et Societé

Là-dessus, les thèses mêmes de M. Foucault conduisent à poser deux questions: celle du métalangage, liée à la rhétorique, et celle de l'effet du discours.

La rhétorique

En effet, si la science classique se confond, selon lui, avec la construction d'une langue «exacte», c'est que le langage «ordinaire» n'attribue pas spontanément aux choses les noms qui leur conviennent; ainsi le commun des mortels distingue absolument le Soleil et les Etoiles. Mais une fois reconnue par les physiciens la similitude de ces astres, quel nom leur attribuer? Descartes range «le soleil au nombre des Etoiles Fixes»[23] et le désigne notamment par l'expression «notre Etoile», que l'on rencontre encore aujourd'hui sous la plume des astrophysiciens; Fontenelle, lui, oppose «notre Soleil» à tous «les autres Soleils»; quel est donc le «nom commun»? Est-ce le Soleil qui est une Etoile, ou les Etoiles qui sont des Soleils?

L'alternative peut renvoyer au public visé: les savants, particulièrement conscients que le Soleil n'est qu'une Etoile perdue parmi une myriade d'autres Etoiles, représentent cette certitude dans leur vocabulaire; ils gardent au vocable *Soleil* sa valeur de nom propre, particulier à cette étoile moyenne autour de laquelle la terre se trouve tourner; mais, pour s'adapter à son public mondain, peu familier avec l'attitude objective requise de la science, Fontenelle préfère ramener l'inconnu au connu, c'est-à-dire les Etoiles au Soleil: le discours de la Nature doit s'adapter à la Société, si bien que coexistent en fait plusieurs discours approximativement paraphrastiques sur l'Univers; et c'est bien dans cette perspective qu'à l'époque classique on considérait l'oeuvre de Fontenelle: ses contemporains ont

23 Descartes: *Principes*, III, XIII.

vu en lui l'«interprète» des connaissances scientifiques, et lui-même, au début de la *Préface* des *Entretiens*, se compare à Cicéron traducteur de la philosophie grecque en latin.[24]

Or, l'exercice d'une telle rhétorique, qui conduit à produire une interprétation, une version mondaine des discours savants, soulève, dans l'episteme classique, un problème de fond; l'idéologie de la représentation, analysée dans *Les Mots et les Choses*, postule la transparence des signes aux choses qu'ils représentent; elle tend par conséquent à exclure la coexistence de plusieurs signes pour une seule «idée». De même, au niveau du discours...

C'est à cette disposition théorique de l'episteme classique que L. Marin, analysant l'oeuvre de Port-Royal, attribue l'absence d'une *Rhétorique*, venant compléter la *Grammaire* et la *Logique*:

> Qu'il ne puisse pas y avoir une rhétorique de Port-Royal, comme il y a une *Grammaire* ou une *Logique*, il y a, à cette absence, des raisons à la fois théoriques et idéologiques... De même que la caractéristique fondamentale du signe de langage lui retirait toute possibilité de constituer un problème théorique, puisqu'il est transparent à la signification qui s'exprime et se communique seulement par lui, de même le discours, ensemble lié de phrases-jugements, ne peut exister en tant que problème théorique, puisque tout raisonnement est réductible par analyse au jugement et à la représentation et n'offre donc pas plus de difficulté théorique que n'en offraient le mot et la phrase qui les expriment. (Marin 1975: 304)

Et il montre l'échec de Pascal lui-même à prétendre définir un *Art de persuader*:

> L'art que Pascal appelle art de persuader est celui que quelques lignes plus haut, il nommait l'art de convaincre; il réunit les règles qui gouvernent l'ordre géométrique. Ainsi une double dissymétrie rend impossible une théorie du discours comme science de la persuasion et art de parler: la première est le décalage entre la logique de l'esprit et celle du sentiment, entre la conduite des preuves méthodologiques et l'articulation des règles de l'agrément; la seconde est la distance, peut-être infranchissable, entre l'épreuve du vécu et la conceptualisation du méta-discours logique, entre les choses communes, basses et familières, connues de tout le monde mais dont le sens est indiscernable, et la science qui apprend «la véritable méthode de conduire la raison». (Marin 1975: 368-369)

C'est pourtant de cet art de persuader que relève l'ouvrage de Fontenelle; l'analyse du texte confirme sur ce point ce qu'indique une simple lecture; en effet, à l'intention proclamée par l'énonciateur de

> ..*prouver* que... (16),

répond la conclusion du *Premier Soir*, qui justifie ainsi le ralliement à l'héliocentrisme copernicien:

---

[24] Voir: Mortureux (1983: 113 sv.; 651-653 et 156, note 11).

...la simplicité dont il est vous *persuade*, et sa hardiesse vous fait plaisir. (44-45)

Et au *Sixième Soir*, l'énonciateur avoue n'avoir eu recours, pour «prouver» le mouvement de la terre, qu'à

...de foibles preuves [...] de petits raisonnements doux, et accomodés à votre usage. (163)

D'autres aspects encore, comme l'anonymat qui accompagne la publication d'une oeuvre dont la paternité n'a jamais fait problème, même pour ses contemporains, peuvent être mis en relation avec les analyses épistémologiques de L. Marin; à leur lumière, les *Entretiens* apparaissent comme une sorte de solution pratique à une aporie théorique. Fontenelle, à travers cette interprétation mondaine des discours savants, prouve la rhétorique en la mettant en oeuvre; le succès extraordinaire que rencontra le livre, bien au delà des milieux mondains – puisqu'il valut à son auteur le poste de Secrétaire de l'Académie des Sciences –, confirme à nouveau les résultats de l'analyse comparative des textes de Descartes, Rohault, Régis et Fontenelle: les *Entretiens* ne s'écartent pas de la vérité scientifique; ils développent en général un discours ambigu, ou ambivalent, offert à une double lecture, selon qu'on est savant ou mondain, conformément à la structure énonciative générale, qui relate au correspondant philosophe les Conversations mondaines.

Que Fontenelle ait été conscient du caractère risqué et polémique de son entreprise ne fait guère de doute non plus; son texte lui-même en témoigne à tous les niveaux:

– le Dialogue avec la Marquise, enrichi en 1687 de ce *Sixième Soir* qui inclut dans ces Conversations une réflexion sur les modalités de l'entreprise;

– la Lettre au Philosophe, dans laquelle, au début du *Premier Soir*, l'énonciateur exprime son extrême embarras devant l'insistance de la Marquise à réclamer une leçon d'astronomie;

– la Préface, enfin, très explicite à ce sujet, et dont je me contenterai ici de rappeler cet aveu:

...les milieux sont trop difficiles à tenir, et je ne croi pas qu'il me prenne envie de me mettre une seconde fois dans la même peine. (4)

L'effet du discours

Mais si l'on admet de voir dans les *Entretiens* un défi, non pas littéraire, mais rhétorique, c'est-à-dire en l'occurrence philosophique, puisqu'il met en cause certains aspects de l'episteme classique, on ne peut souscrire ici à l'affirmation de M. Foucault selon laquelle

...l'astronomie fontenellisée, Newton lu par Voltaire, tout ceci n'est sans doute rien de plus qu'un phénomène sociologique. Il n'a pas provoqué la plus petite altération dans l'histoire de la pensée, pas modifié d'un pouce le devenir du savoir. (Foucault 1966: 103)

D'abord, bien évidemment, parce que, si l'on en croit L. Marin – qui lui-même se réfère à M. Foucault – la simple production d'un texte comme celui-là et son succès pervertissent l'idéologie de la représentation autant qu'ils s'y inscrivent.

Ensuite, parce que ce succès peut lui-même être mis en relation avec d'autres analyses, celles de G. Bachelard, dans *La Formation de l'Esprit scientifique*: celui-ci affirme le caractère mondain de l'activité scientifique au XVIIIème siècle, en lequel il voit du reste une propriété fâcheuse, un obstacle au développement d'un véritable esprit scientifique:

Au XVIIIe siècle, la science intéresse tout homme cultivé. On croit d'instinct qu'un cabinet d'histoire naturelle et un laboratoire se montent comme une bibliothèque, au gré des occasions. [...] «Tel cavalier à qui jadis un filet de voix et une belle taille eû pu suffire pour se faire un nom dans les cercles, est obligé à l'heure qu'il est de savoir au moins un peu son Réaumur, son Newton, son Descartes» [...] La science au XVIIIe siècle n'est pas une vie, pas même un métier. [...] Ces mathématiques minaudées vont tout à l'inverse d'une saine formation scientifique. (Bachelard 1969 [1938]: 32 et 34)

Mais les propos qu'il développe tendraient à confirmer l'influence sur la pensée française d'ouvrages comme les *Entretiens*: le philosophe, idéal du XVIIIème siècle, réunissant ce qu'aujourd'hui nous séparons sous les noms de culture (littéraire) et de connaissances scientifiques, n'est-il pas leur produit?

En tout état de cause, c'était la conclusion à laquelle était parvenue M.-Th. Marcialis, au terme de son étude sur *Fontenelle un filosofo mondano*:

Dal parco del castello de La Mesangère come dalle sale dell' Académie des Sciences, Fontenelle cercava di condurre una certa massa d'uomini [...] a pensare in modo unitario e coerente. (Marcialis 1978: 494)

*

On ne peut donc, sans risquer d'en réduire la portée et d'en méconnaître le sens, dissocier, dans l'approche des *Entretiens*, leur forme dialoguée de leur thème scientifique; cette oeuvre est un «dialogue (de vulgarisation) scientifique», et c'est comme telle qu'il faut la situer dans l'episteme classique et dans l'histoire des idées.

L'entreprise de diffuser la science dans le monde à travers un discours non savant s'enracine en effet totalement dans l'idéologie classique de la science et du langage, telle que l'analyse M. Foucault; à cet égard, l'ensemble de son étude pourrait être cité en commentaire de l'ouvrage de Fontenelle; c'est la vocation du discours classique à dire le vrai – vocation elle-même déterminée par l'accord, postulé notamment par Descartes, entre la nature et la raison – qui fonde cette entreprise; par cet aspect-là, l'ouvrage relève absolument de l'optimisme cartésien.

Mais sa forme – apparemment banale et anodine – de dialogue remet en question l'entreprise elle-même, la problématise en tous cas: elle intègre au discours la dimension sociale, en mettant en scène l'élaboration de la représentation vraie à partir du questionnement et de l'échange entre interlocuteurs de cultures initialement différentes; le parcours discursif ne met pas seulement en jeu la nature et le langage, il fait intervenir les acteurs sociaux: philosophes et mondains. Ce n'est donc plus seulement le rapport entre les mots et les choses qui est en question, mais aussi le rapport entre les mots et les gens (les locuteurs).

Ces locuteurs apparaissent clivés par deux sortes de facteurs: d'abord leur appartenance au monde, c'est-à-dire à la (bonne) société des honnêtes gens, mais aussi leur aptitude à «raisonner»: tous les mondains ne s'avèrent pas aptes à devenir philosophes... Le contraste entre l'optimisme qui s'exprime dans la *Préface* de l'ouvrage – à travers le portrait de lecteur idéal qui y est tracé – et l'échec de l'expérience rapportée au *Sixième Soir* confère aux *Entretiens* de Fontenelle une valeur critique exceptionnelle: ce sont bien «les gens» qui résistent à la diffusion de la science, c'est leur incapacité à raisonner qui impose des limites: plus forte que l'alliance postulée entre la Nature et la Raison, l'inégale faiblesse humaine oppose un obstacle à l'optimisme rationaliste de Descartes ou des Port-Royalistes en général, à l'exception de Pascal.

Pour autant, Fontenelle ne renonce pas à son entreprise; récusant le pessimisme pascalien[25], il tente de surmonter la difficulté en élaborant une rhétorique moyenne susceptible d'assurer le succès; là où Pascal échoue à définir l'art de persuader, Fontenelle le pratique. Avec le succès que l'on sait. C'est donc dans cette capacité à problématiser la relation entre science, langage et société que réside d'abord l'originalité de Fontenelle et son apport personnel à l'histoire des idées; ensuite, dans la mesure où le succès de son oeuvre a été pour quelque chose dans le développement de l'esprit philosophique et dans la «mondanisation» de la science, caractéristiques du XVIIIème siècle, on peut y voir un élément moteur dans l'évolution des idées au cours de l'âge classique, dans la déconstruction interne de l'idéologie de la représentation.

---

25 Le texte des *Entretiens* est, sur ce point aussi, très clair; sur cette dimension polémique de l'oeuvre, cf. Mortureux (1983: 613 sv., et notamment 630-639).

Bibliographie

Bachelard, Gaston (1969 [1938]: *La formation de l'esprit scientifique*. Paris, Librairie philosophique J. Vrin.

Chevalier, Jean-Claude (1977): «Les Entretiens d'Ariste et d'Eugène» du Père Bouhours, soit la littérature et l'idéologie. *Langue et langages de Leibnitz à Encyclopédie*. Séminaire de l'Ecole Normale Supérieure de Fontenay, par Michèle Duchet et Michèle Jalley. Paris, Union générale d'édition.

Cristin, Claude (1973): *Aux origines de l'histoire littéraire*. Presses Universitaires de Grenoble.

Fontenelle (1966 [1686]): *Entretiens sur la Pluralité des Mondes*. Edition critique, par Alexandre Calame. Paris, Marcel Didier.

Foucault, Michel (1966): *Les Mots et les choses*. Une archéologie des sciences humaines. Paris, Gallimard.

Jacobi, Daniel / Shinn, Terry (1985 et 1986): *Diffusion et vulgarisation des connaissances scientifiques: une série de contributions sur les tendances de la recherche*. Information sur les sciences sociales. London – Beverly Hills – New Delhi. Sage Publications. N° 24: M.-F. Mortureux / D. Jacobi. N° 25: M. Cloitre et T. Shinn / B. Schiele.

Marcialis, M.-T. (1978): *Fontenelle un filosofo mondano*. Gallizi. Sassari. Publicazioni dall'Istituto di Filosofia della Facoltà di Littere dell' Università di Cagliari.

Marin, Louis (1975): *La critique du discours* (sur la Logique de Port-Royal et les Pensées de Pascal). Paris, Editions de Minuit.

Mortureux, Marie-Françoise (1979): «Note à propos de: Dictionnaire encyclopédique et vulgarisation». *Néologie et Lexicologie (en hommage à Louis Guilbert)*. Paris, Larousse: 192-198.

– (1982): Paraphrase et métalangage dans le dialogue de vulgarisation scientifique. La vulgarisation. In: *Langue Française* 53: 48-61. Paris, Larousse.

– (1983): *La formation et le fonctionnement d'un discours de la vulgarisation scientifique au XVIIIème siècle à travers l'oeuvre de Fontenelle*. Thèse d'Etat, présentée devant l'Université de Paris VIII, le 19 juin 1978. Lille, Atelier national de reproduction des thèses. Paris, Didier Erudition.

– (1987): «La Vulgarisation Scientifique, parole médiane ou dédoublée». In: D. Jacobi et B. Schiele: *La Vulgarisation Scientifique*. Champ Vallon. Paris, Presses Universitaires de France.

Niderst, Alain (1972): *Fontenelle à la recherche de lui-même*. Paris, Nizet.

Naturwissenschaftliche Fachgespräche zur Zeit der Aufklärung in Europa

Brigitte Hoppe

Zur Geschichte des Dialogs in den Naturwissenschaften vor dem 18. Jahrhundert

Die literarische Form des Gesprächs, in dem Gegenstände der Naturphilosophie, der Naturwissenschaften und ihrer Anwendungsgebiete erörtert werden, wird ebenso lange gepflegt wie der Dialog mit philosophischem, moralischem und dichterischem Inhalt. Die hervorragenden Vertreter der Antike, der kosmologische Dialog ›Timaios‹ von Platon, die naturkundlichen Dialoge von Plutarch und die Dialoge über Agrikultur von Varro wirkten nachhaltig als Vorbilder. Zu ihnen gesellten sich spätantike und mittelalterliche Werke wie die philosophischen und theologischen Dialoge und ›Soliloquia‹ von Augustinus, nach deren Form auch alchemische Schriften gestaltet wurden. Einige durch Augustinus erörterte Grundfragen[1] tauchen in dem Dialog zwischen dem ›Philosophus‹, dem nach Wissen suchenden Frager, und dem ›Psychosophus‹, dem nach ›Seelen= Weißheit‹ strebenden Deuter, auf, den der Chemiker, Naturphilosoph und Ökonom Johann Joachim Becher 1673 als »Psychosophia Oder Seelen=Weißheit / Wie nemlich ein jeder Mensch aus Betrachtung seiner Seelen selbst allein alle Wissenschafft und Weißheit gründlich und beständig erlangen könne« veröffentlichte. Darin kommen neben den seinerzeit Augustinus bewegenden Fragen, wenngleich teilweise unterschiedlich beantwortet, der Bedeutung und Erkenntnis der menschlichen Seele und Gottes und der vermittelnden Rolle der Wissenschaften, ökonomische, soziale und moralische Probleme sowie die empirisch begründeten Hauptgrundsätze der »Kunst der Alchymie« und der Heil- und Arzneikunst zur Sprache. Bechers Apologetik der Weisheit, die das Wesen (»wie sie seyn«, S. 63) der betrachteten Gegenstände versteht, verbreitete ihre Wirkung durch eine weitere Ausgabe von 1705[2].

In der frühen Neuzeit übermittelten die gelehrten Humanisten durch ihre Editionen die Kenntnis der antiken Dialoge. Außerdem erneuerten sie diese literarische Form wie in der Rhetorik und Dichtkunst auf allen Wissensgebieten[3],

1 Eine ausführliche Erläuterung zu Augustins Dialogen enthält Voss (1970: 197-303, vgl. bes. 233-242).

2 Becher (1705 [1673]).

3 Wyss-Morigi (1947); Marsh (1980).

auch in den Naturwissenschaften[4], von den physikalischen Gebieten[5] über Mineralienkunde und Bergbau[6] sowie Astronomie[7] bis zur Pflanzen- und Tierkunde[8], ferner in der Mathematik[9] und in der Medizin[10]. Diese fachwissenschaftlichen Dialoge dienten der Darstellung der in den ›studia humanitatis‹ gepflegten Gelehrsamkeit, oft einzelne Fragen der Spezialgebiete vertiefend, und mitunter verfolgten sie Ziele der Apologetik und Polemik. Diese besonders durch die religiösen Kämpfe des Reformationszeitalters geförderten Anliegen drangen auch in naturkundliche Gebiete wie die Astronomie ein. Auch wurden Gegenstände der Natur- und Heilkunde zur Einkleidung solcher Äußerungen verwendet, wozu man sich gerne das Feld der Pharmazie auserwählte[11]. Als Gesprächspartner in einem mittelalterlichen religiösen Dialog aus dem 13. Jahrhundert treten die Organe ›cor‹ und ›oculum‹ auf zur Verkörperung des Zentrums und Steuerorgans des Organismus mit dem innewohnenden Lebensprinzip sowie geistigen Kräften und der Seele und eines Sinnesorgans auf der Gegenseite[12]. Im Mittelalter entstanden auch mathematische Dialoge wie die ›altercatio‹ zwischen Lehrer und Schüler in der ›Geometrie I‹ des Pseudo-Boethius und der Dialog über die Grundsätze der Rechenkunst und des Computus[13]. Besonders aus der Alchemie sind spätmittelalterliche Dialoge bekannt. Ein solcher aus dem späten 15. Jahrhundert trägt polemische Züge[14].

Einige der alchemischen Dialoge wurden von der frühen Neuzeit an bis ins 18. Jahrhundert hinein durch Drucke verbreitet. Der in mehreren auf das 15. Jahrhundert datierten Manuskripten nachgewiesene ›Dialogus inter Naturam et Filium Philosophiae‹[15], der Aegidius de Vadis zugeschrieben wird, wurde nach einer Veröffentlichung von 1595 von Bernhard Georg Penotus erneut durch Johannes Jacobus Manget mit dem Erscheinungsjahr 1521 versehen in seiner

4 Thorndike (1959 [1941]: 583) stellte eine bedeutende Zunahme an Abhandlungen in Form von Dialogen vom 15. bis 17. Jahrhundert fest.

5 Als frühes originelles Werk der Periode ragt im 15. Jahrhundert ›Idiota De staticis experimentis‹ von Nicolaus Cusanus hervor, cf. die eingehende Interpretation im Vergleich mit weiteren philosophischen und theologischen Dialogen bei Joda (1968: 18-28).

6 Agricola (1530); cf. Agricola (1955).

7 Abiosus (1494).

8 Figulus (1540) 1., 2., 3.

9 Aus der 1. Hälfte des 16. Jahrhunderts erhielt sich ein Manuskript eines Dialogs in italienischer Sprache zur Erläuterung der im Mittelalter entstandenen ›Rithmimachia‹, ein auf den Grundregeln der Arithmetik aufgebautes Spiel; cf. Mazzatinti (1899: 80, no. II, II, 278) IX.

10 Cf. Winther von Andernach (1571).

11 Joda (1968: 220 f.); Müller-Jahnke (1975: 9-12).

12 Dialogus inter cor et oculum, Ms. aus dem 13. Jahrhundert, cf. Thorndike (1963: col. 1249).

13 Dialogus de arte calculatoria, cf. Thorndike (1963: col. 1249); Folkerts (1982).

14 Dialogus in miseros et stolidos alchimistas, cf. Thorndike (1963: col. 1522).

15 Dialogus inter Naturam et Filium Philosophiae, Ms. aus dem 15. Jahrhundert, cf. Thorndike (1963: col. 282, 648, 668, 970).

Sammlung chemischer Schriften 1702 veröffentlicht[16]. Der in einem Manuskript erhaltene ›Dialogus mercurii, alchymistae et naturae‹[17], dessen Autor Alexander Seton sein soll, wurde unter dem Namen des Sendivogius 1607 veröffentlicht[18] und erneut durch Friedrich Roth-Scholtz 1749 herausgegeben[19]. Dasselbe Gespräch ›Des Mercurii, eines Alchymisten und der Natur‹ erschien in einer deutschen Ausgabe von Sendivogius zugeschriebenen Schriften nochmals 1766[20]. In ähnlicher Weise wurden dem 18. Jahrhundert viele alchemische Dialoge, die oft schon mehrmals zuvor herausgebracht worden waren, hauptsächlich in Schriftensammlungen überliefert. Solche alchemische Sammelausgaben, die ein bis mehrere Dialoge enthalten, veröffentlichten Johannes Jacobus Manget 1702[21], Christoph von Hellwig d.J. 1719[22], J. Richebourg 1741[23] und Samuel Risugdasbius 1747[24]. Unter den 1734 auf den Markt gebrachten Schriften von Hermann Fictuld befindet sich ein die betrügerische Alchemie anklagendes Gespräch in traditioneller Form »zwischen dem König Mascos, seiner Schwester Agos, und einem Hermetischen Lehr-Jünger, von dem Stein der Weisen«[25]. In die zweite deutschsprachige Ausgabe von 1746 der Schriften des Bernhard Trevisanus, ein in das 15. Jahrhundert gestellter Autor, wurde ein Dialog zwischen Praeceptor und Discipulus zur Erläuterung einer Schrift von »Graf Bernhard« aufgenommen[26]. Als anonym herausgebrachte Sammlung enthält ›Der Hermetische Triumph Oder der Siegende Philosophische Stein‹, der zuerst französisch 1689, in deutscher Übersetzung 1707 und 1765, in englischer Übersetzung 1723 erschien, einen der seit 1604 verbreitetsten alchemischen Dialoge, den ›Uralten Ritter-Krieg‹, nebst einem Gespräch zwischen ›Eudoxus‹ und ›Pyrophilus‹ über diesen Traktat[27]. Derselbe Dialog, diesmal die disputierenden Gegner im Titel nennend, ›Ein Streit und Gespräch des Golds und Mercurij / wider den Stein der Weisen‹, findet sich neben drei weiteren Gesprächen in dem umfangreichen deutschsprachigen Sammelband ›Schatz=Kammer Der Alchymie‹ von 1718 wiederum[28]. Auch die her-

---

16 Manget (1702: II 326-335); zu Aegidius de Vadis cf. Ferguson (1954: I, 6; II, 493).

17 Dialogus mercurii, alchymistae et naturae, cf. Thorndike (1963: col. 684).

18 Dialogus Mercvrii Alchymistae et Naturae (1607).

19 Sendivogius (1749: 113-136): Vom Mercurio, d.i. Philosophisches Gespräch zwischen dem Mercurio, einem Alchymisten / und der Natur gehalten. Beschrieben durch Michaelem Sendivogium; über Alexander Seton cf. Ferguson (1954: II, 374-377).

20 Sendivogius (1766: 77-98).

21 Manget (1702) I, II: jeweils mit mehreren Dialogen.

22 Hellwig (1719: 44-63) Gespräch vom Steine der Weisen.

23 Richebourg (1741) I, II, III: jeder Band mit mehreren Dialogen.

24 Risugdasbius (1747).

25 Fictuld (1734: 199-230).

26 Bernhard Trevisanus (1746).

27 Der Hermetische Triumph (1707: 40-56 und 57-158).

28 Eröffnete Geheimnisse (1718): Traktate III, 8; III, 11; III, 13; V, 9.

kömmlichen Schriften fanden also noch reichlich Anklang. Durch die neuen Drucke der mittelalterlichen und frühneuzeitlichen Fachgespräche und durch neue Editionen von antiken Fachschriften wie denen der Landwirtschaftsschriftsteller mit Varro von 1735 und in einer Textsammlung zum Sprachunterricht von 1780[29] wurden Inhalt und Form früherer Dialoge dem 18. Jahrhundert übermittelt.

Zudem haben zeitgenössische Werke, die in der Form klassischer Dialoge gestaltet waren, diese Form belebt. In einem vielbändigen, wiederholt aufgelegten Werk sind nach der Manier von Lukian ›Gespräche In Dem Reiche derer Todten‹, wie sie Fontenelle erneuert hatte, zusammengestellt, die verschiedene hervorragende politische Persönlichkeiten der jüngeren Vergangenheit jeweils zu zweien oder dreien miteinander führen. Darunter befindet sich eine zweiteilige Schilderung eines Symposions, bei dem wie einst in einem Dialog von Plutarch die ›Sieben Weisen aus Griechenland‹ eingehend charakterisiert auftreten, die verschiedene Tugenden verkörpern[30]; als erster unter ihnen rühmt sich Thales – angeblich von weit zurückreichender königlicher Abstammung – als hervorragend in Theologie, Naturphilosophie und ›Astrologie‹. Die Gegenfigur, der Narr, weist darauf hin, daß vor der Welt viele Tugenden der Weisen als Torheit erscheinen. Die erzählten Begebenheiten und Fabeln aus der antiken Gesellschaft und Politik sind teilweise in die Gegenwart übertragen und ergänzt, wobei sie reichlich ausgeschmückt werden. Neben der ›Historie‹ werden mit den Gesprächen »viele sonderbare lustige und ernsthaffte Discourse und Einfälle, auch die Erzehlung wichtiger Begebenheiten« angepriesen, was nicht nur der Bildung, sondern nach dem Vorbild Lukians auch der Unterhaltung durch satirische Darstellung dienen soll. Dabei dringt in dem Bericht über einen naturgeschichtlichen Vorgang die aufklärerische Neigung zu rational begründeten Erklärungen durch: die Legende von der Verwandlungsfähigkeit des Vogels Phoenix wird mit der natürlichen entwicklungsgeschichtlichen Metamorphose des Seidenspinners verglichen[31]. Der traditionsreiche Inhalt und die Formgebung wurden also mit den Gedanken des 18. Jahrhunderts durchsetzt und den gebildeten Zeitgenossen als ein Gemenge von Historie und Zeitgeschehen nahegebracht. Den derart zusammengestellten rhetorischen Stücken, die auch naturkundliche Bemerkungen enthalten, kam vorwiegend der Wert der Erbauung mit moralisierenden Zügen zu. Mit solchem unterhaltsamen Lesestoff blieb die literarische Form des Gesprächs lebendig. Sie wurde für populäre Schriften derart geläufig, daß unser »Vaterland, leider! von einer grossen Fluth solcher Gespräche im Reiche derer Todten überschwemmet worden« ist, und die Zeitgenossen ihrer überdrüssig wurden[32].

29 Gesner (1735); Snell (1780: Fragm. XI »Ein ökonomisches Gespräch«).

30 Cf. Hirzel (1895: 132-148, 319-333) II; Martin (1968 [1931]): 149-184, 266-270, 290-314).

31 Gespräche In Dem Reiche derer Todten (1721 [1720]: cf. Titelseiten und 460-462).

32 Zedler (1734: col. 743-745).

Gleichwohl blieb die Dialogform in der Literatur in den europäischen Sprachen bis zum 19. Jahrhundert gebräuchlich[33].

Naturwissenschaftliche Dialoge in der Geschichtsschreibung und die Fragestellung

Von der umfangreichen, vielschichtigen Überlieferung naturwissenschaftlicher Dialoge nahm die Geschichtsschreibung bisher kaum Notiz. Nur einige Teilgebiete und einzelne wenige Dialoge wurden bisher erwähnt oder beachtet. Auf die mögliche Bedeutung von Dialogen in sämtlichen naturwissenschaftlichen Zweigen zur Zeit des Humanismus und auf die Werke von Galilei wies Olschki 1922 hin und besprach 1927 Dialoge von G. Bruno, N. Tartaglia und Galilei ausführlich[34], nachdem Hirzel 1895 die klassischen Vertreter der Antike und einige der frühen Neuzeit bis zum 18. Jahrhundert angeführt hatte[35]. Erst in jüngerer Zeit wurden die astronomischen Werke von Galilei[36] und die wissenschaftlichen Dialoge von Fontenelle[37] nicht nur dem Inhalt, sondern auch der Form nach eingehend gewürdigt. Vor allem wurde die in der Antike wurzelnde umfangreiche Tradition alchemischer und chemischer Werke in der Form von Dialogen ausführlicher, wenn auch keineswegs erschöpfend und abschließend betrachtet. Schon vor einhundert Jahren wies Kopp auf den großen Anteil an Dialogen in der Literatur der Alchemie hin, wobei er viele Schriften erwähnte, die bis heute noch nicht näher untersucht wurden[38]. Erst in unserer Zeit machte Multhauf auf die Bedeutung einiger, z.T. anonym erschienener chemischer Dialoge des 17. Jahrhunderts aufmerksam[39]. Eine Einordnung bekannter Dialoge der Chemie, Alchemie und Pharmazie hauptsächlich aus dem Spätmittelalter und der frühen Neuzeit entwarf Jüttner 1980. Doch nur zeitlich und fachlich begrenzte Teilgebiete der naturwissenschaftlichen Literatur in Dialogform wurden durch die bisherigen Arbeiten erfaßt. Die Betrachtung ausgewählter Bereiche führte schließlich zu voreiligen Folgerungen und Fehlurteilen. Die Behauptung, daß in den Naturwissenschaften seit Descartes »die dialogische Erörterung durch die folgernde Abhandlung, durch die Mathematisierung und später die Formelsprache zurückgedrängt worden« sei, wie sie Jüttner aufstellte, kann höchstens für die durch ihn betrachteten Fächer Chemie und Pharmazie gelten. Für sämtliche naturwissenschaftli-

33 Cf. die Übersicht von Scheidler (1857: 333).

34 Olschki (1922: 109, 318-323); Olschki (1927: 12-44, 81-89, 203-205, 337-405).

35 Hirzel (1895: I, S. 266-269, 528, 552-564; II, S. 182-189, 498-410.

36 Abetti/Klemm (1966); Klemm/Pagnini (1966).

37 Cosentini (1952); Marsak (1959); Reich (1983).

38 Kopp (1886: 319-342).

39 Multhauf (1966).

chen Gebiete und ihre Anwendungsbereiche kann jedoch die Behauptung über die dialogische Form von Darstellungen nicht aufrecht erhalten werden: »Im 17. und 18. Jahrhundert wird diese Gattung jedoch seltener«. Insbesondere kann man das abschließende Urteil Jüttners, das er im Anschluß an eine Erörterung der Werke von Johann Conrad Barchusen fällte, der am Anfang des 18. Jahrhunderts die dialogische Form mehrmals anwendete und ausdrücklich für die Darstellung naturkundlicher und medizinischer Inhalte in Form von Dialogen eintrat, nicht gelten lassen: »Doch dieser Versuch der Wiederbelebung des Dialoges als eines Mediums der Vermittlung naturwissenschaftlicher und medizinischer Thematik mußte scheitern, da diese Fächer schon längst andere Formen ihrer Darstellung gefunden beziehungsweise erweitert hatten«[40]. Freilich konnte die Literaturgeschichte des naturwissenschaftlichen Dialogs seit dem 17. Jahrhundert nicht endgültig beurteilt werden, da diese Literaturgattung eigentlich überhaupt noch nicht erschlossen, geschweige denn gründlich erörtert wurde.

Daher gilt es zunächst festzustellen, ob überhaupt noch Darstellungen in den Naturwissenschaften und ihren Anwendungsgebieten in Form von Gesprächen erschienen sind. Schon die Materialsammlung erfordert umständliches Suchen, da die Fachbibliographien die Literatur nicht nach ihren Formen erschließen. Nach der Feststellung solcher dialogischer Erörterungen sind ihr fachwissenschaftlicher Inhalt, ihre Zielsetzungen, ihre dialogische Gestaltung und deren wechselseitige Beziehungen zueinander zu ermitteln. Dementsprechend kann die Literatur klassifiziert werden. Hauptsächlich aufgrund der literarischen Klassifikation, nicht nur nach den Fachgebieten sollen die verschiedenen Typen von dialogischen Formen und ihre Beziehungen zum fachwissenschaftlichen Inhalt erörtert werden. Auch die konversationelle Gestaltung der naturwissenschaftlichen Dialoge und ihre Wandlungen werden betrachtet. An den für das 18. Jahrhundert feststellbaren vielfältigen Formen naturwissenschaftlicher Dialoge werden dann die Veränderungen des Inhalts und der Gestaltung von Fachgesprächen zwischen der frühen Neuzeit und dem 19. Jahrhundert ermittelt. Zudem wird nach der Abgrenzung der Fachdialoge gegenüber ähnlichen dialogischen Formen und nach ihrem Stellenwert in der Reihe der wissenschaftlichen Darstellungen gefragt. Dabei wird auch auf geistesgeschichtliche Einflüsse und auf soziale Bedingungen geachtet. Schließlich wird nach der wissenschaftsgeschichtlichen Bedeutung der dialogischen Literaturformen bezüglich der Entwicklung der Naturwissenschaften im 18. Jahrhundert gefragt. Ein Ausblick wird auf die weitere Entwicklung der dialogischen Gestaltung in der naturwissenschaftlichen Literatur hinweisen.

In der großen Menge der zur Zeit der Aufklärung entstandenen Fachgespräche in den Naturwissenschaften lassen sich sämtliche traditionellen Zielsetzun-

---

40 Jüttner (1980: 24, 29 f.).

gen, mit denen die Wahl der Darstellungsform häufig ausdrücklich begründet wird, nachweisen. Nur in der Gruppe von Gesprächen, die der fachlichen Belehrung und dem Unterricht dienen sollten, zeigen sich deutliche Erweiterungen und eine vergrößerte Vielfalt der dialogischen Gestaltung. Obwohl sich in vielen Dialogen mehrere Ziele miteinander verknüpft finden, läßt sich doch die der folgenden Darlegung zugrundegelegte Einteilung nach dem jeweils hauptsächlichen Gesichtspunkt eines Fachgesprächs vornehmen.

Das Wortgefecht über eine wissenschaftliche Streitfrage

Bei der dialogischen Form des Wortgefechts verkörpern die meist entsprechend gekennzeichnet eingeführten Personen unterschiedliche wissenschaftliche Lehren und Meinungen über einen Gegenstand. Er kann grundlegend sein wie ein Weltsystem, eine Organismusinterpretation oder eine Methode der Medizin; er kann aber auch nur aus einem einzelnen Problem wie einer eigentümlichen Bauweise von Festungen oder der Wirksamkeit einer besonderen Gruppe von Heilmitteln bestehen. Neben dem echten Dialog, in dem zwei gegensätzliche Meinungen einander gegenüber gestellt werden, wird eine größere Vielfalt an Lehrmeinungen durch mehrere Personen wiedergegeben. Sie legen ihre Ansichten, die durch Literaturzitate untermauert sein können, ausführlich dar, so daß der äußere Umfang ihrer Aussage ungefähr gleich ist. Der äußeren Gestalt eines Gesprächs kann die gesamte Aussage entsprechen, wenn sich der Autor weder unmittelbar noch mittelbar für eine bestimmte Denkrichtung ausspricht, sondern die Entscheidung dem Leser überläßt. Häufig wird jedoch mit dieser Darstellungsform, in die selbstverständlich auch polemische Äußerungen einfließen können, ein Hang zur Apologetik verknüpft, indem der Autor die Gewichte der Aussagen unterschiedlich verteilt und der von ihm begünstigten Partei die beweiskräftigeren und einleuchtenderen Gründe in den Mund legt und diese noch zusätzlich sprachlich geschliffener, schlagfertiger oder gar geistreich und witzig gestaltet. Die aufeinandertreffenden Gegensätze können eine gewisse Spannung auslösen, die den Leser unterhalten soll, und die ihn gleichzeitig sachkundig über die Inhalte einer wissenschaftlichen Auseinandersetzung aufklärt. Dem in wirklich schwelenden Streitigkeiten begründeten Ernst der Lage und dem auf einer hohen fachwissenschaftlichen Ebene zu führenden Wortwechsel entspricht es, daß an solchen Fachgesprächen mit Ausnahme von alchemischen Dialogen keine weiblichen Personen teilnehmen; denn sie waren damals in die fachwissenschaftlichen Lehren nicht genügend eingeweiht, um selbst Argumente vorbringen zu können. Außerdem war das Ziel eines Wortgefechts nicht die Belehrung über anerkanntes Wissen, und es bestand noch weniger nur in einer spannenden Unterhaltung oder gar spielerischen Plauderei.

Mehrere wissenschaftliche Fehden in verschiedenen Gebieten der Naturwissenschaften gaben seit dem 17. Jahrhundert zu Auseinandersetzungen in diesem Stil Anlaß. Der noch nicht endgültig ausgetragene Streit über das copernicanische astronomische System veranlaßte in der zweiten Hälfte des 17. Jahrhunderts den streitbaren französischen Jesuitenpater Honoré Fabri (1607-1688) trotz einer vorangegangenen ernsten päpstlichen Zurechtweisung, erneut 1665 das Problem der Bewegung der Erde in »Physikalischen Gesprächen« aufzurollen. Im ersten Dialog werden die Argumente, die »zur Stütze der Hypothese des Copernicus« beigebracht werden, verworfen, aber gleichwohl ausführlich dargelegt, wenn auch mitunter in indirekter Rede und mit »inquiunt« versehen. Dagegen werden im zweiten Dialog die Gegengründe (valida contra Copernici hypothesim argumenta) vorgebracht[41]. Als Vorbilder für die literarische Form, die er getreulich einschließlich einem jeweils längeren Prolog und einem kürzeren Epilog nachgestaltete, nannte Fabri Platon und Cicero (mos Platonicus et Tullianus), die sich bei Betrachtung ähnlicher Gegenstände, wohl eine Anspielung auf Platons ›Timaios‹, ihrer bedienten. Außerdem erschien diese Form des Vortrags besonders eingänglich, geläufig und schlagfertig (expedita forma) zu sein, wobei der Anklang des Wortes an ernste kriegerische Zusammenstöße durchaus beabsichtigt gewesen sein kann. Die gesamte Darstellung bezeichnete er wiederholt als ›scena‹ und verglich sie mit einem Kampfplatz, ›arena literaria‹. Die Rolle des nach Aussagen und Gründen Fragenden, der selbst hauptsächlich copernicanische und galileanische Argumente vorbringt und mit zustimmenden oder widersprechenden, zweifelnden Bemerkungen den Fortgang der Rede vorantreibt, wies Fabri ›Augustinus‹ zu. Dieser, dessen Name zweifelsohne an den des Kirchenvaters erinnert, vertritt einzelne Gesichtspunkte der neuen Lehre, wobei er von »unserer Hypothese« spricht, einräumend, »ich werde sie nächstfolgend um des Disputierens willen so nennen« (in hypothesi nostra (sic eam disputandi gratia deinceps appellabo)). Die ausführlichen astronomischen Gründe und Gegengründe bringt der Gegenspieler vor, mit dem sich Fabri im Vorwort selbst identifizierte. Er nannte ihn ›Antimus‹, welche Bezeichnung von dem griechischen Stamm αντ- mit dem Verbum αντομαι, entgegentreten, sich zur Gegenwehr erheben, abgeleitet sein dürfte[42]. Einen griechischen Namen trägt der dritte, im zweiten und in den übrigen Dialogen eingeführte Gesprächspartner ›Chrysocomus‹, der »Goldhaarige, Goldglänzende«, eine ursprünglich häufig den Göttern beigegebene Kennzeichnung[43]. Auch er frägt, bringt zusätzliche, oft den traditionellen Lehren wie der von den natürlichen Örtern und Bewegungen entsprechende Argumente bei und pflichtet den Aussagen des Antimus bei. Er erinnert daran, daß Gott woll-

41 Fabri (1665: 1-43 Dialogus primus, 43-91 Dialogus secundus).

42 Fabri (1665: Vorwort an den Leser, 1-3), aus dem Vorwort: »fuit illam autem sententiam meam esse facile intelliges, quam sub nomine Antimi vel doceo, vel approbo.«

43 Fabri (1665: 45-47); Pauly-Wissowa (1899: col. 2515).

te, daß manche Naturerscheinungen den Sterblichen »verborgen und unbekannt« bleiben. Ihm wird schließlich am Ende des zweiten Dialogs nach einer längeren zustimmenden Erläuterung von Antimus zu der neuen Erkenntnis des frei schwebenden Saturnrings von Christiaan Huygens die Zustimmung zur wörtlichen Auslegung der Heiligen Schrift, nach der »feststeht, daß die Erde steht und die Sonne sich bewegt« (constat terram stare et Solem moveri), in den Mund gelegt. Denn niemand wolle das Lob schmälern, mit dem die göttliche Macht verherrlicht werde »von jener geschwindesten Bewegung, durch welche die Sterne in Bewegung versetzt werden« (ex celerrimo illo motu, quo astra cientur)[44]. Der Inhalt der beiden weiteren Dialoge war weniger umstritten. Hierin entwickelte Fabri im Wechselgespräch der drei Redner seine neue Erklärung der Gezeiten, die sich auf die Wirkung des Mondes und den Druck der Lufthülle der Erde als Medium stützte. Außerdem erörterte er Erscheinungen der Hydrostatik, des Luftdrucks, der Kapillarität und der Kohäsion[45], die damals viele Fragen und widersprüchliche Deutungen hervorriefen. Fabri schlug sich mit den einerseits auf Aristoteles und andererseits auf Galilei und Zeitgenossen zurückgehenden Lösungsvorschlägen herum und konnte selbst nicht für alle Probleme die später anerkannten Lösungen finden. Im übrigen führte er durch seine Gestaltung des Gesprächs vor, daß auch astronomische Daten und geometrische Figuren mit den entsprechenden Erläuterungen in der Sprache der damaligen Geometrie, die nach seiner Vorrede als wissenschaftliches Beweismittel unerläßlich war, in einer derartigen Erörterung Platz finden konnten.

Eine damals noch nicht vorhersagbare, nicht regelmäßig wahrnehmbare astronomische Erscheinung gab jeweils bei ihrem Auftreten zu einer Fülle von Erörterungen in mehrfachen Richtungen Anlaß, die häufig in literarische Formen wie Gedicht, Sendschreiben und auch Gespräch gekleidet wurden: das Erscheinen eines Kometen. Weniger die noch spärlichen astronomischen Daten als vielmehr die mögliche Bedeutung eines Kometen als Vorzeichen und Warnzeichen für die menschliche Gesellschaft, werden in Form eines Wortgefechts anläßlich des Auftretens eines Kometen gegen Ende des Jahres 1664 in einer ohne Angaben des Verfassers und Orts 1665 veröffentlichten Schrift dargelegt. In der Vorrede des Gesprächs wird hervorgehoben, daß der Vortrag »per Dialogum Discurs= und Gesprächsweise« selbst einfachen Menschen eingängig sei. Die bis weit ins 18. Jahrhundert hinein verbreitete Deutung der Kometen als außergewöhnliche Naturerscheinungen, die durch die christlichen Religionen sämtlicher Richtungen vom Katholizismus über den Protestantismus bis zum Calvinismus und seit dem 17. Jahrhundert zusätzlich durch die physikotheologische Naturan-

---

[44] Fabri (1665: 91-94).

[45] Fabri (1665: 92-218); der fachwissenschaftliche Inhalt der Werke von Fabri wurde bisher nur kurz gewürdigt, vgl. Humbert (1952: 13); Fellmann (1971: 505-507); Beylard (1975: col. 432-434).

schauung unterstützt wurde, rief eine große Anzahl solcher Gelegenheitsschriften in sämtlichen europäischen Landessprachen hervor. Unter ihnen wurde die hier erläuterte Schrift bisher nicht beachtet. In ihr sollten die Aussagen nicht planmäßig, sondern mehr zufällig und beiläufig angeordnet worden sein, »gleich wie ... ein Wort das ander zu geben pflegt«[46]. Dennoch verläuft die Unterredung nicht ohne Ordnung und ist ihr Inhalt keineswegs wie behauptet »einfältig«, volkstümlich und leicht zu lesen, sondern mit lateinischen und griechischen Wörtern gespickt. Außerdem werden eine Fülle von Zitaten aus der wissenschaftlichen, philosophischen und theologischen Literatur einschließlich der Bibel sowie besonders Äußerungen über Kometen von der Antike bis zum 17. Jahrhundert angeführt. Ein Gesprächspartner erbittet sich ausdrücklich »Weitläufftigkeit«, um sich »ins gemein oder in sonderheit von des itzigen Cometen Natur / Wesen / generation und Ursprung / Lauff / Stand / Höhe / gemeinen Bedeutungen / Item ob einer / zwo oder gar drey sind gewesen« zu unterrichten[47]. Eine möglichst deutliche, einprägsame Darstellung soll dem Ziel belehrender Unterhaltung und moralischer Aufrüstung dienen[48]. Wie in klassischen Dialogen wird eingangs der trauliche Ort der Unterredung angegeben: nach dem Treffen angesichts des abendlichen Himmels auf der Gasse begibt man sich in die warme Stube. Die beiden Personen werden schon im Titel als Vertreter gegensätzlicher Standpunkte gekennzeichnet. Der »Welt=gesinnte« Pyrrhonius, dem die naturphilosophische und naturwissenschaftliche Literatur geläufig ist, steuert als Vertreter der Skeptiker, die wie die zeitgenössischen »Cometen=Spötter« »immer scrupuliret, gefragt / und alles in disputat und Zweifel gezogen haben«, die Aussagen über die natürlichen Ursachen bei, die keinen Grund für eine Auslegung als übernatürliche Erscheinung bieten. Dagegen versucht der gottesfürchtige Eusebius mit einer apologetischen Neigung den Partner mit vielen Zitaten aus der Bibel, der theologischen Literatur, wobei er sich sachgemäß als Lutheraner zu erkennen gibt, und der Geschichte von Kometenerscheinungen von der Bedeutung der Kometen als Vorzeichen zu überzeugen. Dabei erkennt er die Natürlichkeit der Ursachen an. Da ihr Auftreten ihm aber als unregelmäßig gilt, sollen die »Comet=Sterne als rara mundi spectacula« einen Wert als göttliche Hinweise und Mahnungen erhalten. Diese werden

46 Cometen=Gespräch (1665), S. [2]:
»Man hat es aber dißmahls per Dialogum Discurs= und Gesprächsweise vortragen wollen / weil doch diese Art zu handeln und zu schreiben / denen Einfältigen am bequemsten scheinet. Auch ist es nur tumultarie verfasset worden / gleich wie in Gesprächen zwischen guten Freunden eines auff das andere zu folgen / und ein Wort das ander zu geben pflegt.«
In der neuesten wissenschaftshistorischen Übersichtsdarstellung sind wohl Gedichte, aber weder dieses noch sonstige Gespräche erwähnt, cf. Griesser (1985).

47 Cometen=Gespräch (1665, S. [5]).

48 Cometen=Gespräch (1665), S. [3]:
»Alles / so viel müglich einfältig und deutlich /... zu dem Ende angesehen, daß es zur Erbauung und Besserung vieler / die es lesen werden / gereichen möge.«

nicht bis ins einzelne ausgedeutet, sondern als ein allgemeiner Aufruf zur Buße verstanden, die immer nötig sein kann, obwohl sie meist vernachlässigt wird. Dieser Auslegung pflichtet schließlich Pyrrhonius bei, wenn er auch nicht uneingeschränkt zustimmt und sich nicht mit dem allgemeinen Hinweis begnügen will (1665: S. [2] f., [8]-[24]). Der in diesem Dialog dem skeptischen wissenschaftlichen Rationalismus gegenübergestellte Aberglaube wird unter teilweiser Anerkennung der wissenschaftlichen Vernunftgründe durch die christliche Gesinnung gezügelt, die schließlich auch der »Weltgesinnte« billigt.

Ein Aberglaube, dem das christliche Gewand noch mehr nur als äußerliche Hülle diente, und der damals mehr durch rationale wissenschaftliche Gründe und vor allem durch die empirische Erfahrung ins Wanken gebracht wurde, war der Glaube an die Möglichkeit der Transmutation der Metalle durch die »hermetische Kunst«. Neben vielen noch unkritischen und einigen offen polemischen Dialogen findet sich ein 1734 anonym veröffentlichtes alchemisches Gespräch, in dem die Standpunkte der herkömmlichen, als oft betrügerisch angeprangerten Alchemie und der auf experimentelle Erfahrung gegründeten erfolgreichen Alchemie einander gegenübergestellt werden. Den Mittelpunkt bildet ein Dialog zwischen zwei erfahrenen Adepten, die sich durch königliche Herkunft aus dem fernen Orient, hohes Alters und Welterfahrenheit auszeichnen, die ihnen auch Kenntnis von den Praktiken europäischer Alchemisten vermittelte. In der Rahmenhandlung, durch die sie vorübergehend in eine Herberge und ein chemisches Laboratorium in Deutschland versetzt werden, tritt neben einem Boten der Autor selbst auf, der sich als »Filius Hermetis« darstellt. Dadurch wird teilweise die klassische Form des belauschten Gesprächs erzielt. Das Gewand der Unterredung trägt durchaus Züge der traditionellen alchemischen Dialoge, in denen ein König oder Prinz, oft aus dem Orient, und eine weise Frau wie »Marie die Jüdin oder Prophetin« auftraten; außerdem erinnert das Paar an die damals oft als mittellose Fremde auftauchenden und paarweise zusammenarbeitenden Adepten, die nur aufgrund der Behauptung, »diejenige Kunst im Wissen zu haben«, die ihnen die Transmutation der unedlen zu edlen Metallen erlaube, von einem Vermögenden ausgehalten wurden. Zugleich vertreten die Partner das alchemische Prinzip der gegengeschlechtlichen Grundsubstanzen, die sich am Beginn der großen Arbeit miteinander vermählen. Auch der weitere Verlauf ihres Zusammenwirkens deutet auf die »chymische Hochzeit« hin. Dementsprechend ist festzustellen, daß die Gesprächsteilnehmer in diesem Dialog nicht die gegensätzlichen Ansichten verkörpern, sondern diese werden innerhalb des Gesprächs vorgetragen. Dabei werden sie nicht in weitläufige, mit der üblichen Metaphorik geschmückte naturphilosophische Darlegungen gehüllt, sondern in der Form dargeboten, in der alchemische Praktiken seit der Antike überliefert wurden: in Form von Rezepten. Beide Adepten zeigen sich kundig im Experimentieren mit Antimon und nennen je ein Rezept zur Bereitung einer »Tinctur, welche grosse Krafft hat«, zu der jeweils neben weiteren Substanzen ein Edelmetall, Gold bzw. Silber hinzugegeben wurde. Auf die Frage des »Lehr=Jüngers«, ob es möglich sei, ohne einen Einsatz wie »eine gute Gold, Silber etc. Minere, darinn sie Ertz nach Belieben nehmen und schmeltzen«, ohne einen solchen »Stein der Weisen, ein Zweiglein vom Baum zu haben, darmit man Gold oder Silber machen könnt«, antwortet der König eindeutig: »Ihr sagt selber, ein Zweiglein vom Baum; wann kein Baum nirgends ist, wo wollt ihr dann ein Zweiglein haben und nehmen? Nein, des Dings ist nichts.« Ferner werden Rezepte von zeitgenössischen, in Süddeutschland, Berlin und der Schweiz tätigen betrügerischen Alchemisten angeprangert, die nur aus Rohmaterialien ohne oder mit geringem Metallgehalt Gold zu machen versprachen. Sie werden mit derben Worten verspottet wie: »Lache doch mit mir eines solchen grossen Heinis«. Denn nicht einmal Glauber, Cardilucius, Schobinger und Kunckel hätten »des Steins Praeparation« gewußt[49]. Dennoch wurde die Alchemie nicht gänzlich abgelehnt und die auf die Übereinstimmung von Theorie und experimenteller Empirie gegründete alchemische Kunst sowohl durch die beiden erfahrenen Adepten als auch durch den lernenden Jünger alias Autor anerkannt. Zudem wurde auf den Nutzen der Alchemie zur Herstellung von Arzneimitteln durch die Angabe eines Rezepts für eine wirksame Brandsalbe hingewiesen. Dabei tat sich in der wiederholten Stellungnahme für die Alchemie auch ein apologetischer Zug kund.

Eine in der zweiten Hälfte des 17. Jahrhunderts als gleichermaßen allgemein gültig und grundlegend betrachtete Theorie der Chemie der Mineralien, die in der Chemiatrie besonders durch Franciscus de la Boë Sylvius und seine Anhänger auf die Physiologie, Pathologie und Therapie übertragen wurde, gab ebenfalls Anlaß zu Erörterungen in Form von Dialogen: die damalige Säuren-Basen-Lehre. Die meisten Iatrochemiker, die Erfahrungen aus der anorganischen Chemie und über einfache chemische Reaktionen an körpereigenen Flüssigkeiten in einer umfassenden Theorie verallgemeinerten, nahmen an, daß sämtliche Naturkörper aus den antagonistischen sauren und basischen elementaren Prinzipien bestehen. Wenn diese isoliert aufeinander treffen, geraten sie in Streit, der die Grundlage sämtlicher chemischer Umsetzungen, auch der im Organismus sein sollte. Bei gesundheitlichen Störungen überwog die »Schärfe« des einen oder des andern Prinzips und mußte durch Gabe einer Substanz mit den jeweils entgegengesetzten Eigenschaften ausgeglichen werden. Die Lehrmeinung wurde im 17. und frühen 18. Jahrhundert weithin angenommen, zumal sie sich mit zeitgenössischen, der mechanistischen Naturdeutung entsprechenden physikalischen Theorien wie der Lehre von der korpuskularen Struktur der Materie und der Annahme von Attraktions- und Repulsionskräften nach Newton verknüpfen ließ. Aber die damaligen Schwierigkeiten der eindeutigen chemisch-empirischen Unterscheidung und De-

[49] Gespräch Mascos-Agos (1734: 207-229, 211, 213, 225 Zitate).

finition der Substanzen »Säure«, »Base« und »Salz« führten zu Verwirrungen, Umdeutungen und teilweise zur Ablehnung der Theorie. Insbesondere widersprach Robert Boyle, der mit seinem kritischen Dialog »sceptical chymist« 1661 gegen die traditionellen Elementenlehren zu Felde gezogen war[50], 1675 der einseitigen ausschließlichen Hervorhebung der gegensätzlichen Substanzen Säure und Base als Grundlagen und wies auf die zusätzliche Bedeutung der mehr oder minder neutralen Salze hin[51]. Daher verliefen um 1700 die Erörterungen der als Hauptgrundlage der Chemie betrachteten Lehre in verschiedene Richtungen und erfaßten auch die Problematik ihrer Anwendung auf die Heilkunde.

Hauptsächlich in dieser Hinsicht erörterte der englische Mediziner Thomas Emes diese iatrochemischen Lehren 1698 ausführlich unter Nennung der Literatur in einem »Dialogue between Alkali and Acid« von über einhundert Seiten, der 1700 nochmals aufgelegt wurde. Hierin läßt er der verbreiteten zeitgenössischen iatrochemischen Lehre entsprechend als miteinander streitende Gegenspieler »Mr. Alkali« und »Mr. Acid« auftreten, die aber nicht nur die chemischen Substanzen verkörpern, sondern zugleich auch gegensätzliche Ansichten über die Folgerungen der chemischen Säure-Base-Hypothese für die Medizin darstellen. Diese werden unter Einbeziehung von angeblichen Erfahrungen mit Patienten dargelegt. Emes deutete die Hauptfiguren nicht, wie ihm durch einen Historiker unterstellt wurde[52], in Übereinstimmung mit der unter seinen englischen Kollegen verbreiteten Meinung, nach der die Säuren als der menschlichen Gesundheit schädlich betrachtet wurden. Er gab sich schon im Untertitel der Arbeit ferner als Gegner der gegenteiligen Meinung aus, nach der »Alkali die Ursache und Säure das Heilmittel aller Krankheiten« sein sollten, und verwarf diese »neue Hypothese« als »grundlos und gefährlich«[53]. Vor allem diese als neue Entdeckung ausgegebene Behauptung wollte er mit eingangs offen angekündigter Polemik treffen, die sich gegen die Hypothese richtete, die er anprangerte als »A Specimen of the Immodest Self-applause, Shameful Contempt, and abuse of all Physicians, gross Mistakes and great Ignorance of the Pretender John Colbatch«. Hiermit war der Gegner genannt, dessen zu widerlegende Behauptungen wörtlich, kursiv gedruckt wiedergegeben wurden, damit sich der Leser die Mühe sparen könne, dessen Bücher selbst zu lesen. Also auch eine Vernichtung der literarischen Erzeugnisse des Gegners war geplant. Der genannte »Dr. John Colbatch jr.« war 1698 28 Jahre alt, war als Apotheker ausgebildet und tätig und war Mitglied des Londoner

50 Boyles Dialog von 1661 wird im Vergleich mit zeitgenössischen chemischen Dialogen interpretiert durch Multhauf (1966: 40-45).

51 Cf. Boas (1956); zu Boyle cf. Partington (1969 [1961]: 493,539).

52 Schwartz (1980: 250).

53 Emes (1698), Untertitel:
»...Philosophical and Medicinal Considerations wherein A late Pretended New Hypothesis, asserting ALKALI the Cause, and ACID the Cure of all Diseases, is proved Groundless and Dangerous.«

Ärzte-Kollegiums. Er beschäftigte sich mit der Wirksamkeit einer Reihe von Heilmitteln, besonders auch der in der Chirurgie angewandten, empfahl aufgrund von Erfahrungen den Gebrauch von den hierin ebenfalls erwähnten Zitrusfrüchten bei Skorbut. Außer einer Monographie über die Heilwirkungen der Mistel schrieb er mehrere Abhandlungen, in denen er sich mit den damaligen Lehren über Säuren und Basen und deren medizinische Anwendungen auseinandersetzte. Die Polemik von Emes richtete sich gegen den durch Colbatch 1696 herausgebrachten »Physico-Medical Essay concerning Acid and Alkali«. Da dieser noch bei weiteren zeitgenössischen Chemiatrikern Widerspruch auslöste, ließ Colbatch eine Erwiderung mit dem Brief eines Gegners und seiner Entgegnung mit Beschreibungen einer Reihe von Erfahrungen (›Experiment‹, ›Case‹) über erfolgreiche Kuren folgen. In dieser Schrift werden mehrere Angaben, die mit denen auf der Titelseite übereinstimmen, und das Vorwort auf den Oktober 1697 datiert. Daher kann sie nicht, wie die Titelseite angibt, ›1689‹, sondern erst 1698 veröffentlicht worden sein. Dieser Traktat, ›The Doctrine of Acids‹, dürfte Emes noch nicht bekannt gewesen sein. Durch den gleichzeitigen Angriff von Emes ließ sich jedoch Colbatch nicht beirren und brachte seine erwähnten Schriften zur Säure-Base-Hypothese noch wiederholt heraus[54]. Möglicherweise war die Polemik des Mediziners und Chirurgen Emes auch durch die Standesgegensätze gefördert worden; denn er rühmte sich als »Mr. Acid«, schlauerweise durch den Mund von »Mr. Alkali« seiner Bildung in Latein, Rhetorik etc. Seine Literaturkenntnis und rhetorische Kunstfertigkeit vermochte Emes tatsächlich in der Gestaltung des Dialogs darzutun.

Zur Einkleidung des Wortkampfes dienten ihm die gegnerischen Waffen. Die nach Colbatch angeblich schädliche Gruppe von Substanzen stellte »Mr. Alkali« dar, also die durch Emes verworfenen Behauptungen. Dagegen vertrat »Mr. Acid« – nach Colbatch ein Heilmittel – im wesentlichen die Meinung von Emes. Diesem dienten hauptsächlich Erfahrungen über die Wirkungen der zahlreichen besprochenen Medikamente, sowohl solche pflanzlicher Herkunft als auch Chemikalien, und die daraus abgeleiteten Schlüsse als Argumente. Die Wahl der Form des Dialogs begründete Emes damit, daß sie spannend, »weniger ermüdend«, leicht zu lesen sei und die Möglichkeit biete, die gegnerische Meinung ausführlich zu zitieren, um sie deutlich zu widerlegen. Dementsprechend sind die sich abwechselnden Reden der beiden Parteien ungefähr gleich lang. Inhaltlich wird festgestellt, daß in Körperteilen sowohl Säuren (im Magen) als auch Alkalien (in Speichel, Schleim, Exkrementen) seit Franciscus de la Boë Sylvius nachgewiesen wurden. Daher können Vertreter beider Klassen von Substanzen eine Heilwirkung entfalten; dennoch werden unter Hinweis auf Erfahrungen mit ge-

54 Colbatch (1696); Ders. (1698); über John Colbatch (1670-1728) cf. Hirsch/Gurlt (1930: 69), Partington (1969 [1961]: 290).

lungenen Kuren die Säuren bevorzugt. Pflanzliche Drogen und Chemikalien werden empfohlen. Die durch »Mr. Alkali« erwähnte Lehre, daß weder Säuren noch Basen allein, sondern nur Composita einer größeren Anzahl von Arzneimitteln wirksam sein sollen, wird abgewiesen. Hinsichtlich der in der Chirurgie angewandten Heilmittel – das Hauptarbeitsgebiet von John Colbatch – wird auf eine spätere Publikation vertröstet. Schließlich pflichtet »Mr. Alkali« der Rede von »Mr. Acid« bei (»I believe Mr. Acid's direction, I would say his Word is the chief thing«). Die Unterredung endet mit einer chemischen Metapher, indem auf die Erscheinung der Neutralisation, des Ausgleichs zwischen alkalischer und saurer Reaktion angespielt wird. »Mr. Alkali« – aber damit nicht eigentlich Thomas Emes! – meint zum Schluß versöhnlich, daß ihre scharfen gegensätzlichen Behauptungen ausgeglichen werden könnten; denn er sei nicht ein Feind, sondern ein Freund und habe »die Schärfe eurer Säuren abgestumpft« (»I have blunted the Sharpness of your Acids«). Damit widerspricht er aber doch der Seite der Säuren, d.h. der Meinung von Emes und der dieser entsprechenden Vertreter der Lehre von der Heilwirkung der Säuren. Da auch Colbatch Säuren als Arzneimittel empfahl, wobei er jedoch deren Wirksamkeit mit dem chemiatrischen Grundprinzip ›Sulphur‹ in Zusammenhang brachte, werden seine sauren Kuren ebenfalls abgestumpft, wodurch die Rede von »Mr. Acid« alias Emes unterstützt wird. Zugleich endet aber »Mr. Alkali«, der den Widersacher Colbatch vertritt, mit einem Hieb gegen Emes, indem er, ihn ansprechend, »your Acids« abstumpfen will[55]. In dieser durch mehrdeutige Aussagen rhetorisch kunstfertigen Weise wurden Ergebnisse der chemischen Empirie, Lehrmeinungen der zeitgenössischen Heilmittellehre und die Polemik von Thomas Emes zu einem Stück Fachliteratur miteinander verwoben.

Während in dem Säure-Alkali-Dialog von Emes die Theorie und Praxis der damaligen Heilkunde zur Sprache kamen, machte sich der niederländische Pharmazeut, Chemiker und Mediziner Johann Conrad Barchusen in Auseinandersetzung mit überkommenen Theorien Gedanken über die beste Verfahrensweise, Methode, die besten Grundsätze in der Medizin in Form eines Dialogs. Er, der übrigens ebenfalls die Säure-Base-Hypothese von Sylvius kritiserte, und der seine umfangreiche Geschichte der Medizin von 1710 in Form von Dialogen gestaltet hatte, zeigt sich in einer kleinen, dem im folgenden zu besprechenden Dialog vorangehenden Erörterung in der Geschichte und Theorie der Literatur in Dialogform recht bewandert. Er preist wie schon in seiner »Historia Medicinae« den Dialog als Mittel zur Verdeutlichung von unterschiedlichen Lehrmeinungen, zur Darstellung von schon eingeführten oder von noch zweifelhaften Lehren der Medizin in Gestalt von Fragen und Antworten, wobei er sich besonders auf Cice-

55 Emes (1698: bes. 1-8, 35, 61, 65, 105-108).

ro beruft[56]. Die Neigung Barchusens, die er in seiner Medizingeschichte offenbarte, sich von der seinerzeit üblichen biographisch-chronologischen Richtung der gelehrten Geschichtsschreibung zu lösen und einzelne grundlegende Fragen wie die Bedeutung der Anatomie oder der Elementenlehre in der Medizin sowie die wichtigsten medizinischen Theorien zu erörtern[57], prägt auch den hier betrachteten Dialog. In seinem lateinischen »Dialogus de optima medicorum secta«, der einer einst durch Galenos in einer eigenen Schrift erörterten Thematik gewidmet ist, und der in Barchusens Schriftensammlung von 1715 enthalten ist, unterhält sich der Autor selbst anläßlich eines Besuchs in Rotterdam mit seinem Freund Volkhard van Halm, den er als in der Jurisprudenz bewandert bezeichnet, und dem Hausarzt, der gerade den Sohn von Van Halm, einen Juristen, aufsucht. Ein hervorragender Gelehrter jener Zeit mit dem Namen Van Halm läßt sich in den biographischen Nachschlagewerken nicht nachweisen. Dagegen hat Barchusen, der gerne wenigstens andeutungsweise seinen Zeitgenossen in seinen dialogischen Werken ein Denkmal setzte, möglicherweise den seinerzeit durch seine Gelehrsamkeit hervorragenden Buchhändler zu Utrecht, auch Barchusens Wirkungsort, der sich als Übersetzer und Verfasser eines Niederländisch-Französischen Wörterbuchs (1710, ^{2}1714) hervortat, verewigt. Obwohl die Vornamen von Vater und Sohn nicht mit dem dieses Franciscus van Halma übereinstimmen, erinnert der gewählte Ort an diesen, der zugleich auch in Amsterdam und Rotterdam tätig war[58]. Zu den erwähnten Personen gesellt sich, nachdem Van Halm einleitend den Begriff ›Secta‹ und die Bedeutung verschiedener Schulen in der Jurisprudenz erläutert hatte, ein weiterer Medicus, der zufällig vorübergeht und an den Ort der Unterredung, die Terrasse des Hauses von Van Halm gerufen und in die Unterredung eingeführt wird. Zur Fortsetzung und Beendung des Gesprächs begibt man sich schließlich auf einen Spaziergang in den Garten. Die Gestaltung folgt also kunstgerecht dem Muster klassischer Dialoge.

Die Rollen der vier Gesprächsteilnehmer sind dem sachlichen Inhalt der Aussagen entsprechend verteilt. Der ein nicht medizinisches Fachgebiet vertretende Gastgeber Van Halm schildert und lenkt die Rahmenhandlung und gliedert durch kurze Zwischenfragen und Bemerkungen den gesamten Ablauf des Gesprächs. Die beiden hinzugezogenen Medici vertreten unterschiedliche medizinische Schulen, wobei sie zugleich die Wirkung von antiken Lehrmeinungen bis in ihr Zeitalter unter Zitieren maßgeblicher Literatur dartun. Die drei grundlegenden Erkenntnis- und Verfahrensweisen der Medizin, die der Methodiker, Empiriker

56 Barchusen (1715: 403-408), 408: »De Dialogo conscribendo«; diese Erörterung erwähnte Jüttner (1980: 29 f., 34), der aber die Bemühungen Barchusens um die Dialogform in der medizinischen Literatur als unzeitgemäß und daher gescheitert ansah. – Über Barchusen cf. Partington (1969 [1961]: 700-702); Hannaway (1970: 450-452).

57 Cf. Heischkel (1949: 214 f.).

58 Adelung (1787: col. 1759 f.).

und Systematiker oder Dogmatiker werden übrigens bis in unsere Gegenwart als wirksam betrachtet[59]. Der Anhänger der »familia Rationalium« legt die Grundsätze der Methodiker dar und betont die Bedeutung der Feststellung der Ursachen von Krankheitserscheinungen, wobei neben Beobachtungen über Beschaffenheiten und Leistungen der Organe und ihre Veränderungen die Kenntnisse in der Anatomie und Analogieschlüsse wesentliche Hilfsmittel darstellen. Dagegen preist der Empiriker die Beachtung von Erfahrungen über Symptome, Umstände, Bedingungen und den Verlauf einer Krankheit und die Methode des Vergleichs von Krankheiten mit ihren Begleiterscheinungen und von Heilmitteln und Heilverfahren in vergleichbaren Fällen. Diesen beiden durch vorherrschende Anschauungen geprägten medizinischen Richtungen werde die im Lauf der Geschichte vertretenen vielfältigen Meinungen von Dogmatikern, die Spekulationen und umfassenden kosmologischen und naturphilosophischen Systemen anhängen, gegenübergestellt. Dabei werden auch die damals noch nebeneinander bestehenden mechanistischen und iatrochemischen Lehren erwähnt. Die Uneinigkeit über grundlegende Probleme wie die Entstehung (generatio) des Menschen und die Flut der seit der frühen Neuzeit geschaffenen, oft nur wie leere Hülsen gebrauchten Fremdwörter für angebliche Grundprinzipien der Heilkunde wie ›Archaeus‹, ›Blas‹, ›Gas‹, auch ›acidum‹, ›Alkali‹, ›fermentationes‹ werden angeprangert. Dann wird hervorgehoben, daß sich viele zeitgenössische Ärzte wenigstens darin einig sind, daß die traditionellen Gebiete der Medizin, nämlich Chirurgie, Diätetik und Pharmazie um Anatomie und klinische Medizin zu erweitern sind, welche Fächer sich auf Erfahrung gründen: »Medici Clinici est, non philosophari, sed morbum per signa nosse, hinc remedium adhibere, quod Experientia approbavit«. Einen Ausgleich zwischen den einander entgegenstehenden, nach Abschluß der ausführlichen Darlegungen nochmals bekräftigten Meinungen des Empirikers und des Methodikers schlägt schließlich der Autor selbst vor. Er hatte anfangs einen Überblick über die hauptsächlichen Fachrichtungen in der Geschichte der Medizin gegeben. Nun legt er abschließend seine eingehend begründete Ansicht über den erforderlichen »mittleren Weg« (mediam viam) der zeitgenössischen Heilkunde zu dem durch alle anerkannten Ziel, zum Wohl der Leidenden dar. Die seit dem 17. Jahrhundert verbreitete mechanistische Deutung des Organismus als Automaten und die daraus abgeleitete Annahme, man könne eine ausreichende Grundlage der Medizin durch die Erforschung des Organismus, seiner festen und flüssigen Teile »per analysin« und »per synthesin« gewinnen, ließ Barchusen durch die eingefügte indirekte Rede eines Abwesenden erläutern und dann abweisen. Abschließend legte Barchusen seinen Standpunkt ausführlich dar, der etwa dem eines damaligen »Medicus Clinicus« entsprach. Seiner Heilkunde legte er eigene Beobachtung, Empirie über physiologische und pathologische Zustände

59 Rothschuh (1969: 16-26).

unter Einbeziehung von Anatomie und Sektion, ferner die vergleichende Betrachtungsweise und Analogieschlüsse zugrunde. Als Vernunftgründe der Heilkunde anerkannte er »physische, anatomische, mechanische und chemische«. Selbstverständlich soll der Medicus nach den Ursachen einer Krankheit suchen, jedoch nicht nach verborgenen und entlegenen, sondern nach den offenkundigen und wahrnehmbaren. Insgesamt bezeichnete er seine Betrachtungsweise der Medizin mit dem traditionsreichen, seit ihrer Förderung durch Galenos in der Antike wiederholt erörterten, im Lauf der Geschichte der Medizin und der Naturwissenschaften unterschiedlich gedeuteten Topos, einer Verknüpfung von »Ratio et Experientia«[60]. Seine Auffassung war dadurch geprägt, daß er die in der Geschichte und zu seiner Zeit zahlreichen medizinischen Systeme mit Vorbehalt betrachtete, sich nach hippokratischen Idealen, an wahrnehmbaren Gegebenheiten und den Zielen der Praxis auszurichten versuchte. Von übertriebener Polemik gegenüber abweichenden Standpunkten hielt er sich fern. Auch verlangte er von den Gesprächsteilnehmern keine abschließende Zustimmung zu seiner Ansicht, die er selbst aber nach dem Wortgefecht über die einander widerstreitenden medizinischen Lehren als beste, erstrebenswerte Richtung beschrieb.[61]

Die Auseinandersetzung zwischen der im 17. Jahrhundert besonders durch Descartes begründeten mechanistischen Naturdeutung, der aristotelischen Naturphilosophie und neueren Richtungen, wie sie in dem Dialog von Barchusen angesprochen wurden, und die Erörterung der Folgerungen für die einzelnen Fachwissenschaften, dauerte im 18. Jahrhundert an. Davon legt ein umfangreiches, im Gegensatz zu dem Fachdialog von Barchusen in einer Landessprache und für eine breitere Leserschaft verständlich gehaltenes, wenn auch langatmig geschriebenes Fachgespräch von 1756 Zeugnis ab. Es bezieht sich auf die Frage nach der Seele der Tiere und ihrer möglichen Begründung und Beschaffenheit, wie sie sich in der Auseinandersetzung mit der cartesianischen Naturphilosophie erhob. Der Verfasser dieses 1760 nochmals aufgelegten und ähnlicher Werke war der französische Stiftsherr oder Canonicus und Schriftsteller François Aubert, der etwa von 1709 bis 1770 lebte.[62] In der Einleitung wies er darauf hin, daß er aus bekannten Quellen, angefangen mit Aelianus, Plinius und Plutarch und einigen zeitgenössischen Schriften schöpfte, sich aber nur auf einige Auszüge in Ermangelung einer Bibliothek stützte. Dann gestand er frei, daß er kein brennendes wissenschaftliches Anliegen verfolge, sondern daß er mehr zur Unterhaltung beitragen wolle: »On offre ces entretiens à ceux qui aiment mieux la conversation aisée, qu'une étude pénible«. Im Prolog stellte er die vier Gesprächsteilnehmer vor, von denen drei wesentlich verschiedene Lehrmeinungen vertraten. Der erste wird

60 Cf. Hoppe (1976: 18-20, 28-33); Schipperges (1982: 25-96).

61 Barchusen (1715: 409-439), 409: »DIALOGUS De Optima Medicorum Secta«, bes. 430-438 Zitate.

62 Cf. Nouvelle Biographie Universelle (1852: col. 561).

als ein junger, schöner, kräftiger, gewandter, den physikalischen und mathematischen Wissenschaften zugeneigter Kämpfer und eifriger Cartesianer vorgestellt. Ihm gelten die Tiere nur als »Maschinen«. Ihm wird ein siebzigjähriger Philosoph als »Anticartesianer« entgegengestellt, der wohl ein guter Freund, Nachbar und Patriot ist, aber den »Fehler« hat, Aristoteliker zu sein. Daher schreibt er den Tieren Empfindung und Wahrnehmung zu (»du sentiment et de la connoissance«). Der dritte Teilnehmer soll ein reicher, um »seine Republik« verdienter, den Musen und besonders der Literatur zugewandter Kaufmann sein. Er stattet die Tiere sogar mit einer geistigen, nicht stofflichen Seele aus (»une âme spirituelle et immatérielle«). Darin soll er »Mr. Boullier« folgen, einem holländischen protestantischen Theologen französischen Ursprungs, der in Amsterdam und London hohe politische Ämter bekleidete und in vielen Schriften die traditionellen Lehren seiner Religion verteidigte. Dieser David-Renaud Boullier (1699-1759) veröffentlichte 1727 und mit vermehrtem Inhalt 1737 eine eigene Schrift zu derselben Thematik »Essai philosophique sur l'Ame des bêtes«.[63] Hierauf bezieht sich der Text von Aubert wiederholt. Der vierte Gesprächsteilnehmer ist der Gastgeber für alle Art von Gelehrten in seinem Anwesen in Basel und auf dem Land. Er soll den Wissenschaften und Künsten zugetan sein und die Rolle des Schiedsrichters bei dem Wortgefecht übernehmen. Aubert ordnete also die verschiedenen Naturanschauungen Vertretern verschiedener Wissensgebiete, sozialer Stände und Lebensalter zu. Die traditionelle aristotelische Naturphilosophie verkörpert der freundliche, aber weltfremde greise Gelehrte, während der junge, blühende, weltoffene, kämpferische Waffenträger die damals modernen Naturwissenschaften mit ihren Anwendungsgebieten und die mechanistische Naturdeutung vertritt. Der ebenfalls weltgewandte, wohl an Jahren reifere, mit »gesundem Menschenverstand« und Urteilsfähigkeit ausgestattete, aber weniger in den Wissenschaften bewanderte, als vielmehr schöngeistigen Neigungen fröhnende begüterte Handelsmann folgt einer spirituellen literarischen Richtung. Die unterschiedlichen Geister und Charaktere finden sich auf dem friedlichen Boden der Schweiz in einer den Wissenschaften und Künsten ebenso wie dem Handel aufgeschlossenen Stadt zusammen. Da die Werke von Aubert in Basel erschienen sind, könnte die Wahl des Orts und vielleicht auch die Figur des reichen Kaufmanns mit einer Erinnerung an den Verleger oder an Freunde des Autors verknüpft sein.

Obwohl die auftretenden Personen genügend voneinander unterschieden sind, um das aufgeworfene Problem in spannenden Unterredungen miteinander zu bedenken, wurden doch die Möglichkeiten zu einer dramatischen Darstellung nicht genutzt. In dem Text von 385 Seiten sind kaum Ansätze zu wirklichen Unterhaltungen zu finden. Mitunter sind Äußerungen über Einwände gegen die Behauptungen eines Redners in indirekter Rede und außerdem hin und wieder die

63 Cf. Nouvelle Biographie Universelle (1853: col. 10).

Anrede »Messieurs« eingestreut worden. Zudem sind eine Reihe von wörtlichen Zitaten aus fremden Schriften aufgenommen worden, deren Inhalt sich aber gerade nicht gegen die jeweiligen Aussagen richtet, sondern diese untermauern soll. Nur im ersten Kapitel wurde ein Stück in direkter Rede mit rhetorischen Fragen und Antworten eingeschoben, wobei auf die Fragen des Cartesianers nach den Ursachen für wichtige Lebensäußerungen und Verhaltensweisen von einigen Tieren der Peripatetiker stets dieselbe Antwort bereithält: »C'est par l'instinct«.[64] Insgesamt enthält jedes der vier Kapitel, das einem »Entretien« gewidmet ist, die Darlegung der Meinung einer Person. Im ersten Kapitel erläutert der Cartesianer den Inhalt und die Bedeutung der Automaten-Deutung der Tiere von Descartes. Danach folgt in wohlgesetzten, durch die klassische Bildung geprägten Worten die Verteidigung der aristotelischen Lehrmeinung sowie der Lehre von Leibniz durch den Peripatetiker. Anschließend legt der belesene, den schönen Künsten zugeneigte Bürger, der sich auf reichlich zeitgenössische Literatur, besonders auf das erwähnte Werk von D.-R. Boullier und auf den um 1750 veröffentlichten Entwurf einer Naturphilosophie des italienischen Gelehrten Graf Luigi Barbieri (1719 - nach 1756) stützt, die durch ihn vertretene Meinung einer spirituellen, immateriellen Seele der Tiere dar. Schließlich werden im vierten »Entretien« die dem Cartesianismus widersprechenden, insbesondere die Lehren von D.-R. Boullier und L. Barbieri widerlegt, und es wird eingeräumt, daß die von der des Menschen sicherlich verschiedene »Natur der Seele eines Tiers« nicht bestimmt werden könne. Dabei werden zur Erläuterung und Stütze der Behauptungen viele Beobachtungen über Eigenschaften verschiedener Tiere herangezogen. Aus der cartesianischen Anschauung werden abschließend die oberflächlichsten, aber seinerzeit verbreiteten Folgerungen gezogen. Nach teleologisch-utilitaristischer Anschauung sind die Tiere, die dem Menschen zugetan sind, zur Erhaltung und zum Nutzen des menschlichen Lebens geschaffen. Zugleich lenken ihre gestaltliche Mannigfaltigkeit und ihre vielfältigen Organisationsformen den physikotheologisch ausgerichteten Betrachter zur Einsicht in die Wunderwerke Gottes im Universum.[65] Wenn auch die Lösung der aufgeworfenen Fragen nicht originell und die Darstellung wenig spannend und kunstfertig waren, zeigt diese Schrift doch, daß die literarische Form der »Unterredungen« als das vorzüglichste Mittel angesehen wurde, um die unterschiedlichen Inhalte von Lehren über einen Gegenstand wiederzugeben, ohne daß der Autor ausdrücklich eine eindeutige Stellung beziehen mußte.

Um den Widerstreit zwischen traditionellen und modern zeitgenössischen Auffassungen geht es in einem anonym erschienenen »Gespräch über die Alchemie« von 1776. Als Anlaß wird der verbreitete Topos, eine zufällige Begegnung

---

64 Aubert (1756: 12 f.).

65 Aubert (1756: Entretien I-IV, cf. 382-385 zum Fazit); über L. Barbieri cf. Poggendorff I (1863: col. 99).

auf einer Reise angegeben, ohne daß man sich mit einer näheren Schilderung der Umstände aufhält. Die Rede ist auf zwei Personen verteilt, welche die einander entgegenstehenden Meinungen vertreten, ein Adept und ein Chemist. Beide bemühen sich um einen sachlichen Ton ohne krasse Polemik und Satire und ohne Verspottung und persönliche Angriffe auf die Gegenseite. Jede Seite bringt ihre Gründe vor, und schließlich entscheiden Vernunftgründe die Stellungnahme, zu der sich eine Partei bekehren läßt. Der Dialog beginnt mit der Vorstellung der Standpunkte der Gegner, wobei der Adept die über die experimentierende Chemie und über die »Arzeneykocher« hinausweisenden umfassenderen philosophischen Anliegen der Alchemie rühmt. Demgegenüber beschreibt der Chemist das hauptsächliche Ziel der alchemischen Tätigkeit im Rahmen der chemischen Kunstfertigkeit, wozu ihm der Adept beipflichtet: Herstellung einer chemischen Mischung, genannt »der philosophische Stein«, durch die unedle Metalle in Gold oder Silber verwandelt werden sollen, und die zugleich als »Universalarzeney für alle menschliche Krankheiten« brauchbar sein soll. Weitere, mitunter von der Alchemie erwartete Kunststücke wie die Herstellung von Edelsteinen, Perlen und auch unedlen Metallen werden abgelehnt. Aber auch für die Möglichkeit der Verwirklichung der Hauptabsicht der Alchemie verlangt der Chemist Beweise und Gründe. Er läßt jedoch die durch den Adepten angeführten zahlreichen Berichte über angeblich gelungene Metallumwandlungen in der Vergangenheit nicht gelten. Er fordert Beweise dafür, daß »die Verwandlungskunst der Metalle nicht wider die natürliche Möglichkeit laufe«, die er selbst jedoch geradeheraus leugnet. Darauf nennt der Adept eine Reihe von angeblichen natürlichen Verwandlungsvorgängen, die als analog der alchemischen Metallumwandlung gedeutet werden. Sämtliche Erscheinungen, die sowohl aus der organischen Natur wie Pfropfen, »Ausartung« von Pflanzen und die »Urzeugung« von Tieren als auch aus der anorganischen Natur wie die Metalldarstellung aus verschiedenen Legierungen gewählt werden, werden durch den Chemisten als unzulänglich gedeutet und als damit nicht stichhaltig entlarvt. Auf den Einwand des Adepten, daß chemische Substanzveränderungen experimentell möglich seien, erläutert der Chemist die Grundlagen der damals bekannten chemischen Reaktionsweisen. Nur wenn sich die naturgegebenen Substanzen durch chemische Analyse zerlegen lassen, was bei der Klasse der einfachsten (d.h. elementaren) Substanzen mit dem Gold nicht gegeben ist, können sie wieder aus den ermittelten Bestandteilen chemisch zusammengesetzt werden. Die Hoffnung des Adepten, einer verbesserten alchemischen Kunst könne die Nachahmung des natürlichen Prozesses der Goldherstellung einmal gelingen, weist der Chemist als höchst unwahrscheinlich zurück. Seinen chemischen Beweisgründen aus den bisherigen Erfahrungen über die chemischen Eigenschaften des Goldes schließt sich der Adept endlich an. Auch die rationale Begründung des Chemisten für den traditionsreichen Glauben an die

Goldmacherkunst, die bei Verwendung goldhaltiger Ausgangsstoffe mitunter erfolgreich gewesen sein konnte, findet keinen Widerspruch.

In diesem Dialog, in dem sich der inneren Entwicklung des Gesprächs entsprechend Umfang und Gewicht der Aussagen nach und nach von der traditionellen auf die moderne Anschauung, verschoben, spiegelte sich die zeitgenössische wissenschaftliche Lage deutlich. Die Alchemie hatte noch immer Anhänger und, wie wir schon eingangs erwähnten, ihre literarische Tradition war noch lebendig. Demgegenüber ließ sich eigentlich der Kern ihrer Aussage mit dem Wissensstand der Chemie nicht mehr in Einklang bringen. Auch der naturwissenschaftlichen chemischen Erkenntnismethode der Aufklärung, die »solche Vernunftschlüsse, die auf sichre Erfahrungen gegründet sind«, forderte, um »die natürliche Möglichkeit dieser Kunst« zu beweisen, hielt die Alchemie nicht mehr stand. Um die gegensätzlichen Anschauungen von Alchemie und Chemie deutlich gegeneinander abzusetzen, war die Gesprächsform ein günstiges Mittel. Sie bot zusätzlich Gelegenheit, Angaben über das Verhalten der Gesprächspartner einzustreuen, die auf ihre Gemütsverfassung als Begleiterscheinung der jeweiligen Lage ihrer Partei hinwiesen. Während am Anfang der Chemist Erregung und Ärger über den Adepten kundtat, wurde in der zweiten Hälfte der Unterredung der Adept immer mehr durch Unwohlsein geplagt, je mehr er mit seiner Meinung in die Enge getrieben wurde. Durch diese Angaben wurde der Verlauf des Gesprächs zusätzlich am äußeren Verhalten der Widersacher dramatisiert, so daß eine szenische Darstellung vorgetäuscht und auch ermöglicht wurde. Die inhaltlichen Aussagen wurden also durch die literarische Form hervorgehoben und unterstützt.[66]

Eine traditionelle Form von Gesprächen diente noch in der zweiten Hälfte des 18. Jahrhunderts zur Erörterung eines zeitgenössischen, umstrittenen Ereignisses in der Heilkunde, über dessen Deutung und Bewertung die Meinungen der Gelehrten und der Öffentlichkeit auseinandergingen. Die in den siebziger Jahren großes Aufsehen erregenden, an tausenden von Leidenden vorgenommenen Wunderkuren des katholischen Pfarrers Johann Joseph Gaßner (1727-1779), der seine – oft nur vorübergehenden – Krankenheilungen nach seiner in mehreren Auflagen herausgebrachten Schrift als Teufelsaustreibungen auffaßte, riefen viele Streitschriften über das Für und Wider hervor. Unter den meist kürzeren Pamphleten befanden sich auch einige in Form von Briefen und Gesprächen. Ein anonym und ohne Ortsangabe erschienener Dialog, der einen Wortwechsel zwischen zwei Personen mit entgegengesetzten Meinungen und ausführliche Auszüge aus Schriften über die Wunderheilungen enthält, ist nach dem Muster der »Totengespräche« von Lukian als »Gespräch im Reiche der Lebendigen« gearbeitet. Er stellt in etwa gleichen Anteilen die Aussagen der Gesprächspartner einander ge-

66 Gespräch über die Alchemie (1776: 7, 18 f. Zitate).

genüber, ohne durch witzige Einschübe und erfinderische Dramatik einen spannenden Ablauf der Reden hervorzurufen.

Im wesentlichen wird in den 1775 erschienenen vier Stücken des Gesprächs von 300 Seiten ein Überblick über die hauptsächlichen Stellungnahmen zu dem Geschehen gegeben. Sie werden einfach auf zwei Lager verteilt. Für die Möglichkeit des göttlichen Wunderwirkens durch Gaßner spricht sich der durch seinen klassischen Namen Lucius Sylvander in den Bereich des Erleuchteten oder des lichtvollen Tagesanbruchs gestellte, vielseitig gebildete katholische Pfarrer aus, der das früher Gaßner anvertraute geistliche Amt in dem württembergischen Städtchen Ellwangen an der Jagst innehat. Dagegen zweifelt der an diesem Ort zufällig vorbeikommende weitgereiste niedersächsische »Kavalier Herr von Redlich«, der sich in dem Zeitgeschehen und der Literatur darüber recht bewandert zeigt und sogar den Brief eines Augenzeugen mit sich führt, an einem übernatürlichen Geschehen und an der Wunderheilkraft Gaßners. In offenen Sendschreiben unter Berufung auf Berichte von Augenzeugen hatte sich 1774 und 1775 der Theologe Pater Don Ferdinand Sterzinger gegen die Möglichkeit der »Gaßnerischen Wunderkuren« gewandt und einen seiner strengen katholischen Auffassung entsprechenden »Katechismus von der Geisterlehre« in Form von Fragen und Antworten entworfen. Darauf folgten mehrere Entgegnungen, teilweise gleichfalls in Form von Briefen. In einer Veröffentlichung von 1775 wurden neben zwei Schriften von Gaßner schon über ein Dutzend Schriften genannt, die sich 1775 mit seinen Wunderheilungen auseinandersetzten. Auf populäre Weise versuchten zwei Gespräche zwischen einem belesenen Schulmeister und einem Bauern, die Erfolge der Heilweise Gaßners sowie »die Ehre Gottes, und der katholischen Kirch zu vertheitigen«, indem sie sich auf den gesunden Menschenverstand und eine christliche Gesinnung beriefen. Nach eingehender Prüfung der unterschiedlichen Äußerungen zahlreicher Schriften über Gaßner lehnen beide Gesprächsteilnehmer schließlich sowohl eine uneingeschränkte Anerkennung als auch eine gänzliche Verwerfung der heilenden Fähigkeiten Gaßners ab und treffen sich endlich auf einer mittleren Linie. Beide befleißigen sich einer sorgfältig abwägenden, die christlichen Grundsätze gelten lassenden aufgeklärten Gesinnung. Sie schließen sich nicht den Eiferern, sondern der vorsichtig urteilenden »brüderlichen« Haltung von Johann Caspar Lavater an, der allerdings selbst stark spiritistischen Strömungen zuneigte. Sie stehen der Deutung von Gaßners Kuren als vielfache Exorzismen zweifelnd gegenüber und vermuten vielmehr natürliche Ursachen der Krankheiten. Vor allem anerkennen sie die zahlreichen Erfahrungen über offensichtliche Heilerfolge Gaßners und lassen die verschiedenen Erklärungsmöglichkeiten offen.[67]

67 Gespräch im Reiche der Lebendigen (1775: cf. 118-120, 287-290, 295-302). – Cf. als weitere Schriften zur Problematik in Form von Briefen und Dialogen: Sterzinger (1775); Der...

Die Anlässe und Inhalte der als Wortgefecht über eine wissenschaftliche Streitfrage zu kennzeichnenden Dialoge waren recht unterschiedlich. Sämtliche bedeuteten für die Zeitgenossen brennende Fragen, die einen großen Teil der Gelehrtenrepublik bewegten. Die literarische Form war eng verknüpft mit der inhaltlichen Aussage, die meist kontrovers erörterte, oft mit weltanschaulichen Haltungen verbundene Streitfragen betraf. Die dialogische Form bot die Möglichkeit, die unterschiedlichen Standpunkte und Meinungen deutlich gegeneinander abzuheben und erforderte zugleich nicht unbedingt eine eindeutige Stellungnahme des Autors.

Der Polemik dienende Dialoge

Während in manchen Fachdialogen zusätzlich und beiläufig polemische Äußerungen einfließen, sind einige Gespräche unmittelbar und offen auf Polemik angelegt. Diese tragen mitunter zusätzlich satirische Züge. Sie wurden im 18. Jahrhundert überwiegend in der – oft vor einer derben Ausdrucksweise nicht zurückschreckenden – Landessprache abgefaßt, was wohl durch die Absicht einer möglichst weiten Verbreitung begünstigt wurde. Sowohl die Dialogform als auch die besondere Tendenz der Gespräche sind eng mit den fachwissenschaftlichen Aussagen verknüpft. Solche Dialoge betreffen überwiegend wissenschaftliche Anwendungsbereiche; hauptsächlich die Alchemie und die Heilkunde. Sie wenden sich aber meist nicht gegen die Gebiete insgesamt, sondern gegen bestimmte Auswüchse derselben, die sich auf das nur mehr oder minder zeitbedingte Verhalten von Fachvertretern beziehen oder unmittelbar von zeitgenössischen Gegebenheiten des sich in der Lage einer »Kunst« befindenden Fachgebiets abhängen. Die Polemik richtet sich gegen manche eingebürgerte Praktiken und Mißbräuche in Alchemie, Pharmazie und Heilkunde, denen in einigen Dialogen die sachgerechte sorgfältige Methodik und damals neu aufgekommene wissenschaftliche Lehren gegenübergestellt werden. Die noch im 18. Jahrhundert keineswegs nur in literarischen Zeugnissen verbreitete Alchemie fand für das Versprechen der Goldherstellung immer wieder offene Ohren. Aus dem Anlaß des Auftretens eines angeblichen Adepten in Mitteldeutschland, der ein erfolgreiches Universalrezept zum »philosophischen Stein« zu besitzen behauptete, und der seine »Kunst« auch in einer Schrift zu verteidigen versuchte, wurden mehrere »Send-Schreiben« zur Entlarvung des Betrügers in Leipzig 1716 herausgebracht.[68] Aus der literarischen Form der Schreiben wird die Bedeutung dialogischer Formen – der gedruckte Brief ist als dem Gespräch verwandt anzusehen – für Gelegenheiten er-

entschuldigte... Sterzinger (1775); An den... Aufdecker... (1775); Wunderliches Gespräch von dem... Dorfschulmeister und Bauren... (1775).

68 Send-Schreiben (1716).

sichtlich, bei denen man sich unmittelbar an einen bestimmten Empfänger oder Leserkreis wenden möchte. Der in den in demselben Verlag in Leipzig 1716 herausgebrachten Schriften erwähnte Alchemist sollte Christoph Wilhelm von Kastell heißen. Er nannte die Ankündigung in Form einer »kürtzlichen Zuschrifft« seiner Kunstfertigkeit, über die er freilich keine chemischen Einzelheiten verriet, »Adeptus Realis«.[69] In einem zusätzlichen Brief wird über die angeblichen chemischen Verfahren berichtet.[70] Ein weiterer Brief enthält eine geharnischte offene Abrechnung mit dem »Ineptus Realis«.[71] Diesem geht ein Gespräch von 28 Seiten mit dem Titel »Der entlarvte Adeptus Realis« voraus.[72] Darin wird die Geschichte des betrügerischen Alchemisten dargelegt und in offener Polemik angeprangert. Obwohl das Gespräch als »Chymischer Discurs zweyer Freunde und Liebhaber der wahren Alchymie« gekennzeichnet ist, werden auch Hiebe gegen die Versprechungen von materiellem Gewinn durch die Alchemie im allgemeinen ausgeteilt, deren Versuche durch zahlreiche »Künstler« stets »nicht so viel Nutzen abgeworffen / daß sie nur die Kohlen bezahlet hätten«.[73] Gleichwohl weist sich der Autor als Kenner der alchemischen Literatur und ihrer chemischen Auffassungen aus, deren naturphilosophische, mit christlichen Gedanken verbundene Inhalte er gelten läßt. Der Dialog wurde nach dem Vorbild des traditionellen alchemischen Magister-Discipulus-Lehrgesprächs gestaltet. Ein betagter erfahrener »Feuerkünstler«, genannt »Pyrander« (wörtlich Feuermann) unterrichtet den jungen weitgereisten, mit alchemischen Grundkenntnissen ausgestatteten »Trollius« über die Geschichte des betrügerischen, von beiden verurteilten Alchemisten, der die Kunstfertigkeit von einer jungen Frau und Enkelin eines Adepten erfahren haben wollte. Wiederholt wird vor den Gefahren der leidenschaftlich betriebenen Alchemie gewarnt, die nur zur Erfahrung der »Einschrumpffelung des Beutels« führt, aber nicht zum alchemischen »Universal-Werck«, das nur durch göttliche Erleuchtung erlangt werden soll.[74] Die Ansätze zur Verteidigung der Alchemie verschwinden aber hinter der Polemik. Die zusätzlichen satirischen Zü-

69 Adeptus Realis (1716), der auf der Titelseite als »C. V. V. Kastell« bezeichnete Autor der Schrift »Der entlarvte Adeptus Realis...« läßt sich aufgrund des beigebundenen Dialogs von 1716, S. 31, wo seine Unterschrift unter einem angeblich 1714 in Dresden ausgefertigten Kaufvertrag zitiert wird, als Christoph Wilhelm von Kastell identifizieren. Doch dieser Name läßt sich in biographischen und bibliographischen Nachschlagewerken und in der historischen Spezialliteratur zur Alchemie nicht auffinden. Nur Ferguson I (1954: 450 f.) zitiert C. V. V. Kastell als Autor des »Adeptus Realis«, von welcher Abhandlung er noch eine Art Vorankündigung von Leipzig 1715 in der British Library in London nachweisen konnte. Der Zusammenhang mit den weiteren hier erwähnten, 1716 in Leipzig erschienenen Schriften wurde bis jetzt nicht dargelegt.

70 Send-Schreiben (1716: 2r-8v).

71 Ineptus Realis (1716).

72 Der entlarvte Adeptus Realis (1716).

73 Der entlarvte Adeptus Realis (1716: 4).

74 Der entlarvte Adeptus Realis (1716: 6 f.).

ge der Darstellung werden schon auf der Titelseite der Sammelausgabe der kleinen Schriften angedeutet, wo die angekündigte Geschichte als »Comoedie« bezeichnet wird.

Ein 1753 herausgekommenes Gespräch wider die »Betrügereyen einiger Apothecker« enthielt derart unverhohlene Polemik, daß sich ein früherer Herausgeber sogar selbst von seinem Inhalt distanzierte, da er »nicht aus Müßigang sondern mit gutem Vorbedacht, dergleichen Zänckereyen fliehe«.[75] Dieser erste Herausgeber hatte das zuerst in italienischer Sprache 1569 erschienene Gespräch von Giovanni Antonio Lodetto, »ein Medicus zu Brescia«, ins Lateinische übersetzt und 1667 zusammen mit einer ähnlich polemischen Schrift zur »Entdeckung Derer von einigen Apotheckern begangenen listigen Fündlein und Fehlern« herausgebracht. Es war der hervorragende dänische Anatom und Mediziner Thomas Bartholin, der auch einige Jahre lang in Italien studiert hatte. Trotz des Vorbehalts von Bartholin, der die endgültige Entscheidung einem Freund zuschob, »diesen Lappen noch an den vorhergehenden Purpur anflicken« zu lassen, kam das Gespräch auch noch in deutscher Übersetzung 1753 heraus. Die Partner in dem Dialog sind die Sachverständigen: »Redende Personen. Ein Medicus und ein Apothecker«. Jeder gibt sich als in besonderer Weise von dem Gegenpart betroffen aus; denn beide sind bei der Ausübung ihres Berufs aufeinander angewiesen. Die gewählte literarische Form von Frage und Antwort erscheint dem Inhalt höchst angemessen; denn die beabsichtigte polemische Darlegung der beruflichen Mißstände unter Apothekern wird wie in einem Verhör vorgetragen. Obwohl der Dialog der Form nach etwa gleiche Anteile der Rede abwechselnd auf die Teilnehmer verteilt, ist der Inhalt der Aussagen von unterschiedlicher Bedeutung, so daß eine eigentlich asymmetrische Unterredung entstanden ist, deren Polemik sich nahezu ausschließlich gegen eine Seite richtet. Dieser Eindruck wird dadurch verstärkt, daß der Vertreter der Gruppe der Angegriffenen sich auch selbst mit den Übeltätern identifiziert, ohne sie ernstlich zu verteidigen. Die Rolle des schwachen Unterlegenen fällt dem Apotheker zu, der sie nicht nur durch seine Aussagen, sondern auch durch seine leibliche Verfassung am Anfang des Gesprächs als – wenngleich der Genesung fähiger – Kranker verkörpert. Er wird dadurch in seiner ganzen persönlichen Abhängigkeit von dem Medicus gezeigt, in die er durch ein für seinen Stand kennzeichnendes Verhalten umso stärker gerät, da er erst, nachdem seine eigenen Heilkuren versagt haben, dem Arzt seine Schwäche eingesteht. Diese ist selbstverständlich auch im übertragenen Sinn gemeint. Im Verlauf des Gesprächs kann sich der Apotheker wieder auf dieselbe Ebene wie der Arzt erheben, indem er Fehler bekennt und selbst Vorschläge zur

75 Lodetto (1753: 108, Vorrede von 1667 des Übersetzers ins Lateinische Thomas Bartholin); der italienische »Dialogo« erschien erstmals 1565, nach der weiteren Ausgabe von 1569 machte Bartholin seine lateinische Übersetzung.

Verbesserung macht. Seine Aussagen erhalten dadurch, daß er nicht der Anklage oder gar dem Spott und der Lächerlichkeit preisgegeben bleibt, mehr Gewicht.

Abwechselnd durch den anklagenden Medicus und durch die Selbstbekenntnisse des Apothekers werden wie in vielen frühneuzeitlichen Traktaten die Fehler und zusätzlichen Betrügereien nicht aller – wie wenigstens eingeräumt wird – aber doch der meisten zeitgenössischen Apotheker angeprangert. Das häufigste Vergehen ist die Substitution[76] von – meist teuren – ausländischen oder von schwierig aufzubereitenden Drogen durch leichter zugängliche, billigere, einheimische, aber unterschiedlich – schwächer oder stärker als beabsichtigt – wirksame einfache Heilmittel; etwa Balsamholz und wahre Zimtrinde werden substituiert. Skrupellose Apotheker verwenden minderwertige oder gar verdorbene Drogen etwa von dem Rhabarberrhizom, oder sie lassen teuere Drogen wie Ambra und Moschus bei einer Rezeptur weg, oder sie vermindern die vorgeschriebene Menge einer teueren Droge wie der Rosae Flores für eine Zubereitung, bei der sie zudem noch das Verfahren der Arzneibereitung willkürlich abändern können. Durch Ungeschicklichkeit können sie die zubereiteten Medikamente verderben, so daß diese dem Patienten schädlich werden können. Ferner wird den Apothekern die mangelhafte Überprüfung und Reinigung von handelsüblichen, sogenannten indifferenten Zutaten wie Zucker, der Salze und Alaun enthalten kann, vorgeworfen. Als Gegenmittel gegen diese Vergehen schlägt der Apotheker selbst vor, dem der Medicus zustimmt, daß nach dem Vorbild von Florenz in allen Ländern durch die Obrigkeit einheitliche Dispensatorien eingeführt werden sollen, nach denen die Apotheker die sonst allenthalben verfälschten Simplicia und Composita auf- und zubereiten müssen. Zudem erinnert der Apotheker an die Aufsichtspflicht der Ärzte. Schließlich weist er auf die Mechanismen des wirtschaftlichen Wettbewerbs hin: wenn die Kranken die benötigten Medikamente nicht bei denen, die sie am wohlfeilsten anbieten, sondern bei den Apothekern, »die da rechtschaffen in dieser Kunst erfahren wären«, einkaufen würden, könnte sich die Lage bessern. Die Verantwortung des Ärztestandes für die verbreiteten Übelstände versucht der Medicus zurückzuweisen. Ebenso wehrt er sich dagegen, auch Mißstände in der Berufsausübung der Ärzte wie die Bevorzugung der Reichen anzuerkennen, indem er auf die seiner Meinung nach unterschiedliche Stellung der damaligen Heil- und der Apothekerkunst im System der »Künste« hinweist: die Medizin wird zu den Artes liberales und die Pharmazie wie auch die

---

76 Zur Geschichte der Arzneimittelsubstitution cf. Berges (1975: 163-173, 181 werden einige Äußerungen von Lodetto aufgeführt).

Kunst der Barbiere zu den Artes mechanicae gezählt.[77] Doch schließlich gesteht er zu, daß manche Mediziner »dieser Kunst unwürdig seyn«.[78]

Alle beruflichen Vergehen werden auch als Verstöße gegen die Gebote der christlichen Ethik moralisch verurteilt; denn sowohl die Kunst des Arztes als auch die des Apothekers betreffen Leib, Leben und das materielle Eigentum der Mitmenschen, also durch die christliche Morallehre geschützte Güter. Wenn gewissenlose Apotheker die Nächstenliebe zu ihren Mitmenschen vernachlässigen, vergehen sie sich zugleich gegen die göttlichen Gesetze. Daher werden sie entsprechend hart getadelt als Lügner, Betrüger, gewinnsüchtige Geizkragen, die schließlich gar zu »Totschlägern« werden (109-176). Der moralisierende Zug verleiht dem Druckwerk, das eigentlich einer sicherlich nicht unberechtigten Warnung vor und Kritik an möglichen unlauteren Machenschaften der Apotheker gewidmet war, einen allgemeingültigen, zugleich aber mehr rhetorischen Anstrich. Denn in dem insgesamt kaum dramatisch gestalteten Stückchen stehen eben die Apotheker auch für andere Unholde ein.

Der Polemik gegen Mißbräuche in der Pharmazie und im Medizinalwesen diente ein im 18. Jahrhundert entstandener Dialog, der mit mehr literarischer Kunstfertigkeit sowie pharmazeutischer und medizinischer Gelehrsamkeit ausgestattet war als die Schrift von Lodetto. Er wurde unter dem Pseudonym »Meninto« 1738 in Frankfurt und Leipzig herausgebracht. Der Autor bezog sich mit dem Titel »Gespräche im Reiche der Krancken« auf das klassische literarische Vorbild Lukians, ohne der dramatischen und satirischen Ausschmückung in der Gestaltung nachzueifern. Wie der langatmige, eine Inhaltsankündigung enthaltende Titel »Gespräche..., II. Entrevue, zwischen einen Podagristen und einen mit Stein beladenen. Darinnen ein jeder von seiner Kranckheit sich gründlich unterredet, ... und im Eingange Die Charlatanerie und übles Bezeigen vieler gewinnsüchtiger Apothecker gegen den Krancken, dargestellet und entworffen wird« erscheint auch der mit einer Fülle von wissenschaftshistorischen Darlegungen, literarischen Zitaten, lateinischen Fachausdrücken und zeitgenössischen französischen Redewendungen befrachtete Text hauptsächlich durch die Gelehrsamkeit des 18. Jahrhunderts geprägt.[79] Nur an einzelnen Stellen trägt er satirische Züge, wenn etwa die noch immer wirksame Autorität des arabischen Autors einer Sammlung von Rezeptvorschriften für Arzneimittel mit vielen Sirupen, Honigen

77 Diese Unterscheidung entspricht nicht ganz der traditionellen mittelalterlichen Auffassung; denn seit Isidor von Sevilla im 17. Jahrhundert wurde die Medizin dem System der Artes liberales zugeordnet, aber im Sinne einer »Integration« sämtlicher Artes liberales; zugleich faßte Isidor (Etymologiarum... Libri XX, Lib. IV, 9, 1-3: »Medicinae curatio spernenda non est. ... curatio autem morborum tribus generibus constat: Pharmacia est medicamentorum curatio.«) die Heilmittellehre oder Pharmazie wie die Diätetik als Teilgebiet der Medizin auf. – Zur Klassifizierung der Medizin cf. Schipperges (1980: col. 1062 f.).

78 Lodetto (1753: 167-170).

79 Meninto (1738).

und Konfekten, die in der Herstellung teuer und noch leicht verderblich waren, aus dem 11.-12. Jahrhundert, die auf den sogenannten Ioannes Mesuë zurückging (jetzt Pseudo-Mesuë, arabisch Yuhanna ibn Masawaih al-Mardini),[80] angegriffen wird: »und muß der alte Mesues ein rechtes süsses *lumen mundi* gewesen seyn, ein rechter Zucker *Sal-Pater*, den man nach seinem Tode in Zucker eingiessen und eincandiren sollen, welcher so viel Honig und Zucker in die Apothecken geschleppet, wordurch einem redlichen Apothecker mancher Thaler versauret und verschwindet,...«.[81] Aus der im Titel angedeuteten Folge von Unterredungen lassen sich weder eine dieser »II. Entrevue« vorausgehende noch die im Text angekündigte Begegnung und Unterhaltung über Fieber nachweisen. Eine Rahmenhandlung dieses Dialogs wird nur angedeutet: zwei an schweren chronischen, seinerzeit verbreiteten Krankheiten Leidende, die wieder genesen sind, unterhalten sich anläßlich des Besuchs des einen bei seinem Bruder über ihre »medizinischen Geschicke«. Dabei wird auf die formale Verwandtschaft des Dialogs mit einer andern dialogischen Gattung, dem Brief, hingewiesen, indem erwähnt wird, daß das Gespräch durch den Austausch von Briefen vorbereitet wurde (1738: 6). Beide Gesprächspartner sind als Typen dargestellt und ihre Personennamen sind von den Krankheiten abgeleitet. Sie sind jedoch nicht nur als Leidende vom Medizinalwesen betroffen, sondern auch als Handelnde, da beide selbst Ärzte sind, wobei jeder die medizinischen Fachrichtungen vertritt, deren Heilanwendungen jeweils seine Krankheit zu bessern vermögen. Der von dem Podagra, der Fußgicht befallene Mediziner zeigt sich in den Theorien der Medizin und in den Heilverfahren von Hippokrates über die chinesische Medizin mit »Moxa und Nadelstechen« bis zur zeitgenössischen Heilkunst (Arzneimittel von Friedrich Hoffmann in Halle werden empfohlen) hervorragend bewandert und ist selbst auch in der Pharmazie ausgebildet. Der »Calculosus«, also der vom Steinleiden, d.h. von Nieren- und Blasensteinen Geplagte kennt sich außer in der Allgemeinmedizin besonders in der Anatomie und Chirurgie aus.

Beide Gesprächsteilnehmer sind sich von Anfang an in ihren Ansichten grundsätzlich einig, die sie sich gegenseitig bestätigen. Die Anteile an der Rede sind auf beide ziemlich gleichmäßig verteilt. Gegensätzliche Meinungen, Debatten darüber, Verteidigung und Verurteilung einer Partei sowie die Überzeugung ihres Vertreters zur Ansicht der Gegenpartei kommen in diesem Dialog nicht vor. Die Aussagen beider Gesprächsteilnehmer ergänzen sich vielmehr. Auch zu den Beschreibungen von »signa diagnostica«, Verlauf, Ursachen und Heilverfahren der besprochenen Krankheiten tragen beide abwechselnd bei, da viele mit dem Podagra behaftete Personen zugleich »Calculosi« seien. Beide bevorzugen als Heilmittel die damals neueren chemischen Arzneimittel, hauptsächlich Salze.

---

80 Cf. Vandewiele (1962) in der Brüsseler Pharmakopöe, Ausg. 1759 gingen noch 15 von Hundert der Rezepturen auf Pseudo-Mesuë zurück.

81 Meninto (1738: 13).

Daher wird den Ärzten empfohlen, sich verstärkt um die iatrochemischen Lehren und ihre Anwendungen zu kümmern.

In dem Titel des Gesprächs, in dem Mißstände im Medizinalwesen angeprangert werden, gilt wohl dieses allgemeine Ziel der Polemik, die sich aber nicht einseitig gegen eine der beteiligten Personengruppen – nicht einmal nur gegen die Apotheker – richtet, und deren Form auch nicht durch Spott und persönliche Verunglimpfung eines Gegners derb verletzend oder gar unglaubwürdig wird. Dagegen werden durchaus sowohl erfahrene Ärzte als auch »geschickte Männer in dem Foro Pharmaceutico« anerkannt. Die Kritik richtet sich gegen Vertreter aller Gruppen der Medizinalpersonen und sogar gegen eitle, dünkelhafte Patienten. Den Medizinalbehörden und der Obrigkeit wird eine mangelhafte Ausübung ihrer Aufsichtspflicht vorgeworfen. Am Apothekenwesen wird wie im vorher besprochenen Dialog die Überfrachtung der Materia Medica besonders durch Beibehaltung der überlieferten Arzneibücher wie der Pharmacopoea Augustana mit unbrauchbaren Arzneimitteln getadelt: »Sollte er [ein Medicus] aber auch alle Büchsen, Kasten, Schachteln und Gläser genau untersuchen, o! wie manch leeres Nest, stumpfe Waffen und blind geladen Gewehr würde er gewahr werden; ja, er dürffte wol die Medicamenten größten Theils eintheilen in instrumenta efficaciae, expectationis [= exspectationis] und opinionis« (1738: 13). Außerdem wird die Fahrlässigkeit beim Ausstellen nach Form und Inhalt durch die Mediziner und beim Anfertigen der Rezepte durch die Apotheker und ihre Gehilfen verurteilt. Wiederum wird der Hang der Apotheker zur eigenmächtigen Substitution von Arzneimitteln gerügt. Ferner werden gewissenlose Apotheker getadelt, die eigensüchtig ihre Geschäftsinteressen verfolgen und unter Vernachlässigung ihrer Apothekentätigkeit nach gesellschaftlichen Ämtern und einflußreichen Stellungen streben. Grundsätzlich wird aber der selbständige Beruf der Apotheker befürwortet, die sogar »Praeservations-Curen, generale Mittel« dispensieren und verabreichen sollen, und das Dispensieren der Ärzte abgelehnt, da diese nicht über ausreichende Kenntnisse in der Chemie, der Drogenkunde und den Verfahren der Arzneibereitung verfügen. Die Ärzte sollten vielmehr zur Ausbildung und Überprüfung der Apotheker angehalten werden. Nur eine »General-Reform« des Apotheken- und Medizinalwesens unter Aufsicht der Obrigkeit nach dem Vorbild einiger nördlicher Länder (vgl. das brandenburgische Medizinaledikt von 1685) könnte das Mißtrauen zwischen Ärzten und Apothekern abbauen und eine dauerhafte Besserung herbeiführen (1738: 23).

Diese nach einem ausgewogenen Urteil strebenden Ausführungen zeigen, daß nicht nur Polemik um ihrer selbst willen und dramatische oder possenhafte Satire um der Unterhaltung willen betrieben wurden, sondern daß ein echtes Anliegen verfolgt wurde, das in einer einigermaßen einprägsamen Form den Zeitgenossen nahegebracht wurde. Die sicherlich notwendigen und nach und nach durchgeführten Medizinalreformen[82] wurden im Zeitalter der Aufklärung durch kritische, aber konstruktive Polemik begleitet. Diese konnte in eine überlieferte Form gegossen werden, die dabei aber von einer geistreichen, durch rhetorische Regeln geprägten Darstellungsweise in eine mehr auf den Argumentationszusammenhang ausgerichtete Gestalt umgebildet wurde.

Weniger auf Kritik an Pharmazie und Medizin als auf die Darstellung der Machtlosigkeit der zeitgenössischen Heilkunde bei einer schweren chronischen Krankheit war ein wohl etwa gleichzeitig entstandenes polemisch-satirisches Zwiegespräch in Reimen ausgerichtet. Es wurde anonym herausgebracht, ohne Angabe von Ort und Jahr. Die erwähnten Orte, Frankfurt, Bad Töplitz (früher Teplitz-Schönau in Mähren, jetzt Rimske Toplice, jugoslawisches Heilbad in der Republik Slowenien) und Nürnberg sowie die sprachliche Form (Verkürzung vieler Silben durch Weglassen des e: ich seh, steh, glaub, lieg, leid, ein'm, g'wiß, hab's usw. läßt sich nicht nur durch den Zwang des Reimens erklären) können auf eine Entstehung im süddeutschen Raum hinweisen. Auf dem Titelblatt prangt das Bild eines Patienten auf dem Bett. Der angegebene fingierte, von der zu betrachtenden Krankheit abgeleitete Name des Druckorts entspricht dem Inhalt und dem Charakter des Stücks: »Gedruckt in Zipperleshaußen«. Es enthält auf sechs Seiten die Unterredung eines Arztes mit einem »podagranischen Patienten«, wobei der Arzt die Leidensgeschichte mit den Krankheitserscheinungen und verschiedenen Heilungsversuchen von dem unheilbar Kranken erfrägt, der auf alle seine versuchten Ratschläge deren erwiesene Nutzlosigkeit feststellen muß. Schließlich erklärt er dem »Doctor«, daß dieser ihm keine Hilfe mehr verschaffen kann, sondern daß ihm nur noch der christlich religiöse Trost unter Beziehung auf »Sankt Augustin« bleibt, wie Jesus Christus am Kreuz zu leiden und auf ein besseres Jenseits zu hoffen. Damit wird auch seine Krankheit verallgemeinert:

> Kein Kunst und kein Medicin
> Nimmt mir meine Krankheit hin,...
> Nichts ist besser als Gedult
> Wenn ich denk, ich habs verschuldt.

Nach dem einfachen Muster der christlichen Gesinnung der frühen Neuzeit wird Krankheit mit Schuld gleichgesetzt. Da die Heilkunde sich als vergebens erweist, kann der einsichtige Kranke dem Arzt eine Lehre erteilen: der kranke Leib weist darauf hin, daß das irdische Leben als eitel zu betrachten sei, nur die christliche Erlösung vermittelt den wahren Trost und das erstrebenswerte Seelenheil.[83] Die religiös-moralisierende Haltung des Patienten, der die Heilsversprechen der Medizin als unwirksam verwirft, steht im Gegensatz zu der kunstbeflis-

---

82 Zur Entwicklung von Medizinalreformen im Zeitalter der Aufklärung cf. Diepgen I (1949: 319-321).

83 Gespräch Zwischen einem Doctor und... Patienten (s. l. et a.: S. [1]-[6]).

senen Hilfsbereitschaft des Arztes, woraus die Spannung des aus wenigzeiligen Versen bestehenden Zwiegesprächs erwächst. Sie wird erst zum Schluß durch die Überzeugung und gewonnene Zustimmung des Arztes ausgeglichen, wodurch zugleich der Zug zur polemischen Satire auf die vanitas der Heilkunst betont wird.

Im Gegensatz zu dem vorher besprochenen, mit gelehrten Literaturzitaten ausgestatteten medizinischen Dialog enthält dieser einfache allgemeinverständliche Ausdrücke und Aussagen; auch der Anlaß der Unterhaltung und ihr Verlauf werden ohne weitschweifige Ausschmückung vorgetragen. Wie das Krankheitsbild damals jedermann geläufig war, konnte auch die Moral von der Geschichte jedem unmittelbar einsichtig sein. Das Stück läßt sich an die Tradition der im Zeitalter der Reformation schon einmal zur Blüte gelangten volkstümlichen Dialoge anschließen.[84] Der Stil des Werkchens läßt sich am besten mit dem vergleichen, der für die einzige in dem Werk selbst genannte, nicht religiöse Literaturgattung kennzeichnend ist. Auf die Frage des Doktors, wie der Patient seine Schlaflosigkeit ertragen kann, antwortet dieser:

> Mein Kopf durch die ganze Nacht
> Allerhand Kalender macht.[85]

In ähnlich volkstümlicher Weise wie ein Unterhaltungskalender war dieses gereimte Gespräch gestaltet. Es konnte vorzüglich vor einem üppigen, ausschweifenden Lebenswandel, der als Hauptursache des Podagra angesehen wurde, warnen, die Vergeblichkeit der Medizin vor Augen führen und der christlich gefärbten Erbauung dienen.

In sämtlichen polemischen Gesprächen, die unterschiedlichen intellektuellen Ebenen angehörten, diente die Form der ziemlich krassen Darstellung eines von der üblichen Norm abweichenden Zustandes in einem wissenschaftlichen Anwendungsgebiet und eines gegensätzlichen besseren, erstrebenswerten Idealzustandes, zu dessen Erreichung die Wege aufgewiesen wurden. Dadurch daß die Aussagen, die durchweg von typenartigen Personen geäußert wurden, verallgemeinert wurden, wies der Autor auf die rhetorische Bedeutung der dialogischen Form hin. Inhaltlich gegensätzliche Aussagen, teilweise auch eine dramatische Gestaltung und die Dialogform waren eng miteinander verwoben. Zugleich wurde in jedem Gespräch eine inhaltliche Aussage erstrebt, die mehr oder minder durch Zitate aus der Fachliteratur untermauert oder ausgeschmückt wurde, und deren Gedanken folgerichtig entwickelt wurden. Die literarische Konstruktion der Gespräche, deren Verlauf nicht beliebigen Einfällen und abweichenden Gedankensprüngen überlassen wurde, trat zutage. Sämtliche Unterredungen waren zum Lesen bestimmt.

---

84 Cf. Niemann (1905: 49-82).

85 Gespräch Zwischen einem Doctor und... Patienten (s. l. et a.: S. [3]).

Dialoge zur Verteidigung von Religion und Moral unter Einbeziehung der Naturwissenschaften

Als Gegenstück zur Polemik zeigten sich schon in den bisher besprochenen Fachgesprächen zusätzlich apologetische Neigungen. Mehr oder minder ausgeprägt dienten sie dazu, das Idealbild einer kunstgerecht betriebenen Pharmazie und Heilkunde oder einer besonderen wissenschaftlichen Richtung wie der Chemiatrie herauszustellen. Außerdem traten moralisierende Bestrebungen und die Verteidigung der christlichen Weltanschauung hervor. Diese Ziele waren in einer Reihe von Fachgesprächen vorherrschend. Sie bezogen sich weniger auf Anwendungsbereiche als auf die Naturwissenschaften selbst. Inhaltlich setzten sie sich mit der Bedeutung der aufblühenden Naturwissenschaften im Vergleich zu den das traditionelle Wissenssystem prägenden Fachrichtungen, mit den Zielen und dem Nutzen der Naturforschung auseinander. Unter Vereinigung der religiösen christlichen Traditionen mit den verschiedenen philosophischen Richtungen der Aufklärung bildeten sich Bestrebungen aus, welche die Naturanschauung mit moralischen Ansprüchen zu verbinden trachteten. Die Naturdeutung wurde in umfassendere Gedankengebäude eingeordnet; denn man glaubte, daß in der Natur dieselben vernünftigen Gesetzmäßigkeiten walten, wie man sie als ideale Regeln für ein vernünftiges Zusammenleben in der menschlichen Gesellschaft und für verschiedene kulturelle Äußerungen ansah. Daher versuchte man, aus den wahrgenommenen Naturgesetzlichkeiten Richtlinien und Normen zur Gestaltung des menschlichen Lebens zu gewinnen.[86] Der Rechtfertigung einer derartigen Naturbetrachtung – teilweise auch der Naturforschung an sich –, der Verteidigung eines solchen Standpunkts mit dem Ziel, einen noch nicht überzeugten Partner zu bekehren, sollte die dialogische Darstellungsform dienen.

Zunächst sei noch auf eine Schrift hingewiesen, welche im Rahmen der überlieferten dialogischen Form für eine traditionelle wissenschaftliche Richtung eintrat, indem sie die wahre, philosophische Alchemie zu verteidigen suchte. Das 1744 erschienene Gespräch über die »hermetische Kunst« versucht, einen Vertreter der empirischen Chemie unter Abweisung betrügerischer Alchemisten auf die tiefgründige, im alchemischen Werk enthaltene Weisheit hinzulenken. Daneben läßt der Autor Zweifel und Kritik zu und gesteht auch eine gewisse Verwirrung in den Schriften und Aussagen der alchemistischen Philosophen ein. Als Fachmann der nur auf die Empirie bauenden Richtung in der Chemie tritt ein Apotheker Theobald auf. Ihm sind die Literatur und die Lehren der Alchemie bekannt; er ist darauf aus, eine Universalarznei zu gewinnen, oder wenigstens zu erfahren, wie man »mit gemeinem Gold eine *metalische Medicin* machen könne«. Aber er ver-

86 Mann (1978: 115-118: über die Bedeutung dieser Auffassung der Entsprechungen zwischen Naturgesetzlichkeiten und vernünftigen Normen für das menschliche Leben in der Medizin).

sucht dabei, die Aussagen der Alchemie wörtlich zu nehmen und realistisch zu deuten. Darüber, daß ein solcher Ansatz grundsätzlich fehlgehen muß, belehrt ihn ein Jüngling, dem er in einer Einöde auf einem Berg begegnet. Der Apotheker hofft dort Heilpflanzen zu finden. Da er aber drei besonders »wundertätige« Kräuter sucht, nämlich die z.T. seit den Zeiten Homers sagenumwobenen, mit magischen Wirkungen ausgestatteten »Celidonia, Lunaria, Moli«, kann er auch diese nicht in der Wirklichkeit finden. Den grundlegenden Unterschied zwischen seiner Naturanschauung und der Naturdeutung derjenigen, die an Heilkräutermagie glauben und in der Alchemie nach dem »philosophischen Stein« suchen, führt ihm der in ungewöhnlicher Naturnähe lebende Hirte »Philenus« (vielleicht nach *philenios,* gehorsam, zügelfroh, gebildet) vor Augen. Der Außenseiter stammt jedoch von höher gestellten, nur verarmten Eltern ab und wurde durch einen weisen alten Adepten, welcher wohl in Anlehnung an den Namen mehrerer Philosophen der griechischen und römischen Antike als der Grieche »Demetrius« bezeichnet wird, in der alchemischen Kunst, auch im Experimentieren unterwiesen. Wenngleich er sich redlich bemühte, muß er doch eingestehen, daß er selbst nie an das Ziel des alchemischen Werks gelangte. Aber er führt seine Erfolglosigkeit auf die für einen nur mangelhaft Gebildeten wie ihn besonders rätselhaften Aussagen alchemischer Texte, seine Ungeübtheit im Experimentieren und die grundsätzliche Schwierigkeit der Verwirklichung alchemischer Ziele zurück. Schließlich sind sich beide Gesprächspartner darin einig, daß ein Adept göttlicher Erleuchtung bedürfe. Insgesamt wird noch die Möglichkeit einer positiven Einstellung gegenüber der Alchemie vertreten. Doch die Darstellung entbehrt nicht einer satirischen Note, wenn der Adept mittellos in eine Einöde verstoßen »in so grossem Liecht müssig stehet«, d.h. nicht einmal sein erlerntes Wissen beim Experimentieren erproben kann, und wenn beide sich redlich um Einsicht und Erfahrung bemühenden Partner endlich ihre Unkenntnis und Ratlosigkeit eingestehen müssen. Das Stück zeigt jedoch wenig Überzeugungskraft für die Bedeutung der Alchemie und wirkt wie eine rein rhetorische Abhandlung ohne hervorragende formale oder inhaltliche Ausschmückung; die Rahmenhandlung wird nur eingangs angedeutet und besteht am Ende nur in den Grußformeln zum Abschied. Dabei erscheint am ehesten der Ort der Begegnung bemerkenswert: nicht an einem kultivierten *locus amoenus*, in einem Garten oder Studierzimmer, findet sie statt, sondern in der ursprünglichen, unverbildeten Natur. Die in die Welt des Schafhirten verlegte Unterhaltung nimmt ein Motiv der klassischen Hirtendichtung auf. Dieses wird hierin jedoch nicht zu einem unterhaltsamen, leicht tändelnden, gefühlsbetonten Gedicht der Anakreontik der Mitte des 18. Jahrhunderts ausgestaltet – höchstens das Loblied auf die selbstlose Freundschaft des alten, den Hirten in alchemische Geheimnisse einweihenden Adepten erinnert daran –, sondern dient der Vermittlung gelehrter Aussagen über eine eigentümliche Naturdeutung.[87]

Wie das eben erwähnte alchemische Gespräch waren auch einige nun zu besprechende wissenschaftliche Dialoge in französischer Sprache keine Rekonstruktionen wirklicher Gespräche, sondern rein fingierte literarische Gebilde,[88] wenn auch im Anschluß an höfische Dichtung und wirkliche Gesprächsrunden in den Salons der Adeligen die Wertschätzung der Dialogform im Frankreich der Frühaufklärung seit der 2. Hälfte des 17. Jahrhunderts viele dialogische Erörterungen hervorbrachte.[89] Einige derselben beschäftigten sich mit den sich entfaltenden Naturwissenschaften und der Mathematik. Sie erörterten deren Bedeutung im Vergleich zu den traditionellen Wissenschaften und stellten besonders physikotheologische Gesichtspunkte heraus. Am Ausgang des 17. und am Anfang des 18. Jahrhunderts treten in den französischen Dialogen häufig Auseinandersetzungen mit den Lehren von Descartes zutage, der selbst auch die dialogische Darstellungsform von wissenschaftlichen Abhandlungen gefördert hatte. Selbstverständlich dienten den Schriftstellern dieser Zeit noch die klassischen, oft zitierten Autoren als Vorbilder, von Platon über Cicero, Seneca, Plutarch und Lukian bis zu Augustinus. Dabei hoben einige Verfasser die besondere Bedeutung der Dialogform für den gelehrten Unterricht hervor.

Hauptsächlich pädagogische Ziele verfolgte der Oratorianer le Père Bernard Lamy mit seinen »Entretiens sur les Sciences...«, die vor den bisher am ausführlichsten gewürdigten Dialogen von Bernard de Fontenelle 1684 (Vorwort von Februar 1683) erschienen sind. Die sieben »Entretiens« des Werkes waren von mehreren Briefen über die Zielsetzung und zur Erläuterung des Inhalts und der Rahmenhandlung der Darstellung begleitet. Die Schrift entsprach einer Propädeutik für die wissenschaftliche Ausbildung von jungen Klerikern, um »un Sçavant par rapport à la Religion« zu bilden. Sie verfolgte mehrere Anliegen. Selbstverständlich sollten die Ideale des Klosterlebens aufgezeigt werden. Dann wurden die Bildungswerte von Mathematik und Naturwissenschaften mit der Nützlichkeit ihrer Anwendungsgebiete herausgestellt, wobei ihre Erkenntnisse als Grund theologischer Einsichten in das Walten Gottes in der Schöpfung physikotheologisch gedeutet wurden. Zudem wurde der Wert der Mathematik zur Schulung des Intellekts und der Denkfähigkeit hervorgehoben. Diese Feststellungen dienten zugleich der Verteidigung der wissenschaftlichen Methode und Lehrmeinungen von Descartes. Schließlich sollte auch die Wirksamkeit der nicht nur durch Sokrates sondern auch durch Augustinus gebrauchten Lehrmethode des Magister-Discipulus-Gesprächs dargetan werden.

---

87 Hirt (1744: 19, 22 Zitate).

88 Lamy (1684: 1 f.): »Ne Vous informez point si les rencontres dont on y parle sont feintes, ou véritables,...«

89 Hirzel (1895: II, 407-411).

Von den sieben Unterhaltungen des Werks stellt der fünfte »Entretien« kein Gespräch, sondern eine Schilderung (image) des Lebens im Kloster dar. Die Unterredungen sind in klassischer Weise aufgebaut. Den Eingang bildet ein ausführlicher Prolog, in dem Anlaß, Rahmen und Orte der Unterhaltungen, nämlich ein einsamer, zurückgezogener Ort, eine »solitude«, sowie ein Kloster und die Bibliothek eines benachbarten Edelmannes, ferner die Personen und die zu betrachtenden Gegenstände eingeführt und gekennzeichnet werden. Die vier auftretenden Personen, deren Namen selbstverständlich metaphorische Bedeutung haben, sind unterschiedlichen Alters, vertreten verschiedene Haltungen gegenüber den Wissenschaften und stehen in unterschiedlichen persönlichen Beziehungen zueinander. Der älteste, »Synèse« (von griechisch synesis, Einsicht, Erkenntnis), der nach Einsicht und Gotteserkenntnis strebt, lebt an einem einsamen Ort ganz dem Gebet hingegeben, so daß er zunächst die Wissenschaften und das Bücherstudium nur als gefährliche Ablenkungen von seinen Hauptaufgaben betrachtet. Zu ihm hat sich ein gebildeter Jüngling »Aminte« (von griechisch amyntor, der Helfer, Beschützer, Verteidiger) gesellt. Während ersterer Beziehungen zu Klosterbrüdern unterhält, pflegt Aminte noch solche zur Außenwelt. Er erhält daher Besuch in der »solitude« von einem früheren Studienfreund, der von einer längeren Reise in Italien, von deren wissenschaftlichen Begegnungen und Begebenheiten er berichtet, nach Frankreich zurückkehrt. Dieser gelehrte »Theodose« (von griechisch theodosios, Gottesgabe) bringt seinen jüngeren Reisegefährten »Eugène« (von griechisch eugenes, edelgeboren, edelgesinnt) mit. Dieser ist zuerst den Wissenschaften abgeneigt, was durch einen mangelhaften Unterricht begründet scheint. Beiläufig wird auch die unzulängliche Bildung von »Halbgelehrten« kritisiert. Die Wirksamkeit ihrer Lehrmethode und den durch Synèse bezweifelten Wert, sogar Nutzen der Wissenschaften selbst für die Theologie und ein religiöses Leben darzutun, bemühen sich die jungen und frommen Gelehrten Theodose und Aminte im Wechselgespräch mit Eugène und Synèse.[90] Bereits durch die Eingangsunterhaltung gelingt es den beiden, die Bedenken des frommen Synèse zu zerstreuen und die Abneigung des jungen Edelmannes gegen das Bücherstudium in Neugierde, Eifer und den Wunsch, selbst Kenntnisse zu erlangen, zu verwandeln. Im Hauptteil der Unterredungen wird die Bedeutung der Wissenschaften als solche und in ihrer Beziehung zur Theologie ausführlich besprochen, wobei sämtliche Wissensgebiete außer Medizin und Jurisprudenz betrachtet werden und auf ihre eine Fülle von Gelehrsamkeit bergenden Inhalte hingewiesen wird. Es wird hervorgehoben, daß die Kenntnisse sowohl als auch die Studienmethode nicht nur den Intellekt schulen, sondern auch das sittliche Verhalten und die Lebensführung fördern.[91] Die dabei anfangs zu überwindenden

90 Lamy (1684: 1-21).

91 Lamy (1684: 6): »Eugène apprit dans leur Entretien non seulement la manière de regler ses études, mais ses mœurs et sa vie«.

Schwierigkeiten, wenn ein Jüngling lernen muß, regelmäßig, zielstrebig, ausdauernd unter Vermeidung von Zerstreuungen zu studieren, werden Eugène nicht vorenthalten (23-33). Der grundlegende Bildungswert der durch die mathematischen Wissenschaften vermittelten logischen Schulung des Denkens wird hervorgehoben. In Anlehnung an Descartes wird die Bedeutung einer »exakten Beweisführung und einer vollkommenen Methode« betont. Die Nützlichkeit von Geometrie und Arithmetik für die Religion, die der Astronomie und dem Computus der Kirchenfeste dienen können, wird herausgestellt (21 f., 39-44). Ferner erbringen grundlegende Kenntnisse für sämtliche Wissenschaften und die Theologie die in dem dritten »Entretien« betrachteten »Lettres Humaines«, nämlich Sprachen, Geschichte, die aus den historischen Originalquellen selbst zu erschließen sei, außerdem die als »leichte Wissenschaft« gekennzeichnete Geographie und die Chronologie. Auf diese Wissensgebiete gründen sich auch Religion und Politik. Ferner werden die Literaturwissenschaften mit Rhetorik und Fremdsprachen für wichtig erachtet. Dem Lesen hervorragender Schriftsteller als Vorbilder wird ein großer Bildungswert zugeschrieben. Zusätzlich soll die schwere »Kunst des Redens und Schreibens« stets geübt werden (59-130). Weitere Wissensgebiete und ihre Inhalte werden Eugène dann in der sechsten Unterredung mittels des reichhaltigen Bücherbestands der Bibliothek eines Edelmannes und sogar literarische Hilfsmittel wie verschiedene Bibliothekskataloge und Sprachwörterbücher vorgeführt. Dabei werden die zu erlernenden Gegenstände der Wissenschaften und auch der damaligen Anwendungsgebiete der Naturwissenschaften (Chronologie, Navigation, Perspektive, Spiegel-Katoptrik, Agrikultur etc.) und der Mathematik (Architektur, Vermessungswesen, Militärwesen, Fortifikationsbau, usw.) bis ins einzelne dargelegt. Gerade im Hinblick auf solche Wissensgebiete wird die Notwendigkeit einer breiten Erfahrungsgrundlage und fortwährender empirischer Studien, auch zum Erschließen neuer Überlegungen und theoretischer Folgerungen erläutert (232 f.). Schließlich wird die Bedeutung der erwähnten Wissenschaften als Voraussetzungen theologischer Studien dargelegt. Neben Geschichte, Sprachen und Rhetorik, welche die Fähigkeit zum Predigen fördert, wird auch die Erkenntnis der Natur als der Weg zur Erkenntnis Gottes in der Schöpfung gewürdigt: »...nous ne pouvons nous élever à la connoissance du Souverain Estre, qui est invisible, que par la considération des objets visibles« (12). Damit ist der Grundsatz physikotheologischer Naturbetrachtung, wie sie sich im 18. Jahrhundert ausbreitet und die aufblühende Naturforschung fördert, ausgesprochen. Ein kurzer Epilog beendigt das Gespräch, dem zum Abschluß der Rahmenhandlung zwei Briefe von Théodose an Eugène angefügt sind (234-336).

Das Lehrgespräch ist sorgfältig gegliedert und folgt seinem logischen und stellenweise auch dramaturgischen Aufbau durchgängig. Der wesentliche Teil der wissenschaftlichen Erörterungen wird durch Théodose und Aminte bestritten, deren Ausführungen Eugène durch Zwischenfragen und -bemerkungen vorantreibt. Am Anfang erhalten die Unterredungen eine gewisse inhaltliche Spannung dadurch, daß Synèse und Eugène erst – jeder auf seine Weise – von der Notwendigkeit der Wissenschaften überzeugt werden müssen. In der darauf folgenden Einführung in die wissenschaftlichen Gegenstände im einzelnen werden inhaltliche Gegensätze und Spannungen immer wieder dadurch hervorgebracht, daß auf gegensätzliche Meinungen hingewiesen wird, die dann überwunden werden. Stets zielt die Gedankenführung auf eine Apologetik der Wissenschaften als Grundlage der Theologie und Religion. Obwohl die Gespräche als solche sicherlich nicht naturgetreue Wiedergaben wirklicher Unterhaltungen darstellen, antworten sie doch mit ihren Zielen und Anliegen auf wirkliche Gegebenheiten. Zweifellos waren manche religiöse Kreise und Orden gegen eine Pflege der Wissenschaften und besonders gegen die zeitgenössischen cartesianisch ausgerichteten Naturwissenschaften eingestellt. Auch die Abneigung junger Edelleute gegen ernsthafte wissenschaftliche Studien war verbreitet. Zugleich erforderten die sich erweiternden Wissenschaften des 17. Jahrhunderts eine wohlüberlegte Propädeutik, bei der besonders der Stellenwert und die Einfügung der inhaltlich ausgebauten mathematischen Naturwissenschaften bedacht werden mußten. Unterstützt wurde dieses Anliegen durch das Vorbild von Descartes, der die Notwendigkeit einer Methode für wissenschaftliches Vorgehen hervorgehoben hatte. Schließlich erwuchs aus der zeitgenössischen wissenschaftlichen Entwicklung das Bedürfnis darzutun, wie die neuartigen wissenschaftlichen Auffassungen und die erweiterten Wissenschaftszweige mit dem Studium der Theologie und mit der Religion in Einklang zu bringen sind.

Im Gegensatz zu der Abhandlung von Père Lamy, die noch gänzlich durch die überlieferte klerikale religiöse Ordnung bestimmt war, verknüpfen die nun zu besprechenden Unterredungen christlich-metaphysische Anschauungen mit wesentlichen Ideen der Aufklärung. In ihnen werden Fragen aufgeworfen und Lösungen vorgeschlagen, wie sie noch während des ganzen folgenden Jahrhunderts erörtert wurden. Sie seien hier erwähnt, obwohl sie nicht hauptsächlich naturwissenschaftlichen Gegenständen gewidmet sind, sondern vielmehr auf naturwissenschaftlichen Theorien aufbauend neue Grundsätze der Ethik zu entwerfen versuchen. Die »Entretiens sur un Nouveau Système de Morale et de Physique ou La Recherche de la Vie Heureuse selon Les Lumières Naturelles« verfaßte Louis François Ladvocat (1644-1735), der Vorsteher der Rechnungskammer und Privatgelehrter in Paris war.[92] Nachdem sie dem Verleger schon im April 1719 vorgelegt worden waren, erschienen sie 1722. Bei der Wahl der literarischen Form stand »L'Auteur des Nouveaux Dialogues des Morts«, d.h. Bernard de Fontenelle Pate. Die Dialogform soll nach dem Vorbild Platons vor allem der Unterweisung des Wißbegierigen und der Entwicklung der Aussagen im Wechselgespräch die-

92 Rotermund III (1810: Sp. 1038).

nen. Die literarische Form ist ein Ausfluß der durch den Autor in Anlehnung an den naturwissenschaftlichen Erkenntnisweg angewandten »Methode de l'Analyse«.[93]

Das Werk enthält auf sieben Tage verteilte Unterhaltungen. An ihnen beteiligen sich hauptsächlich zwei Personen, »Cleantes« und »Chrysippe«. Zu ihnen gesellen sich in der fünften und sechsten Begegnung als dritte Person der Jüngling »Cerinthe« und als göttliche Schwestern die personifiziert auftretenden »Vigilance« (Wachsamkeit) und »Sagesse« (Klugheit, Weisheit). Die Hauptpersonen stehen in derselben Beziehung zueinander wie ihre klassischen Vorbilder: der jüngere Chrysippe begibt sich wie einst der stoische Philosoph Chrysippos im 3. Jahrhundert v.Chr. an den Ort, an dem zurückgezogen der betagte Cleantes alias Kleanthes (stoischer Scholarch und seit 262 v.Chr. Nachfolger von Zenon von Kition als Leiter der Schule) lebt, um sich von ihm unterrichten zu lassen. Ihr Dialog entspricht also einem Magister-Discipulus-Gespräch, zu dem Cleantes den hauptsächlichen, den Fortgang bestimmenden Anteil beisteuert, während Chrysippe im allgemeinen kürzere Zwischenbemerkungen, -fragen und -antworten zugedacht sind. Zudem werden diesem in einigen längeren Reden die Meinungen von Gegnern wie Cartesianern und Mechanisten, die es zu widerlegen gilt, in den Mund gelegt (203-205). Für die hinzukommende dritte Person läßt sich kein eindeutiges historisches Vorbild feststellen. Der Name »Cerinthe« ist mehrdeutig. Er kann von dem griechischen »Kerinthos«, einem freundlich gemeinten Sklavennamen[94], abgeleitet sein. Deutlich erinnert er an die Pflanzengattung Cerinthe aus der Familie der Boraginaceae, welche Kräuter überwiegend im Mittelmeergebiet heimisch sind und in einigen Formen als Zierpflanzen gepflegt wurden. Beide Namen können den dritten Gesprächsteilnehmer als einen den wahrnehmbaren sinnlichen Annehmlichkeiten des Lebens zugewandten Menschen charakterisieren, der folgendermaßen eingeführt wird: »il est homme du monde et d'un agréable Commerce, il pourroit nous instruire de la vie sensuelle, car il est volupteux«. Cerinthe rühmt seine Sinnenfreuden, läßt sich aber davon überzeugen, daß jedes Übermaß derselben schädlich ist und daß deren Erhaltung nur durch »das Licht der Vernunft« gewährleistet ist: »un volupteux est convaincu par l'interet des sens même, qu'il trouveroit plus de plaisir à suivre les lumières de la raison, qu'à se livrer à ses passions«.[95]

In dem Dialog von Ladvocat werden die hauptsächlichen Gegenstände der Aufklärungsphilosophie und ihre Beziehungen zueinander erörtert: menschliches Glück, Freiheit, Unsterblichkeit, Gefühlswelt, Vernunft, Moral, Religion, Erziehung, Naturrecht, Gesellschaft, Staat, Ergebnisse der Naturphilosophie und Na-

93 Ladvocat (1722: Preface – p. 1).

94 Kroll (1921: Sp. 289).

95 Ladvocat (1722: »Sommaire des Matières« zu Entretien V, und p. 277, in den wörtlichen Zitaten wird die frühere Originalform der Rechtschreibung beibehalten).

turwissenschaften.[96] Die Auseinandersetzung mit unterschiedlichen Lehrmeinungen, die abwechselnd durch Cleantes und Chrysippe vorgetragen werden, erzeugt Spannung in dem Gespräch und treibt es voran. Während die Ideen der Gründer stoischer Lehren als zu spekulativ abgelehnt werden, wird vor allem ihre durch die Lebenserfahrung geprägte, durch Cicero übermittelte Form als Richtschnur übernommen. Außerdem werden einige cartesianische Gedanken, besonders die Materietheorie mehrfach abgelehnt, wenn auch das methodische Prinzip des mos geometricus anerkannt bleibt. Statt dessen dient die Naturphilosophie von John Locke als Vorbild. Unter Weiterbildung cartesianischer Prinzipien und unter Einbeziehung von Leitgedanken von Locke wird angenommen, daß »Ausdehnung« und »Bewegung« als »primäre Qualitäten« unabhängig vom wahrnehmenden Subjekt objektiv gelten. Derartige grundlegende Gegebenheiten, die als Substanzen und Seinsweisen gedeutet werden, und die Gesetzmäßigkeiten ihres Zusammenwirkens hält Ladvocat für die wesentlichen Strukturelemente des Universums und des Menschen als Bestandteil desselben. Die physische Welt ist aus einer diskret strukturierten Materie aufgebaut und wird konstituiert durch »Ausdehnung«, einen absoluten Raum (»l'espace pur«) und »Bewegung«. Zugleich lehnt Ladvocat aber einen Atomismus mit der Annahme eines Vakuums ab. Außerdem beruft er sich auf Pierre Gassendi, der die Gültigkeit von Zeit und Ewigkeit, von Raum und Unendlichkeit miteinander in Einklang zu bringen versuchte. Dementsprechend läßt Ladvocat auch die Existenz eines »Höheren Wesens« und die von himmlischen Intelligenzen gelten, an deren Spiritualität der Mensch durch seine Seele teilhabe. Der Mensch besteht aus Körper und Geist oder Seele und aus einem »Bewegungsprinzip« (»un Principe de Mouvement«), »welches die hervorbringende Ursache aller seiner [des Menschen] Tätigkeiten ist« (»...qui est la cause formelle de toutes ses actions«). Die Existenz dieses Bewegungsprinzips wird physiologisch begründet; denn das Blut zirkuliert und Atmung und Verdauung gehen ohne wahrnehmbare Beteiligung des Bewußtseins vor sich. Das umfassende Deutungsprinzip wird daher als »Lebensprinzip« aufgefaßt: »ce Principe de Mouvement est le principe de la vie, et vous ne respirez que par luy,...«. Dementsprechend sollen die naturgegebenen, universell gültigen Bewegungsgesetze auch für den menschlichen Organismus als Einheit aus Körper, Geist und »Bewegungsprinzip« maßgeblich sein. In dem Bestreben, das menschliche Dasein in eine kosmische Harmonie einzuordnen, kommen wiederum stoische Ideen zum Tragen. Um menschliches Glück zu erreichen, kommt es darauf an, die geordnete Einheit und Verbindung der Grundelemente aufrechtzuerhalten («la parfaite union de ces trois parties«), für »Gesundheit des Körpers« und »Ausgeglichenheit des Geistes« («la tranquillité de l'esprit«) zu sorgen.[97] Diesen naturbe-

---

96 Cf. die ausführliche Darlegung in Hazard (1963).

97 Ladvocat (1722: 41-63, 152-185, 205-276, 295-314, 462-490, Zitate p. 53, 54, 57); cf. Jammer (1960: 99-101): der darin dargestellten Lehre von Gassendi entspricht diejenige von

gründeten Gesetzmäßigkeiten zu genügen, sind ebenfalls Aufgabe und Ziel der Moral. Sowohl die individuelle als auch die gesellschaftliche Sittlichkeit beruhen auf Naturgesetzlichkeiten. Das Prinzip eines allgemein gültigen, durch Gott gegebenen Naturgesetzes, das auf Vernunft gründet, und das im Naturrecht gefaßt wird, dem jedoch droht, durch das positive Recht der Regierenden verfälscht zu werden, wird als wesentliche Richtschnur anerkannt. Die hoch gesteckten idealen Ziele sind aber nicht ohne weiteres zu erreichen und laufen Gefahr verfehlt zu werden, besonders bei mangelhaftem Gebrauch der Vernunft. Daher wird eine umfassende Erziehung des Geistes und der Seele (»l'âme raisonnable«) »selon les lumières naturelles«, auch mittels theologischer Studien gefordert. Die Erziehung ist erforderlich, weil der Mensch zu bewußtem Handeln aufgerufen ist. Denn im Gegensatz zu den Tieren, die – wie Ladvocat unter Ergänzung der Automatentheorie von Descartes annimmt – nur durch »den Instinkt oder das Bewegungsprinzip«, das »quasi materiel« ist, gelenkt werden, ist der Mensch mit Freiheit begabt. Sämtliche Grundsätze, die durch die mit der Naturphilosophie verknüpfte Aufklärungsphilosophie geprägt sind, werden eingehend erörtert und ihre Folgerungen für die individuelle und soziale Lebensgestaltung ausführlich dargelegt.[98]

Neben den umfangreichen gelehrten Abhandlungen, in denen moralische Betrachtungen naturphilosophisch begründet wurden, finden sich im 18. Jahrhundert viele Schriften, in denen aus einzelnen Ergebnissen der Naturkunde und Naturlehre Folgerungen über die allgemeine Struktur der Welt und für das soziale und kulturelle Leben der Menschen abgeleitet wurden. Besonders die Bestrebungen der physikotheologischen Naturdeutung versuchten zahlreiche Darstellungen weiten Leserkreisen nahe zu bringen. Unter ihnen sind einige auch in der unterhaltsamen Form von Gesprächen abgefaßt worden. Um die Mitte des Jahrhunderts erschienen die seit 1750 wiederholt aufgelegten »Unterredungen über die Schönheit der Natur...« von Johann Georg Sulzer. Der aus der Schweiz stammende reformierte Theologe und Philosoph lehrte seit 1747 Mathematik an einem Gymnasium in Berlin, wo er 1750 Mitglied der Akademie der Wissenschaften wurde und 1764 als Professor der Philosophie an die Militärakademie berufen wurde. Angeregt durch die Philosophie des Leibnizianers Christian Wolff und durch ästhetische Ideale des schweizerischen Kritikers und Schriftstellers Johann Jakob Bodmer trat Sulzer in vielen ästhetischen, moralischen, pädagogischen und erbaulichen Schriften für Ziele der Aufklärung wie die Pflege des Verstandes und des sittlichen Gefühls ein. Seine moralisierenden Bestrebungen ließen ihn der physikotheologischen Naturanschauung huldigen. Diese prägte auch die der Erbauung, der Verteidigung der Sittlichkeit und der »natürlichen Religion« dienen-

---

Ladvocat weitgehend, nämlich die Annahme der Unabhängigkeit und Priorität des Raums und die wesentliche Unterscheidung zwischen »Raum« und »Ausdehnung«.

98 Ladvocat (1722: 9-41, 80-85, 123-134, 187-197, 300-314, 400-459).

den, in mehreren Ausgaben, in französischer Übersetzung unter dem treffenden Titel »Tableau des Beautés de la Nature« (1755) erschienenen »Unterredungen«. In fünf Unterhaltungen von jeweils etwa 20-30 Seiten führt der auf dem Land wohnende gastfreundliche Herr »Eukrates« seinen wohlgesinnten Freund »Charites« in die als schön, wohlgeordnet, zweckgerichtet und in höchstem Maß lehrreich und zur Gotteserkenntnis leitend gedeutete natürliche Umwelt ein. Von den angenehmen Empfindungen, welche die mannigfaltigen, wechselnden Sinneswahrnehmungen beim Erleben des natürlichen »Gemäldes« einer mitteleuropäischen Landschaft im Tageslauf vermitteln können, ausgehend über einige eingehende Einzelbeobachtungen werden Einsichten in die zweckvollen Ordnungen der Natur und schließlich in das Wirken eines göttlichen Geistes dem aufmerksamen Betrachter eröffnet. Besonders die nach damaliger Auffassung an Naturgegenständen – sogar noch in konservierter Form in einem Naturalienkabinett – wahrnehmbaren ästhetischen und moralischen Werte werden vorgetragen. Als naturgeschichtliche Einzelheiten werden hauptsächlich einige um 1750 neu erlangte Errungenschaften der Naturkunde, Einsichten in die Eigenschaften und Wirkungen der atmosphärischen Luft, die klassifizierbaren mannigfaltigen Gestalten von Mineralien, Pflanzen und Tieren, Erkenntnisse über die Gestaltwandlungen bei der Entwicklungsgeschichte der Pflanzen und Tiere und über Erscheinungen der Sinnesphysiologie und des Verhaltens der Tiere wie Nestbau und soziales Zusammenleben, an einzelnen Vertretern dargelegt. Die naturkundlichen Inhalte werden durch die ausführlichen Reden des Eukrates vorgetragen, während Charites einige Fragen, Bemerkungen, Einwände und Reaktionen auf die Naturwahrnehmungen vorbringt. Nachdem er zuerst unwissend und mit Vorbehalt dem Naturerleben entgegentritt, wird er nach der ersten Begegnung aufmerksam und dann bald begeistert, schließlich überzeugt von der lehrreichen Erbauung und letztlich Gotteserfahrung, welche die Beschäftigung mit den Naturerscheinungen vermitteln kann.[99] Zur Einführung in diese besondere Weise der Naturbetrachtung erscheint die Form des Apologetik und Unterricht verknüpfenden Dialogs hervorragend geeignet.

Das entsprechende Ziel, »die Menschen auf die Betrachtung der Werke des Schöpfers aufmerksam zu machen, und sie von dem vielfachen Nutzen derselben zu überzeugen« wie auch das Vergnügen an der Wahrnehmung der Naturerscheinungen zu wecken, verfolgte der umfangreiche »Katechismus der Natur«, der schon mit seiner Benennung an die religiösen Schriften erinnerte, die den Lehr-

99 Sulzer (1774: 130 f.): »Alles was man in der Natur siehet ist sein Werk, und die Naturgeschichte ist eigentlich nicht anders, als die Geschichte des höchsten Wesens.... Wir sehen in der Natur den unendlichen Geist denken,...« – Über Sulzer cf. Liebmann (1894: 144-147). – Auch in seiner Ästhetik vertrat Sulzer aufklärerische Ideen; Kunst sollte der Moral und vernünftigen Erziehung dienen; cf. Kruft (1978: 38).

stoff in katechetischer Form darbieten.[100] Das Werk erschien zuerst in niederländischer Sprache in vier Teilen 1778-1779 und wurde wiederholt in dieser und in abgekürzter Form aufgelegt. Außerdem wurden mehrere Ausgaben beider Fassungen in deutschen und englischen Übersetzungen bis ins 19. Jahrhundert hinein verbreitet. Der Autor Johann Florent Martinet war Magister der Philosophie und Prediger zu Edam in Holland und tat sich durch theologische und naturkundliche Schriften hervor.[101] Zur Verbreitung in Deutschland trug mit seiner Übersetzung der Professor der Mathematik und Naturlehre in Wittenberg Johann Jacob Ebert bei.

Der »Katechismus« bietet seine Aussagen in Form von Gesprächen dar, für die nicht eigens Personen erfunden wurden. Im Vorbericht werden die Dialoge als Zwiegespräche zwischen dem Autor als Lehrer und einem »wohlgesinnten, lehrbegierigen [eigentlich lernbegierigen!] Jüngling« gekennzeichnet. Da diesem außer kurzen Fragen auch Zwischenbemerkungen in den Mund gelegt werden, entspricht die Gestaltung weniger der eines »Katechismus«, in dem im allgemeinen auf kurze gezielte Fragen ausführliche Antworten folgen, als derjenigen der überlieferten Lehrer-Schüler-Gespräche. Als Orte der Unterredungen werden die Wälle des Städtchens »Zütphen« (jetzt Zutphen an dem Fluß IJssel, in der Provinz Geldern in Holland) und dessen nahe Umgebung angegeben. In insgesamt 21 Unterredungen von unterschiedlicher Länge wird eine Übersicht über die wichtigsten Inhalte der damaligen Naturgeschichte vermittelt, wobei stets die Beziehung zum Ort des Rahmengeschehens gewahrt bleibt, indem auf viele einzelne Beobachtungen an Gegenständen bei der Wohnung des Autors und in der Umgebung von Zutphen hingewiesen wird. Die Betrachtung beginnt im ersten Teil mit einer allgemeinen physikotheologischen Erörterung und dem Aufruf zur eingehenden und selbständigen Naturbeobachtung, legt dann im einzelnen die Anordnung der Himmelskörper mit ihren Haupteigenschaften dar, bespricht meteorologische Erscheinungen der Atmosphäre, die Gestalt der Erde und Vertreter der an ihrer Oberfläche zu findenden Mineralien und Gesteine, die verschiedenen Gestalten der Erdoberfläche sowie geographische Besonderheiten der Landschaft von Holland; dazwischen werden einige Gegebenheiten der menschlichen Anatomie, Physiologie und Entwicklungsgeschichte, besonders die Veränderungen der Proportionen des Körpers beim Wachstum aufgrund von Messungen an Knaben in Amsterdam und einige statistische Daten über das Werden und Vergehen der Menschen auf der Erde mitgeteilt. Die Teile zwei bis vier sind den Organismen gewidmet. Als Vertreter der wichtigsten Tiergruppen werden Säugetiere (noch in traditioneller Weise als die »vierfüßigen Thiere« bezeichnet), Vögel, Fische, Wassertiere und Insekten, unter denen jeweils die in Holland lebenden hervor-

100 Martinet I (1779: Vorbericht).

101 Rotermund IV (1813: Sp. 839).

gehoben werden, vorgestellt. Dann werden die Blütenpflanzen mit einheimischen Nutzpflanzen, die mannigfaltigen Gestalten und weitere Eigenschaften von Blüten, Früchten und Samen besprochen. Ferner werden in- und ausländische nutzbare pflanzliche Produkte, die Getreidearten und ihr Anbau erörtert. Mit einem Gang durch einheimische Wälder mit Hinweisen auf ihre hauptsächlichen Bäume wird die Betrachtung abgeschlossen.[102]

In der gesamten Darstellung versucht Martinet die Aufmerksamkeit auf die bewunderungswürdigen Eigenschaften einzelner Naturgegenstände zu lenken, wie sie die vorangehenden Forschungen von Hales, Réaumur, Bonnet, Linné und Haller zutage gefördert hatten. Er glaubt, überall zweckvolle Einrichtungen, planmäßige Anordnungen und göttliche Absichten zu erkennen: naturhistorische Betrachtung und physikotheologische Deutung sind eng miteinander verwoben und fördern sich gegenseitig. Die Apologetik für die »natürliche Theologie« mündet in eine solche für die Naturforschung. In der Darstellung von Martinet, in der die durch Sulzer betonten einfachen moralisierenden Bestrebungen zurücktreten, sind Inhalt, Umfang und erbauliche Bedeutung der Naturforschung deutlich herausgestellt. Die Form des Gesprächs soll der Verbreitung dieser Gedanken durch erbauliche Unterhaltung dienen. Dabei wird nicht eine vollständige Mitteilung der naturkundlichen Kenntnisse erstrebt, wenn auch kaum bekannte eigene Beobachtungen etwa über die Federn der Vögel und über die Eigenschaften der Wassertiere angeführt sind; denn das »Buch soll nicht Naturforscher bilden; es soll nur die Menschen aus der unverantwortlichen Gleichgültigkeit reißen, womit die meisten die göttlichen Werke zu betrachten pflegen, und sie durch einige merkwürdige Beyspiele zur ordentlichen Erlernung der Naturkunde aufmuntern«.[103] Mit der Gestaltung als Gespräch, erst recht in den für die Jugend bestimmten Kurzfassungen des Katechismus geht eine Auswahl und Vereinfachung der naturgeschichtlichen inhaltlichen Aussagen einher, wobei aber nach damaliger Auffassung die Wissenschaftlichkeit gewahrt blieb.

Ergebnisse und Schlußbetrachtung

Beginnend mit Wiederholungen früherer Dialoge und mit erneuter Gestaltung nach überlieferten Vorbildern wurde die literarische Form des Gesprächs im Zeitalter der Aufklärung wie zuvor auch zur Vermittlung von naturwissenschaftlichen Inhalten in unterschiedlicher Ausgestaltung nachhaltig benützt. Einige gelehrte Dialoge waren noch in Latein und eine größere Anzahl derselben in französischer Sprache abgefaßt. Sowohl Dialoge gelehrten Inhalts als auch solche, die

102 Martinet I-IV (1779-1782); I (1779: 317-320 zum menschlichen Wachstum).

103 Martinet / Ebert II (1780: Vorbericht).

sich unter Vereinfachung des wissenschaftlichen Inhalts an einen größeren Leserkreis wandten, waren in sämtlichen europäischen Landessprachen nachzuweisen. Einige von ihnen wurden in eine oder in mehrere fremde Sprachen übersetzt, was darauf hinweist, daß diese Darstellungen viel Anklang fanden. Von den für das 18. Jahrhundert nachgewiesenen naturwissenschaftlichen Dialogen konnte hierin nur etwa die Hälfte betrachtet werden, Die umfangreiche, mehrere Gesprächsformen aufweisende Gruppe der Dialoge, die der Belehrung Erwachsener oder dem Unterricht von Jugendlichen dienen sollten, und die unterschiedlich gestaltet waren, bleibt einer folgenden ausführlichen Erörterung vorbehalten.

Bei den hier betrachteten naturwissenschaftlichen Fachgesprächen wurden die überlieferten Formen entsprechend den eigenen wissenschaftlichen Anliegen mit neuem Inhalt erfüllt und dabei teilweise abgewandelt. Die Analyse von Vertretern dreier hauptsächlicher Formen des wissenschaftlichen Dialogs zeigt, daß im ausgehenden 17. und im 18. Jahrhundert fachliche Erörterungen in den Naturwissenschaften genügend Anlässe boten, sich dieser Mittel der Darstellung zu bedienen. Zeitgenössische wissenschaftliche Streitfragen wurden durch verschiedene Personen, die zwei oder mehrere unterschiedliche Lehrmeinungen und Ansichten verkörperten, in »Wortgefechten« erörtert. Dabei konnte die rhetorische Bedeutung einer bekannten, grundsätzlich nicht mehr kontrovers erörterten Gegebenheit wie der Gegensatz zwischen den Anliegen der überkommenen Alchemie und der neuzeitlichen empirischen Chemie die Gestaltung des Motivs als eine Unterhaltung bestimmen. Ferner konnten noch ungelöste wissenschaftliche Streitfragen wie die Bedeutung der Säure-Base-Lehre in der Chemie und Medizin die Wahl der literarischen Form begründen. Denn die Verteilung der Meinungsäußerungen auf mehrere Personen in einem Gespräch ermöglichte dem Autor, selbst auf verschiedene Weise Stellung zu beziehen. Entweder trug er die widerstreitenden Ansichten nur vor, ohne sich selbst eindeutig für eine Lehre zu entscheiden oder er stimmte offen oder versteckt einer Lehrmeinung zu. Dabei konnten die Gesprächspartner in unterschiedlicher Weise zueinander in Beziehung gesetzt sein: ihre gegensätzlichen Meinungen wurden unversöhnt nebeneinander dargestellt; gegen die Meinung oder Haltung eines Gesprächsteilnehmers richtete der Autor seine oft mit Satire verknüpfte Polemik; ferner wurde deutlich eine Meinung oder Weltanschauung verteidigt und dabei ein zuerst widerstrebender Teilnehmer nach und nach zur Anerkennung dieser Meinung gebracht und schließlich überzeugt. Meist wurden echte wissenschaftliche Gegensätze und Anliegen erörtert, die mehr oder minder geschickt und ausführlich rhetorisch ausgestaltet wurden. Bei der Gestaltung der Fachgespräche bildete eine logisch geordnete Folge von wissenschaftlichen Gedanken und Aussagen das Gerüst der Darstellung, das geringfügig geschmückt wurde, aber wenig Freiraum zu Abschweifungen, sachfremden Zusätzen und willkürlichen Gedankensprüngen offen ließ. Das sachliche fachwissenschaftliche Ziel der Darstellung ließ die Autoren auch eigene und zeitgenössische Erkenntnisse, gelehrte Literaturangaben, exakte Beobachtungsdaten, sogar Rechnungen und geometrische Zeichnungen wie in einen wissenschaftlichen Text einfügen. Da die sachlich begründeten Aussagen von allgemeiner Gültigkeit waren, wurden sie nicht durch individuelle Personen geäußert, sondern durch als Typen gekennzeichnete Vertreter bestimmter Personengruppen oder Lehrmeinungen.

Um bedeutende zeitgenössische wissenschaftliche Erörterungen in einer als eingängig lesbar geltenden Form zu verbreiten, wurden neben Dialogen zusätzliche dialogische Literaturformen benützt. Besonders fingierte Briefe finden sich häufig den Fachgesprächen beigegeben. Sie lösten die Dialogform auch teilweise ab und waren im 17. und 18. Jahrhundert als literarische Form für kürzere Mitteilungen gebräuchlich, wie sie dann in Aufsätzen in den neu gegründeten wissenschaftlichen Zeitschriften veröffentlicht wurden. Daneben wurden noch die überlieferten Formen der Quaestiones, in deutscher Übersetzung auch »Fragstück« genannt, und der Disputatio, die teilweise auf wirklich abgehaltenen Erörterungen beruhte, gepflegt. Nicht sämtliche sprachliche Benennungen der verschiedenen dialogischen Formen in den Titeln der Schriften werden einheitlich verwendet. Mit den überwiegend Gespräche bezeichnenden Ausdrücken Discurs (-us), Entretien und Unterhaltung sind mitunter nur einfache Darlegungen benannt worden.

Unter mehreren Benennungen findet sich weiterhin im 19. Jahrhundert eine große Anzahl von fachwissenschaftlichen Dialogen in sämtlichen, auch den neu entstehenden Zweigen der Naturwissenschaften und ihren Anwendungsgebieten, von Naturgeschichte, Naturlehre, Stereometrie, Chemie, Geologie, Agri- und Hortikultur, medizinischen Sachgebieten bis zu Phrenologie und Darwinismus. Mehr und mehr zeigen sich Neigungen zu populären Darstellungen des anerkannten Wissens, wie sie die intelligente englische Bürgersfrau Jane Marcet seit Anfang des Jahrhunderts für mehrere Fachgebiete wie Chemie, Pflanzenkunde, Geologie und Naturphilosophie zusammenstellte,[104] und zu Einführungen und Übersichtsdarstellungen als Unterrichtshilfen. Nach wie vor beteiligten sich Autoren in sämtlichen westeuropäischen Landessprachen; in Frankreich waren »Dialogue«, »Entretien« und »Conversation«, in England »Dialogues« und »Conversations« und in Deutschland »Gespräche«, »Unterredungen« und »Unterhaltungen« verbreitet. Seit der Mitte des 18. Jahrhunderts und besonders im 19. Jahrhundert taucht die früher mehr beiläufig zu findende katechetische Form von kurzen Fragen und längeren Antworten[105] in »Katechismen« vermehrt auf. Sie dienten als Hilfsmittel beim Unterricht[106] sowie zur Einführung und als übersichtliche

[104] Marcet (1982 [1839]); Marcet (1844).

[105] Cf. Placotomus (1560): in Form von Fragen und Antworten.

[106] Cf. Niedermayr (1791); Röckl (1820).

Nachschlagewerke für Anwendungsgebiete wie Pharmazie[107], Medizin, Landwirtschaft[108] und Technik[109]. Insgesamt läßt sich feststellen, daß seit dem ausgehenden 18. Jahrhundert weniger Fachgespräche mit dem Ziel, wissenschaftliche Streitfragen zu erörtern, veröffentlicht wurden. Statt dessen nahm die Anzahl und unterschiedliche Gestaltung der Schriften zur Belehrung auf verschiedenen Ebenen der Wissensvermittlung deutlich zu.

Diese Veränderungen von Inhalt und Gestaltung der naturwissenschaftlichen Fachgespräche weisen auf die Bedeutung der Beziehungen zwischen den Naturwissenschaften und der Gesellschaft hin. Die sozialen Wandlungen seit dem Ausgang des 17. Jahrhunderts wirkten sich auf die Naturwissenschaften dadurch aus, daß sich die verschiedenen sozialen Schichten mit unterschiedlicher Eindringlichkeit in diesen Wissenschaften betätigten. Gleichzeitig bemühten sich, wie oben mehrmals bei einzelnen Texten angeführt, die Gelehrten und Naturforscher im Zeitalter der Aufklärung selbst, ihre »par les lumières naturelles ou par la raison« gewonnenen wissenschaftlichen Erkenntnisse zur Erziehung möglichst weiter Bevölkerungskreise, zur Verbesserung des gesellschaftlichen Zusammenlebens und der Staatsform und zur Erhöhung der Humanität unter den Menschen einzusetzen.[110] Für diese Bestrebungen boten die neuzeitlichen Naturwissenschaften umso mehr ein Feld dar, als sie mit ihren Ergebnissen in die Anwendungsgebiete eindrangen, die viele Lebensbereiche einer großen Anzahl von Menschen betrafen. Während in der frühen Neuzeit überwiegend naturwissenschaftliche Dialoge sich zwischen Gelehrten, Scholaren und dem Magister mit seinem Discipulus abspielten, dann seit dem 17. Jahrhundert zusätzlich neben den Gelehrten und vielen Geistlichen sich auch Adelige, darunter sogar Damen beteiligten, traten seit der Mitte des 18. Jahrhunderts die Bürger mit ihrer Umwelt, unter ihnen auch bildungsbeflissene Laien und Angehörige der Anwendungsbereiche hervor; sogar Vertreter des vierten Standes der Bauern wurden einbezogen. Gleichzeitig wandten sich die Autoren verstärkt an sämtliche Altersgruppen und an beide Geschlechter, wobei die zum Unterricht Jugendlicher bestimmten naturwissenschaftlichen Gespräche zunahmen. Neben den Fachgelehrten beteiligten sich Autodidakten und Liebhaber der Wissenschaften und Künste aus den bürgerlichen Ständen am Hervorbringen dieser naturwissenschaftlichen Schriften und wurden in sie aufgenommen. Sie und viele Fachgelehrte wandten sich schließlich an alle des Lesens kundigen Mitmenschen, um ihnen neu erforschte, belehrende, für ihre Daseinsgestaltung nützliche oder nur erbauliche, »merckwürdige«, ästhetische und unterhaltende Einsichten in Naturvorgänge nahezubringen. Die sich in

107 Hermbstädt (1792); Urban (1829); Urban (1830).

108 [Bexon] (1773); Christ (1784); [Ehrenbreitstein] (1791); Wildt (1884).

109 Zetzsche (1883 [1871]).

110 Entsprechende Bemühungen ließen sich bei Bernard de Fontenelle nachweisen, cf. Marsak (1959: 54-59); als allgemeine Bestrebungen beschrieben in Hazard (1963).

vielen Richtungen, mit zunehmenden Beziehungen zu lebensweltlichen Bereichen erweiternden Naturwissenschaften und die Ziele der Aufklärungsphilosophie mit ihrer wachsenden Aufmerksamkeit für Naturerscheinungen unterstützten sich gegenseitig und führten dazu, daß wissenschaftliche Auseinandersetzungen um neue Erkenntnisse in den überkommenen Formen ausgetragen wurden und daß diese zusätzlich ausgebaut wurden. Die neuen Naturerkenntnisse wurden auch in erweiterten dialogischen Literaturformen dargestellt.

Literatur

Abetti, Giorgio / Klemm, Friedrich (1966): Dialogo (Galilei, 1632). In: *Kindlers Literaturlexikon.* II. Zürich. Sp. 1162-1165.

Abiosus, Ioannes (1494): *Dialogus in Astrologie defensionem.* Venedig.

Adelung, Johann Christoph (1787): *Fortsetzung und Ergänzungen zu Christian Gottlieb Jöchers allgemeinen Gelehrten-Lexico.* Leipzig. 2. Col. 1759 f.

Adeptus Realis (1716): C[hristoph] V [=Wilhelm] V[on] Kastells *Adeptus-Realis. das ist kürtzliche Zuschrift an Alle respective Hochgeneigte Liebhaber der wahren und reellen Alchymie,...* 2. Aufl. Leipzig.

Agricola, Georg (1530): Georgii Agricolae Medici *Bermannvs, sive de re metallica.* Basel.

Agricola, Georg (1955): *Bermannus oder über den Bergbau. Ein Dialog.* Dt. Übers. und Bearb. von Helmut Wilsdorf, u.a. Berlin. (Georgius Agricola – Ausgew. Werke. 2).

An den.. Aufdecker... (1775): *An den unglücklichen Aufdecker der Gaßnerischen Wunderkuren.* s. l.

Aubert, François (1756): *Entretiens sur la Nature de l'Ame des Bêtes.* Colmar.

Barchusen, Johann Conrad (1715): *Collecta Medicinae Practicae Generalis. Quibus subjunctus est Dialogus De Optima Medicorum Secta.* Amsterdam.

Becher, Johann Joachim (1705 [1673]): *Psychosophia Oder Seelen-Weißheit / Wie nemlich ein jeder Mensch aus Betrachtung seiner Seelen selbst allein alle Wissenschafft und Weißheit gründlich und beständig erlangen könne.* 2. Aufl. Hamburg 1705. (1. Aufl. Güstrow 1673).

Berges, Paul-Hermann (1975): *»Quid pro quo«. Zur Geschichte der Arzneimittelsubstitution.* Diss. rer. nat. Marburg/Lahn.

Bernhard Trevisanus (1746): Des Hrn. Bernhardi, Grafen von der Marck und Tervis *Chymische Schrifften von dem... Stein der Weisen.* Dt. Übers. von Caspar Horn. Nürnberg.

[Bexon], [Gabriel Léopold Charles Amé] (1773): *Catéchisme d'Agriculture, ou Bibliothèque des Gens de la Campagne; Dans laquelle on enseigne par des procédés très simples l'art de cultiver la terre,...* Paris.

Beylard, H. (1975): Fabri (Honoré). In: D'Amat, Roman [Hg.] : *Dictionnaire de Biographie Française.* XIII. Paris. col. 432-434.

Boas, Marie (1956): Acid and alkali in seventeenth century chemistry. In: *Archives Internationales d'Histoire des Sciences* 9e Ann., No 34, 13-28.

Buntz, Herwig (1970): Die europäische Alchemie vom 13. bis zum 18. Jahrhundert. In: *Alchimia. Ideologie und Technologie.* Hrsg. von Emil Ernst Ploss / Heinz Roosen-Runge / u.a. München. 119-214.

Christ, J[ohann] L[udwig] (1784): *Bienencatechismus für das Landvolk.* Frankfurt, Leipzig.

Colbatch, John jr. (1696): *A Physico-Medical Essay concerning Acid and Alkali.* London.

– (1698): *The Doctrine of Acids in the Cure of Diseases.* London.
Cometen=Gespräch (1665): *Vertraulich vnd Erbaulich Cometen=Gespräch / Sonderlich des Inhalts / Ob Cometen Gutes oder / Böses bedeuten. Bey den neulich zu End des 1664sten Jahrs entstandnen Schrecklichen Cometen.* Von zwey ungleichen Personen / Pyrrhonio einen Welt=gesinnten und Eusebio einen Gottesfürchtigen / gehalten. s. l.
Cosentini, John W. (1952): *Fontenelle's Art of Dialogue.* New York.
Der entlarvte Adeptus Realis (1716): *Der entlarvte Adeptus Realis oder Treuhertzige Warnung an alle Liebhaber der Wahren Alchymie, sich für allerhand bösen Alchymisten und Laboranten / absonderlich aber für den in vergangenen Jahr herfür gekommenen Adeptum Realem zu hüten / in einem Gespräche entworfen....* Leipzig.
Der...entschuldigte...Sterzinger (1775): *Der nach aller Möglichkeit entschuldigte Herr P. Don Ferdinand Sterzinger, in Betreff der aufgedeckten gaßnerischen Wunderkuren.* Von einem Freunde sowohl des Hrn. geistlichen Raths Gaßner, als des Hrn. P. Sterzingers, in den Druck gegeben. s. l.
Dialogus Mercvrii Alchymistae et Naturae (1607): Köln.
Diepgen, Paul (1949): *Geschichte der Medizin.* I. Berlin.
[Ehrenbreitstein, Th.] (1791): *Ackerbaukatechismus oder Kurze Anleitung zur verbesserten Landwirtschaft.* Neuwied.
Emes, Thomas (1698): *A Dialogue between Alkali and Acid.* London.
Eröffnete Geheimnisse (1718): *Eröffnete Geheimnisse... Des Steins der Weisen oder Schatz-Kammer Der Alchymie / Darinnen die vortrefflichen Schrifften...* Hamburg. Faksim. Graz 1970 (Fontes Artis Chymicae. 5).
Fabri, Honoré (1665): *Dialogi Physici, in quibvs De Motu Terrae Disputatur,...* Lyon.
Fellmann, E. A. (1971): Fabri, Honoré, or Honoratus Fabrius. In: Gillispie, Charles Coulston [Hg.]: *Dictionary of Scientific Biography* IV. New York. 505-507.
Ferguson, John (1954): *Bibliotheca Chemica.* I, II. 2nd. ed. London.
Fictuld, Hermann (1734): *Chymische Schrifften darinnen in zwölff königlichen Palästen, von dem Stein der Weisen...* Frankfurt, Leipzig.
Figulus, Carolus (1540): *Dialogus qui inscribitur Botanomethodus, siue herbarum methodus.* Köln.
– (1540): *Ichthyologia, sev Dialogvs De Piscibvs.* Köln.
– (1540): *Mvstella Caroli Figvli.* Köln.
Folkerts, Menso (1982): Die Altercatio in der Geometrie I des Pseudo-Boethius. Ein Beitrag zur Geometrie im mittelalterlichen Quadrivium. In: Keil, Gundolf [Hg.]: *Fachprosa-Studien.* Berlin. 84-114.
Gesner, [Johann] Matthias (1735): *Scriptores / rei rusticae / veteres latini / Cato / Varro, Columella / Palladivs /...* Leipzig.
Gespräch im Reiche der Lebendigen (1775): *Gespräch im Reiche der Lebendigen zwischen Lucius Sylvander einem katholischen Pfarrer, und dem Herrn von Redlich, einem Niedersächsischen Kavalier; über die heilsamen Beschwörungen und Wunderkuren des Hochwürdigen Herrn Gaßners; worinn zugleich die deswegen herausgekommene Schriften beleuchtet, (insonderheit die Lavaterischen und Semlerischen mit einigen Anmerkungen begleitet), und viele merkwürdige Umstände und Anekdoten erzählet werden.* Stück 1-4. s. l.
Gespräch Mascos-Agos (1734): *Ein Gespräch zwischen dem König Mascos, seiner Schwester Agos, und einem Hermetischen Lehr=Jünger, von dem Stein der Weisen, zu fernerer Erklärung des Chaos, und der Arbeit.* Frankfurt, Leipzig. 200-230.

Gespräch über die Alchemie (1776): *Gespräch über die Alchemie, zwischen einem Adepten und Chemisten vorgefallen.* Berlin.

Gespräch Zwischen einem Doctor und... Patienten (s. l. et a.): *Gespräch Zwischen einem Doctor und podagranischen Patienten.* s. l.

Gespräche In Dem Reiche derer Todten (1721 [1720]): *Gespräche In Dem Reiche derer Todten... Zwischen Denen Sieben Weisen aus Griechenland / und Einem,...* (21. und 22. Entrevue). Leipzig. (Entrevues 17-24 in einem Band: 332-502). (1. Ausg. 1720).

Griesser, Markus (1985): *Die Kometen im Spiegel der Zeiten. Eine Dokumentation.* Bern, Stuttgart.

Hannaway, Owen (1970): Barchusen, Johann Conrad. In: Gillispie, Charles Coulston [Hg.]: *Dictionary of Scientific Biography.* I. New York. 450-452.

Hazard, Paul (1963): *La Pensée Européenne au XVIIIe siècle de Montesquieu à Lessing.* Paris.

Heischkel, Edith (1949): Die Geschichte der Medizingeschichtschreibung. In: Artelt, Walter: *Einführung in die Medizinhistorik.* Stuttgart. 202-237.

Hellwig, Christoph von (1719): *Fasciculus Unterschiedlicher alten raren und wahren Philosophischen Schrifften vom Stein der Weisen,...* Leipzig, Bremen.

Hermbstädt, Sigismund Friedrich (1792): *Katechismus der Apothekerkunst oder die ersten Grundsätze der Pharmazie für Anfänger.* Berlin.

Der Hermetische Triumph (1707): *Der Hermetische Triumph... Oder der Siegende Philosophische Stein.* Dt. Übers. Leipzig, Görlitz.

Hirsch, August / Gurlt, E. (1930): *Biographisches Lexikon der hervorragenden Ärzte aller Zeiten und Völker.* II. 2. Aufl. Berlin, Wien.

Hirt (1744): *Der Hirt. Ein Philosophisches Wercklein Von einem Eifferigen Liebhaber Der Hermetischen Kunst verfertiget.* Basel.

Hirzel, Rudolf (1895): *Der Dialog. Ein literarhistorischer Versuch.* I, II. Leipzig.

Humbert, Pierre (1952): *L'astronomie en France au dix-septième siècle.* Paris. (Conférence faite au Palais de la Découverte, Série D, No. 8).

Ineptus Realis (1716): *Der zum andern mahl entlarvte Adeptus Realis / Wie er sich als ein Ineptus Realis So wohl durch seine herausgegebene Schmäh=Schrifft, als auch durch seine bißherige Proceß-Krähmerey der Welt gar kenntlich gemacht. Allen Liebhabern der Alchymie zur Warnung /... an Tag gegeben.* Leipzig.

Joda, Robert John (1968): *The Form and Function of Dialogues in Germany during the Humanistic Period: 1400-1525.* Phil. D. Diss. Northwestern Univ. Evanston, Ill. (Facsim. Univ. Microfilms Ann Arbor, Mich., USA., No. 69-6948).

Jüttner, Guido (1980): Der Dialog in Pharmazie, Chemie und Botanik. In: *Berichte zur Wissenschaftsgeschichte* 3. 23-34.

Klemm, Friedrich / Pagnini, Pietro (1966): *Discorsi e Dimostrazioni Matematiche intorno a due nuove Scienze...* (Galilei, 1638). In: *Kindlers Literaturlexikon.* II. Zürich. Sp. 1288-1290.

Kopp, Hermann (1886): *Die Alchemie in älterer und neuerer Zeit.* II. 308-396: *Beitrag zur Bibliographie der Alchemie.* Heidelberg.

Kroll, [Wilhelm] (1921): Artikel »Kerinthos«2). In: Kroll, Wilhelm [Hg.]: *Paulys Real-Encyclopädie der class. Altertumswissenschaft.* Neue Bearb. von Georg Wissowa. XI, 1. Stuttgart. Sp. 289.

Kruft, Hanno-Walter (1978): Johann Georg Sulzers «Allgemeine Theorie der schönen Künste». In: *Neue Zürcher Zeitung.* Fernausgabe, Nr. 225, S. 38.

[Ladvocat, Louis François] (1722): *Entretiens sur un Nouveau Système de Morale et de Physique ou La Recherche de la Vie Heureuse selon Les Lumières Naturelles.* Paris.

[Lamy, Bernard] (1684): *Entretiens sur les Sciences, dans lesquels, Outre la méthode d'étudier, on apprend comme l'on se doit servir des Sciences, pour se faire l'esprit juste, et le cœur droit, et pour le rendre utile à l'Eglise. On y donne des avis importans à ceux qui vivent dans les Maisons Ecclesiastiques.* (Vorwort: Grenoble, 10 Février 1683). Bruxelles.

Liebmann, O. (1894): Sulzer, Johann Georg. In: *Allgemeine Deutsche Biographie*. 37. Leipzig. 144-147.

Lodetto, Giovanni Antonio (1753): *Lisetti Benancii Entdeckung Derer von einigen Apotheckern begangenen listigen Fündlein und Fehlern, Nebst Johann Anton Lodetti Gespräch von eben dieser Materie, In das Lateinische übersetzt und herausgegeben von Thoma[s] Bartholin. Nunmehro auch in teutscher Sprache zu lesen.* Franckfurth und Leipzig.

Manget, Johannes Jacobus (1702): *Bibliotheca Chemica Curiosa*. I, II. Genf.

Mann, Gunter (1978): Wissenschaftsgeschichte und das achtzehnte Jahrhundert: Probleme der Periodisierung und Historiographie. In: Fabian, Bernhard / Schmidt-Biggemann [Hg.]: *Das achtzehnte Jahrhundert als Epoche*. Nendeln. (Studien zum achtzehnten Jahrhundert, hrsg. von der Dt. Ges. Erforschung 18. Jahrh., 1). 105-125.

Marcet, Jane, Haldimand (1982 [1839]): *Unterhaltungen über die Chemie, in welchen die Anfangsgründe dieser nützlichen Wissenschaft...* Dt. Übers. von *Conversations on Chemistry*. Berlin 1839. Nachdr. nach der 13. Aufl. Weinheim.

– (1844): *Unterhaltungen über die Physiologie der Pflanzenwelt*. Dt. Übers. von *Conversations on Botany*. Leipzig.

Marsak, Leonard M. (1959): *Bernard de Fontenelle: The Idea of Science in the French Enlightenment*. Philadelphia, PH, USA.(Transactions of the American Philosophical Society. New Series. Vol. 49. Part 7).

Marsh, David (1980): *The Quattrocento Dialogue. Classical Tradition and Humanistic Innovation*. Cambridge, Mass., London, Engl. (Harvard Studies in Comparative Literature. 35).

Martin, Josef (1968 [1931]): *Symposion. Die Geschichte einer literarischen Form*. Paderborn, New York, London (Studien zur Geschichte und Kultur des Altertums, 17).

Martinet, J[ohann] F[lorent] I-IV (1779-1782): *Katechismus der Natur*. Aus dem Holländischen nach der vierten Auflage übersetzt von Johann Jacob Ebert. Thl. 1-4. Leipzig.

Mazzatinti, Giuseppe (1899): *Inventari dei Manoscritti delle Bibliotheche d'Italia*. IX: Firenze, R. Bibl. Nazion. Centr. Forli, Italia.

Meninto [Pseudonym] (1738): *Gespräche im Reiche der Krancken, II. Entrevue, zwischen einen Podagricum und Calculosum, oder: zwischen einen Podagristen und einen mit Stein beladenen*. Frankfurt, Leipzig.

Müller-Jahnke, Wolf-Diether (1975): Die Apotheke als Schauplatz eines Reformationsdialogs: Zu Ulrich Boßlers »Dialogus oder Gesprech...« von 1521. In: *Beiträge zur Geschichte der Pharmazie* 27, Nr. 2, S. 9-12 (Beilage der Deutschen Apotheker-Zeitung).

Multhauf, Robert P. (1966): Some Nonexistent Chemists of the Seventeenth Century: Remarks on the Use of the Dialogue in Scientific Writing. In: Debus, Allen G. / Multhauf, Robert P. [Hg.]: *Alchemy and Chemistry in the Seventeenth Century*. Los Angeles, Calif., USA. 31-50.

Niedermayr, Franz Xaver (1791): *Katechismus der Naturlehre für alle diejenigen, welche Gottes Güte und Weisheit aus den Werken der Natur kennen lernen wollen*. München.

Niemann, Gottfried (1905): *Die Dialogliteratur der Reformationszeit nach ihrer Entstehung und Entwicklung*. Phil. Diss. Leipzig.

Nouvelle Biographie Universelle (1852): Firmin Didot Frères [Hg.]. Paris. III. Col. 561: über Aubert, François.

Nouvelle Biographie Universelle (1853): Hoefer [Hg.]. Paris. VII. Col. 10: über Boullier, David-Renaud.

Olschki, Leonardo (1922): *Bildung und Wissenschaft im Zeitalter der Renaissance in Italien.* Leipzig, Firenze, Roma, Genève. (Geschichte der neusprachlichen wissenschaftlichen Literatur. 2).

Olschki, Leonardo (1927): *Galilei und seine Zeit.* Halle/Saale. (Geschichte der neusprachlichen wissenschaftlichen Literatur. 3).

Partington, James Riddick (1969 [1961]): *A History of Chemistry. II.* Repr. London. (1. Aufl. 1961).

Pauly-Wissowa (1899): Jessen: Artikel »Chrysokomas«. In: *Paulys Real-Encyclopädie der classischen Altertumswissenschaft.* Neue Bearb. hrsg. von Georg Wissowa. Bd. III, 2. Stuttgart. Col. 2515.

Placotomus, Ioannes (1560): *Pharmacopoea in compendium redacta.* Antwerpen.

Poggendorff, Johann Christian (1863): *Biographisch-literarisches Handwörterbuch zur Geschichte der exacten Wissenschaften. 1.* Leipzig. Col. 99: Artikel »Barbieri, Ludovico«.

Reich, Karin (1983): Nachwort und Bibliographie. In: Fontenelle, Bernard Le Bovier de: *Dialogen über die Mehrheit der Welten.* Hrsg. von Johann Elert Bode. Berlin 1780. Nachdr. Weinheim. (Dokumente zur Geschichte von Naturwissenschaft, Medizin und Technik. 5). 409-462.

R[ichebourg], J. (1741): *Bibliothèque des Philosophes Chimiques.* Nouvelle édition. I, II, III. Paris.

Risugdasbius, Samuel (1747): *Gespräch vom Stein der Weisen,...* Frankfurt, Leipzig.

Röckl, Joseph (1820): *Leichtfasslicher katechetischer Unterricht in der Naturgeschichte und Naturlehre für die reifern Schüler sowohl in den Werktags= als Feyertagsschulen.* 2. Aufl. Augsburg, Leipzig.

Rotermund, Heinrich Wilhelm III (1810), IV (1813): *Fortsetzung und Ergänzungen zu Christian Gottlieb Jöchers allgemeinem Gelehrten=Lexiko...*, Angefangen von Johann Christoph Adelung. (Delmenhorst), (Bremen).

Rothschuh, Karl Eduard (1969): Idee und Methode in ihrer Bedeutung für die geschichtliche Entwicklung der Physiologie. In: Rothschuh, Karl Eduard [Hg.]: *Physiologie im Werden.* Stuttgart. (Medizin in Geschichte und Kultur. 9). 16-34.

Scheidler, K. H. (1857): Gespräch. In: Ersch, J. S. / Gruber, J. G. [Hg.]: *Allgemeine Encyklopädie der Wissenschaften und Künste.* Leipzig. Section 1. Thl. 64. S. 330-337.

Schipperges, Heinrich (1980): Artes liberales IV. Bedeutung für die Medizin. In: *Lexikon des Mittelalters.* I. München, Zürich. Sp. 1062 f.

– (1982): *Zum Topos von »ratio et experimentum« in der älteren Wissenschaftsgeschichte.* In: Keil, Gundolf [Hg.]: *Fachprosa-Studien.* Berlin. 25-36.

Schwartz, Hillel (1980): *The French Prophets. The History of a Millenarian Group in Eighteenth-Century England.* Berkeley, Los Angeles, London.

Sendivogius, Michael (=Divi Leschi Genus Amo) (1749): *Chymische Schrifften,* hrsg. von Friedrich Roth-Scholtz. Wien.

– (1766): *Michaelis Sendivogii Novvm Lvmen Chemicvm aus dem Brunnen der Natur...* Nebst dem Gespräche des Mercurii, Alchymisten und der Natur,... und denen fünf und fünfzig Briefen,... (Dt.Übers.) Nürnberg.

Send=Schreiben (1716): *Vertrauliches Send=Schreiben occasione der bisherigen Pièçes Volants die Alchimie betreffend / unter den Nahmen: 1. Adeptus realis. 2. Der entlarvte Adeptus realis, und 3. Der verlarvte Ruß=Crämer ediret / von einer un=interessirten Person an einen gleichfalls dieser Comoedie zuschauenden Liebhaber der wahren und genuinen Philosophie abgelassen.* Leipzig.

Snell, Carl Philipp Michael (1780): *Chrestomathia Oeconomica seu Fragmenta Varia Veterum in Vsum Scholarum...* Gießen.

Sterzinger, Ferdinand, Pater Don (1775): *Die aufgedeckten Gaßnerischen Wunderkuren....* Zweyte verbesserte, und mit dem Katechismus von der Geisterlehre vermehrte Auflage. s. l.

Sulzer, Johann Georg (1774): *Unterredungen über die Schönheit der Natur nebst desselben moralischen Betrachtungen über besondere Gegenstände der Naturlehre.* Von neuen aufgelegt. Berlin.

Thorndike, Lynn (1958, 1959 [1941]): *A History of Magic and Experimental Science.* V, VI: 1958; VII, VIII: 3. Aufl. 1959 (1. Aufl. 1941). New York.

– (1963): *A Catalogue of Incipits of Mediaeval Scientific Writings in Latin.* Revis. and augment. Edition. London, Engl. (The Mediaeval Academy of American Publication No. 29).

Urban, Joseph (1829): *Katechismus für Hebammen,...* Leipzig.

– (1830): *Die Lehrsätze der allgemeinen Pathologie und Therapie, in katechetischer Form dargestellt,...* Leipzig.

Vandewiele, Leo Jules (1962): *De Grabadin von Pseudo-Mesues.* Pharm. Diss. Gent.

Voss, Bernd Reiner (1970): *Der Dialog in der frühchristlichen Literatur.* München. (Studia et Testimonia Antiqua, hrsg. von Vinzenz Buchheit. 9).

Wildt, Eugen (1884): *Katechismus der Agrikulturchemie.* 6. Aufl. Leipzig (Webers illustrierte Katechismen, Nr. 1).

Winther von Andernach, Johann (1571): *De Medicina Veteri et Nova... Commentarius secundus.* Basel.

Wunderliches Gespräch... (1775): *Wunderliches Gespräch über die aufgedeckte Gaßnerische Wunderkuren, zwischen Einem Bauren, und von Ellwangen kommenden Dorfschulmeister um die Ehre Gottes, und der katholischen Kirch zu vertheitigen.* s. l. (Augsburg, nach hschr. Zusatz auf dem Titelblatt).

Wyss-Morigi, Giovanna (1947): *Contributo allo Studio del Dialogo all' Epoca dell' Umanesimo e del Rinascimento.* Tesi Filos. Univ. di Berno. Monza, Italia.

Zedler, Johann Heinrich (1734): *Universal-Lexicon Aller Wissenschaften und Künste,...*, VII. Halle, Leipzig.

Zetzsche, Karl Eduard (1883): *Katechismus der Elektrischen Telegraphie.* 6. Aufl. Leipzig. (Webers illustrierte Katechismen, Nr. 21).

Zweytes Gespräch von dem... Dorfschulmeister und Bauren... (1775): *Zweytes Gespräch von dem von Ellwangen kommenden Dorfschulmeister und Bauren, wegen dem erst neulich herausgegebnen Büchel, so den Titel führet: Die aufgedeckte Gaßnerische Wunderkuren,...* s. l.

Die geometrische Anordnung des Wissens. Von Pascals »esprit de géométrie« zu Diderots und d'Alemberts Enzyklopädie und Buffons Naturgeschichte

Christoph Strosetzki

Die Gesamtschau des verfügbaren Wissens ist ein Anliegen mit Tradition. Aristoteles, Cicero und Quintilian forderten ein umfassendes Wissen von ihrem als Ideal konzipierten Redner. Im Mittelalter boten z.B. die »Etymologiae« des Isidor von Sevilla oder der »Miroir du Monde« des Vincent von Beauvais Zusammenfassungen des Wissens.[1] Nach der Wiederentdeckung des antiken Wissens in der Renaissance schließlich entstand das Bedürfnis, dessen Materialien neu zu ordnen. In Anlehnung an den antiken Rhetor forderte der Humanist von seinem geeigneten Leser und von sich als Schriftsteller eine universale Bildung. Auf diese bezieht sich Rabelais, wenn er Pantagruel »le vrai puits et abime de encyclopédie«[2] zuschreibt. »Enzyklopädie« erscheint erst als Komplex des vom einzelnen verfügbaren Wissens, bevor es zum Programm einer Buchveröffentlichung wird. Autor und Leser der Renaissance mußten zunächst selbst dem Ideal des ciceronianischen, enzyklopädisch gebildeten Redners entsprechen.

Im 16. Jahrhundert wurde derjenige, der über enzyklopädisches Wissen verfügte als Gelehrter zur Idealfigur. Der Kult der Gelehrsamkeit setzte sich durch. Auch der Dichter wollte sich dem Gelehrten angleichen und seine Werke mit Gelehrsamkeit anreichern. Er versuchte, sich als poeta eruditus zu legitimieren. Im 17. Jahrhundert konnte man daher bereits von der Verbindung von Dichtung und Gelehrsamkeit ausgehen und umgekehrt fragen, ob die Gelehrsamkeit mit dichterischen Mitteln festgehalten werden soll. Damit ergänzt man nicht mehr Dichtung durch Gelehrsamkeit, sondern Gelehrsamkeit durch dichterische Mittel.

Gegen Ende des 17. und im 18. Jahrhundert stellt sich erneut die Frage, wie die große, seit der Renaissance angesammelte Wissensfülle zusammengefaßt und dem interessierten Leser dargeboten werden kann. Als Hilfsmittel bot sich die Rhetorik der dispositio an. Die rhetorische inventio war weniger gefordert, da das Wissen vorhanden schien und nur auf seine Anordnung (dispositio) wartete. Die Anordnung des Wissens kann also auf die Rhetorik zurückgreifen. Man darf aber nicht übersehen, daß jede Wissensanordnung auch auf kognitiven Voraussetzungen beruht, wie auch aus jeder Wissensanordnung kognitive Vorgaben abzulesen sind. Bei der Anordnung kann nun stärker mit den Mitteln der Dichtung oder der

1 Vgl. Gusdorf (1974: 230).

2 Pantagruel Kap. 20 »Comment Thaumaste raconte les vertus et savoir de Panurge«, Zit. nach Gusdorf (1974: 230).

Gelehrsamkeit vorgegangen werden. Es kann ein »geometrischer« Geist herrschen oder ein an literarischer Ästhetik orientierter.

In der Rhetorik findet die dispositio in der elocutio, der Lehre vom Stil also, ihre Ergänzung. Der Typ des Stils, mit dem das angeordnete Wissen dargeboten wird, ist nicht unabhängig vom Typ der dispositio. Andererseits kann der Stil eine bestimmte Art der dispositio erfordern: Elocutio und dispositio müssen aufeinander abgestimmt sein.

Wie eng dispositio und elocutio miteinander verknüpft sein können, zeigt sich in Pascals Unterscheidung zwischen »esprit de géométrie« und »esprit de finesse«. Da diese Begriffe nicht allein auf die Wissensanordnung bezogen werden, sondern zugleich auch auf ein methodisches Fortschreiten von Erkenntnis zu Erkenntnis, verbinden sie auch inventio und dispositio.

Descartes – Pascal

Pascal war es, der im Frankreich des 17. Jahrhunderts die Unterscheidung zwischen »esprit de géométrie« und »esprit de finesse« eingeführt hat. Während bei ersterem die abstrakten Prinzipien zwar greifbar, aber außerhalb des alltäglichen Gesichtsfeldes sind, bewegt sich letzterer im alltäglichen Bereich, hat es aber nicht leicht, aus den komplexen Verflechtungen der Wirklichkeit Prinzipien herauszulesen.[3] Obgleich sich beide Prinzipien nicht ausschließen, finden sie sich nach Pascal selten in einer Person vereint. Wenn es also den Geometern an Feinheit mangelt, »c'est qu'ils ne voient pas ce qui est devant eux et qu'étant accoutumés aux pricipes nets et grossiers de géométrie et à ne raissoner qu'après avoir bien vu et manié leurs principes.« (Pascal 1963: 576) Der »esprit de finess« dagegen geht nicht von einigen festen Prinzipien aus, sondern von der Beobachtung der komplexen Realität[4], die er intuitiv zu erfassen hat: »Il faut tout d'un coup voir la chose, d'un seul regard et non pas par progrès de Raisonnement, au moins jusqu'à un certain degré.« (Pascal 1963: 576)

Zwar machen sich die Geometer meist lächerlich, wenn sie versuchen, auf dem Gebiet der »finesse« mit Definitionen, Prinzipien und Ableitungen zu beginnen. Noch unbeholfener erscheinen aber dem Mathematiker und Geometer Pascal jene »esprits fins« angesichts von Definitionen und sterilen Prinzipien. Wenn sie auf ihrer bloßen »finesse« beharren, dann wird ihnen immer die Geduld fehlen, zu den ersten Prinzipien der abstrakten Spekulationen aufzusteigen. Die Vertreter

---

3 »Il n'est question que d'avoir bonne vue, mais il faut l'avoir bonne: car les principes sont si déliés et en si grand nombre, qu'il est presque impossible qu'il n'en échappe.« Pascal (1963: 576).

4 »Choses tellement délicates, et si nombreuses«. Pascal (1963: 576).

des »esprit de géométrie« dagegen kommen zu den richtigen Schlußfolgerungen, vorausgesetzt man erklärt ihnen alles mit Definitionen und Prinzipien.[5]

Pascal vertritt also gegenüber dem »esprit géométrique« eine positive Haltung. Dennoch erscheint seine Bewertung des »esprit de finesse« nicht negativ. Beide haben Vor- und Nachteile. Zu den ersten Prinzipien jedoch kann man nach Pascal nur mit Hilfe des »esprit de géométrie« vernünftig und diskursiv denkend gelangen.

Des geometrischen Kalküls will sich daher auch Descartes zunächst in seinem »Discous de la Méthode« bedienen, in dem er ein Prinzip als Basis für seine Erkenntnisse sucht. »Ces longues chaînes de raisons, toutes simples et faciles, dont les géométres ont coutume de se servir, pour parvenir à leurs plus difficiles démonstrations, m'avaient donné occasion de m'imaginer que toutes les choses, qui peuvent tomber sous la connaissance des hommes, s'entresuivent en même façon«, vorausgesetzt man vermeide logische Sprünge und gehe nur von wahren Sätzen aus.[6]

Doch als sich Descartes die Vorgehensweise der Geometrie veranschaulicht, muß er feststellen, daß sie ihr Prestige nur einer exakten Begrifflichkeit und Vorgehensweise verdankt. Einen Beweis der Existenz der Objekte, von denen sie handelt, müsse sie jedoch schuldig bleiben.[7] Deutlicher also noch als bei Pascal wird bei Descartes die Trennung zwischen geometrischer Konstruktion und Realität. Dennoch erscheint Descartes durch das diskursive Denken der geometrischen Methode geprägt. Daher kennzeichnet er in den Meditationen seine Vorgehensweise als geometrisch: Er will nur das niederschreiben, was er streng beweisen kann und glaubt damit die bei den Geometern übliche Methode zu befolgen, die alles axiomatisch vorausschickt, wovon der zu beweisende Satz abhängt.[8] In seiner Suche nach einer ersten unumstößlichen Wahrheit als Ausgangspunkt vergleicht sich Descartes mit Archimedes, der einen geometrisch festen Punkt verlangte, um die ganze Erde von ihrer Stelle zu bewegen. (21)

Nachdem Descartes also einen Ausgangspunkt in der Realität gewonnen hat, kann er in geometrischer Weise konstruieren. Dabei erkennt er die Möglichkeit, sich auch sprachlich an das geometrische Paradigma anzulehnen. Von einer an der geometrisch, mathematischen Exaktheit orientierten Universalsprache sprach 1629 Descartes in einem Brief an Mersenne, allerdings um deren Realisierbarkeit

5 An anderer Stelle unterscheidet Pascal den »esprit de géométrie« vom »esprit de justesse«, die beide unabhängig voneinander existieren können. Auch hier ist der »esprit de géométrie« an den Prinzipien orientiert, während der »esprit de justesse« sich mehr für die Betrachtung einer Vielzahl von Wirkungen interessiert. Pascal (1963: 575).

6 Descartes, Discours (1960: 32).

7 »Car, par exemple, je voyais bien que, supposant un triangle, il fallait que ses trois angles fussent égaux à deux droits; mais je ne voyais rien pour cela qui m'assurât qu'il y eût au monde aucun triangle.« Descartes, Discours (1960: 60).

8 Descartes, Meditationen (1960: 11).

zu bezweifeln. Leibniz griff diesen Gedanken auf, um ihn angesichts wachsender Kenntnisse in den Wissenschaften positiv zu beurteilen. (Gusdorf 1974: 233) Auch Condillac suchte ein künstliches Zeichensystem, das der Normalsprache überlegen und für Wissenschaft und Kunst geeignet sei. (Vorländer 1967: 57) Schon vor ihm im 17. Jahrhundert hatte sich der Schriftsteller Charles Sorel in seinem Werk »La science universelle« (1634-1668) für eine einheitliche Wissenschaftssprache eingesetzt. Deren Klarheit sollte sich aus dem Reinigen von Elementen literarischer Rhetorik ergeben. So postulierte er für sein frühes enzyklopädisches Werk zwar keinen mathematisch-geometrischen Stil, entfernte sich aber immerhin vom literarischen Charakter, den er gerade durch Verwendung rhetorischer Mittel erzielt sah.[9]

Die Begeisterung an geometrischen Konstruktionen machte nicht einmal vor Modellen der Gesellschaftsform und der Staatsordnung halt. Es seien nur Th. Morus, Machiavelli und Bodin im 16. sowie Hobbes und Locke im 17. Jahrhundert erwähnt. (Gusdorf 1974: 250) Auch bei Hobbes' Staatskonstruktion diente die Geometrie als Vorbild. Hielt er doch alle jene Wissenschaftler in der Vergangenheit für erfolgreich, die Größen, Zahlen, Linien und Bewegungen miteinander verglichen. (Wagner 1984: 111) Die Geometrie erscheint hier als Paradigma für die vernünftige und diskursive Konstruktion nicht nur des Wissens, sondern auch der Realität selbst.

Fontenelle und St. Evremond

Die Unterscheidung zwischen »esprit de géométrie« und »esprit de finesse« steht überall dort im Hintergrund, wo Wissen dargestellt und angeordnet wird. Ein Vergleich von Saint-Evremond und Fontenelle soll verdeutlichen, wie sich die gegensätzlichen Positionen voneinander abheben. Fontenelle lebte zwischen 1657 und 1757. Er wurde fast hundert Jahre alt. Während er im 17. Jahrhundert noch als Vorbote neuer Ideen galt, erschien er den Aufklärern des 18. Jahrhunderts schon als Vorfahr. Seit 1691 gehörte er der »Académie française« an, seit 1697 war er Sekretär der »Académie des sciences«. Er schrieb zahlreiche Tragödien, lyrische und literaturkritische Werke, aber auch sehr abstrakte Abhandlungen über Geometrie und Physik. Daneben stehen popularwissenschaftliche Dialoge für ein breites Publikum, in denen er Fachliches und Literarisches zu verbinden sucht.[10] Seine Biographie und seine Publikationen führen ihn also zwangsläufig zur Frage nach den Beziehungen zwischen einer durch Abstraktion und Sach-

9 Heidelberger, Thiessen (1981: 232 f., 243 f.).

10 Vgl. Dieckmann (1972: 64).

lichkeit geprägten wissenschaftlichen Abhandlung und einer den Anforderungen von Ästhetik und Unterhaltung genügenden literarischen Arbeit.

In seiner Schrift »Sur la poesie en géneral« beantwortet er sie, wenn er die Verbindbarkeit von Poesie und Philosophie erörtert. Letztere bezieht er zwar in erster Linie auf die philosophische Metaphysik, sieht sie aber zugleich als pardigmatisch für diskursives Denken und Fachwissen, das er durchaus nicht in den Gegensatz zum Hof gerückt wissen will.[11] Zahlreiche Beispiele für eine geglückte Verbindung von Philosophie und Poesie führt Fontenelle aus Antike und Gegenwart an. Da er aber in der Philosophie seiner eigenen Zeit einen ganz neuen Grad von Vollkommenheit verwirklicht sieht, erkennt er in ihr eine Ausstrahlung auf das gesamte literarische Schaffen.[12] Unsinnig erscheint es ihm, wenn sich die Dichtung der positiven Auswirkungen eines exakten diskursiven Denkens entzöge. Während die Dichtung in erster Linie ein Resultat des Talents ist, das durch Intuition und Zufall auf die geeigneten Gegenstände stößt, sieht Fontenelle im Denken die Quelle der Philosophie.[13] Der dichterischen Intuition, die er ähnlich wie Pascal den »esprit de finesse« charakterisiert, steht bei ihm das diskursive Denken des Philosophen gegenüber.

Wie hat man sich nun die Dosierung beider Elemente beim »poete philosophe« vorzustellen? Sollen sie in einem ausgeglichenen Verhältnis zueinander stehen oder darf eines der Elemente überwiegen? Auch hier bleibt Fontenelle die Antwort nicht schuldig. Während für ihn die Ausgewogenheit den Idealfall darstellt, will er bei einer möglichen Dominanz dem »esprit« vor dem »talent« den Vorzug geben. Während in der Antike das intuitive, dichterische Erfassen im Vordergrund stand, sieht er für die Zukunft eine Umkehrung der Verhältnisse voraus.[14] Während noch in der Renaissance das Wissenschaftsideal in der Gelehrsamkeit lag und der Dichter sich im Blick darauf als »poeta eruditus« zu legitimieren hatte, so ist nun der Dichter vor dem Hintergrund der Aufwertung des

11 »Car tout ce qui tient à la philosophie porte avec soi je ne sais quelle idée de pédanterie et de collège, au lieu que la poésie a par elle-même un cartain air de cour et du grand monde.« Fontenelle Bd. 3 (1968: 45).

12 »De lá se répand une lumière qui ne se renferme pas dans la région philosophique, mais qui gagne toujours comme de proche en proche, et s'étend enfin sur tout l'empire des lettres. L'ordre, la clarté, la justesse, qui n'étaient pas autrefois des qualités trop communes chez les meilleurs auteurs, le sont aujourd'hui beaucoup davantage, et même chez les médiocres.« Fontenelle Bd. 3 (1968: 48).

13 »L'esprit par opposition au talent, la raison éclairée qui examine les objets, les compare, fait des choix à son gré, et y met autant de temps qu'elle je juge nécessaire.« Fontenelle Bd. 3 (1968: 48).

14 »Peut-être viendra-t-il un temps où les poetes se piqueront d'être plus philosophes que poetes, d'avoir plus d'esprit que de talent, et en seront loués [...] il parait bien avéré que le genre humain, du moins en Europe, a fait quelques pas vers la raison.« Fontenelle Bd. 3 (1968: 50).

vernünftigen diskursiven Denkens zum »poete philosophe« (Bd. 3, 1968: 47) geworden.

Die Zukunft sieht Fontenelle also im diskursiven Denken, dem er Klarheit, Ordnung und Exaktheit zuschreibt und das gerade in der Philosophie schon so ausgeprägt erscheint, daß es von anderen Bereichen übernommen wird. Eben diese Vorzüge des »esprit philosophique« verleiht Fontenelle an anderer Stelle dem »esprit géométrique«:

> »L'ordre, la netteté, la précision, l'exactitude qui règnent dans les bons livres depuis un certain temps, purraient bien avoir leur première source dans cet esprit géométrique, qui se répand plus que jamais, et qui en quelque façon se communique de proche en proche à ceux même qui ne connaissent pas la géométrie.« (Bd. 1, 1968: 34)

Auch das geometrische Denken wird nicht nur an die Geometrie geknüpft. Es ist wie das philosophische auf alle Disziplinen übertragbar und verantwortlich für Klarheit, Ordnung und Exaktheit – jene Vorzüge also, die auch dem philosophischen Denken zugeschrieben wurden. Die allgemeine Gültigkeit des geometrischen Denkens betont Fontenelle emphatisch, wenn er als Beispielfall eine hervorragende, für ein ganzes Jahrhundert tonangebende Persönlichkeit anführt. Habe diese den Ruhm erworben, »un nouvel art de raisonner« eingeführt zu haben, dann sei sie am besten als »excellent géomètre« zu bezeichnen. (Bd. 1, 1968: 34)

Philosophischer und geometrischer Denktyp haben also bei Fontenelle nicht nur dieselben Eigenschaften und dieselbe Übertragbarkeit auf andere Disziplinen. Sie erscheinen auch gleichmaßen repräsentativ für seine Zeit. Es liegt daher der Schluß nahe, daß beide, wenn sie nicht gerade auf ihre spezifischen Disziplinen bezogen werden, metaphorische Bezeichnungen für dieselbe Art zu denken sind.

Hatte Fontenelle schon beim esprit philosophique nach dem Bezug zu einem eher intuitiven, dichterischen Erfassen des einzelnen gefragt, so stellt er nun den esprit géométrique dem Erfassen der historischen Phänomene gegenüber. Auch dieses ist, wie die dichterische Intuition, dem Wandel, dem Zufall und der Unberechenbarkeit ausgesetzt, da die Einzelphänomene der Geschichte keinerlei Gesetzmäßigkeit erkennen lassen.[15] Eben dies unterscheide sie von der Geometrie, die z.B. dazu beitrage, die immer gleichen Bewegungen der Gestirne physikalisch zu berechnen und damit die unendliche göttliche Weisheit nachvollziehe. Nach Fontenelle kann sich also die Geschichte und ihre Betrachtung ebensowenig wie die Poesie mit der Exaktheit und Wohlgeordnetheit des geometrischen bzw. philosophischen Denkens messen. Daß letzteres wesentlich schwieriger ist, kann auch verständlich machen, warum in Europa die Renaissance der Rhetorik

---

15 »L'histoire a pour objet les effets irréguliers des passions et des caprices des hommes, et une suite d'événements si bizarres, que l'on a autrefois imaginé une divinité aveugle et insensée pour lui en donner la direction.« Fontenelle Bd. 1 (1968: 35).

und Dichtkunst jener der exakten Wissenschaften vorausgegangen ist: »et l'agréable, qui a presque toujours l'avantage sur le solide, eut alors celui de le précéder.« (Bd. 1, 1968: 1) Dies hervorzuheben, hält Fontenelle jedenfalls zu Anfang seiner »Préface de l'histoire de l'Académie des sciences depuis 1666 jusqu'en 1699« für geeignet.

Fontenelles Beurteilung erscheint dem heutigen Leser eher einseitig. Doch muß man sich vergegenwärtigen, daß seine Konzeption des »esprit philosophique« bzw. »esprit géométrique« sich gegen die honnêteté des Höflings richtet. Dieses Ideal, das der honnête homme verkörpert, ist zu Fontenelles Zeit durchaus noch lebendig, wie ein Blick auf die Schriften von Saint-Evremond (1610-1703) belegt. Wie Fontenelle charakterisiert auch er Wissenschaften wie Arithmetik und Geometrie als schwierig. Dies führt bei ihm allerdings nicht zu einer größeren Anstrengung beim Studium dieser Materie, sondern zum Ratschlag, sie möglichst zu vermeiden, da sie nur kostbare Zeit stehle. Zwar bewundert er große Mathematiker, legt jedoch keinen Wert darauf, selbst zu ihnen zu zählen: »car à parler sagement nous avons plus d'interest à joûir du monde qu'à le connoître.«[16] Er steht dem »esprit de géométrie« fremd gegenüber. Wie Montaigne kommt es ihm nicht auf die umfassende Erkenntnis an, sondern auf persönlichen Nutzen des Wissens. So gilt ihm ernsthaftes Studium nur dann als sinnvoll, wenn es sich mit jenen Gebieten beschäftigt, die wie z.B. Morallehre, Politik und Kenntnis der »Belles Lettres« im Zusammenhang mit dem Menschen stehen.[17] Den theoretischen Studien sogar in diesen Bereichen zieht Saint-Evremond den praktischen Umgang mit anderen Menschen vor: »C'est l'Etude qui augmente les talens de la Nature, mais c'est la Conversation qui les met en oeuvre et qui les polit [...] La Science commence un Honnête-homme, et le Commerce du monde l'acheve.«[18] Bei der Konversation selbst hält er es für durchaus unangebracht, das eigene Wissen vor anderen auszubreiten. Ein Gespräch über ein festgelegtes Wissensgebiet erscheint ihm wesentlich leichter als eine Konversation, die bloß höflichen Charakter hat.[19] Dort, wo es darum geht, über Nichtigkeiten zu konversieren, sieht sich Saint-Evremond gefordert, nicht aber dort wo man sich mit ernsthaften Sachverhalten auseinandersetzt. Seine Einstellung gegenüber der Konversation spiegelt sich in seiner Bewertung von Schriften wieder. In erster Linie kommt es ihm auf Unterhaltung und ästhetischen Genuß an. So entgegnet auch der Herausgeber

16 Saint-Evremond Bd. 2 (1965: 12).

17 Erstere nämlich lehre den Umgang mit den eigenen Leidenschaften, die Beschäftigung mit der Politik leite zum richtigen Verhalten im Staat an, der Umgang mit Literatur schließlich »polit l'esprit, inspire la delicatesse et l'agrément.« Saint-Evremond Bd. 2 (1965: 12).

18 Saint-Evremond, Mélange (1706: 20).

19 »Il est beaucoup plus aisé de soûtenir une conversation sçavante, qu'une conversation du monde, les grands sujets fournissent à la premiere, et l'autre tire tous ses agréments des jolis riens, pour ainsi parler, et des bagatelles ingénieuses.« Saint-Evremond, Saint-Evremoniana (1706: 11).

seiner Werke in seinem Vorwort der häufig an Saint-Evremond gerichteten Kritik, er vermische allzusehr das Ernsthafte mit dem Komischen und bedeutsame Themen mit Bagatellen: »C'est un Homme du Monde, qui dans une grande oisiveté cherche à passer agréablement le tems; qui écrit tantôt sur un sujet, tantôt sur un autre, uniquement pour s'amuser: c'est un Bel-Esprit qui pense à se divertir, et à divertir un certain nombre d'Honnêtes-gens avec qui il est en commerce.«[20]

Saint-Evremonds Position vermag also zu verdeutlichen, welches die Bewertung der exakten Wissenschaften war, die Fontenelle zu seiner Zeit zu Gunsten des »esprit géométrique« und »philosophique« korrigiert wissen will.

Lexika

Während sich in den Positionen von Saint-Evremond und Fontenelle »esprit de finesse« und »esprit de géométrie« deutlich sichtbar gegenüberstehen, erscheint eine entsprechende Zuordnung bei der Charakterisierung von Lexika schwieriger. Natürlich gibt es solche, die literarisch geprägt sind, und andere, in denen die Wissenschaften im Vordergrund stehen. Bei allen stellt sich die Aufgabe der Ordnung großer Mengen von Wissen. Dabei ist gleichgültig, ob es sich um ein Sprach- oder Sachwörterbuch handelt. Im allgemeinen wird das Problem durch eine alphabetische Anordnung der Materialien gelöst. Eine derartige Reihenfolge erscheint aber als beliebig, da sie unterschiedlichste Bereiche aufeinander folgen läßt und miteinander vermischt. Unbefriedigt darüber, versuchte man, zumindest in den Vorworten eine systematische Anordnung anzudeuten. Berühmtestes Beispiel hierfür ist d'Alemberts »Discours préliminaire«, in dem das Wissen nach dem Modell der Geometrie systematisiert wird. Doch auch schon vorher hat es Ansätze gegeben, die alphabetische Materialsammlung durch Hinweise im Titel oder Vorbemerkungen einzugrenzen und vorzustrukturieren.

Einen Vorläufer des »Universallexikons« bilden die »Réfléxions«, »Mélanges« oder »Ana«. Sie entstanden aus der humanistischen Tradition, Ideen und Zitate bei der lektüre antiker Autoren zu sammeln und nach Sachgruppen zu ordnen. Im 17. Jahrhundert sammelte man jedoch gern interessante Begebenheiten und wissenswerte Einzelheiten, die der einzelne in der alltäglichen Konversation verwerten konnte. Dabei entstanden »Konversationslexika« im engeren Sinn, insofern das in ihnen präsentierte Wissen tatsächlich für die alltägliche Konversation des einzelnen Lesers von Interesse war. Morvan de Bellegarde schneidet in seinem Buch »Réfléxions sur la politesse des moeurs, avec des maximes pour la société civile«[21] die unterschiedlichsten Themen aus dem Bereich der Politik, der

20 Saint-Evremond, Bd. 1 (1706: préface).

21 Morvan de Bellegarde (1698).

Moral, der Literatur, der Geschichte, der Kirche, der Mode und der Leidenschaften an. Damit der Leser ohne Schwierigkeiten zu einem gesuchten Thema die entsprechenden Artikel findet, fügt er seinem dreibändigen Werk ein sehr ausführliches alphabetisches Sach- und Namensregister bei. Dort steht z.B. unter dem Buchstaben »A« nacheinander: Ambassadeur, ambition, d'Amboise (Cardina), amour, Angleterre. So läßt sich das Buch als Nachschlagewerk für alle Gebiete, die den honnête homme interessieren, benutzen. Es gibt im 17. Jahrhundert eine große Menge sehr erfolgreicher Schriften dieser Art. Die Materialien selbst sind im fortlaufenden Text meist lose und beliebig aneinandergruppiert. Dialoge und Gedankensprünge sind häufig. Erschließbarkeit und Nutzen ergeben sich daher nur aus dem umfangreichen Registerteil. Derartige »Konversationslexika«, so verbreitet sie auch waren, gingen jedoch nicht in die Geschichte der Sach- und Sprachwörterbücher ein.

Die hervorragendste Stelle in der Repräsentation von Literatur, Grammatik und Rhetorik war von der »Académie française« eingenommen. Schon von ihrem Auftrag her befand sie sich im Gegensatz zu anderen Wissenschaften. Dies wird am deutlichsten in ihrem »Dictionnaire«, in dem die Termini aus den Einzelwissenschaften ausgeklammert werden. Im Vorwort der Ausgabe von 1694 wird ihr Bereich begrenzt auf die: »langue commune, telle qu'elle est dans le commerce ordinaire des honnestes gens, et telle que les Orateurs et les Poetes l'employent; Ce qui comprend tout ce qui peut servir à la Noblesse et à l'Elegance du discours.«[22] Fachtermini aus Wissenschaft und Handwerk wurden daher nicht berücksichtigt. Zitate aus Büchern erschienen überflüssig, da bekannte Redner und große Dichter der Zeit zu den Mitarbeitern jener Akademie zählten, deren Aufgabe es nicht nur war, ein Lexikon des Französischen zu erstellen, sondern auch eine Grammatik, eine Rhetorik und eine Poetik.

Da die erste Auflage des Wörterbuchs der Akademie lange auf sich warten ließ, wurden von verschiedenen einzelnen Autoren ähnliche Lexika konzipiert und veröffentlicht. Allerdings war man darauf bedacht, sich nicht mit der Akademie zu verfeinden. So betont Antoine Furetière im Vorwort zu seinen »Essais d'un dictionnaire universel« (1687), daß er mit der Akademie nicht konkurrieren könne, da er auch Begriffe aus Wissenschaft und Handwerk aufnehme.[23] Bereits sein Untertitel kündigt die »termes de toutes les Sciences et des Arts, specifiez dans la page suivante« an. Die darauf folgende Seite eröffnet einen systematischen Überblick über verschiedene Wissenschaften, die berücksichtigt wurden.

22 Dictionnaire de l'Académie, (1694: préface).

23 Bereits aus Furetières Widmung an den König geht hervor, daß er in seinem Werk, das er auch »Encyclopédie de la Langue Françoise« nennt, neben den Wörtern der Umgangssprache auch die Fachtermini erklären will, »puis que jamais les Arts et les Sciences n'ont été portées à un plus haut point de perfection, que sous le Régne heureux de VOTRE MAJESTE [...] Il est donc nécessaire de mettre au jour un Ouvrage qui en puisse expliquer les termes, et en publier les merveilles.« Furetière (1968: epitre).

Er führt von den theoretischen Wissenschaften, wie Philosophie, Medizin, Jurisprudenz und Astronomie, zum Wissen, das man in den praktischen Berufen benötigt, wie z.B. Landwirtschaft, Jagd und Fischerei. Daß dabei Rhetorik, Poetik und Grammatik noch unterhalb von Optik und Architektur gerade zwischen der Feuerwerkskunst und der bildenden Kunst eingeordnet und damit aus dem traditionellen Schema der artes liberales herausgenommen werden, hat wohl keinen programmatischen Grund. Es dient eher einer erneuten bewußten Unterscheidung vom Wörterbuch der Akademie, das seinerseits die literarische und sprachliche Perspektive in den Vordergrund stellt. Nachdem nun der Rahmen der Wissenschaften abstrakt abgesteckt worden ist, können die einzelnen Wörter folgen. Wenn dann ein Fachterminus auftritt, wird in der Regel zunächst die Wissensdisziplin angegeben, zu der er gehört. So wird eine Beziehung zwischen den vorangestellten Wissensdiziplinen und dem einzelnen Wort hergestellt. Hier erweist sich Furetière als Initiator einer Vorgehensweise, die d'Alembert und Diderot in ihrer großen Enzyklopädie theoretisch untermauern sollten.

Während Furetières »Essai.« nur einen Entwurf darstellen, ist das 1690 posthum erscheinende, endültige Werk sehr viel umfangreicher. Auch hier werden die berücksichtigten Wissensdisziplinen vorangestellt, und ein nicht mehr von Furetière selbst verfaßtes Vorwort ist nun bemüht, die Abgrenzung vom Wörterbuch der Akademie zu formulieren. Letzteres habe als Ziel »de travailler à polir la langue Françaíse, et principalement par rapport à des ouvrages d'esprit, tant en vers qu'en prose, à des pieces d'Eloquence, à l'Histoire, etc.«[24] Die literarische Dimension sei bei Furetière nur am Rande von Bedeutung: »C'est dans les termes affectez aux Arts, aux Sciences, et aux professions, que consiste le principal.« (1690: préface)

So wird im Lexikon von Furetière auf der einen Seite sehr deutlich zwischen einem fachlich-wissenschaftlichen Bereich, den er für sich selbst beansprucht, und einem literarischen, stärker an der Alltagssprache orientierten, der zu den Anliegen der Akademie zählt, unterschieden. Auf der anderen Seite werden die Fachgebiete eingangs angeführt und geben eine theoretischen Rahmen ab, in den die einzelnen, dann in alphabetischer Reihenfolge folgenden Wörter eingeordnet zu sehen sind. Wenn Furetière Wissensdiziplinen am Anfang seines Werkes angibt, dann greift er nicht zuletzt auf die noch bei den gelehrten Autoren der Renaissance gepflegte Gewohnheit zurück, eine Liste der konsultierten Autoren an den Anfang des jeweiligen Werkes zu setzen. Nicht zuletzt deswegen nennt Fure-

24 Furetière (1690: préface) Auch in der Absicht seien beide Lexika unterschieden. Jenes der Akademie sehe sein Ziel darin »de fixer les beaux esprits qui ont un Panegyrique à faire, une piece de Theatre, une Ode, une Traduction, une Historie, un Traité de Morale, ou tels autres beaux livres; c'est, dis-je, de les fixer, lors qu'ils ne savent pas bien si un mot est du bel usage, s'il est assez noble dans une telle circonstance, ou si une certaine expression n'a rien de defectueux.« Furetière (1690: préface).

tière auch im Anschluß an die Aufzählung der Wissensdisziplinen »les noms des Auteurs qui ont traité des matiéres qui regardent les mots«. (1968: Titelrückseite)

Noch deutlicher wird diese Tradition der Nennung von Wissensdisziplinen bei P. Richelet. Er ergänzt in seinem »Dictionnaire françois« (1680), der sich an Musterautoren wie am Sprachgebrauch orientieren will, die Alltagssprache durch »les Termes les plus connus des Arts et des Sciences«. (1680: Titel) Daher läßt er seiner Einleitung eine »Table alphabetique de la plupart des auteurs et des livres citez dans ce ditionnaire« folgen. Er trennt also noch nicht die benutzten Autoren von den berücksichtigten Wissensdisziplinen. Auch systematisiert er letztere nicht. Daß Termini aus Zoologie, Geographie oder Physik berücksichtigt sind, entnimmt man nur Angaben wie: Rondelet, Histoire des poissons. Rohaut, Phisique. Sanson, Traitez de Geographie. So muß sich der Leser selbst ein Bild über die berücksichtigten Wissensbereiche verschaffen. Dessen Verfahren geht über die Angabe der benutzten Literatur nicht hinaus. Schon theoretischer erschien die Angabe der Wissensgebiete bei Furetière. Erst in der Enzyklopädie von Diderot und d'Alembert steht eine einführende allgemeine Systematik der Wissenschaften einer großen Zahl von Artikeln zu einzelnen Gegenständen gegenüber. Nun befindet sich an der Stelle der Angabe der Quellen bzw. des Aufzählens der berücksichtigten Disziplinen eine nach dem Paradigma der Geometrie gestaltete Wissenschaftssystematik.

D'Alembert und Diderot

D'Alemberts Haltung ergibt sich nicht zuletzt aus seinem globalen Geschichtsverständnis, das er im »Discours préliminaire de l'Encyclopédie« skizziert: Nach Jahrhunderten wissenschaftlicher Untätigkeit habe man im 16. Jahrhundert wieder begonnen, sich dem Studium der Sprachen und der Geschichte zuzuwenden. Die Gelehrsamkeit derer, die möglichst viele Einzelheiten wußten, war damals besonders verehrt. Nach d'Alembert war es die Epoche, in der das Gedächtnis als wichtigste geistige Fähigkeit galt. (D'Alembert 1955: 114) Erst später sei das geistige Vermögen der Einbildungskraft (imagination) tonangebend geworden und habe die Blüte der französischen Literatur im 17. Jahrhundert begünstigt. Für das 18. Jahrhundert konstatiert d'Alembert schließlich die Vorherrschaft der Philosophie, die nicht nur als Disziplin Fortschritte gemacht habe, sondern auch ganz allgemein im Denken der Zeit dominiere. (170) Philosophisches Denken bedient sich der Vernunft (raison). Durch diese sieht d'Alembert den Horizont der menschlichen Kenntnisse derart erweitert, daß es kaum einen sinnlich wahrnehmbaren Gegenstand gibt, aus dem die Reflexion nicht schon eine Wissensdisziplin gemacht hat. Dabei stellt er sich ein diskursives Denken vor, das von der Erfahrung ausgeht: »Le progrès naturel de l'esprit humain est de s'élever des individus aux expèces, des espèces aux genres, des genres prochains aux genres éloignés, et de former à chaque pas une science.«[25] Trotz aller Bevorzugung des »esprit philosophique« bleibt d'Alemberts Grundposition empiristisch, auch wenn dieser Ausgangspunkt in seinen theoretischen Konstruktionen nicht immer zur Geltung kommt.

Derartige geschichtsphilosophische Vorgaben müssen auch Konsequenzen für die Konzeption eines Sprach- oder Sachwörterbuches haben. Wenn diese bloße Ansammlungen von Wissenselementen blieben, dann wäre das Zeitalter kaum vom diskursiven Denken beherrscht. So ist d'Alembert nur konsequent, wenn er der Enzyklopädie eine Wissenschaftssystematik voranstellt. Auch in einer kurzen Abhandlung zu Sprachwörterbüchern betont er die Bedeutung der Vernunft.

Für ihn ist das Sprachwörterbuch vom historischen dadurch unterschieden, daß es weder geschichtliche Fakten noch Eigennamen aufnimmt. Ebenso unterscheidet es sich vom Sachwörterbuch einzelner Wissenschaften, da es deren fachspezifische Termini nicht enthält. Ein »dictionnaire de la langue française« habe dreierlei zu berücksichtigen. »la signification des mots, leur usage, et la nature de ceux qu'on doit y faire entrer.«[26] Den Definitionen widmet er die größte Aufmerksamkeit. Diese sollen kurz, wohlgeordnet und klar sein. Um zu verdeutlichen, was er damit meint, greift d'Alembert auf das Paradigma der Geometrie zurück: »Les définitions et les démonstrations de géométrie, quand elles sont bien faites, sont une preuve que la briéveté est plus amie qu'ennemie de la clarté.« (494) Der Vergleich mit der Geometrie wird durch Erläuterungen aus der Philosophie ergänzt, wenn nach dem Charakter der Definition gefragt wird. Da nämlich Definitionen in der Erklärung des einzelnen Wortes durch andere bestehen, erscheint es d'Alembert erforderlich, von einigen einfachen nicht definierten Wörtern auszugehen, damit sich nicht alle Wörter wechselseitig definieren und eine Zirkelhaftigkeit entsteht.

Daher sieht er als erste Aufgabe dessen, der ein Wörterbuch verfaßt, »une liste exacte de ces sortes de mots, qui seront comme les racines philosophiques de la langue« (494) aufzustellen. Dazu gehören etwa Wörter wie »existence«, »étendue« und »pensée«. Deren Liste soll nicht zu umfangreich, aber auch nicht zu knapp sein. Sie soll es vermeiden, Wörter aufzuführen, die wie z.B. durée und temps eine identische Grundidee enthalten. Um derartige Doppelungen zu vermeiden, hält es d'Alembert für sinnvoll, eine Tabelle so aufzustellen, daß ein Überblick über Beziehungen und Verwandtschaften unter den Wörtern möglich

---

25 D'Alembert, Œuvres Bd. 1, (1967: 102).

26 D'Alembert, Œuvres Bd. 4, (1967: 493) Die Bedeutung sei durch gute Definitionen zu erklären, der Sprachgebrauch durch die Syntax, die Art der Wörter lasse sich schließlich aus dem Charakter eines allgemeinen Sprachwörterbuches selbst ableiten. Von untergeordneter Bedeutung erscheinen d'Alembert die Quantität bzw. Aussprache, die Orthographie und die Etymologie.

wird. Jede Definition soll dabei von der ursprünglichen Bedeutung eines Wortes und nicht von einer übertragenen bzw. metaphorischen ausgehen, wie sie oft in den Werken der Dichtung und Redekunst verwendet werde. Der philosophisch vorgebildete Lexikograph wird nach d'Alembert auch in der Lage sein, bei den zahlreichen sprachlich Wandlungen die Modeerscheinungen von den dauerhaften Bereicherungen zu unterscheiden und somit einen sicheren, geradzu apriorischen Blick für die Sprachgeschichte zu entwickeln. »Un bon écrivain, un philosophe qui fait un dictionnaire de la langue, prévoit toutes ces révolutions; le précieux, l'impropre, l'obscur, le bizarre, l'entortillé, choquent la justesse de son esprit.« (500) Wie aber gelangt man zu einem derart sicheren Urteil über die Sprache? Nach d'Alembert gibt es ein sicheres Mittel:»C'est de lire et d'écrire beaucoup sur des matières philosophiques.« (500) Dort lerne man die Strenge des Stils und die Exaktheit der Ausdrucksweise. Einen auf dieser Grundlage angefertigten »Dictionnaire« will d'Alembert als »raisonné« bezeichnet wissen. Er geht sogar noch weiter: »Non-seulement on saura assez exactement la grammaire de la langue, ce qui est assz rare, mais ce qui est plus rare encore, on la saura en philosophe.« (501)

Es zeigt sich also, daß das Paradigma von Geometrie und Philosophie bei d'Alembert auch schon für ein Sprachwörterbuch konstitutiv sein soll, wo beim allgemeinen Sprachgebrauch das Wörterbuch der französischen Akademie ganz auf Rhetorik und Literatur ausgerichtet war, soll nun philosophisch exakt definiert werden. Dabei sollen Grundbegriffe als axiomatische Vorgaben dienen. Klarheit und Kürze sollen nach dem Paradigma der Geometrie eingeführt werden. Die philosophische Vernunft soll nicht nur die Regeln der Definition bestimmen, sondern auch die Grundlage für ein Sprachbewußtsein abgeben, das an der Exaktheit philosophischen Schrifttums geschult, einzelne Ausdrücke bewerten kann.

Wenn schon bei einem Sprachwörterbuch das rational-diskursive Element derart im Vordergrund steht, verwundert es nicht, dies in noch stärkerem Maß beim Sachwörterbuch der Enzyklopädie wiederzufinden. Im »Discours préliminaire de l'Encyclopédie« schafft d'Alembert den systematischen, vernünftigen Rahmen, in den hinein er die späteren, alphabetisch geordneten Artikel gestellt wissen will. Obwohl die alphabetische Reihenfolge keinerlei Einblick in Zusammenhänge eröffnet, macht d'Alembert geltend, daß bei einer Darstellung der Wissenschaften in getrennten, systematisch geordneten Abhandlungen das Gesamtwerk für den Leser unhandlich geworden wäre. (1955: 204) In seiner Wissenschaftssystematik des Vorworts jedoch geht er von Bacon aus, dessen Darstellung er modifiziert. D'Alemberts »Discours préliminaire« hat nach Voltaire in ganz Europa Beifall gefunden, bewege sich auf gleichem Niveau wie Bacon und sei im methodischen Ansatz sogar Descartes überlegen. (Voltaire 1961: 1210)

Es gelingt d'Alembert, alle Wissensdisziplinen, die mit Einzelfakten umgehen, im Bereich der Geschichte, jene, die mit diskursiver Vernunft vorgehen, in der Philosophie, und jene, bei denen die Einbildungskraft vorherrscht, in die verschiedenen Künste aufzugliedern. So gehört z.B. zur Geschichte die Kirchengeschichte, die profane Geschichte wie auch die Naturgeschichte. Letztere ist zu unterscheiden von der diskursiv denkenden Naturwissenschaft, wie auch die in der Bibel dargestellte Geschichte von der Theologie zu unterscheiden ist. Die Differenz ergibt sich jeweils aus der Tatsache, daß in der Geschichte Einzelfakten wiedergegeben werden und in der Philosophie die Reflexion erfolgt, die zu allgemein gültigen Ergebnissen führt. (D'Alembert 1955: 94)

Die Geometrie ihrerseits gehört dem vernünftigen philosophischen Bereich an und wird immer wieder als paradigmatisch für diesen hervorgehoben. Alle Einzelbereiche entsprechen subjektiven Bedürfnissen und werden daher von d'Alembert hinsichtlich ihrer Finalität erläutert. Der Zweck einer enzyklopädischen Wissensanordnung selbst sei es, den Philosophen gewissermaßen auf einen erhobenen Standort zu versetzen, von dem aus der die wichtigsten Künste und Wissenschaften mit ihren charakteristischen Unterschieden und Gemeinsamkeiten überblicken kann. D'Alembert führt das Beispiel einer Weltkarte an, auf der die bedeutendsten Länder mit ihrer Lage und Abhängigkeit voneinander verzeichnet sind. Als Spezialkarten erscheinen dann die einzelnen Artikel in der Enzyklopädie und als »Arbre ou Système figuré« bezeichnet er die Weltkarte.[27] Nicht die Geometrie selbst, sondern die geometrischen Vorgaben folgenden Verzeichnisse der Geographie dienen also hier d'Alembert als veranschaulichendes Modell. Wenn Einzelerkenntnisse einmal nicht systematisierbar sind, sondern zusammenhanglos bleiben, erscheint als Ursache nur eine bisher noch unzureichende Einsicht in die Sachverhalte. Eine vollständige Systematisierung der Welt würde diese schließlich als eine einzige wahre Tatsache erscheinen lassen: »L'univers, pour qui saurait l'embrasser d'un seul point de vue, ne serait, s'il est permis de le dire, qu'un fait unique et une grande vérité.«[28]

Die Frage stellt sich nun, wie eine derartige geometrisch-geographische Systematik der Einleitung vereinbar ist mit der alphabetischen Anordnung der einzelnen Artikel. D'Alembert sieht dies dadurch gewährleistet, daß – wie schon bei Furetière – in jedem Artikel das entsprechende Wissenschaftsgebiet angegeben wird, das man in der Übersichtstabelle zu Beginn des Werkes wiederfinden kann. So ist jeder Artikel in einer Wissenschaft und jede Wissenschaft in der Gesamtsystematik eingeordnet. Dabei kann der Text eines Artikels es nahelegen, daß ein Gegenstand mehreren Positionen in der Wissenschaftstabelle zuzuordnen ist. (1955: 104) D'Alembert ist geschickt genug, seine Leser davor zu warnen, bei

27 D'Alembert (1955: 86), zum Bild des Labyrinthes vgl. d'Alembert (1965: 28).

28 D'Alembert (1955: 52); vgl. auch d'Alembert (1965: 28, 41).

der Betrachtung seiner Einteilungen und Unterteilungen stehenzubleiben, ohne sich die Mühe zu machen, die Artikel selbst zu lesen. Ebensowenig soll die Lektüre von Nachschlagewerken und Wörterbüchern die Lektüre der Bücher selbst ersetzen. (192)

Definitionen erscheinen d'Alembert auch im Sachwörterbuch der Enzyklopädie notwendig. Bei der Begriffsbestimmung einer Wissenschaft erstrebt er – wie schon beim Sprachwörterbuch – die einfachste und kürzeste Form. Da für ihn Wissenschaft nichts anderes ist als ein System von Regeln oder ein Komplex von Tatsachen, der auf einen Gegenstand bezogen ist, kann die Definition einer Wissenschaft nichts anderes als die Herausstellung des jeweiligen Gegenstandes sein. (212)

Die Geometrie und das Denken, das d'Alembert in ihr exemplarisch verkörpert sieht, stehen so sehr im Zentrum seines Interesses, daß er sie auch außerhalb seiner Artikel zu Sach- und Sprachwörterbüchern immer wieder anführt. Wie Pascal war nämlich auch d'Alembert von Jansenisten unterrichtet worden. Wie Pascal war er von geometrischen Studien fasziniert. Nichts liegt näher, als daß auch er – wie vor ihm Pascal – versucht, den »esprit de géométrie« zu charakterisieren und von anderen Denkweisen abzugrenzen.[29] In seinem »Essai sur les gens de lettres« wundert er sich, daß gerade die géomètres eine Zeit lang in Frankreich so sehr in Mode gekommen waren. Dies kann er nur auf die Verwunderung darüber zurückführen, daß man ein altes, schon von Pascal angedeutetes Vorurteil revidieren mußte, weil man entdeckte, daß die Geometer nicht nur weltfremd und ungehobelt, sondern auch geistvoll sein konnten: »C'est un grand géomètre, dit-on, et c'est pourtant un homme d'esprit.«[30] Vehement greift d'Alembert die blasierte Haltung der »beaux esprits« an, deren höfliche Unterhaltung eigentlich nur dem logischen, am Paradigma der Geometrie orientierten Denken schade und von guten Ideen ablenke, die bei der Lektüre oder der Meditation gewonnen werden. »Ce n'est point à l'hôtel de Rambouillet que Descartes a découvert l'application de l'algègre à la géométrie.« (361)

Wenn d'Alembert auch zu Beginn seines »Essai sur les éléments de philosophie« die eigene Zeit als »le siècle de la philosophie« bezeichnet, sieht er die Berechtigung dafür in den Fortschritten der Philosophie, der Naturwissenschaft und der Geometrie. Gerade durch die Anwendung der Geometrie in der Physik seien ganz neue Ansichten gewonnen worden. (1965: 9 f.) Immer wieder findet sich bei d'Alembert die Verbindung von »philosophie«, »science« und »géométrie«. Dabei erscheint gerade in der Geometrie das Abstraktionsniveau besonders hoch. Denn obwohl es in der Realität keine geraden Linien gibt, werden sie in der Abstraktion der Geometrie angenommen. Nicht zuletzt deshalb erscheinen d'Alem-

29 D'Alembert, Œuvres Bd. 1 (1967: 1 f.).

30 D'Alembert, Œuvres Bd. 4 (1967: 350).

bert geometrische Definitionen von besonderer Bedeutung. (306, 310) In der Geometrie sieht d'Alembert dieselbe Fähigkeit zur Abstraktion wie in der Metaphysik gefordert. Dennoch müssen große Geometer nicht unbedingt auch zugleich große Metaphysiker sein. Ebensowenig erscheint d'Alembert dieselbe die Kombinationsfähigkeit des geometrischen Denkens für die schnellen Kombinationen eines Glücksspielers geeignet: »L'esprit géomètre est sans dout un esprit de calcul et de combinaison, mais de combinaison scrupuleuse et lent, qui exmine l'une après l'autre, toutes les parties de son objet, qui les compare successivement entr'elles, qui prend garde de n'en omettre aucune, et de les rapprocher par toutes leurs faces.« (324) Dies ist zugleich eine Chrakteristik des systematischen diskursiven Denkens, dessen Vorzüge d'Alembert immer wieder anpreist und die er gegen den Geschmack des bel esprit oder die Faktenkenntnis des Gelehrten abgrenzt.[31]

In seinen »Refléxions sur l'usage et sur l'abus de la philosophie dans les matières de goût« unterstreicht d'Alembert die Vorzüge des esprit »philosophique« für die »sciences«, denen er strenge Maßstäbe gegeben habe, aber auch für die »belles lettres«, bei denen er den Vorzug habe, »de nous guérir ou de nous garantir de la superstition littéraire.«[32] Dennoch schließen sich »bon goût« und »esprit philosophique« nicht aus. Letzterer könne ersteren sogar unterstützen, da er bis zu den wahren Prinzipien aufsteigen sowie jeder Kunst und Situation ihren eigenen Charakter zuweisen könne. (332) Gerade die Philosophie sieht d'Alembert in der Lage, den Geschmack herauszubilden, der Angenehmes und Nützliches verbinde: »Les ouvrages philosophiques, quand ils réunissent ces deux avantages, sont peut-être les plus propres à maintenir le bon goût dans l'art d'écrire.«[33] Hier zumindest sieht d'Alembert den »bon goût« vom »esprit philosphique« abhängig. Dem »bon goût« erscheint also hier der »esprit philosophique« in gleicher Weise entgegengesetzt wie zuvor der »géomètre« dem »bel esprit«.

---

31 Er fragt z.B. im Kapitel über die Geometrie wieder, wem denn nun der erste Rang gebühre, »celui qui excelle dans les lettres, ou celui qui se distingue au même degré dans les sciences?« D'Alembert (1965: 325) Er muß bedauern, daß sich so viele ignorante Schriftsteller seiner Zeit voreilig und unbedacht für die Literatur entscheiden würden.

32 D'Alembert, Œuvres Bd. 4, (1967: 326) Dennoch sei es für einen Philosophen nicht ausreichend, über die Sinnesvermögen des goût zu verfügen. So habe Malebranche die Lektüre der besten Verse gelangweilt, obgleich sein eigener Stil dichterische Qualitäten aufwies. D'Alembert, Œuvres Bd. 4 (1967: 329).

33 D'Alembert (1967: 292) Ein Verhältnis von Abhängigkeit und wechselseitiger Ergänzung ergibt sich auch als Resultat des Gespräches der beiden allegorischen Partner in d'Alemberts »Dialogue entre la Poésie et la Philosophie, pour servir de préliminaire et de base à un traité de paix et d'amitié perpétuelle entre l'une et l'autre«. D'Alembert, Œuvres Bd. 4 (1967: 380 f.).

Einen Konflikt zwischen dem geometrischen Denken und anderen zeitgenössischen Denkformen konstatiert auch Diderot.[34] Anders als d'Alembert beurteilt er den Zeitgeschmack. Ihm scheint er zu moralischen Fragen, zur Literatur, zur Naturgeschichte und zur experimentellen Physik zu tendieren. Für Diderot zeichnet es sich ab, daß es in näherer Zukunft daher kaum mehr große Geometer in Europa geben wird und die Wissenschaft auf ihrem bisherigen Stand verbleibt, zu dem sie Benoulli, Euler, Maupertius, Clairaut, Fontaine und nicht zuletzt d'Alembert gebracht haben. In der Zukunft würden deren Werke kaum anders beurteilt werden als zu seiner Zeit die Hieroglyphen der Ägypter.[35] In einem Brief aus dem Jahr 1758 an Voltaire schreibt Diderot: »Le règne des mathématiques n'est plus. Le goût a changé. C'est celui de l'histoire naturelle et des lettres qui domine. D'Alembert ne se jettera pas, à l'âge qu'il a, dans l'étude de l'histoire naturelle est il est bien difficile qu'il fasse un ouvrage de littérature qui reponde à la célébrité de son nom«.[36]

Doch nicht nur der Zeitgeschmack erscheint Diderot ungünstig für die Geometrie.[37] Auch seine eigene Beurteilung dieser Wissenschaft ist durchaus skeptisch. So fragt er nach ihrem Nutzen im Bereich der Astronomie angesichts der Tatsache, daß geometrisch gewonnene Erkenntnisse ohnehin durch astronomische Beobachtungen bestätigt werden müssen.[38] Entsprechendes erscheint für das Experiment im allgemeinen gültig: »On ne a conclu que c'était à la philosophie expérimentale à rectifier les calculs de la géométrie; et cette conséquence a été avouée, même par les géomètres. Mais à quoi bon corriger le calcul géométrique par l'expérience? N'est-il pas plus court de s'en tenir au résultat de celle-ci? d'où l'on voit que les mathématiques, transcendantes surtout, ne conduisent à rien de précis sans l'expérience.« (178 f.) Wenn überhaupt die Geometrie einen Sinn hat, dann nur in Bezug auf die Praxis. So erscheint Diderot derjenige, der sich nur intellektuell mit der Geometrie beschäftigt, so unbeholfen wie der in der bloßen Praxis verhaftete Handwerker, der nicht weiß, daß er es mit praktischen Auswirkungen der Geometrie zu tun hat. Die Zusammenarbeit zwischen beiden bietet

34 Zu seiner zweifachen Veranlagung, die einerseits die systematische und andererseits die künstlerische Form bevorzugt, vgl. Schalk (1936: 132); ein Beispiel für Dideros systematischen Stil sind seine »Eléments de physiologie« (1964)

35 Diderot, Œuvres philosophique (1964: 180 f.).

36 Diderot, (1964: 181 Anm. 1); zum Einfluß von Francis Bacon auf Diderots Einschätzung der Methoden und des Wandels der Naturwissenschaften vgl. Dieckmann (1972: 119 ff.); allerdings wird auch die gegenteilige Meinung vertreten: So konstatiert Mercier am Vorabend der Revolution: »Le règne des lettres est passé; les physiciens remplacent les poètes et les romanciers;« vgl. Lepenies (1976: 137).

37 Vgl. auch Vorländer (1967: 63 f.) Diderot hat sich nach seinem lobenden Artikel zu Leibniz in der Enzyklopädie schließlich, auch unter dem Einfluß von Buffons Naturgeschichte, der qualitativen Beschreibung zugewandt und die quantitative Fixierung zurückgestellt.

38 Diderot, Œuvres philosophiques (1964: 180).

sich an.[39] Das allzu hohe Abstraktionsniveau der Geometrie wird bei Diderot zur Zielscheibe, nicht nur weil es bloß wenigen geistig zugänglich ist, sondern auch da es alles auf numerische Einheiten reduziert.[40] Eine solche Denkweise entfernt sich allzu sehr von der empirischen Realität:

»Si, par hasard, c'était là le fondement de la doctrine de Pythagore, on pourrait dire de lui qui'il échoua dans son projet, parce que cette manière de philosopher est trop au-dessus de nous, et trop approchante de celle de Etre suprême, qui, selon l'expression ingénieuse d'un géomètre anglais, géométrise perpétuellement dans l'univers.« (99)

Diderot steht also der Geometrie und ihrer Denkart skeptisch gegenüber. Dies wird auch überall dort deutlich, wo er zugunsten der praktischen Erfahrung argumentiert. Vorstellungen und Verbindungen von Vorstellungen führt Diderot immer wieder auf die Erfahrung zurück. Eine Systematisierung von Erkenntnissen kann daher nur in Verbindung mit Einzelerfahrungen erfolgen.

Vorstellungen haben also nur dann Bedeutung, wenn sie mit der Außenwelt verknüpft sind: »Cette liaison se fait ou par une chaîne ininterrompue d'expériences, ou par une chaîne ininterrompue de raisonnements, qui tient d'un bout à l'observation, et de l'autre à l'expérience.« (184) So unterscheidet Diderot drei Erkenntnisformen: »l'observation de la nature, la réflexion et l'expérience. L'observation recueille les faits; la réflexion les combine; l'expérience vérifie le résultat de la combinaison.« (189) Daß Diderot dabei die Beobachtung am nächsten liegt, zeigt sich, wenn er in seinem Artikel »génie« gerade die Aufnahmefähigkeit für äußere Eindrücke hervorhebt.[41] Durch Regeln, auch wenn es nur diejenigen des Geschmacks sind, sieht er die Fähigkeiten des Genies schon eingeschränkt. Noch weniger kann das von der Hitze der Imagination geleitete Genie in der Philosophie, die wie die Geometrie genaue Aufmerksamkeit, Bedächtigkeit und Übung im Denken benötigt, Fortschritte erzielen: »Il faut, dans la philosophie, chercher le vrai avec ardeur, et l'espérer avec patience. Il faut des hommes qui puissent disposer de l'ordre et de la suite de leurs idées, en suivre la chaîne pour conclure, ou l'interrompre pour douter; il faut de la recherche, de la discussion, de la lenteur.« (12 f.) Während man in der Philosophie Vergleiche anstellt, sich schrittweise von einer Beobachtung zu anderen bewegt, aus Neugier und Liebe zur Wahrheit langsam von einer Konsequenz zur nächsten schreitet, er-

---

39 Diderot, (1964: 177, vgl. auch Anm. 2).

40 »car il n'y a point d'objets, soit dans la nature, soit dans le possible, que ces unités simples ne pussent représenter, des points, des lignes, des surfaces, des solides, des pensées, des idées, des sensations.« Diderot, Œuvres philosophiques (1964: 99).

41 »L'homme de génie est celui dont l'âme plus étendue, frappée par les sensations de tous les êtres, intéressée à tout ce qui est dans la nature, ne reçoit pas une idée qu'elle n'éveille un sentiment.« Diderot, Œuvres esthétiques (1968: 9).

scheint Diderots Genie impulsiver.[42] So geht es nicht diskursiv vor, sondern intuitiv und inspiriert von den Erfahrungen. Es zeichnet sich wie die von d'Alembert erwähnte Intuition des Spielers oder des bel esprit durch das Fehlen des diskursiven Denkens aus. »L'esprit observateur dont je parle s'exerce sans effort, sans contention; il ne regarde point, il voit, il s'instruit, il s'étend sans étudier.« (20) Mit dieser mühelosen, von geistiger Arbeit freien Form der Erkenntnis tritt Diderots »génie« das Erbe des »honnête homme« an. Es erweist sich damit durchaus als Gegenstück zum diskursiven »esprit de géométrie« bzw. »esprit de philosophie«.

Mit dem Konzept des Genie entfernt sich Diderot endgültig von der Anerkennung der Geometrie als Paradigma des Wissens, die er im »Prospectus« zur Enzyklopädie in Übereinstimmung mit d'Alembert vertreten hatte. Wie schon Descartes betont er nunmehr die Notwendigkeit, die Wirklichkeit zum Ausgangs- und Endpunkt zu nehmen. Es erscheint ihm daher erforderlich, diskursives Denken und geometrisches Konstruieren mit der Beobachtung und Beschreibung zu verknüpfen. mit seiner Konzeption des »génie« geht er noch darüber hinaus. Intuitiv wie Pascals »esprit de finesse« ist das »génie« in der Lage, das Wesen der Einzelgegenstände zu erfassen, ohne deren allgemeine Prinzipien und Gesetze einzubeziehen.

Linné – Buffon

Befanden sich die Enzyklopädisten vor der Fülle des gesamten damaligen menschlichen Wissens und aller Einzelphänomene in der Welt, so sah sich der Verfasser einer Naturgeschichte vor einer ähnlichen Vielfalt, derjenigen nämlich der belebten und unbelebten Natur. Auch er stand vor der Aufgabe, eine große Menge von Elementen sinnvoll anzuordnen und einer Leserschaft zugänglich zu machen. Wie der Enzyklopädist konnte auch er zwischen der Einordnung in eine abstrakte Systematik und der bloßen Beschreibung des in der Erfahrung Wahrgenommenen wählen. Linné hat man vorgeworfen, er orientiere sich zu sehr am System und verliere den Blick für das Konkrete. Auch Buffon schloß sich dieser Kritik an, die allerdings Linné nicht gerecht wird. Denn dieser unterscheidet ein künstliches System der Natur von einem natürlichen. Während letzteres die Wirklichkeit abbilden will, soll das künstliche dem Schüler als Gedächtnishilfe dienen, damit er auch ohne Anleitung z.B. eine Pflanze bestimmen lernt. Linné betont also den nominalistischen Charakter des künstlichen Systems, das nur der

42 »Le génie est frappé de tout, et dès qu'il n'est point livré à ses pensées et subjugué par l'enthousiasme, il étudie, pour ainsi dire, sans s'en apercevoir; il est forcé, par les impressions que les objets font sur lui, à s'enrichir sans cesse de connaissances qui ne lui ont rien coûté.« Diderot, Œuvres esthétiques (1968: 13).

Diagnose der Pflanzen, nicht aber der Ergründung ihres inneren Wesens diene. Die natürliche Ordnung bringt Linné in der sechsten Auflage seiner »Genera plantarum« zu seinen Klassifikationsbegriffen in Beziehung. Er geht dabei davon aus, daß der Schöpfer am Anfang das »vegetabile Mark« mit verschiedenen Rinden umhüllt hat, aus denen so viele verschiedenartige Individuen hervorgegangen sind wie es natürliche Ordnungen gibt. Aus der Vermischung dieser Urpflanzen seien so viele Gattungen hervorgegangen wie es heute Pflanzen gebe. Aus der Vermischung dieser Gattungen durch die Gott-Natur seien die Arten, aus der Vermischung der Arten durch Zufall dann die Varietäten entstanden. Diese Gesetze, die Linné dem Schöpfer zuschreibt, führen vom Einfachen zum Zusammengesetzten.[43]

Sein komplexes System stellt sich Linné als geographische Karte vor, bei dem Lücken und Diskontinuitäten real existierend anerkannt und nur zu heuristischen und diagnostischen Zwecken überbrückt werden. Diese Position sollte später Cuvier übernehmen, während Geoffroy Saint-Hilaire und nach ihm Darwin in seiner Deszendentheorie die gedanklich genetischen Systeme auch real genetisch lasen.[44] Erst in dieser Deutung erhält Linnés nominalistischer Ansatz einen begriffsrealistischen Charakter.

So zeigt sich, daß man Linné ebenso wie d'Alembert zu Unrecht den Vorwurf macht, ihre Systeme seien a priorisch und nicht auf die empirische Wirklichkeit bezogen. Einer der wichtigsten Kritiker Linnés war Buffon, der auch zu d'Alembert kaum mehr als ein höfliches Verhältnis hatte. Zwar erwähnt d'Alembert in seinem »Discours préliminaire« Buffon als einen erfolgreichen Schriftsteller, der mit Platon und Lukrez wetteifere und einen erhabenen, für philosophische Zwecke gut geeigneten Stil verwende. (D'Alembert 1955: 174 f.) Für dieses Kompliment bedankt sich Buffon in einem Brief an d'Alembert vom 20. Juni 1751, in dem er seinerseits d'Alemberts »Discours« als »quintessence des connaissances humaines« bezeichnet. (Buffon Bd. 1 1971: 82 f.) Die so vorgeführte Einigkeit täuscht allerdings. Buffon, der sich zu Anfang wie d'Alembert mit arithmetischen und geometrischen Fragen beschäftigte, erschienen bald deren Lösungen angesichts der Möglichkeit direkter Erfahrungen und Anwendungsmöglichkeiten zu arbiträr und realitätsfremd. Hier steht er in einer Zeitströmung,[45] die – wie bereits erwähnt – auch Diderot konstatierte und akzeptierte. D'Alembert jedenfalls kritisierte seinerseits in einem Schreiben vom 21.9.1749 an Cramer den Mangel an »geometrischem« Denken in Buffons »Histoire naturelle«: » A pro-

---

43 Vgl. Schuster (1928: X f.) über Linné; vgl. zur den allgemeinen Prinzipien, nach denen er den Ablauf des Lebens gestaltet sieht: Querner (1980); zu Biographie und Studien Linnés: Blunt (1984).

44 Vgl. Schuster (1928: 22 ff.); vgl. auch: Daudin (1927); vgl. auch zur Bedeutung der Diferentia specifica bei Linné: Eriksson (1983: 79).

45 Vgl. Y. Belaval (1952: 337-355).

pos de calculs, et de Géométrie, vous nous trouverez bien maltraités dans le nouvel ouvrage de Mr de Buffon. Il est vrai qu'avec du calcul et de la géométrie, il n'eût peut-être pas tant hasardé de choses sur la formation de la terre, et qu'il en aurait même rayé plusieurs.«[46]

Daß Buffon tatsächlich die Erfahrung der bloß »geometrischen« Konstruktion vorzieht, mag ein Blick auf seine methodologischen Betrachtungen verdeutlichen, mit denen er seine »Histoire naturelle« eröffnet. Er erklärt, daß sich die Naturgeschichte vor seinen Augen in ihrer ganzen Ausdehnung als unendlich präsentiert.[47] Nur die geschicktesten Beobachter hält er für fähig, nach vielen Jahren, Skizzen einzelner Bereiche der Naturgeschichte vorzustellen. Vor der großen Menge der Gegenstände fordert er vom Betrachter eine ähnlich Intuition wie Diderot von seinem beobachtenden »génie«: »les grandes vues d'un génie ardent qui embrasse tout d'un coup d'oeil, et les petites attentions d'un instinct laborieux qui ne s'attache qu'à un seul point.« (44) Die Vorgehensweise ist aber strikt induktiv und empiristisch. Man soll die einzelnen Exemplare beobachten, bis diese auf den Betrachter »des impressions durables« formen, die sich im Geist durch die Konstanz ihrer Verbindungen festsetzen. Erst von dort aus ist es dann möglich, sich zu allgemeineren Vorstellungen zu erheben, die mehrere unterschiedliche Gegenstände gleichzeitig umfassen. (44)

Am Anfang steht also die Beobachtung, die ständig wiederholt wird. Buffon räumt ein, daß es für denjenigen, der von der Erfahrung aus abstrahieren will, nützlich ist, Methoden als Handreichungen zu erhalten, die ihm erste Einsichten in die Naturgeschichte erleichtern können. Derartige Erklärungssysteme weisen den Anfänger schnell auf gemeinsame Beziehungen und Unterschiede der Elemente hin. Natürlich darf er nicht den Versuch unternehmen, derartige Ketten zu erweitern oder abzukürzen oder ihre arbiträren Gesetze zu Naturgesetzen zu machen. (46 f.) Buffon hält bei allen Systematisierungen Vorsicht für geboten. Sehr leicht gehe dabei der Blick auf das Ganze des einzelnen Gegenstands verloren: »Car pour faire un système, un arrangement, en un mot une méthode générale, il faut que tout y soit compris; il faut diviser ce tout en différentes classes, partager ces classes en genres, sousdiviser ces genres en espèces et tout cela suivant un ordre dans lequel il entre nécessairement de l'arbitraire.« (49) Die Natur selbst verzeichne dagegen aber kleinere Schritte, die sich derartigen Klassifizierungen leicht entziehen.

Hier sieht Buffon die Gelegenheit, gegen Linné zu polemisieren. Wichtiger sei es nämlich, daß man sich die Gestalten der Pflanzen einpräge als ihre bloßen Gattungsbezeichnungen, die inzwischen den schwierigsten Teil der Wissenschaft bilden. So findet Buffon bei den schlechten Systematikern immer nur ein Krite-

46 Zit. nach Hanks (1966: 27).

47 »Elle embrasse les objets que nous présente l'univers.« Buffon (1939: 43).

rium für die Unterscheidungen, wie z.B. die Größe für die Pflanzen: »Il y a de grands arbres, de petits arbres, des arbrisseaux, des sous-arbrisseaux, de grandes plantes, de petites plantes et des herbes.« (50) Die Unsinnigkeit derartiger Unterscheidungen belegt Buffon mit dem Hinweis auf ganz unterschiedliche Größen von Eichen, von denen man Arten kennt, die nicht höher als ein Strauch sind. Andere Unterscheidungen seien nach der Art der Blätter oder der Art der Vermehrung bzw. bei den Tieren nach den Zehen und Füßen erfolgt. All diesen Unterscheidungen liegt nach Buffon als »metaphysischer Irrtum« die Entscheidung zugrunde, die Gesamtheit eines Untersuchungsgegenstandes einem einzigen, als signifikant hingestellten Unterscheidungskriterium zu opfern. Besser sei es, die Objekte, die ähnlich sind, zusammenzustellen und beschreibend von denen zu unterscheiden, die eine andere Gestalt haben, wobei alle Einzelheiten zu berücksichtigen sind. Dieses Verfahren allerdings laufe Gefahr, sich im Grenzenlosen zu verlieren.

Damit deuten sich für Buffon zwei prinzipielle Schwierigkeiten an. Die eine besteht darin, überhaupt keine Methode zu haben, die andere darin, überall ein bestimmtes System sehen zu wollen. (54) Der Methode der Systematik erkennt Buffon dann eine Berechtigung zu, wenn ihr nominalistischer, heuristischer und arbiträrer Charakter nicht verkannt wird: »Chacune de ces méthodes n'est, à parler vrai, qu'un dictionnaire où l'on trouve les noms rangés dans un ordre relatif à cette idée, et par conséquent aussi arbitraire que l'ordre alphabétique.« (55) Daher besteht für Buffon die beste Methode in der Betrachtung des einzelnen.[48] Eine erste und nur vorläufige Definition soll dabei die ausführliche exakte Beschreibung einleiten, da eine endgültige Definition sich erst aus der Beobachtung und deren Niederschrift ergeben kann.[49] Zur Vorsicht rät Buffon auch, wenn mehrere beobachtete Gegenstände unter einer Bezeichnung zusammengefaßt werden. Denn mit der symbolischen Bezeichnung eines Gegenstandes habe man nicht unbedingt ihn selbst oder die Wissenschaft von ihm. Sein Zeitalter sieht Buffon durch die Bereitschaft charakterisiert, apriorische Überlegungen zugunsten der einzelnen Wissenschaftsdiziplinen zu vernachlässigen.[50] Dennoch hält er es für notwendig, eine noch immer verbreitete, naive Wissenschaftsgläubigkeit zu kritisieren, die verbunden ist mit geometrischen Nomenklatursystemen und Sachwörterbüchern, die das Verständnis des Begriffs so sehr hervorheben, daß die Einsicht in die Sache darunter leidet. Die Mathematik kann sich in Buffons

48 »Mais le seul et le vrai moyen d'avancer la science est de travailler à la description de l'histoire et à différentes choses qui en font l'objet.« Buffon (1939: 55).

49 »Dans les choses naturelles, il n'y a rien de bien défini que ce qui est exactement décrit; or pour décrire exactement, il faut avoir vu, revu, examiné, comparé la chose que l'on veut décrire, et tout cela sans préjugé, sans idée de système, sans quoi la description n'a plus le caractère de la vérité, qui est le seul qu'elle puisse comporter.« Buffon (1939: 56).

50 »Les méthodes de calcul et de géométrie, celles de botanique et d'histoire naturelle, les formules, en un mot, et les dictionnaires, occupent presque tout le monde.« Buffon (1939: 59).

Augen darauf beschränken, angenommenen Voraussetzungen Kombinationen folgen zu lassen.[51] Sobald aber der Komplexitätsgrad der betrachteten Gegenstände steigt, erscheint es ihm unangebracht, nach Art der Mathematik Kalküle und Definitionen anzuwenden. Dies trifft nach Buffon gerade in der Naturgeschichte zu, wo es immer wieder darauf ankommt, »d'avoir recours aux observations, de les rassembler, d'en faire de nouvelles, et en assez grand nombre pour nous assurer de la vérité des faits principaux.«[52] Bei den empirisch gewonnenen Materialien erscheint es Buffon eine bloße Geschmacksfrage des Autors zu sein, ob nun der Stil der Präsentation vom Allgemeinen zum Konkreten oder umgekerht vom Konkreten zum Allgemeinen schreitet. (63)

In dem Maß, wie Buffon die Beobachtung und deren Beschreibung in den Vordergrund stellt, entfernt er sich von der Möglichkeit eines einheitlichen Systems und einer gegebenenfalls von diesem ausgehende Einheitswissenschaft. Letztere sieht er bei Linné angelegt, wie er in einem Brief vom 2.8.1745 schreibt: »On pèche en physique en attribuant à la nature trop d'uniformité; c'est aussi par là que pèchent toutes les méthodes de botanique; et celle de Linnaeus me satisfait moins encore que toutes les autres.«[53] Er formuliert sogar den eigenen Standpunkt überspitzt: »Les recueils d'Expériences et d'Observations sont donc les seuls Livres qui puissent augmenter nos connoissances.« (5) Zwar hat für ihn die Idee eines einheitlichen Prinzips einen gewissen Charme, jedoch erscheint sie ihm unrealisierbar: »J'avoue que rien ne seroit si beau, que d'établir un seul principe, pour ensuite expliquer l'Univers; et je conviens que si l'on étoit assez heureux pour deviner, toute la peine que l'on se donne à faire des expériences seroit bien inutile; mais les gens sensés voyent assez combien cette idée est vaine et chimérique.« (5)

Buffon ist durchaus nicht gegen jede Art der Systematisierung. Er wendet sich nur gegen »des méthodes scholastiques, de grands raisonnements fondés sur une métphysique puérile ou sur des préjugés« (27) Dies zeichne nur den Schriftsteller ohne Genie aus. Genie dagegen sei erforderlich für die Verallgemeinerung und die Zuordnung der Einzelelemente. Es fällt auf, daß Buffon wie Diderot den Begriff des Genie verwendet, wenn es um Einzelbeobachtungen geht. So wird auch bei Buffon nur jene Art der systematischen Anordnung verurteilt, die unabhängig von der Erfahrung erfolgt. Daher wendet er sich gerade gegen Platon und Pythagoras, für die das Universum harmonisch und geometrisch geordnet war

---

[51] »Il n'y a donc rien dans cette science que ce que nous y avons mis [...] ainsi les vérités mathématiques ne sont que les répétitions exactes des définitions ou suppositions.« Buffon (1939: 60).

[52] Buffon (1939: 62) Es gelte, die Fakten nun zu verallgemeinern, Wesentliches von Unwesentlichem zu unterscheiden, Analogieverbindungen herzustellen, Unklarheiten durch Experimente auszuschalten und sie in der natürlichen Ordnung darzustellen. Buffon (1939: 62 f.).

[53] Zit. nach Buffon (1954: VIII).

und von einem einzigen Prinzip wie der Zahl oder der Idee ausging.[54] So muß Buffon Pythagoras vorwerfen, er halte die Zahlen für reale Entitäten. Ihm und Platon hält er weiterhin vor, sie glaubten an die Existenz von finalen Ursachen. Letztere haben nach Buffon die falsche Konsequenz, die menschlichen Ideen zu Ursachen für die Dinge zu machen, statt sie als deren Wirkungen gelten zu lassen.[55] Eine solche Theorie würde z.B. zur absurden Behauptung führen, daß es Licht gibt, weil der Mensch Augen zum Sehen habe. Derartige Spekulationen muß Buffon ablehnen, weil sie zu weit von der Beschreibung und Beobachtung des einzelnen Gegenstandes wegführen. Buffons Mitarbeiter Daubenton sieht gerade die klassifizierenden Naturalisten als Vertreter einer neuen, mittelalterliches Denken wieder aufgreifenden begriffsrealistischen Richtung: »Sont-ils donc encore de ces siècles de ténèbres, où les universaux et les cathégories de la scholastique étaient l'objet des méditations de tous les Savans? [...] Les naturalistes nomenclateurs sont les seuls qui gardent l'ancien préjugé, ils retardent l'avancement de l'Histoire naturelle de la même façon que les philosophes scholastiques ont arrêté si longtemps le progrès des Sciences.«[56] Auch Voltaire hatte sich in seinem »Dictionnaire philosophique« gegen eine Realitäten hypostasierende »châine des êtres créés« gewandt, die in Anlehnung an die platonische Ideenlehre eine Begriffspyramide als Weltsystem aufstellt: »Cette hiérachie plaît beaucoup aux bonnes gens, qui croient voir le pape et ses cardinaux suivis des archevêques; après quoi viennent les curés, les vicaires, les simples prêtres, les diacres, les sousdiacres; puis paraissent les moines, et la marche est fermée par les capucins.«[57]

Derart fragwürdigen, begriffsrealistisch konstruierten Systemen stellt Buffon seine Einzelbeobachtungen entgegen. Daß diese im Zentrum seines Interesses stehen, bestimmt nicht zuletzt auch seinen Stil. Bei einer Beschreibung soll dieser dem Gegenstand gerecht werden und nicht von rhetorischen Effekten geleitet sein.[58] Den Stil definierte im 18. Jahrhundert Du Marsais als »manière d'expri-

---

54 So falsch wie diese Philosophen denke nur »une âme qui, dégagée de la matière, s'élève dans le pays des abstractions, perd de vûe les objets sensibles, n'aperçoit, ne contemple et ne rend que l'intellectuel.« Buffon (1954: 256).

55 Buffon (1954: 257). Im 19. Jahrhundert wird von den »naturalistes« die Abkehr von allzu häufigen Schematisierungen und Formalisierungen gefordert. »Leur devoir et leur aptitude, les portant à embrasser tous les détails des choses en l'univers, ils ne peuvent se distraire de cette vue à chaque considération pour traduire chaque observation, chaque sorte de problèmes qui s'y rapportent, en équations.« Saint-Hilaire (1938: 7, Anm. 1) Gerade Buffon sei von den »géomètres de son temps« häufig kritisiert worden, »sur ce qu'il n'avait point soumis ses théories aux formules de l'analyse.« Saint-Hilaire (1938: 9).

56 Zit. nach Buffon (1954: XXXI).

57 Voltaire (1967: 101).

58 »Le style même de la description doit être simple, net et mesuré; il n'est pas susceptible d'élévation, d'agréments, encore moins d'écarts, de plaisanterie ou d'équivoque; le seul ornement qu'on puisse lui donner, c'est de la noblesse dans l'expression, du choix et de la propriété dans les termes.« Buffon (1939: 56).

mer les pensées«.[59] Buffon definiert den Stil, als wäre er das Resultat rhetorischer dispositio: »Le style n'est que l'ordre et le mouvement qu'on met dans ses pensées.«[60] Der Stil werde konzis, wenn er die Einfälle auf engem Raum zusammenfaßt, diffus und weitschweifig, wenn er ihnen zu viel Raum läßt. Nur das Genie hält Buffon für fähig, die wichtigeren von den unwichtigeren Gedanken zu trennen. Unsicher über die Art, wie er zu schreiben hat, sei ein Autor nur dann, wenn er über seine Materie nicht lange genug nachgedacht hat. Schlecht erscheinen jene Autoren, die lange über stilistischen Finessen grübeln, die über viele Wörter, aber wenig Ideen verfügen. »Pour bien écrire, il faut donc posséder pleinement son sujet, il faut y réfléchir assez pour voir clairement l'ordre des ses pensées, et en former une suite, une chaîne discontinue, dont chaque point représente une idée.«[61] Nur so erhalte man Stringenz und Einheit eines einfachen, präzisen, gleichmäßigen, klaren, lebhaften und nicht sprunghaften Stils. Erst wenn die Gedanken klar und geordnet sind, könne sich das Genie bei der Wahl der Ausdrücke auszeichnen.[62] Der Stil beruht bei Buffon auf der Kenntnis des Gegenstandes, auf der Anordnung des Materials und schließlich auf der Wahl des Ausdrucks. Damit greift er zugleich auf die rhetorischen Disziplinen der inventio, dispositio und elocutio zurück. Bei seiner eigenen Wahl und Anordnung des Gegenstandes ergibt sich als zwangsläufige Konsequenz der Stil, der dem Detail in der Natur- und Pflanzenwelt gerecht wird und alle einzelnen Beobachtungen genau und farbig wiederzugeben weiß. Nicht zuletzt deshalb ist Buffon insbesondere durch seine Beschreibungen aus der Tierwelt ein Klassiker der Jugend- und Schullektüre des 19. Jahrhunderts geworden.[63]

Es sind seine Qualitäten als Beobachter und beschreibender Literat, denen er diese Aufnahme in den Lektürekanon verdankt. Doch schon im 18. Jahrhundert belegen der Erfolg seiner Naturgeschichte wie auch der Erfolg von Diderots Enzyklopädie, daß der von Pascal und Fontenelle am Paradigma der Geometrie orientierte »esprit philosophique« allmählich in die Defensive gerät. In seiner Denkform grenzt sich das »génie« bewußt vom Geometer ab. Entsprechendes gilt von der Wissensanordnung, die nach Diderot und Buffon nicht mehr wie die Geometrie von der Konstruktion der Systeme, sondern von der Beschreibung der Einzelheiten ausgehen soll. Die Enzyklopädie verdankte ihren Erfolg daher aus Diderots Perspektive eher den von ihm betreuten konkreten Darstellungen in den Artikeln als der von d'Alembert vorangestellten geometrisch – systematischen

59 Du Marsais (1757: 73).

60 Buffon (1954: 500).

61 Buffon (1954: 502).

62 »Bien écrire, c'est tout-à-fois bien penser, bien sentir et bien rendre, c'est avoir en même temps de l'esprit, de l'âme et du goût.« Buffon (1954: 503).

63 Er wurde sogar als Plinius seiner Zeit bezeichnet. Vgl. Lepenies (1976: 148); zu seinen Bucherfolgen vgl. Lepenies (1976: 139).

Konstruktion des Wissens. Während sich Fontenelle und d'Alembert den »esprit de géométrie« zur Grundlage des »siècle philosophique« wünschen, erscheint er bei Diderot und Buffon als Relikt vergangener Zeiten. Letztere evozieren ein »génie«, dessen beobachtende intuitive Erfassung der Dinge viel mit jener von Saint-Evremonds »honnête homme« und Pascals »esprit de finesse« gemein hat. In seiner Betonung der Betrachtung und Beschreibung des einzelnen Objekts in seiner Totalität sieht sich Buffon im Gegensatz zum Systematiker Linné. Diderot und Buffon könnten daher ihre Zeit nur mit Bezug auf die in Frankreich verehrten Engländer Locke und Hume als »siècle philosophique« verstehen. Denn es erscheint ihnen weniger von der rationalistischen Tradition des französischen 17. Jahrhunderts geprägt, als vom Empirie, Experimentierfreudigkeit, Beobachtung und jener Bevorzugung des Einzelfaktums, die schließlich im 19. Jahrhundert in den Positivismus eines A. Comte einmünden sollte.

Literatur

Belaval, Y. (1952): La cirse de la géométrisation de l'univers dans la philosophie des lumières. In: *Revue internationale de philosophie*. Brüssel. Bd. 6, Nr. 21, fasc. 3. 337-355.

Blunt, Wilfrid (1984): *The Compleat Naturalist. A Life of Linnaeus*. London.

Buffon (1954): *Œuvres philosophiques*. J. Piveteau (Hg.). Paris (Corpus général des philosophes français).

Buffon (1971<1885>): *Correspondance générale*. Bd. 1 und 2, Genf.

D'Alembert (1955): *Discours préliminaire de l'Encyclopédie* (1751). E. Köhler (Hg.), Hamburg.

D'Alembert (1965 [1805]): *Essai sur les éléments de philosophie*. R. N. Schwab (Hg.), Hildesheim.

D'Alembert (1967): *Œuvres*. Bd. 1 und Bd. 4, Genf.

Daudin, Henri (1927): *De Linné à Jussieu. Méthodes de la Classification et idée de série en botanique et en zoologie* (1740-1790). Paris.

Descartes, René (1960): *Discours de la Méthode*. Hamburg (Meiner, Philosophische Bibliothek 261).

Descartes, René (1960): *Meditationen über die Grundlagen der Philosophie*. Hamburg (Meiner, Philosophische Bibliothek 271).

Dictionnaire de l'Académie françoise (1694): Bd. 1, Paris.

Diderot (1964): *Eléments de physiologie*. J. Mayer (Hg.), Paris (Société des textes français modernes).

Diderot (1964): *Œuvres philosophiques*. P. Vernière (Hg.), Paris.

Diderot (1968): *Œuvres esthétiques*. P. Vernière (Hg.), Paris.

Dieckmann, Herbert (1972): *Diderot und die Aufklärung. Aufsätze zur europäischen Literatur des 18. Jahrhunderts*. Stuttgart.

Du Marsais (1757): *Des Tropes*. Paris.

Eriksson, Gunnar (1983): Linnaeus the Botanist. In: *Linnaeus. The Man and his Work*. Tore Frängsmyr (Hg.), Berkeley, Los Angeles, London (University of California Press).

Fontenelle (1968): *Œuvres complètes* Bd. 1 und 3, Genf (Slatkine).

Furetière, Antoine (1690): *Dictionnaire universel, contenant generalement tous les mots françois tant vieux que modernes, et les termes de toutes les sciences et des arts.* Bd. 1, Den Haag, Rotterdam.

Furetière, Antoine (1968 [1687]): *Essais d'un dictionnaire universel.* Genf.

Gusdorf, Georges (1974): *Introduction aux sciences humaines.* Paris (Ed. Ophrys).

Hanks, Lesley (1966): *Buffon avant l'»Histoire naturelle«.* Paris (Publications de la Faculté des Lettres et Sciences Humaines de Paris. Série: Recherches, t. 24).

Heidelberger, Michael / Thiessen, Sigrund (1981): *Natur und Erfahrung. Von der mittelalterlichen zur neuzeitlichen Naturwissenschaft.* Reinbek.

Lepenies, Wolf (1976): *Das Ende der Naturgeschichte. Wandel kultureller Selbstverständlichkeiten in den Wissenschaften des 18. und 19. Jahrhunderts.* München, Wien.

Morvan de Bellegarde (1723 [1698]): *Les réflexions sur la politesse des moeurs.* In: Œuvres diverses, Bd. 3, Paris.

Pascal (1963): *Œuvres complètes.* L. Lafuma (Hg.), Paris.

Querner, H. (1980): Das teleologische Weltbild Linnés – Observationes, Œconomia, Politia. In: *Carl von Linné. Beiträge über Zeitgeist, Werk und Wirkungsgeschichte.* Gehalten auf dem Linnaeus-Symposion in Hamburg am 21. und 22. Oktober 1978, Göttingen, 25-49 (Veröffentlichungen der Joachim Jungius-Gesellschaft der Wissenschaften, Hamburg Nr. 42).

Richelet, Pierre (1680): *Dictionnaire françois.* Contenant les mots et les choses, Genf.

Saint-Evremond (1706): *Mélanges curieux des meilleures pièces attribuées à Saint-Evremond et de plusieurs autres ouvrages rares ou nouveaux.* Amsterdam.

Saint-Evremond (1706): *Œuvres melées.* Bd. 1 Amsterdam.

Saint-Evremond (1706): *Saint-Evremoniana.* Amsterdam.

Saint-Evremond (1965): *Œuvres en prose.* Bd. 2, R. Ternois (Hg.), Paris.

Saint-Evremond (1969): *Œuvres en prose.* Bd. 4, R. Ternois (Hg.), Paris.

Saint-Hilaire, Geoffroy (1838): *Notions synthétiques, historiques et physiologiques de philosophie naturelle.* Paris.

Schalk, Fritz (1936): *Einleitung in die Encyclopädie der französischen Aufklärung.* München (Münchner Romanistische Arbeiten 6).

Schuster, Julius (1928): *Linné und Fabricius.* München (Münchner Beiträge zur Geschichte und Literatur der Naturwissenschaften und Medizin).

Voltaire (1961): *Mélanges.* J. van den Heuvel (Hg.), Paris.

Voltaire (1967): *Dictionnaire philosophique.* R. Naves (Hg.), Paris.

Vorländer, Karl, (1967): *Philosophie der Neuzeit. Die Aufklärung.* Bd. 5, Reinbek.

Wagner, Ina (1984):*Die neue Ordnung der Welt. Zur Sozialgeschichte der Naturwissenschaften.* 1500-1700, Wien.

Gespräche über die Sprache

Ludwig M. Eichinger und Claire Lüsebrink

0. Zu Thema und Aufbau dieses Beitrags

In diesem Beitrag sollen zwei Seiten der Entwicklung fachlicher Gespräche über das Thema bzw. über Themen der Sprache im 18. Jahrhundert beleuchtet werden. Dabei wird im ersten Teil von Erscheinungen im deutschen, im zweiten eher von solchen im französischen Sprachraum die Rede sein. Da es sich aber bei den geschilderten Tatbeständen um die Phasen von Entwicklungen in einem europäischen, unter französischem Einfluß stehenden Raum handelt, bedeutet diese auf den Sprachraum bezogene Unterteilung keinen absoluten Schnitt.

In dem Teil über die Entwicklung eines Textsortenbündels, dem man den Namen ›Fachgespräche über Sprache‹ geben könnte, wird versucht, zu zeigen, wie verschiedene Traditionen der gesprächsweisen Behandlung von Sachthemen unter den spezifischen Bedingungen der Festigung der deutschen Hochsprache und ihrer internen und externen Sicherung aufgenommen und weiterentwickelt werden. Unter den beiden möglichen Zielrichtungen des Appells, der von solchen Texten ausgehen soll, sind es zwei große Themenkreise, die so behandelt werden. Die Gespräche drehen sich einmal um Fragen des Ausbaus des Deutschen in grammatischer, stilistischer und textpragmatischer Hinsicht und im Hinblick auf die Domänen seiner Verwendung, zum anderen um Fragen der Domänenverteilung zwischen dem Deutschen und den historisch denkbaren Alternativen, d.h. vor allem dem Französischen, zu Beginn des Jahrhunderts zumindest aber auch noch dem Lateinischen.

Während dabei jedenfalls in der ersten Jahrhunderthälfte für Deutschland zwar nicht der Gebrauch des Französischen, aber der von ihm erreichte ›Ausbaustand‹ als vorbildhaft gilt, verschärft sich hier in der zweiten Hälfte des Jahrhunderts die Auseinandersetzung. Einen kritischen Punkt in dieser Diskussion stellt natürlich die französische Revolution dar. Speziell diesem Punkt widmet sich der zweite Teil dieses Beitrags. In ihm wird anhand von Beispielen aus dem Elsaß, also einem Gebiet, das unmittelbar von der Sprachpolitik der französischen Revolution betroffen war, besonders der Frage nach dem Verhältnis von dialogischer und diskursiver Behandlung dieses Themas, d.h. der Funktion des Sprach-Dialogs im politischen Bereich, nachgegangen.[1]

1. Fachgespräche Deutsch – Belehrung, Raisonnement und Unterhaltung

1.0. Was ist ein Fachgespräch?

Von Fachgesprächen über die deutsche Sprache im Deutschland des 18. Jahrhunderts zu reden, impliziert, daß sich solcherart eine möglicherweise für den genannten Zeitraum typische Textsorte konstituiert, in der wissenschaftlicher Diskurs als Gespräch geführt wird. Logischerweise steht eine solche Textsorte im Spannungsfeld anderer kommunikativer Mittel, die durch die Benennung als Fachgespräch angesprochen werden. Sofern das das Element Fach- betrifft, haben wir das Fachgespräch somit im Zusammenhang der Fachkommunikation insgesamt zu sehen, was das Element -gespräch angeht, im Paradigma der als Gespräch organisierten Textsorten insgesamt.

Dabei erscheint der erste Punkt unproblematischer als der zweite: als Wahlmöglichkeiten im Paradigma der wissenschaftlichen Texte erscheinen neben den vorläufig Fachgespräch genannten Formen diskursive Texte und Lehrdichtungen. Dabei ist – um die Systematik nicht zu übertreiben – von einem Nebeneinander nur mit hohen Einschränkungen zu sprechen. Natürlich überwiegen die diskursiven Behandlungen wissenschaftlicher Themen bei weitem alle genannten Alternativen. Mit ihnen als dem Normalfall brauchen wir uns damit in unserem Zusammenhang allenfalls im Kontrast zu beschäftigen: zur funktionalen Differenzierung in den Augen der Zeit sei auf die folgende Äußerung Gottscheds (1980 [1727]: 21-23) verwiesen, wo es von den Gesprächen heißt:

> Und also bleibt wohl diese Lehrart [= das Gespräch/L.E.] allezeit unvollkommener, als der Systematische Vortrag der Wissenschaften, der heute zu Tage unter den Gelehrten so gebräuchlich ist.
> Nichts destoweniger düncket mich doch, daß man nicht Ursache habe, aus Stolz wegen unsrer erlangten Vollkommenheit, die Art durch Gespräche zu schreiben, gantz hindan zu setzen: und zwar aus folgenden Ursachen. Die Systematische Lehrart, so gantze Wissenschaften in ihrem völligen Zusammenhange vorträgt, schickt sich nur vor Leute die einen durchdringenden Verstand und viel Gedult zum Nachsinnen haben. Diese Gattung von Menschen aber ist nicht gar zu zahlreich. Selbst unter den Studierenden sind nicht die meisten mit Gemüths-Kräfften von solcher Beschaffenheit versehen. [...] Vor solche Leute wäre es sehr gut, wennn sie viele gute Gespräche zu lesen hätten: dadurch würden sie allmählich zum Nachdenken angeführet werden. Indem sie die Vernunftschlüsse, Einwürfe

[1] Der erste Teil (Punkt 1.) wurde von L. M. Eichinger, der zweite (Punkt 2.) von C. Lüsebrink verfaßt.

und Antworten der redenden Personen vor Augen hätten; so würde sie der lebhaffte Vortrag in dieser Schreibart gleichsam nöthigen, recht aufmerksam zu werden, und den Zusammenhang eines Satzes mit seinen Beweisgründen einzusehen. Wie viel Nutzen dieses der Gelehrsamkeit schaffen würde: kann ein jeder von sich selbst begreifen.
Hernach giebt es ja ausser den Gelehrten noch eine grosse Menge von Leuten, die auch zuweilen ein Buch lesen: obgleich sie niemals aus dem Studieren ein Handwerck machen wollen. Diese Leute haben gleichfalls die Fähigkeit nicht, gründlich ausgeführte Wissenschafften von Anfang bis zum Ende durchzugehen. [...] Man braucht auch in weltlichen Dingen, in Sachen die von der Haushaltung, von dem Gebrauche der Vernunfft, von einem klugen Umgange mit Leuten, von der Bürgerlichen Klugheit, von allerley Pflichten des menschlichen Lebens, von der Erkentniß der Natur, vom Ackerbau und gantzen Landleben, von Künsten und Handwerckern, von der Kaufmannschafft u.d.g. zuweilen eine Nachricht. Und von allen diesen Dingen könnten tausend und noch tausend schöne Gespräche geschrieben werden: daraus Unstudirte sehr viel lernen würden.

Offenbar wird das Gespräch als die mindere Verwandte der ernsten Fachschrift angesehen. Bevor wir aber darauf näher eingehen, sei auch noch kurz der Lehrdichtung Ehre getan. Sie hat quer durch die europäische Kulturgeschichte einen guten Ruf, aber wenig praktische Folgen. Allerdings erlebt sie gerade in der europäischen Frühaufklärung, insbesondere in der englischen, einen gewissen Aufschwung.[2] Mit den Gesprächsformen hat die Lehrdichtung die in dem obigen Zitat ausführlich belegte Schwerpunktsetzung auf die Lehrhaftigkeit gemein.

1.1. Zur Funktion der Textsorte Fach-Gespräch

Weshalb wird für die Popularisierung und Didaktisierung wissenschaftlicher und sonstwie fachlicher Materien die Form des Gesprächs gewählt? In dem obigen Gottsched-Text wird angegeben, weil diese Form mehr Spannung verspreche und leichter nachvollziebar sei. Unmittelbar vor der zitierten Stelle führt Gottsched allerdings nach Shaftesbury auch zustimmend an, daß es eben weniger Können und Kennen brauche, ein möglicherweise gedankenvolles Gespräch als einen entsprechenden diskursiven Text zu schreiben. Vielleicht läßt sich auch noch hinzufügen, daß die Dialoge eine Möglichkeit boten, Wissen darzubieten, ohne in der Form, sei es durch Rhetorik, sei es durch Poetologie nennenswert eingeschränkt zu sein. Zudem hat der Dialog den Vorzug, daß er zumindest pro forma unparteiisch ist: der Autor mischt sich im Prinzip nicht ein, er bringt nur die verschiedenen Argumente möglichst wirklichkeitsnah herbei, die Wahrheit ergibt sich sozusagen im Leser von selber. Von daher ist es nicht überraschend, daß eine Geistesrichtung wie die zu Beginn des 18. Jahrhunderts vorherrschende Frühaufklärung, die sich gerne neutral über allem stehend sieht, diese spielerische Form wählt; auch etwaige Zensurprobleme sind so leichter zu bestehen. Was den

2 Vgl. z.B. den Artikel *Lehrgedichte* in Gottscheds Handlexikon (1972 [1760]: 1007/8).

Anspruch betrifft, im dargestellten Gespräch die Wahrheit auf eine natürliche und leicht einsehbare Weise zu vermitteln, so stellen sich die Autoren in den Zusammenhang einer mäeutischen Theorie, wie sie in dieser Form seit der Renaissance wirksam wird.[3]

Mit der Mäeutik ist hier sowohl eine der Quellen genannt, auf die sich die »wissensvermittelnden« Autoren von der Renaissance bis zum Ende der Aufklärungszeit regelmäßig zu berufen pflegen, nämlich Sokrates mit seiner techne maieutike, als auch ein Hinweis auf die Funktion solcher Darstellungsweise – praktische Lebensweisheit, die im freien Austausch gleichberechtigter Gesprächspartner gewonnen wird. Natürlich ist aber die Position der Autoren auch nur des frühen 18. Jahrhunderts nicht mehr identisch mit der der Humanisten. Denn zu Beginn – bei der Konstituierung des neuen Paradigmas – steht die am Namen Sokrates festgemachte Form für eine erkenntnistheoretische Alternative zur scholastischen Methode. Die Säkularisierung der Argumentation, ihre damit einhergehende Individualisierung, ist aber im Hinblick auf die Organisation der Gesellschaft im Prinzip neutral: es bleibt Oberschichtsdiskurs. Nicht umsonst gleichen die typischen Unterredungsorte den loci amoeni der Antike; von der Moderne her gesehen findet der dargestellte Dialog unter Ausschluß der Öffentlichkeit statt.[4]

Und wenn man sieht, wie Macchiavelli seinen Kontakt mit den antiken Schriftstellern beschreibt, so läßt sich daraus ableiten, daß eine solche Art von Kommunikationsgemeinschaft als das vorgestellte Ideal dieser Gesellschaft gilt, wo alle klug und edel und schön – und darum reich sind.[5]

Das Fortschreiten der Volkssprachidee mit der inhärenten Umschichtung zunächst der Stratifizierung der Gesellschaft und damit dem letztlichen Endpunkt einer Umgestaltung der Gesellschaftsform, stellt dann den ›volkserzieherischen‹ Effekt deutlich in den Vordergrund. Adressaten sind dann die neuen Funktionaleliten, oder auch andere zu ›emanzipierende‹ Bevölkerungsgruppen, so besonders

3 Vgl. Buck (1982: 61), wo die Rezeption der sokratischen Methode in der frühen Neuzeit nachgezeichnet wird.

4 Die nach wie vor existente Aufgliederung in kommunikative Strata, »innerhalb deren Kommunikation als Kommunikation unter Gleichen erleichtert wird und Formen annimmt, die sich nicht zur Kommunikation von jedermann mit jedermann eignen«, wird von Luhmann (1980: 73) ausführlich beschrieben.

5 »Wenn der Abend kommt, kehr ich nach Hause zurück und trete in mein Studierzimmer ein. An der Schwelle entledige ich mich meines Alltagskleides, das mit Schlamm und Kot bedeckt ist, und lege königliche höfische Gewänder an. Und, angemessen gekleidet, betrete ich den ehrwürdigen alten Hof der Männer des Alterums. Dort werde ich von ihnen liebenswürdig empfangen und nähre mich mit jener Speise, die allein mir zukommt undfür die ich geboren bin. Dort schäme ich mich nicht, mit ihnen zu sprechen und sie nach dem Grund ihres Handelns zu fragen. Sie antworten mir in ihrer Menschlichkeit (»umanitá«), und vier Stunden lang empfinde ich keine Langeweile. ich vergesse jeden Kummer, ich fürchte die Armut nicht, der Tod erschreckt mich nicht. Ich leben ganz in ihnen.« (zit. nach Buck (1972: 71).

auch die Frauen. Individualisierung, die zunächst als Oberschichtenmerkmal angesehen wurde, wird somit als Merkmal der gesellschaftlichen Struktur insgesamt interpretiert; damit wird die Notwendigkeit zur Verbreiterung der Bildung begründet. Schlagwortartig gesagt geht also der Weg vom »Programm der sittlichen Regeneration vermittels der kunstvollen Rede« (Buck 1972: 71), wie es im Gespräch der humanistischen Cortegiani realisiert ist, hin zum Lehrgespräch der frühbourgeoisen Salons, wo vor allem auch die Ungebildeten und die Frauen an Exotica und Curiosa unterrichtet werden. Hiermit sind sowohl Kontinuität wie Entwicklung innerhalb der Textsorte bzw. des Textsortenbündels angesprochen: gemeinsam ist die Motivation für die Wahl des Gesprächs, die Betonung der entscheidenden Stellung der individuellen Meinung bei der Wahrheitsfindung jenseits axiomatischer Setzungen. Allerdings ist die Wahl dieses »spielerischen« Typs im ersten Fall rein erkenntnistheoretisch motiviert – es heißt Gespräch statt des bis dahin üblichen axiomatischen scholastischen Diskurses. Dagegen ist zu Beginn des 18. Jahrhunderts vor allem durch die historische Entwicklung in England und ihre Umsetzung durch die französische Rezeption das Gespräch ein Gespräch *nach* dem Diskurs: Dialog als funktional angemessene Vermittlungsinstanz. Da dann die Gesprächsform weniger vom Erkenntnismodell geprägt ist, als vor allem auch unterhaltend wirken soll, verschiebt sich auch die Stellung dieser Texte in einem anzunehmenden Traditionsstrang dialogischer Textformen.

Mit der Konkretisierung der Themata, und der z. T. an Mißständen bzw. Unkenntnis direkt orientierten Darstellung tritt das in der sokratischen Tradition stehende, von dialogischem Wissen handelnde, Gespräch zurück zugunsten des niederen Genus einer eher satirischen Tradition im Gefolge Lukians einerseits,[6] andererseits zugunsten klassischer Formen des Schul-Lehrgesprächs. Neben den häufig erwähnten Katechismen ist hier vor allem auf die Tatsache hinzuweisen, daß der Grammatikunterricht in der Folge der Donat-Grammatik dialogisch strukturiert war.[7] Und auch der noch vorhandene Bezug auf die philosophischen Dialoge nimmt eine veränderte Form an: es geht weniger um das Vorbild Plato als um anrührend-bürgerliche Rezeptionsformen vom Typ der *Consolatio* des Boethius.

Ganz in die Nähe dieser Lehrdialoge wären sicherlich auch die weitaus ausführlicher diskutierten Phänomene des Katechismen-Unterrichts zu stellen: »Alle Katechismen gestalten die Lehr- und Lernsituation dialogisch.« (Gessinger 1980: 39) Diese Katechismen-Form greift dann auf die anderen Fächer aus.[8] Die Ver-

6 Daß ins Gefolge Lukians die beliebte Gattung der Toten-Gespräche und auch die Hetären-Gespräche zu stellen sind, sei hier nur erwähnt.

7 Vgl. Arens (1969: 37).

8 Verwiesen sei dabei z.B. auf ein forstwissenschaftliches Lehrbuch: »Forstkatechismus für Lehrlinge, Forstdiener und Liebhaber der Forstwissenschaft.« Drey Bände. Entworfen von Johann Melchior Jeitter. Tübingen 1805.

bindung der grammatischen mit der katechetischen Tradition im Grundschulunterricht sei an einem wenig prominenten, dafür umso eindrucksvolleren Beispiel belegt; es geht um einen 1801[9] in Erlangen erschienen *Versuch einer practischen Anweisung für Schullehrer, Hofmeister und Aeltern [...]* von J. P. Pöhlmann, der in der Vorrede ausführt, der Zweck des vorgelegten Werkes sei u.a.:

> Sollen auch angehende Hofmeister, die zwar oft so gelehret sind, daß sie vom Katheder oder der Kanzel herunter trefflich zu dociren im Stande wären, aber dennoch keine *geschickte Frage** bilden und keine Minute lang ein socratisches Gespräch mit ihren Eleven fortführen können, daran ein Hilfsmittel haben, dessen sie sich beym *ersten* Unterrichte im Lesen und Denken bedienen können. (XII – XIV)

Und bruchlos wird an der Stelle, die mit dem Stern markiert ist, die hier verlangte Tätigkeit als Katechetisieren bezeichnet:

> Die Antwort dem Kinde vorsagen oder welches einerley ist, sie aus dem Buche lesen lassen, heißt nicht *katechisieren*. (XV)

Offenkundig ist, wie hier ganz selbstverständlich und beiläufig auf die sokratische Mäeutik als eine zur Technik heruntergekommene Vorgehensweise Bezug genommen wird, und das offenbar als völlig kompatibel mit dem betrachtet wird, was hier katechisieren genannt wird. Das LEHRGESPRÄCH hat das FACHGESPRÄCH aufgesaugt.

Zumindest all diese Traditionen haben die »Dialoge«, die beginnend mit der Renaissance und bis zum Ende des 18. Jahrhunderts an Beliebtheit gewinnen, beeinflußt; damit können ohne größere Schwierigkeiten individuelle Abweichungen bzw. spezifische Ausgestaltungen und Funktionalisierungen der jeweiligen Gespräche aus Traditionselementen gerechtfertigt werden. So kann sich der lateinische Dialog des frühen Humanismus thematisch u.d.h. in der Größe der gewählten Aufgabe durchaus in die Nachfolge der philosophischen Dialoge der Antike stellen – mit dem Unterschied des modernen Menschenbildes.

Bemerkenswert ist auch zu diesem Zeitpunkt bereits eine Differenzierung des Dialogtyps nach literarischen bzw. Kulturlandschaften. So ist die eben skizzierte Form typisch italienisch, während in Frankreich in anderer Weise Typisches präformiert wird, man verbreitet sich über enzyklopädisches Wissen.[10]

---

9 Die Überschreitung usneres eigentlich vorgegebenen Raums scheint mir unproblematisch, nicht nur, weil es sich nur um ein Jahr handelt, sondern auch und besonders, weil die vorliegende Schrift eine Konsequenz der pädagogischen Reformbewegung der Campe, Basedow usw. der letzten Jahrzehnte des 18. Jahrhunderts ist. Ihre praktischen Folgen vermißt ja z.B. Gessinger (1980: 55ff), hier hätten wir ein Beispiel, das zeigt, daß die Entwicklung des 18. Jahrhunderts letztlich auf eine solche Form zuläuft.

10 S. Buck (1972: 77).

Wieder anders entwickelt sich der Dialog bei Erasmus, der »im lebensnahen Zwiegespräch« die Prinzipien seines christlichen Humanismus verdeutlicht, wobei die Form des Dialogs dazu dienen soll, das Lernen zum Spiel zu machen. Trotz des Bezugs auf die platonischen Dialoge ist der in der lukianischen Tradition stehende Charakter seiner satirischen Angriffe unverkennbar, sowie des weiteren die Verbindung zum Lehrdialog, waren doch des Erasmus Colloquia ursprünglich als Konversationslehren gedacht.[11]

Gerade unter dem Titel der Konversationslehre kann man auch Erscheinungen wie im Harsdörfferschen *Frauenzimmergesprächsspiele* fassen. Ohne mich im einzelnen mit diesem Werk auseinanderzusetzen, sei doch hervorgehoben, daß ›Gespräch‹ als eine strikt auf ein Thema gerichtete Unterhaltung definiert wird.[12]

Ziel der Gesprächs = Spiele ist auf jeden Fall die Bereitstellung von Kenntnissen für eine angemessene Gesprächsführung in der Gesellschaft; in gewissem Sinne also ein säkularisierter und verstadtbürgerter Erasmus bzw. ein entmoralisierter Humanist, der das bei den Humanisten aus beweissichernden Gründen begonnene Sammeln einschlägiger klassicher Stellen und Zitate zur Sammlung erzählenswerter Anekdoten und Geschichten umfunktioniert. Auch hier also generell ein sehr starkes Zurücktreten der »platonischen« Komponente im Sinne einer Gewichtsverlagerung vom Hohen auf das Niedere. Zum Niederen, d.h. in diesem Falle zu Fragen der individuellen Moralität und zu einem senecaischen von einem ciceronianischen Stilideal, geht zur selben Zeit auch die Entwicklung der Wiederaufnahmen des klassisch philosophischen Dialogs: Vorbild wird, wie gesagt, ein modern verstandener Boethius.[13]

Zu Ende des 17. Jahrhunderts ist im vorbildhaften Frankreich die Entwicklung schon eine Stufe weiter. Eigentlich ist ja vermutlich England diese Stufe weiter, aber aufgrund der unterschiedlichen gesellschaftlichen Voraussetzungen wird die englische Verbürgerlichung über das von der Gesellschaftsschichtung her ähnlichere Frankreich perzipiert. Tatsächlich geht es um Anstöße, die bürgerlich-individuelle Lebensmoral mit den allgemeinen Ansprüchen der Gesellschaft

11 Für ein auch zeitlich weiterreichendes Interesse gerade an diesen didaktisch motivierten Mischformen – gebunden zudem an die Autorität des Erasmus, die auch national nutzbar war – spricht z.B., daß zu Beginn des 18. Jahrhunderts eine deutsche Übersetzung der Colloquia aufgelegt wurde: Desiderii Erasmi von Rotterdam Colloquia Familiaria oder Gemeinsame Gespräche vormahls in Lateinischer Sprach beschrieben/nunmehr aber zum Nutz der studierenden Jugend ins Hochteutsche übersetzt durch Friederich Romberg. Zweyte Edition. Berlin 1703.

12 Vgl. Weithase (1960: 120).

13 Ein schlagendes Beispiel dafür ist das Trostgedicht des an der Wende zum 18. Jahrhundert stehenden Johann Christian Günther *Zufällige Trostgedancken einer von Gott durch Kranckheit geprüften Seele* wo die *Weißheit* mit der geprüften *Seele* Zwiesprache hält und sie zu neostoischer Gottergebenheit beredet. Ganz deutlich wird das klassische Vorbild zu Beginn des Gedichts angespielt:

dergestalt in Einklang zu bringen, daß die Schichtung der Gesellschaft dem bürgerlichen Normempfinden angepaßt wird:

> Um dieses Ziel zu erreichen, tritt das bürgerliche Inidviduum zunehmend aus der selbstgewählten Isolation heraus und attackiert die geltenden nicht-bürgerlichen Normensysteme. [...] Das Wissen um die Notwendigkeit gegenseitigen Respekts und gegenseitiger Toleranz ersetzt als zentrale Vorstellung die Härte des spirituellen Einzelkämpfertums. [...] Im Gespräch mit sich selbst bildet sich das Individuum zum Gesprächspartner für andere, im Gespräch mit anderen bewährt sich das so ›gebildete‹ Individuum in der Welt. Die Gesprächssituation wird so zur Urzelle einer neuen Sozialität. (Schlaeger 1984: 374)

Offenkundig kann dieses Idealbild auch im Rahmen der in dieser Hinsicht bei weitem fortgeschritteneren englischen Gesellschaft nur mit großen Abstrichen und starken Restriktionen realisiert werden. Noch weitaus unmöglicher muß das unter den absolutistisch-kontinentalen Verhältnissen sein. Der eigene französische Weg kann als eine der möglichen Notlösungen dieses Dilemmas verstanden werden. Die fehlende Möglichkeit der gesellschaftlichen Umsetzbarkeit führt zu einem hochgradigen Relativismus; die Unhaltbarkeit der gesellschaftlichen Zustände wird durch die Exposition von Wissen, das die Relativität der derzeitigen gesellschaftlichen Praxis belegt, bewiesen. Da die Unzeitgemäßheit der geltenden gesellschaftlichen Verhältnisse nicht über den Konsens des bürgerlichen Raisonnements belegt werden kann, spielt insbesondere das Gespräch mit der exotischen Fremde eine entscheidende Rolle. Da somit der *bon sens* durch Wissen, das eine eigenverantwortliche Beurteilung erlaubt, ermöglicht wird, wird die Vermittlung von Wissen zum Hauptproblem. Somit führt der Weg der einschlägigen Literatur konsequent einerseits zum Enzyklopädismus, dessen Hauptwegbereiter Pierre Bayle 1697 sein überaus einflußreiches *Dictionaire historique et critique* veröffentlichte, und andrerseits zur »Populärwissenschaft« Fontenellescher Prägung.

V. Stackelbert (1890:46) vermeldet das Diktum, Fontenelle sei »le Bayle des Belles« genannt worden. Außerdem berichtet er von der deutschen Rezeption, daß Lessing bemerkt habe, der fast hundert Jahre alt gewordene Fontenelle »habe das Unglück gehabt, ›hundert Jahre lang witzig zu bleiben‹« (ebd.: 47). Positiv habe ihn nur »der wackere Gottsched« (ebd.) beurteilt, der 1751 Fontenelles *Digressions sur les anciens et les modernes* ins Deutsche übersetzt habe. Das ist auf jeden Fall weniger als die halbe Wahrheit, wie wir noch sehen werden.

1.2. Deutsche Rezeption

Wir haben bisher gesehen, welche Rolle verschiedene dialogische Textsorten in der neuzeitlichen Umschichtung der kommunikativen Gesetzmäßigkeiten innerhalb der gesellschaftlichen Schichten spielen. Und wir sind gelandet bei der Figur der spielerischen Vermittlung von Herrschaftswissen an gesellschaftliche

Schichten, die in Unmündigkeit stecken. Wir stehen hiermit im Gefolge der stark spekulativen französisch-absolutistischen Richtung, der eine pragmatisch-konstitutionelle von englischer Seite entsprach.

Man kann nun sehen, daß die deutsche Rezeption eine Vereinigung dieser beiden Traditionen versucht, noch dazu, wo sie z.T. in einer Hand liegen. Man geht sicher nicht fehl, wenn man Johann Christoph Gottsched, auf den oben schon beiläufig die Rede kam und der im Jahre 1700 geboren wurde, als den Mann betrachtet, der ein vernünftiges mittleres Schreiben und Reden theoretisch und praktisch auszubilden versucht. Zweifellos kann er dabei auf Bestrebungen aufbauen, die seit Leibnizens *Unvorgreifflichen Gedanken* und seit den Vorstößen von Christian Thomasius in Deutschland erkennbar an Gewicht gewinnen. Deutlichstes Beispiel dafür zu Beginn des 18. Jahrhunderts ist nun Christian Wolff, der ja nicht nur im Sprachlichen, sondern auch in der philosophischen Grundanschauung für Gottsched prägend wird.[14] Wolffs Ziel beim Schreiben seiner philosophischen Abhandlungen ging nun schon in Richtung auf einen beherrschten, vernunftgemäßen, wohl durch Definitionen abgesicherten und dadurch verständlichen Stil, wenn das auch bei der Menge der neudefinierten Begrifflichkeit offenbar nicht immer erreichbar war. Diese Entwicklung in der Verwendung der deutschen Sprache ging nun einher mit der Rezeption der genannten Einflüsse aus der englischen und der französischen Tradition. Wenn so nun schon die Schriften der »gelernten« Philosophie zum Typus der populären Handbücher zu rechnen sind, so wird auf »tieferer« Ebene das Bemühen um Textsorten, die einer pädagogischen Popularisierung dienen konnten, noch wesentlich eindeutiger und stärker. Dazu gehören in erster Hinsicht die allerorten entstehenden moralischen Wochenschriften nach englischem Vorbild: Matthesons *Vernünftler* und Bodmers und Breitingers *Diskurse der Mahlern* seien als frühe und bedeutende Beispiele genannt. Im kulturell zentralen Obersachsen aber sollten durch die ganze erste Hälfte des Jahrhunderts die verschiedenen Gottschedschen Zeitschriften eine entscheidende Rolle spielen. Das beginnt mit den 1725/26 erscheinenden *Vernünftigen Tadlerinnen*, die zwar vielfach in Thema und Abhandlungsweise recht ungeniert auf fremde Vorbilder zurückgreifen,[15] für Deutschland aber eine recht hohe Auflage (2.000) erzielten, und so offenbar einem Bildungsbedürfnis entsprachen. Schon durch die Form eines fingierten Briefwechsels zwischen drei Frauen wird zudem deutlich, daß das weibliche Geschlecht zumindest *auch* als

Weißheit
Wie so traurig und verzückt, du von Gott geprüfte Seele?
Seele
Und wie soll ich anders thun in der langen Marterhöhle,
In dem Kercker meiner Freyheit, in dem Leibe, der mich drängt
Und mich bey vergebnem Weinen fast bis zur Verzweiflung kränckt.
(Günther 1935: 308)

14 Vgl. Blackall (1966: 24/25).

15 Waniek (1897: 33ff.) weist vor allem auf Thomasius und die englischen Zeitschriften direkt.

Adressat gedacht war. Aus der Briefform und der Adressatenschicht folgt auch ein locker – senecaischer – Stil, durch die rhetorisch wenig geregelt Briefform und die Vielzahl von abgedruckten Korrespondenzbriefen wird ein stark gesprächshafter Charakter erreicht. Für uns ist noch interessant, daß nach Wanieks (1897: 37) Angaben die *Tadlerinnen* »mehr als andere Wochenschriften [...] sprachliche und litterarische Fragen in den Kreis ihrer Behandlung« zogen. So finden wir hier fast eine Art Fachgespräch vor, das Lehrern über Sprachreinheit ebenso bringt, wie »die Lektüre musterhafter Prosa zur Stilbildung« (ebd.). Stilideal ist das Natürliche, das Vernünftige und das Maßhalten in Vergrößerungen und Verkleinerungen.[16] In diesem Zusammenhange führt Gottsched als ein positives Exempel Ausschnitte aus Übersetzungen lukianischer Dialoge an, die also hier als Exempel einer anzustrebenden niederen Stilschicht stehen und ebenso als Exempel anzustrebender Belehrung. In diesem doppelten Sinne geht er dann auch daran, »ein paar neue zu erdenken« (I, 19. Stück). Nach dem Muster der Totengespräche werden zunächst *Lucretia und Cleopatra* von *Proserpina* moralisch beurteilt. Interessanter für uns aber ist noch das zweite Stück, wo *etliche Geister verstorbener Weibsbilder von Merkur zu Proserpina* zur Be- und Verurteilung gebracht werden. Der erste Geist, der einer nichtstuenden Luxusdame, wird zu einer zweiten Sisyphosstrafe verurteilt, der zweite, der einer Frau, die nur getanzt und gespielt hat, soll von Cerberus immerwährend herumgejagt werden, der dritte, der einer Frau, die gesponnen und Stoffe gewebt hat, wird in den elysischen Feldern belohnt, und dann kommt der in unserem Zusammenhang interessante vierte, er beginnt:

> Der vierte Geist. Eure unterirdische Majestät vergeben, daß ich mir die Freyheit nehme, deroselben meine alleruntertänigste Aufwartung zu machen, uns sie ec.
> Pros. Was plauderst du viel? Sage, was hast du getan?
> Der vierte Geist. Wenn E. Majest. es nicht ungnädig deuten, daß dero allergehorsamste Dienerin sich untersteht, deroselben ihre Geschäfte zu offenbaren, so will ich in aller Untertänigkeit gestehen, daß ich complimentiert habe.
> Pros. Complimentirt? Mercur, verstehtst du, was das bedeuten soll?
> Merc. Es heißt: soviel unnütze Umschweife in Worten machen, als du jetzo von ihr gehört hast.
> Pros. Gehe, du sollst zu einem ewigen Stillschweigen verdammt seyn.
> Der vierte Geist. Eure Majesttät scherzen mit dero Dienerin.
> Merc. Fort, fort! hier zur Seite hin.
> Der vierte Geist. Es wird nicht geschehen, ich werde die Ehre haben, ihnen zu folgen.
> Merc. Gehe fort! und sey stille, sonst soll dirs noch ärger gehen.

Der fünfte Geist dann hat lauter Literatur gelesen, und wird, da und wenn er deren Figuren in der Unterwelt nicht finden kann, den Furien übergeben – be-

---

[16] S. Waniek (1897: 38).

merkenswert übrigens vielleicht, daß unter der gelesenen Literatur der Telemach Fénelons genannt ist. Man mag auf jeden Fall in diesem Dialogstück in angemessener Einfachheit und in satirisch-pädagogischem Duktus den Ansatz eine rhetorisch-sprachlichen Fachgesprächs finden, allerdings eben nur eines, das zum exemplarischen Lernen am bösen Gegenbeispiel aufgeführt wird. Distanzschaffend wirkt auch die literarische Einkleidung der direkten Lukian-Nachbildung der Totengespräche. Der direkte didaktische Zweck wird angesprochen in einem anderen Fall; da nur der Verstand die Zunge beherrschen solle, so der Verfasser, möchte er einige Fehler, die in der Sprache begangen würden »recht lächerlich vorstellen« (II, 17. St.):

> [...] ich will nur setzen daß drey Personen, Dämonophilus, ein Flucher, Mendax, ein Schwörer, und Klapperstorch, ein unnützer Wortkrämer, zusammen kommen: [...]
> Dämonophilus. Hole mich der Teufel, Herr Bruder, Ich hätte dich bald nicht gesehen; wo gehst du hin?
> Mendax. Strafe mich Gott! ich dachte, du wärst noch von gestern her tolle, daß du mich nicht sehen wolltest.
> Klapperstorch. A l'ordinaire gehts mir so, wenn ich in Gedanken bin, und das geschieht gar oft. Ich bin à l'ordinaire halb blind auf der Straße. [...]

Offenkundig wird hier, wo statt des niederen ein niederträchtiger Stil gewählt wird, daß die Sprachkritik, wie oben am Complimentieren, hier an unnötigen Anleihen aus dem Französischen, und an Grobianismen, an Stellen also ansetzt, wo die sprachlichen Phänomene in den moralischen Diskurs passen. Daneben kennen die *Tadlerinnen* noch ein ähnliches Muster, wenn man Zitate aus Gesprächen und abgedruckte »Leserbriefe« als Pseudodialogturns ansehen will. So für die Sprachmischung: (I, 2 St.)

> »Ma chère Tante,« redete mich folgendes Tages meine Befreundete an, »ich gratulire mir, da ich euch dies Jahr zum erstenmal die Visite geben kann, und wünsche, daß euer charmantes Wesen euch ehestens diejenige mariage effektuiren möge, die ihr durch eure meriten –« hier wußte sie nichts weiter – »schon lange meritirt habt«, kam endlich der lahme Beschluß hinten nach.

Oder für die Kritik am Schwulst: (ebd.)

> Daher hatte sich ein guter Freund die Regel gemacht, er wolle mich allezeit mit einem reinen deutschen [...] Glückwunsche anreden. [...] Es hieß: »Hochgeschätzte Schöne, mein Herz klopft, und mein Blut wallt vor ungewöhnlicher Freude, da ich Dero sternengleiche Augen dieses Jahr zum erstenmal zu erblicken das Glück habe. Meine brünstige Seufzer sind Opfer, welche Deroselben von dem gütigen Himmel nichts anders, als eine vollkommene Glückseligkeit, und den erfreulichen Genuß eines immerwährenden Vergnügens erbitten wollen. Denn ich kann mit einer eidlichen Aussage bekräftigen, daß niemand mehr Teil an Dero blühendem Wohlstande nehmen wird, als ich; insonderheit, wenn Sie mir den unvergleichlichen Ehrentitel ihres getreuesten Dieners vergönnen werden.« Ich bin nicht im Stan-

de, ein so artig ausgesonnenes Compliment sogleich in der Geschwindigkeit zu beantworten. Sie werden mir also einige Zeit erlauben, bis ich Gelegenheit finde, auf eine Antwort zu studiren, die ein so scharfsinniger Glückwunsch verdient.

Ein ganzer Brief ist eingerückt, um die Folgen einer üblen Aussprache für die Orthografie zu demonstrieren (I, 17. St).:

Werdeste Frau muMe,
Mir han lange uf en Schraiben aus den lieben Halle kewart, mit kraußen schmerzen. Maine MAma Möchte kärne wissen Ab se och Noch fain kesund sain se kummen Jo keen Eenzich mohl här, un Mir han Ihn doch nischt übels getaan. Mir sind hieben noch Alle wolloff nur Der kleene Pruter ist en pißgen Mallate, sonst wirter schon Lange trübben kewesen sain. [...]

Zumindest noch weiter am Rande einer Konzeption von *Fachgespräch* stehen diese Formen vor allem deshalb, weil im Gegensatz zu den oben zitierten lukianischen Gesprächen, wo ja *fabula docet*, hier die Lehre explizit im diskursiven Text dazugegeben wird. Die dialogische Aufbereitung mit der satirischen Darstellungsweise verstärkt allein den pädagogischen Effekt. So gesehen wird man zweifeln, ob man insbesondere dieses letzte Beispiel mit viel Nutzen für die Diskussion der Fachgespräche im Bereich Deutsche Sprache verwenden können wird. Vor allem auch deswegen, weil sich in derselben Zeitschrift schon eine sehr viel striktere Form des Fachgesprächs, die sich auf dem Hintergrund des Lehrgesprächs der katechetischen und möglicherweise der grammatischen Tradition verstehen läßt, findet; dieses ist allerdings vom Thema her sehr viel weiter, nämlich allgemein moralisch resumierend. Die moralische Inhaltsangabe des 3. Stücks des zweiten Jahrgangs wird in deduzierender Dialogform gegeben:

Wovon haben die Tadlerinnen in ihrem dritten Stücke dieses Jahres gehandelt? Antw. sie haben zeigen wollen, wie ein Frauenzimmer seinen guten Namen erhalten könne.
Wie haben sie dieses ausgeführt? A. Zum Eingange erzählen sie das Exempel der Cynthia [...]
Was folgt auf diesen Eingang? A. Sie geben es ihren Lesern zu bedenken, was dieses für eine seltsame Sache bey einem akademischen Frauenzimmer sey [...]
Entdecken sie nicht die Ursachen desselben? A. Ja, freylich; dieses ist ihr Hauptwerk [...]
Welches ist das erste Stück davon? A. Sie sagen, es sey eine gute Auferziehung; [...]
Welches ist das andre Stück? A. Ein aufgeklärter Verstand [...]
Welches ist endlich das dritte Stück? A. Eine wahrhafte Tugend [...]

Dieser Dialog, bzw. besser dieses institutionalisierte Frage- und Antwortspiel, wenn auch allgemeinere Thematik behandelnd, wurde hier mit aufgenommen, da an ihm die im Rahmen dieser Zeitschrift gewählte Form der Funktionalisierung der dialogischen Partien besonders deutlich wird. Dieser zuletzt abgedruckte Lehrdialog dient der Vermittlung dialogisierbarer, d.h. in Lehrsätzen faßbarer Erkenntnisse. Ganz offenbar wird aber der Wirksamkeit dieser relativ kargen Form für den Vermittlungseffekt mißtraut; verschiedene Arten satirischer Dialoge dienen entweder zur bestätigenden Belebung diskursiver Gedankenführung oder, im Muster der an Lukian geschulten Nachbildungen, als Texte eigener Beweisstruktur, die von der Wirksamkeit des karikierten positiven oder negativen Exempels ausgehen. Offenkundig ist aber, daß zu diesem Zwecke hauptsächlich Gattungen gewählt werden, die der beginnenden bürgerlichen Individualisierung, dem Erkenntnisgewinn im Aushandeln der Meinungen entsprechen. Darauf weist auch die Briefdiktion der gesamten Zeitschrift, und die argumentierende Funktion der eingerückten Leserbriefe. Man kann innerhalb der Zeitschrift also zunächst von einem starken Überwiegen des englischen Ideals sprechen. Schon der zeitlich unmittelbar folgende *Biedermann* (1726-1729) ist wesentlich ernster, damit auch deutlich diskursiver und auch inhaltlich stärker rationalistisch-skeptizistisch. Allerdings bleibt der Pseudo-Dialog durch Briefe aufrechterhalten: Zur Sprachenmischung findet sich (II: 167) ein amüsantes Stück. Bemerkenswert ist vielleicht, daß nun gerade in dieser Zeitschrift, wo es weithin um die Kritik von Aberglauben, Zauberei, religiösen Mythizismen geht, und diese Themen in Anlehnung an zeitgenössische dialogische Schriften der Franzosen behandelt werden, der Diskurs und allenfalls der Briefdialog die entscheidende Rolle spielt. Waniek (1897: 64) weist auf »Beziehungen zu Bayle, Saint = Evremont und Fontenelle«. In diesem Zusammenhang ist es besonders bemerkenswert, daß Gottsched aufgrund des eher pragmatischen englischen Einflusses ernsthafte Belehrung in einem vernunftorientierten Prosastil über ein galantes Dialogisieren in der Art Fontenelles zu stellen scheint. Daß es sich tatsächlich um diese Wahl handelt, ist aus dem Grund wahrscheinlich, da Gottsched nicht – wie in dem obigen Zitat nahegelegt – irgendwann in den 50er Jahren des 18. Jahrhunderts Fontenellesche Dialoge übersetzt hat, sondern genau gleichzeitig mit seiner Arbeit an den gerade besprochenen Zeitschriften. 1726 veröffentlicht er Fontenelles *Gespräch von mehr als einer Welt*, 1727 seine *Gespräche der Todten*. Für die gleichzeitige Kritik ist Gottsched gar der deutsche Fontenelle.[17] In der Einleitung zu den *Gesprächen der Todten* führt Gottsched in seinem *Discurs des Übersetzers von Gesprächen überhaupt* ausführlich seine Vorstellungen von Funktion und Form von Dialogen aus – wir haben oben schon eine Stelle zitiert. Werden dort aber zunächst die Funktionen des Dialogs eher negativ formuliert – Vermittlung an die, die es sonst nicht verstehen – so finden sich im weiteren Text auch Hinweise zur positiven Würdigung, die mir im wesentlichen darauf hinauszulaufen scheinen, daß gerade in dieser Form ein angemessener Gleichlauf zwischen beiläufiger Form und »natürlicher« vernunftgemäßer Gedankenführung zu erreichen sei. Die dialogischen Gattungen scheinen besonders geeignet gewesen zu sein, gegen schwülsti-

17 S. Waniek (1897: 57).

ge oder ciceronianisch komplizierte Unangemessenheit des Stils anzugehen. So kann man die Tatsache, daß Gottsched seine »Belehrungsarbeit« in dialogischen Formen begann, auch im Rahmen seines Bestrebens sehen, auch in diskursiven Texten einen einfachen, klaren Stil durchzusetzen. Der Zwang der Gesprächsverhältnisse legt ja gerade eine solche Stilebene nahe. Damit stehen die Gottschedschen dialogischen Schriften ebenfalls im Sinne seiner durchweg vernünftigen Stilregel:

> Denn überhaupt ist dieses die Regel im guten Schreiben, daß man seine Sache recht verstehen, hernach aber die Gedanken davon so aufsetzen muß, wie sie einem beyfallen; ohne daran zu denken, ob man es mit einfachen und zusammengesetzten Perioden verrichtet.[18]

Wer ein »vernünftiger Scribent« werden wolle, solle sich »nur ein wenig in Frankreich umsehen, wo die geschicktesten Hofleute wie Bussy Rabutin, St. Evremond und andere eine ganz andere Schreibart in ihrer Gewalt gehabt hätten als die elenden Canzellisten in Paris in den amtlichen Dokumenten zu brauchen pflegten.« (Blackall (1966: 129)) Somit wird gerade für die Sprache betreffende Dialoge das sprachwissenschaftliches Schreiben notwendig kennzeichnende Metasprachproblem einschlägig. Die hier angestrebten Stilideale und die dazu geeigneten sprachlichen Mittel sind nicht dialogisierbares Wissen im Rahmen eines Dialogs, der Anspruch auf Natürlichkeit stellt. Denn, so Gottsched generell zur Dialogisierbarkeit von Wissenschaft (1980 [1727]: 18):

> Diese Lehrart machet sehr viel Umschweife, und würde in schreckliche Weitläuftigkeiten stürtzen. Wenn man z.B. die mathematischen Anfangs Gründe Euclidis darinnen vortragen wollte, wie wunderlich würde das nicht aussehen? Die Kette der mit einander verknüpften Wahrheiten würde oft verstecket, oft gar unterbrochen werden: wenn man der natürlichen Art der Gespräche nichts vergeben wollte.

J. Schlaeger, der der Entstehung der bürgerlichen Gesprächskultur nachgeht, konstatiert für England einen Gesprächsboom im Umfeld der moralisch-literarischen Zeitschriften, aus dem dann aber auch in ganz ähnlicher Weise wie jetzt oben geschildert, die Grenzen und im Hinblick auf das Erkenntnisziel notwendigen Beschränkungen dieser Form erkennbar werden: und gerade unter Bezug auf Shaftesbury, der in Gottscheds Vorwort ausführlich zu Worte kommt, stellt er fest:

> Im Laufe dieser Entwicklung scheint das Bewußtsein dafür zu wachsen, daß der Ausgleich zwischen den Notwendigkeiten der Individuation und der Sozialisation im Gespräch immer schwieriger wird. Deshalb wird auch die Liste der Bedingungen, die für seine erfolgreiche

---

18 Völlig konsequent kommentiert Blackall (1966: 129) diese Stelle: »Man sollte wie in einer gewöhnlichen unterhaltung mit wohlgesitteten Leuten schreiben und reden, wo solche Formeln [= die Konjunktionen der Kanzleisprache/L.E.] niemals verwendet würden.«

Herstellung genannt werden, immer länger [...] Unter sochen Bedingungen degeneriert die Konversation schließlich zum ›small talk‹ der hoch-bürgerlichen Teegesellschaften. (1984: 376)

Insofern also der Dialog, sofern er wissenschaftlicher Erkenntnisfindung oder auch nur -darstellung dient, immer in Gefahr steht, die Natürlichkeit des Gesprächs und damit die bürgerlich freie Art der Wahrheitsfindung zu verlassen, und insofern es gerade Merkmale der Sprache sind, die in der Dialogführung aufscheinen, die zu dieser Zeit interessieren, scheinen *Fachgespräche* aus dem Bereich der Sprache im engeren Sinne kaum mehr möglich zu sein. Was man Fachgespräch nennen könnte, bekommt dann entweder den kargen Charakter der obigen in verteilten Rollen gesprochenen Inhaltsangabe, oder es repräsentiert ein Rollenspiel, in denen die *verba docentia* durch *exempla trahentia* ersetzt werden. Da auch in diesen Zusammenhängen gerne Horaz zitiert wird, kann man auch folgendermaßen formulieren. Eigentlich ganz dem *prodesse* zugetane Inhalte werden zu didaktischen Zwecken mit *delectamentum* angereichert. Das rechtfertigt auch den Bezug auf feste literarische Formen in diesem Zusammenhang: definitionsgemäß geht ja so die Satire vor, und damit liegt eben die geschilderte Rezeption der Toten-Gespräche, die ja tatsächlich im 18. Jahrhundert eine ungeahnte Hausse erleben, nahe. Nicht sehr verwunderlich mag es damit auch scheinen, daß die exemplarische Lehrart durch Anleihen bei der Fabel noch verdeutlicht wird.[19]

So läßt denn auch Gottsched im Anhang zu seiner *Sprachkunst* zur Klärung einer orthografischen Frage die entsprechenden Buchstaben redend auftreten. Das Gespräch führt den Titel *Der entschiedene Rechtshandel der doppelten Buchstaben.* Explizit wird Lukian als Quelle genannt:

> Diese artige Erfindung, eine an sich trockene Buchstabenkritik angenehm zu machen, hat auch mir bequem erschienen, von der Verwandlung einiger doppelten Buchstaben in einfache, Rede und Antwort zu geben. Ich will hier auch die Buchstaben als Personen einführen: aber meine Richterinnen sollen nicht die Vocalen seyn [so bei Lukian/L.E], sondern die *Sprachkunst*, welche zu ihren Rathgeberinnen die *Kritik*, und die *Gewohnheit* haben soll. Folgende Fabel macht den Eingang dazu. (Gottsched 1978 [1762]: 779).

Hiermit haben wir alles wieder, was wir auch in Gottscheds Frühzeit zur Funktion des Dialogischen gefunden haben. Den Bezug auf die Lukianische Sa-

19 S. Gottsched (1972 [1760]: 659).: »Die Fabel ist eine wahrscheinliche Erzählung einer unter gewissen Umständen möglichen, obgleich nicht wirklich vorgefallenen Begebenheit, darunter eine nützliche moralische Warheit verborgen liegt. [...] Man theilet sie verschiedentlich ein. Anfangs in *unglaubliche, glaubliche* und *vermischte* Jene sind die, wo man unvernünftige Thiere oder leblose Dinge so reden und handeln läßt, als wenn sie mit menschlicher Vernunft begabt wären.«

tire, die Funktion des Delectamentum, und zuguterletzt die Parallelisierung mit einer anderen didaktischen Hauptgattung, der Fabel.

1.3. Die Entwicklung

1.3.1. Der Lukianische Dialog

Eigentlich befinden wir uns mit dem letztgenannten Gesprächsstück schon weit in der Entwicklung, denn Gottscheds *Sprachkunst* erschien ja erst 1748 in erster Auflage, der Anhang mit diesem Gespräch wird gar erst ab der dritten Auflage von 1752 aufgenommen. Damit ist zumindest eine Kontinuität der »lukianischen « Form gesichert. Die Wirksamkeit dieser Form für die Behandlung sprachlicher, grammatischer Sachverhalte mag sich besonders noch daran zeigen, daß auch heftige Gegner Gottscheds im Literaturstreit dieselbe Form benutzen. Gemeint ist damit vor allem Klopstock, auf dessen grammatische Tätigkeit ja z.B. schon Jellinek (1913: 272) eingegangen ist, allerdings ist dort gerade der Schriften in Gesprächsform keine Erwähnung getan. Tatsächlich findet sich aber in Klopstocks Sprachwissenschaftlichen Schriften eine Reihe von Dialogen, die sowohl in der Art der Fragestellung wie in der prinzipiellen Durchführung nicht so sehr von dem gerade geannten Gottschedschen Muster abweichen. Es handelt sich hierbei um zwei Abtheilungen *Grammatische[r] Gespräche* die nur zum Teil abgeschlossen sind, z.T. aber auch fragmentarisch aus Klopstocks Nachlaß herausgegeben. Für die Funktion des Dialogischen in diesen Abhandlungen ist der erste Satz der Vorrede bezeichnend:

> Es gehörte schon seit ziemlicher Zeit zu der Aufheiterung meines Alters, daß ich dem, was ich für die Regel unserer Sprache halte, die Bildung gab, welche man in diesen Gesprächen findet. (1855: 3)

Unmittelbar anschließend wird diese Tätigkeit als unterhaltend und durch ihre Leichtigkeit angenehm charakterisiert. Auch hier also wird diese Art der Darstellung für weniger ernsthaft, die entsprechenden Ergebnisse als *nugae* charakterisiert. Kontinuität wie Weiterentwicklung im Hinblick auf Gottsched dann auch im Personal der Redenden. In Gottscheds spätem Dialog finden wir außer dem personifizierten *Germanien*, das das Sprachproblem hat, die *Sprachkunst*, die den Fall entscheiden soll, und ihre Helferinnen, die *Kritik* und die *Gewohnheit*. Dabei ist die Sprachkunst »eine strenge Richterin« (781), die Gewohnheit dagegen »eine Gehülfinn von gelinderer Gemüthsart« (ebd.), die Kritik spielt die Rolle der ausgleichenden Gerechtigkeit, sie gleiche »eine[r] alte[n] Matrone« (ebd.), daneben treten noch alle Buchstaben auf. Bei Klopstock nun ist das Repertoir sichtlich »psychologisiert«, auch, wenn man so will »genialisiert«. So kommen zwar in den einzelnen Gesprächen durchaus als handelnde Personen die

Grammatik (5) oder die *Aussprache* und die *Buchstaben* (12), auch Personifizierungen der Sprachen wie *Teutone, Galliette* usw. (37), die verschiedenen Versmaße (193) und Ähnliches vor. Typischer ist aber die Besetzungsliste, die Klopstock selbst in der Vorrede (4) gibt:

> Die Bedeutsamkeit. Die Wortkunde. Die Bestimmtheit. Misdeutung. Aehnlichkeit. Verstimmung. Eigentlichkeit. Bildlichkeit. Redensartung. Der Inhalt. Die Gemeinheit. Der Nebensinn. Das Edle. Das Starke. Die Neuheit. Verneuung. Dichtersprache. Kunstwörtlichkeit. Ausländerei. Das Wortlose. Die Bildsamkeit. Der Genius der Sprache. Das Urtheil. Die Einbildungskraft. Die Empfindung. Andre.

Hier mag nun die Wortkunde als Unterabteilung der in anderen Gesprächen ja auftretenden Grammatik durchaus an der Stelle der Gottschedschen Sprachkunst stehen, ansonsten hat sich die Besetzung in signifikanter Weise geändert. Die ja schon bei Gottsched ältere Matrone der Kritik hat einen jungen Nachfolger in dem zu dieser Zeit zweifellos durch Kant geprägten eher rationalistischen Urteil bekommen: es geht also nicht mehr um den begütigenden Mittelweg, sondern um eine ordentliche Begründung, die aber zu ihrer Rechtfertigung nun ganz neue Partner bekommen hat, nämlich die Einbildungskraft, die Empfindung und – wohl vom Herderschen Winde hergeweht – den Genius der Sprache. Er selbst, der ja als Grimmscher Sprachgeist noch eine erhebliche Karriere vor sich hat, ist der Begleiter der Bildsamkeit, die sich andernorts wieder längere Kämpfe mit der Ausländerei liefert. Haben wir hier gänzlich veränderte Kriterien, auf die sich das Urteil berufen kann, ist es nicht mehr verwunderlich, daß Grammatik und Urteil nicht mehr dem Gebrauch gegenüberstehen können, vielmehr ist, wie man sieht, großer Wert auf die Neuheit, die Verneuung, das Edle, das Starke usw. gelegt. Die Herren Genies im Einklang mit der Volkssprache lassen grüßen. Man vergleiche etwa nur die Begrifflichkeit, mit der Herder (1985 [1764-1772]: 67/ 68) über Klopstocks Oden schreibt:

> Laßt Klopstocken bei dem Leichnam seiner Meta *weinen*; mit Empfindung; (...) Laßt die Empfindung verrauchen: so ist es der Gang der Natur, daß Einbildungskraft ihre Stelle einnimmt; füllt diese mit poetischen Bildern, so wird eine Ode werden, die nicht empfindet, sondern Empfindung malet (...)

Natürlich ändern sich somit auch die Inhalte: die praktische Norm, um die Gottsched noch satirisch zu streiten hatte, ist im wesentlichen erreicht, es geht um die Kongruenz der Einzelsprache ebenso mit universalen Prinzipien wie mit den Ausdrucksanforderungen der empfindsamen Seele. Wie läßt Klopstock seine Bildsamkeit zur Ausländerei sagen (83):

> Ich sorge überhaupt dafür, daß der Ausdruck zu dem Gedanken so recht passe, daß er im gleichsam anliege, von ungefähr so, wie dem Mädchen das Gewand anliegt, wenn es aus

dem Bade kommt. Denke dir das Mädchen schön, und das Gewand als ein Leinengewebe, bei dem Pallas vielleicht stehn bliebe.

Auch die wichtigen Fragen haben sich geändert: das Handwerk steht. Gegen die radikale Normierung, für die als Paradebeispiel Gottsched steht, wird vor allem im Wortschatz die Bedeutng des »Idiotischen« hervorgehoben, wiederum Klopstocks Bildsamkeit (92):

Denn du verlangst doch gewiß nicht von mir, daß ich begreifen soll, warum sich Wieland das mundartische Wörterbuch auf den Pult nagelte.

Adelungs Hochdeutsche Mundart ist nicht mehr die Sprache, die man haben will. Dabei ist allerdings der Hinweis auf Wieland etwas überraschend, ist doch gerade er einer, der sich äußerst kritisch mit Adelungs Hochsprachkonzept auseinandergesetzt hat.[20]

Die Auseinandersetzung mit Adelung wird aber auch noch an einer anderen Stelle weitergeführt: in einem der Gespräche (47/48) kritisiert die Grammatik den Sprachgebrauch und endet:

Doch wir haben ja auch keine Sprache, sondern nur Mundarten, als da ist die hochdeutsche. Sprachg. Was sagst du da? Gerade zu der Zeit, da unsere Sprache es mehr ist, als sie es jemals war, hätten wir keine Sprache? Gr. Du kennst doch das Wörterbuch der hochdeutschen Mundart? Lauter, als durch diese Aufschrift geschah, konnte man sich wider die Meinung der Nation nicht erklären, nach welcher sie eine Sprache hat.

Daneben wird im einzelnen das überflüssige »etymologische Wurzelgraben«, die Bedeutungsbeschreibung und die Auswahl der Belege kritisiert.

Unter diesen Auspizien gewinnt auch der nach wie vor geführte Kampf gegen die Ausländerei – die auch in den Dialogen als Person auftritt – einen neuen Charakter; es geht darum, zu beweisen, daß die deutsche Sprache als eine eigenständige genug Bildsamkeit besitze, um der Anleihen aus den anderen Sprachen entbehren zu können. Vor allem in einigen sogenannten Zwischengesprächen wird diese Position deutlich.

Erkennbar ist vor allem auch der Unterschied zwischen dem normativen Anspruch der *Sprachkunst* bei Gottsched, bei der die *Gewohnheit* praktisch keine Chance hat und die *Kritik* fast überflüssig ist, und der *Grammatik* Klopstocks, die zwar dem *Urtheil* Material liefern darf, aber der *Einbildungskraft* und der *Empfindung* nicht Genüge leisten kann – so die Konstellation im ersten der Gespräche mit dem Titel *Grammatik*. Letztlich wird die Grammatik gar weggeschickt, und nur die jeweils einschlägige Teildisziplin zugelassen.

20 S. Jellinek (1913: 196).

Mit dem neuen, »empfindsamen« Bewußtsein ist eine neue Motivation für die Auseinandersetzung mit den fremden Sprachen, insbesondere mit dem herrschenden Französisch, verbunden. Auch 1794 wird das Französische auf keinen Fall als Sprache der Freiheit, sondern als zu Unrecht herrschende Sprache geführt. Im Bewußtsein der eigenständigen literarischen Erfolge, die nicht mehr in Nachahmung französischer Vorbilder liegen, wächst daher ein wesentlich freieres Selbstbewußtsein des Deutschen. So läßt Klopstock ein Orakel verkünden:

> Die deutsche Sprache reichet dem Philosophen, und dem Dichter beinahe zu, und verdient daher die Aufmerksamkeit des Untersuchers, der Sprachen von Sprachen unterscheiden will und kann. (36/37)

Somit werden nicht nur die Kritiker der deutschen Sprache satirisch bearbeitet – selbst Goethe bekommt, wohl für sein Äußerungen in den venezianischen Epigrammen[21] einen kritischen Hieb ab, und Friedrich II. von Preußen wird als Dichter von schlechten französischen Versen, der nicht deutsch kann, und dem Deutschen den Endungsvokal -a verpassen möchte, lächerlich gemacht –, auch die »Sprachkünstler« (316) werden in ihre Schranken gewiesen. Besonders heftig ist aber die Auseinandersetzung mit der vermeintlichen Vorherrschaft des Französischen, der Gesprächspartner, der die pro-französisch-Rolle hauptsächlich vertritt, heißt *Rivarolade*, nach Rivarol, dessen Preisschrift *Le Discours sur l'université der la langue française* 1784 von der Akademie in Berlin ausgezeichnet worden war. Süffisanterweise merkt Klopstock noch an, der Name sei analog zur *Gasconade* gebildet, so den dem Deutschen gern gemachten Vorwurf der mundartlichen Zersplitterung auf das Französische zurückwendend. Von daher ist es auch nicht verwunderlich, daß der Streit um sprachliche Einzelheiten häufig um Punkte geht, wo Deutsch und Französisch voneinander abweichen, Rivarol natürlich das Französische für besser hält, und das Gespräch den Vorzug des Deutschen – häufig in Parallelität mit dem Griechischen – »erweist«. Ein längeres Gespräch ist infolgedessen u.a. der Frageeinleitung gewidmet, wo die *Wasistdaswasdasistwashaftigkeit*, bzw. *Qu'estcequec'estqueitüde*, »die erste Busenfreundin der Rivarolade« (71) ausführt:

> Nicht so, ihr verwerft es auch, daß die Alten die Frage so ohne Einleitung, so ganz nackt hinstellten? (72)

Von den Äußerungen der Rivarolade heißt es an der selben Stelle:

> Die berühmte Ausländerin, Rivarolade genennt, setzet sich hier von Zeit zu Zeit auf den Dreifuß, und saget, durch den Magnetissem bis zur Desorganisation begeistert, Künftiges voraus. (70)

21 S. Kluge (1904: 216).

So werden neben der französischen Sprache auch sonstige Modernitäten, wie hier etwa der Magnetismus, zur Bespöttelung herangezogen. Auch Charakteristika des Deutschen, die mit dem französischen völlig unvereinbar sind, wie die exzessive Bildung von Komposita, werden positiv gedeutet – wieder in Verwandtschaft mit dem Griechischen. Exzesse werden Übertreibungen v.a. der philosophischen Fachsprache und der Kanzleisprache, von deren *Heiligerömischereichdeutschernazionsperioden* in diesem Zusammenhang die Rede ist, zugerechnet, der Philosophie ist die *Scheingrundsatzmisfolgerungshalbbestimmungsbegriffsverfälschereyspitzfindigkeitswiderspruchssprachungebrauchsverbarbarungsfehlkunstwörterohnzielmaßweitschweifigkeitsstreitstraußführungsvernunfttodschlagswissenschaft* gewidmet. Diese Übertreibungen entsprechen aber nicht dem »Genius der Sprache« (220/221), zu ihm weist nur der Sprachgebrauch den Weg, wie er sich idealiter in der »sehr kleinen Anzahl von Skribenten, die Dauer versprechen,« (49) finde. Bei allen anderen beobachteten Unterschieden sind wir mit dieser Begründung des Richtigen nun wieder ganz nahe beim verachteten Vorläufer, Gottsched, bei seinen »besten Skribenten« – daß sich der Geschmack bei den Skribenten geändert hat, ist wahrlich eine andere Frage. Mit ihr hängt aber zusammen, daß die Textform des lukianischen Dialogs – Gottsched wie Klopstock beziehen sich auf dasselbe Buchstabengespräch als Vorbild – ein ganz anderes Publikum hat. Die Zeitschriften haben sich geändert, Nicolais Literaturbriefe, mit Lessings und Mendelsohns Beiträgen, Herders Schriften, Wielands Teutscher Merkur, haben die Gelehrtenrepublik geschaffen, von der Klopstock schreibt. Amüsantes Spie für diese Gelehrtenrepublik sind diese Gespräche, Unterhaltung für Leute, die die Sache ohnehin schon kennen oder auch im diskursiven Text zumindest verstehen könnten. Zudem aber auch eine, und das zeigt die Klopstock-Rezeption, die nicht als ernsthaft sprachwissenschaftlich gelten kann. Die Professionalisierung ist deutlich über das bei Gottsched erkennbare Niveau fortgeschritten. Wie sanfte Ironie mag es da klingen, wenn Klopstock in dem Dialog, der dem Verhältnis Friedrichs II. zum Deutschen und Französischen gilt, jenes französische Gedicht zitiert, das Friedrich auf Gottsched gemacht hat:

C'est à toi, Cygne des Saxons,
D'arracher ce secret à la nature avare,
D'acoucir dans les chants d'une langue barbare
Les durs et détestables sons. (231)

Jedoch, um nach dieser inhaltlichen Skizzierung zur Struktur zurückzukommen, der Typus der lukianischen Gespräche hält sich durch das 18. Jahrhundert, wenn auch im Laufe der Zeit eine Literarisierung der Form nicht zu verkennen ist: Pädagogik in unterhaltsamer Form weicht der reinen Unterhaltung über Themen der Gelehrtenrepublik. Der Typ von Klopstocks Gesprächen steht somit ganz in der literarischen Entwicklung seiner Zeit, Charakteristika einer gesonderten Textsorte *Fachgespräch* sind kaum auszumachen, wie etwa ein Vergleich mit den in etwa gleichzeitigen *Göttergesprächen* und *Gesprächen unter vier Augen* Wielands zeigt, der in ganz ähnlichem Stil u.a. die Ereignisse und Folgen der französischen Revolution kommentiert. Dabei spielen zwar sprachliche Fragen keine Rolle, jedoch mag die Tatsache, daß hier schon sehr früh die Revolution als chaotisches Terrorregime Weniger erscheint, mit zur Erklärung beitragen, warum auch die französische Sprache weiter in ihrem Prestige sinken mußte. In der Vorrede von 1796 zu den *Göttergesprächen* heißt es von diesen Dialogen, sie seien »theils durch die Französische Revolution überhaupt, theils durch besondere Epoken derselben in den Jahren 1790, 1792 und 1793 veranlaßt worden, und athmen einen Geist von Mäßigung und Billigkeit, der ihnen bey keiner Partey zur Empfehlung diente, aber desto gewisser auf den Beyfall späterer Zeiten rechnet.« (6)

1.3.2. Lehrgespräche und philosophischer Dialog

Da uns die beiden Formen im Bereich der Gespräche über die deutsche Sprache unauflöslich vermischt erscheinen, seien sie hier gemeinsam behandelt. Dennoch handelt es sich, wie oben allgemein schon angedeutet, um Texte aus ganz verschiedenen Quellen, die aber im Bereich von Gesprächen mit dem Thema Sprache eine eigenartige Verbindung eingehen können. Die Verbindung von platonischem Dialog und bürgerlicher Gesprächsinstitution wurde oben schon aufgewiesen. Wenn man im Rahmen des Deutschen nach für diesen Prozeß kennzeichnenden Gesprächen sucht, die nicht der geschilderten Pädagogisierung verfallen, so ist man im wensentlichen auf die zweite Hälfte des 18. Jahrhunderts gewiesen. Signifikante Beispiel scheinen mir Lessings Freimaurerdialoge *Ernst und Falk* und Wielands *Gespräche unter vier Augen* zu sein. Beiden ist auch etwas gemein, was bei Lessing am Inhalt und bei Wieland am Titel abgelesen werden kann, und was die banaleren Beispiele dieses Typs zu Frage-Antwort-Spielen werden läßt, nämlich die Beschränkung auf zwei miteinander vertraute Personen, so daß sich relativ viel bürgerliche Individualität in diese Mini-Gemeinschaft zum Zwecke der neuen Identitätsfindung vorwagen kann. Typischerweise sind es gerade hochpolitische Gespräche, die dieses scheinbar individuelle Gewand tagen. Die Brisanz wird in die Privatheit abgedrängt, ihre Vertraulichkeit bietet wiederum das Forum für bürgerliches Denken in aristokratisch-feudaler Umgebung.[22] Auf jeden Fall wird aber so ein Erkenntnisgewinn erreicht, der unter diesen Verhältnissen anders nicht möglich erscheint. Gegenüber den philosophisch-moralisch gewendeten politischen Themen der genannten Dialoge sind natürlich im engeren Sinne sprachwissenschaftliche Themen ein sozusagen säkularisierter Fall, der im beliebigen Geplauder zu versinken droht oder andererseits in der Gefahr steht, » zu ei-

22 Vgl. dazu Lessing (1979: 694/695)

ner bloß literarischen Strategie ausgehöhlt und so ihres existenziellen Sinns beraubt zu werden.« (Schlaeger 1984: 376). Von daher möchte ich unter diesem Aspekt zwei auftretende Formen zusammennehmen, die eine – katechetisierende –, die nur die Form zu didaktischen Belebungszwecken übernimmt, und die andere – genereller räsonierende – die versucht, zwischen dem philosophischen Gespräch und der Fachlitanei einen Mittelweg zu fahren. Wohlgemerkt bleiben durch den prinzipiellen Ernst der Gespräche und die nicht fabelhafte »echte« Gesprächssituation beide Formen von der zuvor behandelten lukianischen Form getrennt. Für beide Typen möchte ich im folgenden noch ein Beispiel geben, beide aus der zweiten Hälfte des Jahrhunderts, die sich, aus den oben schon ausgeführten Gründen, als die eigentliche Zeit der dialogischen Wissensvermittlung herausheben läßt. Nur kurz sei für die zu dieser Zeit erfolgte Ausweitung des dialogischen Erkenntnisgewinns auf das Vorbild Diderots verwiesen, als dessen »Markenzeichen« R. Galle (1980: 209) »die Dialogisierung der Aufklärung« betrachtet. Und daß vor allem durch die Vermittlungsarbeit des in Regensburg geborenen Friedrich Melichior Grimm – der übrigens auch schon Gottsched Briefpartner war – Diderots Wirkung in Deutschland gewaltig war, ist weithin bekannt. Allerdings ist seine Rezeption nicht unkritisch, wie man etwa einer Stelle aus Herders Fragmenten über die neuere deutsche Literatur (1985: 208) entnehmen kann:

> »Die große Manier im Dialogisieren sollen wir auch zu erreichen streben, die wir an den Alten bewundern? [...] *Sokrates* hatte seine eigene Weise. [...] Er fieng sodann von dem Bekanntesten an, das sein Gegner einzuräumen nicht umhin konnte, lockte ihm ein Geständnis nach dem andern ab, und ganz unbemerkt befand er sich am Ziele. Es gehört freilich kein gemeines Talent dazu, sich diese Manier eigen zu machen, und selbst einem Cicero ist sie nicht sonderlich gelungen.« Freilich gehört zu ihr kein gemeines Talent, und unter den Neuern weiß ich vorzüglich nur einen *Shaftesburi*, der sie vom Plato ziemlich abgelernet, so wie er selber wieder der Lehrer des *Diderot* zu sein scheint. Warum wollen wir aber nicht aus der Quelle selbst schöpfen, da diese Art zu dialogieren der Sprache selbst viel Biegsamkeit, Abwechselung und Munterkeit erteilt? Unter den Deutschen hat sie *Leßing* vorzüglich in seiner Gewalt.

U. Gaier (Herder 1985: 1085) führt dieses distanzierte Urteil auf Hamann zurück, der schreibt, daß man »die Triebfedern des Dialogs gründlicher kennen und weiter treiben könnte, als die berühmten Soliloquisten, Shaftesbury und Diderot.« Andrerseits nennt Herder an anderer Stelle (246) Briefe und Gespräche »jugendliche Einkleidungen«, die »denkende Leser [...] von der Betrachtung der Wahrheit selbst abführen. Dennoch steht, wie gesagt, die Dialogkunst hoch im Schwange, Bodmer nennt in einem Brief, die *Literaturbriefe* betreffend, Wieland den deutschen Sokrates, also einen, wie wir oben gesehen haben, der die Weltweisheit unter die Menschen bringt.

Wie nun unter solchen, hier nur skizzierten Voraussetzungen, ein sokratisch gedachter Dialog aussieht, mag an einem möglicherweise ungeschickten, dafür vielleicht umso typischeren Stück gezeigt werden. Im Jahre 1769 erscheint in Schwabach aus der Hand eines *Johann Georg D.* ein *Versuch einer allgmeinen Sprachlehre, wie solche aus der Unterredung des Herrn A. mit einem jungen Herrn von Adel auszugsweis schriftlich aufgesetzt und nun zum Besten der Jugend durch den Druck bekannt gemacht worden von Johann Georg D.* Nach Ausweis der Vorrede hat dieses Stück allgemeiner Belehrung durchaus seine Funktion in der pädagogischen Praxis, nämlich in der Fremdsprachenerlernung. Da der Grammatikunterricht, der ja seine Domäne in den klassischen Sprachen hatte, und von dem unser Vorredner sagt, daß in ihm die »Grammatik ohne Verstand auswendig gelernt« (5) würde, bei den fortschrittlichen Pädagogen ins Gerede gekommen, und vor allem Sprachunterricht zunächst als Muttersprachunterricht konzipiert war, wurde der Wert des Grammatikunterrichts insgesamt fraglich. Diesem Thema stellt sich der hier zu besprechende Dialog: ein über die Maßen unwissender Herr B., der einen Hofmeister gehabt hatte, der den Nutzen der Grammatik bei der Fremdspracherlernung völlig leugnete – »Wozu eine Menge Regeln? man muß die Sprachen aus der Uebung lernen.« (11) – wird von einem universalgrammatisch argumentierenden Herrn A. eines besseren belehrt. Und der praktische Erfolg – so der Vorredner – bestätigt die Richtigkeit der Reden des Herrn A. Herr A. ist insoweit durchaus auf der Höhe der Zeit, als auch die Reformpädagogen ein Konzept der allgemeinen Grammatik vertreten. So schreibt Basedow in seinem *Lehrbuch prosaischer und poetischer Wohlredenheit* von 1756 auf Vorwürfe »einige [s]einer grammatikalischen Anmerkungen wären abstract und schwer. Aber ich setze die Logik voraus, und meine Absicht war, solche Regeln zu geben, wornach man die Übereinstimmung und Verschiedenheit mehrere[r] Sprachen am besten bemerken, und durch die Erlernung der einen sich den Weg zu allen andern, die man noch auf eine grammatikalische Weise lernen will, erleichtern könnte« (zit. nach Eichinger (1985: 137)). Dem Herausgeber unseres Dialogs will es nun scheinen, daß er »statt einer Einleitung in alle besondere Sprachlehren gar füglich dienen könne.« (3) – auch dahingehend einig mit Basedow, der z.B. in seinem *Elementarwerk* solche Überlegungen in einem Teil *Vorbereitung zur Grammatik* aufführt, dem dann nur eine knappe (20seitige) *Deutsche Grammatik* folgt. Freilich ist nun dieser Teil dort diskursiv geschrieben, was allerdings nicht so sehr verwunderlich ist, als er sich zumindest auch als Handbuch an den Erzieher, also den Spezialisten, wendet. Dagegen wird das Dialogische in dem von uns untersuchten Fall implizit damit begründet, daß es (1.) ein angemessenes Thema für einen Dialog sei, und (2.) sich an junge Leute wende, die keinerlei Ahnung von derlei Sachen hätten, und die daher einerseits mit naiven Ansätzen und andererseits auf ansprechende Weise an die Grammatik herangeführt werden sollten. Dazu gehört diese Einführung in die allgemeine Sprachlehre ebenso wie die Verbindung von Grammatik und Anwendung, damit, umgekehrt gesagt, auch die Ablehnung grammatischen Katechetisierens. Bevor wir aber mit dieser Argumentation weitergehen, sei nur kurz auf den ersten Punkt zurückgegangen. Gerade das gesprächsweise Herandenken an Gesetzmäßigkeiten, die für alle Sprachen gemeinsam gültig sind, steht in jenem Zwischenbereich von Philosophie und Sprachwissenschaft, der eine platonische Behandlung zuläßt, ohne automatisch platt zu wirken. Allerdings ist die in unserem Dialog vorgeführte allgemeine Grammatik weder sehr allgemein, noch als Grammatik überhaupt recht fortgeschritten, und außerdem wird das Gespräch je länger je mehr zu einem Monolog des Alles wissenden A., gelegentlich der Form halber unterbrochen von dem außerordentlich unwissenden B., der infolgedessen auch kaum in der Lage ist, seine Gesprächsturns ernsthaft auszufüllen.[23] Dazu sei nur einmal ein noch relativ positives Beispiel ziemlich vom Anfang des Gesprächs benannt.

A.

Zuvörderts, mein Herr, zuvörderts müssen Sie sich erinnern, daß man unter einer Sprachlehre eine gründliche Unterweisung bezeichne, eine Sprache wohl verstehen und rein schreiben und reden zu lernen. Zu diesen Fertigkeiten wird nun nothwendig erfordert, daß man von der *Rechtschreibung*, von der *eingeführten Aussprache* von den *zufälligen Veränderungen* und von der *verständlichen Zusammensetzung der Wörter* unterrichtet werde. Hier haben Sie, mein Herr, die Haupt = Theile einer jeden Sprachlehre. Sie besteht a) aus einer Anweisung recht zu schreiben, *Orthographia*, b) recht auszusprechen, *Prosodia* c) die zufälligen Veränderungen der Wörter richtig zu beurtheilen, *Etymologia*, d) und sie verständlich zusammen zu setzen, *Syntaxi*.

B.

Ich begreife die Nothwendigkeit aller dieser Kentnißе; allein ich versichere Sie, daß ich mich kaum entsinnen kann, diese Namen gehört zu haben. Sie verpflichten mich, wenn Sie mir von einem jeden dieser vier Theile einer Sprachlehre einen kurzen Begriff geben wollen. (24/25)

An diesem B. kann man nun wirklich leicht zum grammatischen Helden werden: er weiß nicht, was seit dem hohen Mittelalter Gemeingut aller Grammatiken ist, und im Standardwerk der Zeit, Gottscheds *Sprachkunst*, ungebrochen auftaucht, nämlich die üblichen vier Teile einer Grammatik.[24] Er kennt sie aber andrerseits doch, denn sonst könnte er in einem ernsthaften Gespräch nicht so pauschal einfach zum Weitermachen auffordern. Tatsächlich handelt es sich also nur um die Erfüllung der Form Dialog: in dem dadurch inhaltlich nicht unterbrochen Soliloquium des A. wird ja nun tatsächlich systematisch diskursiv die übli-

23 Buck (1984: 208) weist zwar darauf hin, daß das Wissensgefälle im Fall des pädagogischen Dialogs die Gleichheit der Partner nicht aufhebt, allerdings muß das Interesse des Lernenden die Situation weitertreiben, und das ist hier nicht der Fall.

24 Vgl. Jellinek (1914: 1-9)

che Einleitung einer Grammatik der Zeit produziert. Zum Vergleich das damalige Allerweltsbeispiel Gottsched:

> Eine Sprachkunst überhaupt ist eine gegründete Anweisung, wie man die Sprache eines gewissen Volkes [...] richtig und zierlich, sowohl reden, als schreiben solle. (1978 [1762]: 37)
> [...] daß die Sprachlehrer ihr Anweisungen zur Erlernung aller Sprachen. von dem Unterrichte anheben, wie man dieselben recht schreiben solle. [...] Orthographie, deutsch die Rechtschreibung, genennet. [...] die Etymologie, oder die Lehre von der Wortforschung, als der zweyte Theil der Sprachkunst.
> [...] diese Regeln von geschickter Verbindung dieser Wörter machen den dritten Theil der Sprachlehre aus: und dieser heißt Syntaxis oder die Wortfügung. [...] wie man die Syllben im gehörigen Tonmaße sprechen soll [...] diese [Regeln] machen den vierten Theil der Sprachkunst aus, den man die Prosodie, oder die Tonmessung nennt. (ebd.: 58-61)

Dabei ist die von unserem Dialog-A. gewählte Anordnung der vier Teile die ältere, die allerdings in der Grammatik Aichingers von 1753, allerdings in interessanter Weise modifiziert wiederaufgenommen wird. Ob die Anordnung pädagogisch, und so auch von der Gesprächsführung her sinnvoll ist, läßt sich z. B. im Hinblick auf Basedows starkes Ausgehen von der ganzen Äußerung bezweifeln. Wie auch immer, es scheint der Schluß zulässig, daß die Struktur der Argumentation eher einer abstrakten grammatischen Abfolge entspricht, denn einem durch Gesprächsführung elizierten Wissen.

Ich will nun nicht die einzelnen Teile durchgehen, die sich insgesamt wie eine Terminologiesammlung zu den genannten Teilen der Grammatik lesen, mit einem außerordentlichen Schwerpunkt auf der Flexionsmorphologie im dritten Teil. Der zweite und vierte Teil sind dagegen kaum erwähnenswert. Es seien vielmehr noch einige Anmerkungen zum weiteren Gesprächsverlauf angebracht; nach den Ausführungen des A. zur Orthographie, in dem verschiedene Schreibungsprinzipien exemplifiziert werden – übrigens wieder einmal, wie schon in den zwei bisher genauer besprochenen Dialogen auch an der <th>-Schreibung des Deutschen – und wo von Fehlern so direkt eigentlich nicht die Rede war, fällt B. ein:

> Hier stimmen Sie, ohne es zu wissen, in diejenigen Bestrafungen ein, welche ich täglich von meinem Herrn Papa hören muß. Ein ä, statt eines e, ein ß statt eines s, ein t an statt eines d, ein kleiner Buchstabe an statt eines großen, ein Komma statt eines Punkts, – so werde ich allezeit getadelt, so oft ich einen Brief schreibe oder sonst etwas schriftliches aufzusezen habe. Ich sehe nun, daß es mir an der Orthographie fehlt. Herr A! mein Hofmeister – ich bin böse über ihn, daß er nicht einige Stunden auf die Anweisung verwendet hat. (28)

Nicht nur wirkt die Naivität des jungen Mannes schon fast peinlich, auch von der Gesprächsstrukturierung her kann man das nur praktisch als den Abbruch des Gesprächs verstehen; wie soll hier das Gespräch über die Orthographie weitergehen? Die Belehrung, die unser B. braucht, kann nicht mehr universalistisch erfolgen. Fast noch frappanter der nächste Gesprächseinwurf. A. hat sehr kurz über die Prosodie gesprochen – im wesentlichen läuft es darauf hinaus, daß nur einzelsprachliche Aussagen zu diesem Punkt möglich seien, nach wie gesagt nur 12 Druckzeilen versucht B zu unterbrechen:

> Ruhen Sie ein wenig aus, Herr A. Ich glaube, daß Sie mir bald zu rechte helfen können. (29)

Der Grund für diesen turn-Einsatz ist sowohl von der Situation des Gesprächs wie von der inhaltlichen Struktur völlig unklar – wenn man nicht weiterblick –, er soll nur das Kapitelende Prosodie markieren, denn A. bittet, in der Erzählung fortfahren zu können, und führt in 5 1/2 Seiten, ohne daß B. irgendetwas, sei es auch von der Ermüdung des A. sagen würde, in einem Text mit vielen Unterpunkten und Anmerkungen aus, was er zu – modern gesprochen – den Wortarten weiß. Und auch dann hat B. keine Frage oder irgend einen Erklärungsbedarf, so daß A. ein 9seitiges Kolleg über Flexions- und Wortbildungsmorphologie anhängt, was B. nur zu der Äußerung veranlaßt:

> Es ist aber noch der lezte Theil der Sprachlehre übrig und ich möchte auch von diesem aus Ihrem Munde eine Erklärung hören. (44)

Darauf folgen 1 1/2 Seiten Anmerkungen zur Syntax – fast ausschließlich zur Serialisierung – und eine halbe Seite zum *genius* der Sprache, was hier nicht viel mehr heißt als zu ›eigenen‹, d.h. der jeweiligen Sprache besonderen, Ausdrucksweisen.

Welche Funktion hat hier die dialogische Form? Man kann sich allenfalls einen Leser vorstellen, der solch einen Text als beiläufiges Repetitorium grammatischer Grundkenntnisse mit einer gewissen universalgrammatischen Einbettung liest. Das wenig genaue Wissen wird dann über die Form entschuldigt. Der naive Gesprächspartner dient allenfalls dazu, das Gespräch sichtbar zu strukturieren und dann und wann Wichtiges zu wiederholen. Vom philosophischen Erbe ist wenig übriggeblieben, auch die freien Bürger sprechen anders miteinander, und für den Lehrdialog zum Abfragen sind die Ausführungen des A. zu lang. In diesem minder gelungenen Exempel zeigt sich das generelle Problem dieser Form wie im Brennspiegel, vor allem auch deshalb, weil zudem unser A. eine gänzlich undialogische Textsorte spricht. Der Dialog erscheint im Rahmen bestimmter pädagogischer Intentionen voll funktionalisiert – in unserem Fall signalisiert er den Typus ›generelle Einleitung‹ in ein dann diskursiv ausgeführtes Grammatikregelwerk. Die Authentizität des Gesprächs, die auch durch die Herausgeberfiktion insinuiert wird, soll für Richtigkeit und Redlichkeit bürgen.

1801, außerordentlich kennzeichnend für eine Entwicklung in den letzten Jahrzehnten des 18. Jahrhunderts, erschien in Erlangen der *Versuch einer practischen Anweisung für Schullehrer, Hofmeister und Aeltern, welche ihren Zöglin-*

gen und Kindern auf eine leichte, angenehme Weise und in kurzer Zeit zur Buchstabenkenntniß, zur Fertigkeit im Buchstabiren und Lesen verhelfen und zugleich ihren Verstand bilden wollen von J. P. Pöhlmann.[25] Es handelt sich hierbei um ein Lehrbruch zum Erstlesen, Erstschreiben und dem damit verbundenen sachkundlichen Unterricht, um diese unzeitgemäße Terminologie zur Verdeutlichung zu benützen. Die Zielsetzung dieses Bandes ist in seiner Zeit ziemlich modern, er bezieht sich durchaus auf die Vorschläge der Reformpädagogiker der letzten Jahrzehnte des 18. Jahrhunderts. Allerdings handelt es sich bei seinem Vorgehen im praktischen um eine Mischung aus dem althergebrachten Alphabet-Auswendiglernen und der auf Ickelsamer als Urvater zurückgeführten Methode der Neuerer, die »überdies aber bey den allermeisten Aeltern und Lehrern ein bedenkliches und vielleicht nicht ganz ungegründetes Kopfschütteln verursachen« (XXIII) würde. Generell zu seinem Vorgehen äußert Pöhlmann (X):

> Ich führe daher meine Schüler, sobald sie nur alle Vokale und Diphtonge kennen, sogleich zum Lesen, und lehre sie die Consonanten gleichsam nur im Vorbeygehn kennen, indem ich sie leichte einsylbigte Wörte zusammensetzen, lesen, und wieder in ihre einfachen Bestandtheile auflösen lasse,

Was nun seine Methode dabei betrifft, so wurde oben schon festgeestellt, daß er die von ihm gewählte Gesprächsform der Darbietung für katechetisch hält, allerdings sieht er nun wiederum dieses katechetische Vorgehen als eine Technisierung des sokratischen Erkenntnisprozessens an.[26]

Das Dialogische der vorliegenden Abhandlung ergibt sich somit ganz natürlich aus der Zielsetzung, Musterstunden für die Vermittlung der Lese- und Verstandeskünste zu liefern; allerdings erscheint von einem modernen Gesichtspunkt aus auffällig, daß es dem Verfasser nicht ausreicht, Exempel für dieses Vorgehen zu finden, sondern im Sinne eines Katechismusunterrichts das ganze zu vermittelnde Wissen bis in einzelne in einem vorformulierten Frage-Antwort-Spiel zu geben. Dabei wechseln immer Lektionen, die der Lese-/Schreibfähigkeit gelten, mit solchen, die, in des Verfassers Terminologie, der Verstandesübung, d.h. der Wortschatzsausbildung dienen. Vor allem in diesen Partien wirkt die exakte Ausführung bis in die einzelnen Schülerantworten hinein weithin uneffektiv. Als Beispiel ein Ausschnitt aus der »Zehnte[n] Lection. Fortsetzung der Buchstabir= und Leseübungen« (68 ff.)

---

25 Zur Person und Tätigkeit Pöhlmanns vgl. Fikenscher (1803: 94-99); dort z.B. als weiteres Werk genannt: Wie lehrt man Kinder im Buche der Natur lesen. Oder sokratische Unterhaltungen eines Lehrers mit seinen Schülern [...] Erlangen 1802.

26 Vgl. XII-XIV; auch das Zitat oben; ein weniger mechanisches Beispiel ähnlicher Tendenz findet sich z.B. bei Bötticher, J. G. (1788): Ein Beitrag zur Bildung der Schullehrer auf dem Lande. Königsberg, 60-68.

L. Wie heißt dieser Buchstabe hier? (a) K.a
L. Seht, hier lege ich einen dazu, den ihr schon neulich bey dem Worte Bad kennen gelernt habt – Er heißt – Wer weiß es? K.d.
L. Wo liegt das d? K. hier. [...]
L. Ich lege jetzt das d vor a. d,a spricht man aus da. Wie spricht man d,a aus? K. da.
L. Welche Buchstaben gehören zu da? K. d,a.
L. d,a? K. da
L. d,o? K. do
[...]
L. Nun lege ich hinter da auch den Buchstaben ch; d,a,ch heißt dach. Du hast doch schon ein Dach auf den Häusern gesehen? – d,a,ch? K. dach.
[...]
L. Nun will ich zu Dach noch doch, dich und dir herlegen
[...]
L. Welche Buchstaben brauche ich zu deich? K. d,ei,ch.
L. An manchen Örten müssen die Leute Dämme von Erde machen, damit sie das Wasser von einer Gegend abhalten; und ein solcher Damm heißt Deich. Das Wort Teich, worin Fische sind, wird anders geschrieben. – [...]

L. Was haben die Wörter doch, dach, dich für eine Ähnlichkeit mit einander? K. Sie fangen alle mit d an, endigen sich mit ch, bestehen alle aus drey Buchstaben, wovon der erste und letzte zu den stummen Buchstaben, und der mittlere zu den Selbstlautern gehört.*)
*) Diese Antwort wird manchen Kindern noch einzeln abgefragt werden müssen, auf die Art, wie wir oben gethan haben.

Was das einzelne Beispiel zeigen kann, ist das strikt katechetisch-dialogische Vorgehen über alle Teile hin, sowohl dem der Buchstabenkenntnis, wie dem der Wortschatzerweiterung, was nur im Blick über alle Dialoge klar wird, ist, wie stark ritualisiert der Ablauf ist, und wie somit der Antwortenablauf durch die Übung erzwungen wird. Besonders im Wortschatzteil wird das deduzierende Vorgehen sichtbar:

Sieben und zwanzigste Lection
Verstandesübung, *Schaf*

L. Wenn jemand fragte: was ist ein Schaf? Würdeste du wohl antworten: es ist ein handwerkszeug? K. Nein.
L. Warum nicht? K. Weil man damit nichts anders verfertigt.
L. Würdest du sagen: es ist ein Gefäß? K. Nein.
L. Warum würdest du nicht so antworten? Weil man nichts hineinthun kann.
L. Wie würdest du denn sagen, wenn ich fragte: was ist ein Schaf? K. Ein Thier.
L. Warum willst du es ein Thier nennen? K. Weil es laufen (gehen, sich bewegen) kann.
L. Das ist richtig. Aber nun weiß man immer noch nicht, was es für ein Thier ist. Der Thiere gibt es ja mancherley. – Weißt du wohl, welches die Nahrung der jungen Schafe (Lämmer) ist? K. Milch.
L. Woher nehmen sie diese? K. Sie saugen sie aus dem Euter der Alten. [...]

L. Wie kann man nun das Schaf deswegen, weil es seine Jungen säugt, nennen? K. Ein Säugethier.
L. Nun kannst du schon etwas genauer antworten, wenn ich dich frage: was ist ein Schaf? [...] K. Es ist ein Säugthier.
L. Warum nennst du es ein Säugthier? Weil es seine Jungen saugen läßt. (181-183)

Ganz deutlich ist hier die begriffliche Eingrenzung, die jeweilige Erarbeitung von *genus proximum* und *differentia specifica* in festgefügten Frage-Antwort-Mustern. Im Prinzip werden auch die in dieser Lektion schon voraussetzungslos benutzten Definitionen für Werkzeug, Gefäß usw. auf dieselbe Weise eingeführt wie hier *Säugethier*, d.h. auch in dem mehrfachen etwas angestrengt wirkenden Hin- und Herfragen. Offenkundig, wie der hier doch sachlich weithergeholte Anfang zeigt, handelt es sich bei dem Dialog in diesem Fall lediglich um das Mittel einer systematischen Beteiligung möglichst vieler Schüler, wobei aber im Gesamtkurs das Immerwiederkehren derselben Prozeduren den Unterhaltungsreiz des Gesprächs aufbrauchen dürfte. Die Frage-Antwort-Paare sind von einem Automatismus und einer Zielgerichtetheit, die die Nähe zum Katechismusunterricht ganz deutlich spüren läßt.

1.4. Abschließende Bemerkungen

In den Überlegungen und Beispielanalysen dieses Beitrags sollte versucht werden, zu klären, ob es so etwas wie Fachgespräche mit dem Thema Sprache im 18. Jahrhundert für das Deutsche überhaupt gibt, und zweitens, wenn ja, wie solche Gespräche aussehen.

Für die Beantwortung der ersten Frage war zunächst zu überlegen, in welcher Tradition dialogische Textsorten überhaupt standen, und welche Typen daher im historischen Augenblick des 18. Jahrhunderts überhaupt gewählt werden konnten, um Fachgespräche mit diesem Thema als eigene Textsorte zu konstituieren. Im wesentlichen ergaben sich drei Traditionslinien, die hier – im Laufe des Jahrhunderts in verschiedener Weise – rezipiert und genutzt wurden. Es handelt sich zum ersten um die verschiedenen Erben der philosophischen Dialoge sokratisch-platonischer Provenienz, die traditionell – spätestens seit Boethius – der individuellen Handlungsbewertung dienten. Für den Beginn des 18. Jahrhunderts ist im Hinblick darauf entscheidend, was die englische und französische Entwicklung aus dem Neuansatz dieses Typs in der Renaissance durch bürgerliche Umformung gemacht hatte. Zum zweiten sind die ebenfalls antiken Vorbilder des lukianischen Dialogs zu nennen, die im Rahmen der Satire- und Fabeltheorie rezipiert wurden, und die auch als Vorbilder des niederen Stils interessant sein konnten. Und wir haben letztlich die Tradition des reinen Lehrdialogs, eine Art Vermittlungsmaschinerie, die ihren Grund sowohl im grundlegenden Grammatikunterricht wie im Katechismusunterricht hatte.

Am Beispiel der Arbeiten Gottscheds als des großen Vermittlers zu Beginn des 18. Jahrhunderts läßt sich zeigen, daß die Form des Dialogs für die fachliche Darstellung für ihn zweitrangigen Charakter besitzt. Im wesentlichen werden Dialoge als Lockmittel für die eingesetzt, die eine diskursive Behandlung nicht verstehen könnten, bzw. die den zusätzlichen sinnlichen Anreiz dieses *delectamentum* brauchen. Aus der Mischung beider Faktoren läßt sich erklären, daß in dieser Konzeption sowohl der katechetisierende Lehrdialog wie auch der ernsthafte bürgerliche Dialog über ernsthafte Themen bei ihm kaum eine Rolle spielen. Im Bereich der Sprache vertraut er allenfalls auf die satirische Form des lukianischen Dialogs, die in einer Variante der indirekten Erkenntnisfindung dient, im anderen Fall als eine Art Fabel geführt wird. Allerdings scheint hier noch ein zusätzlicher Unterschied für ihn bei der Vermittlung abstrakter und konkreterer Wissensbereiche vorzuliegen: während er offenbar im sprachlichen und z.B. auch im mathematischen Bereich von dialogischer Darstellung nur in Maßen etwas hält, hält er dialogische Lehrbücher zu handwerklichen oder sonstigen praktischen Sachen durchaus für denkbar und hilfreich. So scheint es, daß für diese Phase zudem die Zugehörigkeit zu den artes, und das besondere Metasprachproblem von Unterhaltungen über Sprachliches einer weitgehenden Dialogisierung im Wege standen. Gottscheds Vorgehen scheint für die erste Hälfte des 18. Jahrhunderts für die deutschen Verhältnisse typisch zu sein.

Gegen Mitte des Jahrhunderts allerdings behnt sich eine Ausweitung der Bedeutung des Dialogischen an – wohl unter dem Einfluß der Rezeption Diderots. Formen bürgerlichen Erkenntnisgewinns nehmen logischerweise im Vorfeld der bürgerlichen Revolution zu, so daß insbesondere das ernste, letztlich der philosophischen Tradition verpflichtete Gespräch einen neuen Aufschwung erlebt. Für Deutschland sei nur exemplarisch auf Lessings Freimaurergespräche *Ernst und Falk* verwiesen. Allerdings lebt im Zeitalter der Empfindsamkeit und der aufkommenden Diskussionen innerhalb der Gelehrtenrepublik der bildungsbefrachtete satirische Dialog als Form kaum verändert, aber in ganz anderen Rezeptionszusammenhängen weiter. Für das allgemeine Interesse an dieser Form sei nur Wielands Übersetzung der Gespräche Lukians genannt. Letztlich bringt der Aufschwung der Reformpädagogik in den letzten Jahrzehnten des 18. Jahrhunderts mit ihrer starken muttersprachlichen Orientierung – man vgl. z. B. Basedows Elementarwerk – einen Aufschwung in gesprächsweisen Vermittlungsprozeduren, der im Sprachunterricht auch einer Fortführung der Lehrdialoge entspricht. An drei Beispielen wurden Art, Funktion und Gefahren dieser Dialogformen vorgeführt. Klopstocks *Grammatische Gespräche* standen für den hohen artifiziellen Standard der lukianischen Satire, aber auch für den funktionalen Umschwung vom didaktischen Hilfsmittel hin zum unterhaltsamen und in der politischen Auseinandersetzung genutzten Mittel der gelehrten Unterhaltung. Offenkundig ist hierbei die Gefahr, als Fachgespräch nicht ganz ernstgenommen zu werden. Ein anonymes Gespräch aus Schwabach über die Grundlagen einer allgemeinen Grammatik dient als in seiner Ungeschicklichkeit besonders deutliches Beispiel dafür, wie das ernsthafte Gespräch über ernste Dinge im Bereich der Sprachwissenschaft realisiert werden konnte. Der vorgeschobene Praxisbezug konstituiert die Gesprächsform, das angeblich fast sprachphilosophische Thema die Form des ernsthaften Gesprächs. Allerdings zeigt sich, daß die nicht in direkt didaktischer Vermittlung, sondern eher enzyklopäisch-bürgerbildendem ›Gescheitmachen‹ gesehene Funktion bei der relativen Banalität der sachlichen Ausführungen, die so kaum besprechbar sind, das Wesen des Dialogs und fast auch seine Form bald sprengt, und nicht sehr viel mehr als seinen rhetorischen Rahmen übrigläßt. Derselben Schwierigkeit entwächst wohl auch die ungehinderte Vermischung sokratischer und katechetischer Argumentation bei unserem letzten Beispiel, einem voll dialogisch automatisierten Lehrbuch.

Ohne behaupten zu wollen, daß damit alle Typen abgedeckt seien, zeigt sich, daß im Bereich der Beschäftigung mit sprachlichen Phänomenen eine solche Vielzahl von Sonderfaktoren eine Rolle spielen, daß ein Titel *Fachgespräch* eine vielleicht größere Streubreite von Möglichkeiten umfaßt als bei anderen Fächern.

2. Sprachpolitik als Objekt von Fachgesprächen im Kontext der Französischen Revolution

2.1. Die Tradition der Behandlung sprachpolitischer Fragen in Gesprächsform in der französischen Literatur

1578 erschienen Henri Estiennes *Deux dialogues du nouveau langage françois italianizé et autrement desguizé, principalement entre les courtisans de ce temps [...]*, in denen zum ersten Mal die Frage der Stellung der französischen Sprache gegenüber anderen europäischen Sprachen im Mittelpunkt eines literarischen Werkes – in dialogischer Form und französischer Sprache – gestellt wird. Hauptthese dieser zwei Dialoge, die an die satirische und moralische Tradition des erfolgreichen lukianischen Dialogs direkt anknüpfen, ist die akute Gefährdung der französischen Sprache durch das Eindringen zahlreicher Italianismen – vor allem in der Sprache der kritisierten ›Courtisans‹ –, die mit allen Mitteln zu bekämpfen seien. Einem solchen Aufruf zur Sprachreinigung lag ein sprachpolitisches Konzept zugrunde, das Estienne schon 1565 in seinem *Traicté de la Conformité du langage françois avec le grec [...]* entwickelt hatte. Dieser Traktat versucht nämlich nachzuweisen, daß die französische Sprache über allen anderen steht, außer der griechischen, mit der sie eine Reihe von Gemeinsamkeiten aufweisen könne. Aus dieser höheren Stellung des Französischen ergibt sich für Estienne die patriotische Pflicht der Verteidigung der Sprachreinheit. In den

Deux Dialogues aus dem Jahre 1578 werden somit sprachpolitische und sprachpflegerische Überlegungen eng miteinander verknüpft.

Ein Jahrhundert später wird die gleiche Fragestellung in den *Entretiens d'Ariste et d'Eugène* des Père Dominique Bouhours wieder aufgenommen. Im ersten dieser Gespräche,[27] das der hervorragenden Stellung der französischen Sprache im Vergleich zu anderen gewidmet ist, stehen sprachpolitische Überlegungen deutlich im Vordergrund, und die sprachpflegerischen Fragen werden beiseite gelassen. Die Argumentation Bouhours' für eine Legitimation der Vorherrschaft des Französischen in Europa, die auf seinen »natürlichen Charakter« und seine »natürlichen Vorteile« weist, bildet die Grundlage des 1784 verfaßten Plädoyers Rivarols für die Universalität der französischen Sprache in seiner von der Berliner Akademie gekrönten Preisschrift. Daß Rivarol seine Thesen nicht in dialogischer Form, sondern in Form eines *Discours sur l'universalité de la langue française* formulierte, läßt sich zum großen Teil auf die formellen Vorschriften für die Redaktion von Akademie-Preisschriften zurückführen.

Beide Dialoge von Estienne sowie der Dialog von Bouhours dürfen als Variante (»dialogue philosophico-politique«) des »dialogue philosophique« bezeichnet werden, im Sinne der Definition Marmontels in der Enzyklopädie: »dialogue ayant pour objet la recherche d'une vérité.« Diese ›Wahrheit‹, von der der Leser überzeugt werden soll, bezieht sich in den erwähnten Texten auf den »höheren Wert« des Französischen und die daraus folgenden sprachpolitischen Konsequenzen. Die von beiden Verfassern verfolgten Zwecke stimmen wohl überein mit der gleichzeitig aufklärenden und unterhaltenden Funktion, die Marmontel in seinen »Eléments de Littérature«, sowie La Harpe in seinem »Cours de Littérature« und schließlich, im folgenden Zitat, Fénelon,[28] den dialogischen Gattungen zuweisen:

> [...] le lecteur s'imagine faire une véritable conversation, et non pas une étude. Tout l'intéresse, tout réveille sa curiosité, tout le tient en suspens. Tantôt il a la joie de prévenir une réponse, et de la trouver dans son propre fond. Tantôt il goûte le plaisir de la surprise, par une réponse décisive qu'il n'attendoit pas. Ce que l'un dit le presse d'entendre ce que l'autre va dire. Il veut voir la fin, pour découvrir quel est celui qui répond à tout, et auquel l'autre ne peut donner une dernière réponse. Ce spectacle est une espèce de combat, dont il se trouve le spectateur et le juge. (Fénelon 1851. Bd. 5: 227).

Mit dem Ausbruch der Französischen Revolution tritt eine neue Dimension im Bereich der Sprachpolitik auf. Mittelpunkt der sprachpolitischen Diskussion wird nicht mehr die alleinige Frage der Vorherrschaft, der »précellence« und der »prééminence« der französischen Sprache in Europa, sondern die Natur der Beziehung zwischen Staat und Sprache und ihre direkten Implikationen. Der Aufbau der französischen Nation wurde von den Jakobinern unter dem Motto »eine Na-

---

27 Premier entretien: Sur la langue française (Bouhours (1773: 55-211) [1671: 43-170]).

28 in den »Instructions Pastorales sur le système de Jansénius«.

tion, eine Sprache« geführt, und die französische Sprache erlangte, mit ihrer Bezeichnung als »langue de la liberté«, eine neue sozio-politische Stellung auf internationaler Ebene. Ab 1789 wird in der französischen Öffentlichkeit eine doppelte sprachpolitische Frage debattiert: 1) die Notwendigkeit einer Einheit zwischen Sprache und Nation und 2) die Kompatibilität des Konzepts der »Nationalsprache« mit den in der »Déclaration des Droits de l'homme et du Citoyen« zugewiesenen individuellen Rechten.

Texte wie das nachfolgend analysierte »Bürger-Gespräch« spiegeln durch ihre inhaltliche Komplexität die Verflechtung der neu auftretenden sprachpolitischen Probleme wider und weichen somit deutlich von den oben zitierten Gesprächen ab.

2.2. Ein »Bürger-Gespräch« im politischen Krisenkontext: der sprachpolitische Streit im Elsaß des Sommers 1790

Das anonyme *Bürger-Gespräch über die Abschaffung der deutschen Sprache bei der Verhandlung der öffentlichen Geschäfte in Straßburg, gehalten am 23. August 1790* versteht sich gleichzeitig als Reflexion über eine grundlegende sprachpolitische Problematik und als Antwort auf eine spezifische und konjunkturelle Wahlkampfsituation. Durch seine fünf Gesprächspartner wird die ganze Palette der 1790 im Elsaß vorhandenen politischen Strömungen wiedergegeben, die die sprachpolitische Entwicklung zu lenken versuchten.[29]

Nachdem am 18. März 1790 die neugewählte »Munizipalität« (d.h. Bürgermeister und Stadtrat) in Straßburg ihre Funktion aufnehmen konnte, beschäftigt sich die Öffentlichkeit im Sommer 1790 mit der Vorbereitung einer neuen – bedeutungs- und symbolträchtigen – Wahl: der Wahl der neuen richterlichen Instanzen, die infolge der großen Justizreform neu zu gestalten waren. Zum ersten Mal durften Kantonal- und Distriktrichter, die für den Bürger wichtigsten Zivilinstanzen, direkt von den »citoyens actifs[30] – d.h. einer Mehrheit der elsässischen Bevölkerung – gewählt werden. Werden diese neuen Richter zweisprachig sein müssen? Werden die zahlreichen französischsprachigen Verwaltungs- und Justizbeamten, die sich seit 1648 im Elsaß angesiedelt haben, jedoch des Deutschen kaum mächtig sind, für diese Richterstellen kandidieren dürfen, oder ist eine solche Kandidatur mit den in der *Déclaration des Droits de l'Homme et du Citoyen* vorgeschriebenen Rechten auf Verteidigung vor Gericht nicht in Einklang zu bringen? Bei diesen Fragen stießen zwei gegnerische politische Strömungen zusammen, die im elsässischen Spannungsfeld gleich nach dem Ausbruch der Re-

---

29 Zur Gesamtproblematik der sprachpolitischen Auseinandersetzungen im Elsaß während der Revolution vgl. Lüsebrink (1987).

30 »Citoyen actif« war jeder, der eine – dem Wert von drei Arbeitstagen entsprechende – Steuer bezahlte: das betraf über die Hälfte der Bevölkerung.

volution entstanden sind: die Befürworter einer beschleunigten »Französisierungspolitik« – meist die aus Innerfrankreich kommende bürgerliche Oberschicht – einerseits, und die Anhänger einer »Zweisprachigkeitspolitik« – die Mehrheit der elsässischen Bevölkerung und vor allem des lokalen Bürgertums – andererseits. Jede der beiden politischen Hauptströmungen versucht im Sommer 1790, ihre Argumente vor der Wahl mit aller Kraft geltend zu machen; vor allem Tausende von französischsprachigen Beamten sahen in ihrem Recht zu kandidieren eine Überlebensfrage in einer Zeit großer wirtschaftlicher Schwierigkeiten. Es ist daher verständlich, daß die gleiche sprachpolitische Frage, die im »Bürger-Gespräch« debattiert wird, in einer Reihe von anderen zeitgenössischen – nicht dialogischen – Texten im Elsaß gleichzeitig behandelt wird. Erst durch die Konfrontation dieser verschiedenen Texte und Textarten kann die sozio-politische Funktion und die genaue Bedeutung des »Bürger-Gesprächs« herausgearbeitet werden.

»Gehalten am 23. August 1790« fügte der anonyme Verfasser dem Titel seines »Bürger-Gespräches« hinzu: diese für ein fiktives Gespräch erstaunlich präzise Angabe, erweist sich von besonderer Relevanz, um diesen Text in eine Kette verschiedener, zu gleichen Zeit über die gleiche Frage publizierter – nicht fiktionaler – Schriften genau einzubetten und verstehen zu können.

Das *Bürger-Gespräch* bezieht sich direkt auf eine Rede des Sekretärs und Dolmetschers (»Secrétaire-Interprète«) der neuen Munizipalität Straßburg, André Ulrich, gehalten am 6. Juli 1790, in der deutschsprachigen Sitzung der neu gegründeten Straßburger »Gesellschaft der Konstitutionsfreunde« (im *Bürger-Gespräch* »Spiegelclub« genannt, nach dem Namen der Stube, in der die Sitzungen abgehalten wurden), anläßlich seiner Aufnahme in diese Gesellschaft. Ulrich nahm diese Gelegenheit wahr, um die Sprachpolitik der neuen Munizipalität dem deutschsprachigen Publikum zu erläutern. Hauptthese seiner Rede ist folgende: Die überwiegende Mehrheit der Bevölkerung des Elsaß ist lediglich der deutschen Sprache mächtig. Neun von zehn Bürgern im Elsaß wünschen, daß bei der Verhandlung öffentlicher Geschäfte beide Sprachen gleichberechtigt sein sollten und daß die französische Sprache ihre Monopolstelle in der Justiz verliert. Eine solche Forderung ist ganz im Sinne der neuen Verfassung und der »Déclaration des Droits de l'Homme et du Citoyen«.

Von dieser Rede zirkulierten gleich zwei verschiedene Versionen in der Straßburger Öffentlichkeit: eine französische und eine deutsche Fassung, deren letzter Teil wesentliche Abweichungen aufweist. Die französische Fassung rechtfertigt am Schluß den Gebrauch beider Sprachen in der Justiz und Verwaltung durch die Notwendigkeit, die Gesetze und Prinzipien der Revolution so schnell wie möglich zu verbreiten: d.h. die sprachpolitische Toleranz erweist sich als nützlicher Kompromiß, um den Interessen der Revolution zu dienen. Die deutsche Sprache bildet kein Hindernis für die Entfaltung des elsässischen Patriotismus und für die Revolutionstreue, und das Französische kann sich nur langsam gegen das Deutsche im Elsaß durchsetzen. Die deutsche Fassung, die auf ausdrücklichen Wunsch der Straßburger Gesellschaft in den *Wöchentlichen Nachrichten für die deutschsprechenden Einwohner Frankreichs, besonders aber für die Handwerker und Bauern* in zwei Teilen am 30. Juli und am 13. August 1790 veröffentlicht wurde, enthält im Gegensatz zu der französischen Fassung in ihrem Schlußteil einen Katalog von präzisen Forderungen, die die Stellung der deutschen Sprache in der Justiz betreffen. Der vierte und letzte Punkt dieser Forderungen heißt:

> Die Richter der Distrikte und die Friedensrichter (erste Instanz auf Kantonalebene) sollen alles deutsch verhandeln und verfassen, was Deutsche betrifft.

Dies bedeutet, daß bei den nächsten Richterwahlen nur zweisprachige Kandidaten für die Ämter kandidieren können. Der Verfasser bittet die Straßburger Gesellschaft, wenn sie sich mit diesen Forderungen einverstanden erklärt, sich an die Pariser Nationalversammlung zu wenden. Dies geschieht zwei Monate später, am 30. September 1790, mit den *Réflexions sur le nouvel ordre judiciaire adressées par la municipalité de Strasbourg à l'Assemblée Nationale*, deren Schlußredaktion von Christian-Guillaume de Koch, Professor für Öffentliches Recht an der Universität Straßburg und ab 1791 Abgeordneter des Département Bas-Rhin in der Assemblée Législative, übernommen wurde. Diese *Adresse* trägt den langen Untertitel *Opinion sur la nécessité de deux langues, françoise et allemande, dans les officiers de justice et les greffiers de la province d'Alsace* und überarbeitet im professoralen Stil im wesentlichen Teil die Argumentation, die André Ulrich für eine zweisprachige Justiz und Verwaltung im Elsaß entwickelt hatte. Die Forderung, die Zweisprachigkeit als Grundbedingung für die Einstellung von Justizbeamten im Elsaß gelten zu lassen, wird hier durch das Recht jedes Einzelnen auf Verteidigung in seiner Muttersprache – ohne zusätzliche Übersetzungskosten – legitimiert. Der Text dieser *Adresse* geht jedoch einen Schritt weiter in der Reflexion über diese Problematik und stellt eine zweite, eher philosophische, Frage, die auch am Schluß des *Bürger-Gesprächs* in Erscheinung tritt:

> Les juges de toutes espèces qui seront établis en Alsace, en vertu du nouvel ordre judiciaire, devront nécessairement savoir les deux langues [...] Oserait-on soutenir que le peuple doit savoir la langue de ses juges, tandis qu'il serait permis à un juge d'ignorer la langue du peuple qu'il est appelé à juger? M'objectera-t-on peut-être que ce serait blesser les droits d'un citoyen actif que de lui donner l'exclusion des emplois judiciaires sur le motif seul qu'il n'est pas au fait de l'une ou l'autre langue?

Vor die auftretende Frage gestellt, ob es annehmbar sei, durch Gesetze zu verhindern, daß ein Volk sich selbst schadet, indem es Richter wählt, die seiner Sprache nicht mächtig sind, findet die *Adresse* in ihrem letzten Satz eine Kompromißlösung in dem Recht jedes Bürgers, den Richter zurückzuweisen, der seiner Sprache nicht mächtig ist:

> Qu'au moins tout citoyen soit autorisé à récuser librement le juge qui, ignorant la langue du justiciable, se présenterait pour le juger.

Die *Adresse* erweist sich somit weniger radikal gegenüber den französischsprachigen Beamten als die deutschsprachige Version der Rede von André Ulrich. Die Zulassung einsprachiger Kandidaten zu den Richterstellen erfolgt jedoch als logische Konsequenz des Selbstbestimmungsrechts des Volkes und nicht aus ›Menschlichkeitserwägungen‹, wie es im nachfolgend analysierten *Bürger-Gespräch* der Fall ist.

2.3. Das argumentative Netz des Bürger-Gespräches: Protagonisten, Argumentationsstrategien und politische Funktion des Textes.

Zwischen den radikalen Äußerungen in Ulrichs Rede im Juli 1790 und den etwas gemilderten Forderungen der *Adresse* vom 30. September 1790 wurde das fiktive Bürger-Gespräch verfaßt und veröffentlicht. Jeder der insgesamt fünf, humorvoll benannten, Protagonisten, die in einer kleinen Kneipe (»Schlurpfe«) über die sprachpolitische Situation im Elsaß Gedanken austauschen, verkörpert jeweils eine verschiedene, für den politischen Kontext des Elsaß im Sommer 1790 spezifische Position, und erlangt somit eine gewisse Repräsentativität für die verschiedenen vorhandenen Bevölkerungsschichten und politischen Strömungen.

Stark, der Schmied, ergreift als erster das Wort, in elsässischem Dialekt, und wird gleich, durch seine Sprache und sein einfaches Benehmen, als Identifikationsfigur für selbstbewußte und heimattreue Elsässer aus den unteren und mittleren Sozialschichten herausgehoben. Sein Plädoyer für die offizielle Gleichberechtigung der deutschen Sprache im Elsaß steht im Mittelpunkt des ganzen Gesprächs:

> *Stark.* Was müssen wir us g'fallen lossen? Daß wir nimm Dütsch reden dörfen und Wälsch parlieren müssen? Das wär der Teufel! E jeder redt halt, meyn i, wie ihm der Schnabel gewachsen ist, d'Dütsche düsch, und d'Wälsche wälsch. Und vor wen hen wir denn unser neu Obrikeit gewählt? für uns oder für and'ri (11).

Sein erster Gesprächspartner, ein Schneider, ebenfalls elsässisch sprechend, der den redenden Namen *Schwach* trägt, steht im radikalen Kontrast zu dem Sprach- und Identitätsbewußtsein des Schmiedes: er stellt die Figur des ›resignierten‹ und ›akkulturierten‹ Elsässers dar, der das Recht auf Gebrauch seiner Muttersprache fast aufgegeben hat und seinen Patriotismus durch eine ›kulturelle Verschmelzung‹ mit Frankreich nachzuweisen versucht:

Schwach. Ja sehn ihrs, Meister Nochber, dieß is so e Sach! Wir sin halt jetz emol französch, wir hen der Nation g'schworen getreu ze sin, und do müssen wir us dies jetz au g'fallen lossen. (10)

Beide unterhalten sich über die vor Kurzem gehaltene Rede von Ulrich im »Spiegelclub« und streiten über die Legitimität der geforderten Gleichberechtigung der deutschen Sprache. Bald werden die beiden Partner in ihrem Dialog von *Canniverstan*, einem französischen Perückenmacher, und seinem Freund *Marroquin*, einem elsässischen Schuhmacher, bezeichnet als »Halbfranzosen«, unterbrochen. Beide möchten sich – halb in schlechtem Deutsch und halb in schlechtem Französisch – dem Gespräch anschließen. *Canniverstan*, der Franzose, kann noch kaum deutsch reden, obwohl er seit über zwanzig Jahren in Straßburg lebt: diese Sprache ist ihm zu hart, »trop dure pour le gosier français«. Seinen Mißerfolg in der Erlernung der deutschen Sprache nimmt er jedoch mit leichtem Herz und mit Humor in Kauf, weil er von der Superiorität der französischen Sprache fest überzeugt ist. *Marroquin*, sein Freund, Verehrer der französischen Kultur, möchte gern das Französische gut beherrschen, es gelingt ihm aber nicht. Seines Scheiterns bewußt, rettet er sich mit einem Diskurs über den »primitiven« Charakter der deutschen Sprache, in dem er seine Mißachtung gegenüber dieser Sprache, deren Kenntnis er zu leugnen versucht, proklamiert:

Canniverstan. Ach, sie red von die deutsche Sprak; ja die deutsche Sprak ist eine schwere Sprak. Ik bin ihr schon an die swansik Jar in Strasbourg und hab ihr not nik viel davon gelernt; sie ist viel su hart, trop rude pour un gosier françois.

Marroquin.Oui, vous avez raison, Moussié, je peux bien dire, que l'Allemand né m'est pas cuit au cœur; j'y ai tout-à-fait mangé un dégout: tenzez, voyez-vous, quand j'entends parler nos gens leur Strasbourgeois-Allemand, je pense, que jé né lé peux pas soutenir et qu'il mé faut d'abord courir, qui sait combien loin. (15/16)

Unter den vier Protagonisten ist »Meister Stark«, Schmied, der einzige, der sich gegen das Monopol des Französischen in der Behandlung der öffentlichen Geschäfte ausspricht. Als der Streit – in drei Sprachen abgehalten – immer heftiger wird, tritt der fünfte und letzte Protagonist hinzu, ein junger Rechtsgelehrter, Sohn eines Kiefermeisters, der auf Hochdeutsch das Wort ergreift. Ihm kommt im Rahmen des Gesprächs eine Schlüsselrolle zu, da er aus den gegenseitigen Argumenten eine Synthese zu machen versucht, um Kompromißlösungen für die Stellung des Deutschen anbieten zu können. Seine Argumentation für eine offizielle Zweisprachigkeit, die er in einem langen Monolog am Schluß des Gespräches entwickelt, gibt die Position des anonymen Verfassers des Textes in Bezug auf die diskutierte sprachpolitische Frage wieder. Die Argumentation des »jungen Rechtsgelehrten« weist eine Vielzahl von Ähnlichkeiten mit der von dem Juristen Koch formulierten *Adresse à l'Assemblée Nationale* auf. Was die – politisch heißdebattierte – Frage der Bedingung für die Zulassung zu Richterstellen betrifft, weicht jedoch der Verfasser des *Bürger-Gesprächs* von der in der *Adresse* vertretenen Position ab:

> Indessen würde es unbillig und auch von unserer Seite unklug sein, wenn wir einige rechtschaffene und geschickte Männer, die uns bekannt sein sollten, blos deswegen von dergleichen öffentlichen Aemtern ausschließen wollten, weil sie nicht besonders viel Fertigkeit in der deutschen Sprache haben. Für die Zukunft sollte man es allerdings von jedem Verwalter und Richter im Elsaß fordern, daß er beide Sprachen gut verstände; bei den jetzigen Umständen aber wäre es nicht billig, durchaus keine von denjenigen zu wählen, die nur das Französische schreiben und sprechen können; und wir können zufrieden sein, wenn unsere Richterstühle größtentheils mit deutschen Rechtsgelehrten besetzt sind, welche gewöhnlich beide Sprachen inne haben, und mit denen der Bürger und Landmann sich auch in seiner Muttersprache besprechen kann. Mit der Zeit wird alsdann gewiß jeder, der sich zu einem solchen Stande bestimmt, in seiner frühen Jugend schon sich in beiden Sprachen üben. (23/24)

Aus diesen letzten Sätzen des abschließenden Monologs geht hervor, daß der Verfasser gegenüber der französischsprachigen Beamtenschicht eine viel tolerantere Position vertritt als die Rede Ulrichs oder die *Adresse*. Das Recht des einzelnen Bürgers, den Richter zurückzuweisen, der seiner Sprache nicht mächtig wäre, wird hier nicht mehr angesprochen, und den einsprachigen französischen Richtern wird das Recht zugestanden, bei den bevorstehenden Wahlen zu kandidieren. Es gelingt dem »jungen Gelehrten« sofort, die vier anderen Protagonisten von der Richtigkeit dieser Position – eine offizielle Gleichberechtigung der beiden Sprachen im Elsaß wird erst mit der zweisprachig eingeschulten nächsten Generation möglich sein – zu überzeugen. Alle Gesprächspartner zeigen sich mit dieser Kompromißlösung zufrieden und die Diskussion kann dann mit ein paar lustigen Sprüchen ein Ende finden.

G. Löper, der das *Bürger-Gespräch* 1886 neu herausgab, bezeichnet den anonymen Verfasser als »gutgesinnten Elsässer«. Der elsässische Historiker M. Gérock, der diesen Text Anfang des 20. Jahrhunderts F. Brunot für seine »Histoire de la langue française« zur Verfügung stellte,[31] analysierte den von *Stark* und *Schwach* gebrauchten elsässichen Dialekt, um die Frage zu beantworten, ob dieser authentisch sei. Ergebnis dieser Untersuchung war, daß der Verfasser kein Elsässer sein konnte, weil der gebrauchte Dialekt eine ganze Reihe von Unstimmigkeiten enthält. Gérock schließt daraus, daß der Verfasser ein Deutscher sein könnte, der die Zweisprachigkeit im Elsaß zu verteidigen versuchte. Aus der hier durchgeführten kontextuellen Analyse des *Bürger-Gesprächs* läßt sich jedoch eine neue Hypothese über die Identität und die Zielsetzungen des Verfassers erschließen. Dieses Gespräch, das nach der radikalen Stellungnahme Ulrichs am 6.

---

[31] Eine französische Zusammenfassung des *Bürger-Gesprächs* befindet sich in Brunot, F.: Histoire de la langue française. Bd. IX, Paris 1967 [1. Aufl. 1937].Livre VI. Ch. II: »Le français et les actes«. 83 -87.

Juli 1790 für eine – wenn auch provisorische – Zulassung einsprachiger Richter als Wahlkandidaten plädiert – kann auch ebensogut von einem – geschickten – französischsprachigen Beamten (so lassen sich auch die Unstimmigkeiten im elsässischen Dialekt erklären) verfaßt worden sein, der seine soziale Position auf kurze Sicht zu retten versuchte. Das Gespräch kann so als ein Appell an die deutschsprachige Bevölkerung des Elsaß vor der Wahl gelesen werden, der gegen die bisherige Praxis der einsprachigen Gerichte wie des »Conseil de Colmar« Stellung bezieht, jedoch eine gewisse Toleranz und Geduld fordert, was die Besetzung der Richterstellen mit zweisprachigem Personal betrifft. Ende August 1790 wurde dieser Appell verfaßt und er scheint nicht ganz wirkungslos geblieben zu sein, denn in der Endfassung der *Adresse à l'Assemblée Nationale* vom 30. September, die auf der Basis der Rede Ulrichs entstehen sollte, sind die ursprünglichen radikalen Forderungen des Ausschlusses aller einsprachigen Richter von der Wahl durch eine mildere Lösung ersetzt. Die Mechanismen der öffentlichen Wirkung des *Bürger-Gesprächs* lassen sich durch eine stilistische Analyse des Textes näher erläutern.

2.4. Die öffentliche Wirkung des Bürger-Gesprächs: Publikumserwartungen und Gattungsmerkmale

Die Kernfragen des Gesprächs erweisen sich gleichzeitig philosophischer und politischer Natur. Sie betreffen die Eingrenzung von Grundrechten wie das Recht des Bürgers, in der eigenen Muttersprache vor die Justiz zu treten und das Recht, sich ohne sprachliche Vorbedingung auf öffentliche Stellen zu bewerben. Solche sprachpolitischen Fragen, die in die Gesamtdiskussion der neu entstandenen *Déclaration des Droits de l'Homme et du Citoyen* einzugliedern sind, mußten im politischen Kontext des Sommers 1790 für ein neues Publikum zugänglich gemacht werden. Die neuen »citoyens actifs«, die das Wahlrecht bei den bevorstehenden Justizwahlen erlangt haben, sind in ihrer überwiegenden Mehrheit kaum alphabetisiert worden. Um diese breite Schicht anzusprechen und überzeugen zu können, mußte der Verfasser in das Repertoire der Burleske und des Satirischen greifen. Für das geplante Plädoyer bot sich die Gesprächsform durch ihren geschätzten Unterhaltungswert als eine sehr geeignete Gattung an.

Die Namen von drei der fünf Protagonisten sind selbst mit starken humoristischen Akzenten gezeichnet: *Stark* und *Schwach, Marroquin* (auf deutsch ›Halbleder‹). Vor allem *Marroquin* und *Canniverstan* stellen Karikaturen in Straßburg vorhandener politischer Gruppen dar. In ihrer chaotischen Sprachmischung und ihrem lächerlich arroganten Verhalten sind sie – und die durch sie vertretene Bevölkerungsschicht – das Ziel der Kritik des Verfassers. Der burleske Effekt wurde zum großen Teil durch die Anhäufung von Sprachfehlern – sowohl auf Deutsch als auch auf Französisch – seitens der beiden französischsprachigen Protagonisten erreicht sowie durch zahlreiche familiäre Ausdrucksweisen in elsässischem Dialekt aus dem Mund von Meister Stark. Kaum ist der lange und sehr ernste Monolog des Rechtsgelehrten zu Ende, wird seine politische Botschaft sofort auf burleske Weise von den vier anderen Protagonisten wie folgt rezipiert:

> *Canniverstan.* Voilà qui s'appelle parler! qu'en pensez-vous, Messieurs? Sie hab geört, die Herr da sak auk, daß man uns andere Fransoß nick soll von die Wahl auslaß.
>
> *Stark.* Nu, jo so denn, sey er mir zufrieden, Herr Hoorkristierer, wil doch jetzt sin Profession bald ingeht, do sich d'Lüt alle d'Hoor abschniden lossen, so wöllen wir an ihne denken und 'ne by der nächsten Gelegenheit zum Municipalitäts= oder gar zum Schulraht machen.
>
> *Schwach.* Ebieng! 's blibt darby, min Stimm soll er au han, Herr Kanniverstan; er macht mir doch, will i hoffen, e neui Parück dervor uf Winachten, nit wohr?
>
> *Marroquin.* E jè, jè lui donne mon voix pour rien, seulement parce que le François est mon langue de corps. Ah ça, bonne nuit, Messieurs! dormez bien, et ne vous laissez pas rêver quelque chose de mauvais! (24)

Nach einer für ihn eher anstrengenden Textpassage, die sprachpolitische Überlegungen erläutern soll, soll der elsässische Leser, auf den hier gezielt wird, gleich wieder bei Laune gehalten werden. Diese rapide und geschickte Abwechslungsmöglichkeit innerhalb des Verlaufs des Gesprächs zeigt schon, welche Verwendung die Gesprächsform als literarische Gattung im Kontext des ideologischen Kampfes der französischen Revolution und bei den Bemühungen um das Erreichen neuer Leserschichten finden konnte. Durch die Mischung von längeren politischen Stellungnahmen mit burlesken Textpassagen unterscheidet sich das 1790 geschriebene *Bürger-Gespräch* deutlich von den früheren Dialogen von Estienne und Bouhours, die sich auf das Repertoire des Satirischen beschränken. Die neue Rolle des Gesprächs als politisches Instrument während der Revolution brachte die Notwendigkeit mit sich, den einheitlichen Stil des Dialogs zu unterbrechen, um längere politische Monologe einbauen zu können: eine solche Veränderung der Gesprächsform erscheint hier als direktes Ergebnis einer spezifischen – gespannten – politischen Lage.

2.5. Perspektiven: Wissenschaftliche und politische Funktion von Fachgesprächen über Sprachpolitik seit der Französischen Revolution

Das *Bürger-Gespräch* ist der einzige Text in Gesprächsform, der vollständig dem sprachpolitischen Konflikt im Elsaß während der Revolution gewidmet ist. Zahlreiche andere *Conversations Patriotiques* erwähnten diese Problematik zwar, aber nur am Rande.[32] Im 19. Jahrhundert wird die Reflexion über den universalen Charakter der französischen Sprache – ganz im Sinne von Bouhours und Rivarol – von Joseph de Maistre in seinen *Soirées de St. Pétersbourg* wiederaufgenommen.[33] Die Frage nach der Universalität der französischen Sprache wird im zweiten Gespräch dieser *Soirées* ohne die Verwendung der burlesken Elemente, die das *Bürger-Gespräch* charakterisierten, behandelt. Erst seit den 70er Jahren des 20. Jahrhunderts, in denen die sprachpolitische Auseinandersetzung in der elsässischen Presse und Literatur eine neue Aktualität gewann, knüpfen eine Reihe von Gesprächen über die zeitgenössische Sprachpolitik an die während der Revolution eingeführte Tradition an. Im elsässischen Dialekt verfaßt, verbinden sie ganz im Sinne des *Bürger-Gesprächs* populäre Unterhaltung mit politischem Plädoyer, wie der folgende Ausschnitt aus einem Dialog von A. Weckmann zu zeigen vermag:

DUMM ODER VERDUMMT

[...]

Hans: Du hast recht. Unter sich Elsässisch, mit ihren Kindern Französisch. Ist denn bei euch Elsässisch eine Geheimsprache für Erwachsene, zu der eure Kinder keinen Zugang haben dürfen?
Franz-Sepp: So ischs, liewer Frind.
Hans: Und was wird dann aus eurer so vielgepriesenen elsässischen Zweisprachigkeit, wenn die Kinder kein Deutsch mehr verstehen?
Franz-Sepp: Die solle's Ditsche in de Schul lehre, sawe se.
Hans: Und lernen sie Deutsch in der Schule?
Franz-Sepp: Halb un halb un immer wenjer.
Hans: Sollte man nicht mit den Leuten da reden, ihnen sagen, daß sie den Ast absägen, auf dem sie sitzen?
Franz-Sepp: Nein, Hans. Sie dättes nit verstehn. Sie merikes nit emol nit, daß se mit ihre Kinder nur Franzeesch redde.
Hans: Sonderbar, sonderbar. Darf ich dir sagen, daß ihr ein dummes Volk seid?
Franz-Sepp: Nein, Hans, mir sen ken dummes Volik. Awer e verdummtes.
Hans: Und wer hat dieses Volk so verdummt?
Franz-Sepp: Ja wer. Uf die Fröj gibts e paar Antworte. Awer ken Lösung.[34]

In Dialogen wie diesem von Weckmann zeichnet sich eine Entwicklungslinie ab, die die zeitgenössische elsässische Literatur mit der Literatur der Franzö-

32 Z.B. die *Conversation Patriotique*, s.l.s.d. [1791] 8⁰. 24 S. (un Royaliste contre le Maire de Strasbourg) [B. M. Straßburg, A. 42087], sowie *Le dîner patriotique*, nouvelle édition augmentée d'une conversation à laquelle il donna lieu [on y parle des affaires du temps], Strasbourg: Imprimerie de la Municipalité 1791, 67 S. [B. M. Straßburg, A. 42 083].

33 Diese kurzen Überlegungen über die Universalität der französischen Sprache befinden sich im »*deuxième entretien*« der »*Soirées*«, *in* J. de Maistre (1884): Oeuvres Complètes. Bd 3. Lyon. 125-127.

34 Cahiers du Bilinguisme, no 1-2 (1986).10.

sischen Revolution verbindet: die Verwendung der Gesprächsform und der Gebrauch des Dialekts, um kontroverse sprachpolitische Fragen einem größeren Publikum zu vermitteln. Die Gesprächsform fügt sich jeweils in ein breiteres Netz von Textsorten ein, die die gleiche Fragestellung an andere Publikumsschichten zu vermitteln versuchen. Durch einen dialogischen Text wie das *Bürger-Gespräch* wurde während der Französischen Revolution unter dem Druck der unmittelbaren politischen Ereignisse ein neuer, umfangreicher Wissensbereich als wissenschaftliches Objekt – implizit – erstmals konstituiert. Erst zwei Jahrhunderte später, in der zweiten Hälfte des 20. Jahrhunderts, hat dieser neue Wissensbereich, der im Mittelpunkt des *Bürger-Gespräches* stand, in die Wissenschaft innerhalb der neu entwickelten »Soziolinguistik« seinen Eingang gefunden. Aus diesem Blickwinkel erweisen sich die zitierten Dialoge über sprachpolitische Fragen vor dem 20. Jahrhundert als wissens- und damit wissenschaftskonstituierend – im Gegensatz zu den im ersten Teil analysierten Gesprächen, die sich an bereits akademisch fest etablierte Wissenschaften wie die Grammatiklehre anlehnen konnten.

Literatur

Arens, Hans (1969): *Sprachwissenschaft. Der Gang ihrer Entwicklung von der Antike bis zur Gegenwart. Band 1. Von der Antike bis zum Ausgang des 19. Jahrhunderts.* Frankfurt/M.

Blackall, Eric A. (1966): *Die Entwicklung des Deutschen zur Literatursprache 1700-1775.* Mit einem Bericht über neue Forschungsergebnisse 1955-1964 von Dieter Kimpel. Stuttgart

Bouhours, René Dominique (1737 [1671]): *Entretiens d'Ariste et d'Eugène.* Paris 1. Aufl. 1671. 2. Aufl. 1737.

Buck, August (1972): Die humanistische Literatur in der Romania. In: Buck, August [Hg.] (1972): *Renaissance und Barock* (1. Teil). Frankfurt/M. (Neues Handbuch der Literaturwissenschaft Bd. 9). 61-81.

Buck, Günther (1984): Das Lehrgespräch. In: Stierle / Warning (1984: 191-210).

Bürger-*Gespräch über die Abschaffung der deutschen Sprache bei der Verhandlung der öffentlichen Geschäfte in Straßburg.* Gehalten den 23. August 1790. Hg. v. C. Löper. Straßburg 1886.

D., Johann Georg (1769): *Versuch einer allgemeinen Sprachlehre, wie solche aus der Unterredung des Herrn A. mit einem jungen Herrn von Adel auszugsweis schriftlich aufgesetzt und nun zum Besten der Jugend durch den Druck bekannt gemacht worden von Johann Georg D.* Schwabach.

Eichinger, Ludwig M. (1985): Artikel über *C. F. Aichinger und J. B. Basedow.* In: *Bio-Bibliographisches Handbuch der deutschsprachigen Grammatiker, Sprachtheoretiker und Lexikographen des 18. Jahrhunderts.* Bd. I.: A - D. Arbeitsausdruck. Regensburg. 45-51 & 135-141

Estienne, Henri (1565): *Traicté de la Conformité du langage françois avec le grec* [...] Paris.

Estienne, Henri (1971 [1578]): *Deux dialogues du nouveau langage françois italianizé et autrement desguizé, prinzipalement entre les courtisans de ce temps. De plusieurs nouveautez qui ont accompagné ceste nouveauté de langage. De quelques courtisanismes modernes, et de quelques singularitez courtisanesques.* éd. critique P. M. Smith. Genève.

Estienne, Henri (1579): *Projet du livre intitulé de la Precellence de la langue française*. Paris.
Fénelon, François de (1851): *Oeuvres complètes*. 15 Bde. Paris.
Fikenscher, Georg Wolfgang August (1803): *Gelehrtes Fürstenthum Bayreuth*. Sechster Band. Nürnberg.
Galle, Roland (1980): Diderot – oder die Dialogisierung der Aufklärung. In: v. Stackelberg, Jürgen [Hg.] (1980): *Europäische Aufklärung* III. Frankfurt/M. (Neues Handbuch der Literaturwissenschaft Bd. 13). 209-247.
Gessinger, Joachim (1980): *Sprache und Bürgertum. Zur Sozialgeschichte sprachlicher Verkehrsformen in Deutschland des 18. Jahrhunderts*. Stuttgart.
Gottsched, Johann Christoph (1902[1725/26]: *Die vernünftigen Tadlerinnen*. [1725/26] Herausgegeben von Eugen Reichel. Bd. 1 und 2. Berlin 1902 (Gesammelte Schriften von Johann Christoph Gottsched. I. und II. Band).
Gottsched, Johann Christoph (1902 [1727/28]): *Der Biedermann*. [1727/28] Herausgeben von Eugen Reichel. Bd. 1 und 2. Berlin 1902 (Gesammelte Schriften von Johann Christoph Gottsched. III. und IV. Band).
Gottsched, Johann Christoph (1980 [1727]: Discurs des Übersetzers von Gesprächen überhaupt. In: Gottsched, Johann Christoph: *Ausgewählte Werke*, herausgegeben von P. M. Mitchell. Zehnter Band, Erster Teil. Kleinere Schriften. Berlin, New York. 1-38.
Gottsched, Johann Christoph (1978 [1762]): *Vollständige und neuerläuterte Deutsche Sprachkunst*, Nach den Mustern der besten Schriftsteller des vorigen und itzigen Jahrhunderts abgefasset, und bey dieser fünften Auflage merklich verbessert. [Leipzig 1762] Bearbeitet von Herbert Penzl. 2 Bde. Berlin, New York 1978 (Johann Christoph Gottsched Ausgewählte Werke hg. v. P. M. Mitchell. VIII/1 & 2).
Gottsched, Johann Christoph (1970 [1760]): *Handlexicon oder Kurzgefaßtes Wörterbuch der schönen Wissenschaften und freyen Künste*. Zum Gebrauche der Liebhaber derselben. [Leipzig 1760] Reprografischer Nachdruck. Hildesheim, New York 1970.
Günther, Johann Christian (1935): *Lob- und Strafschriften in zeitlicher Folge*. Leipzig (Johann Christian Günthers sämtliche Werke. Vierter Band).
Herder, Johann Gottfried (1985 [1764-1772]): *Frühe Schriften 1764-1772*. [1764-1772]. Herausgegeben von Ulrich Gaier. Frankfurt/M. 1985 (Johann Gottfried Herder Werke in zehn Bänden. Band 1).
Jellinek, Max Hermann (1913 & 1914): *Geschichte der neuhochdeutschen Grammatik von den Anfängen bis auf Adelung*. Erster und Zweiter Halbband. Heidelberg.
[Klopstock, Friedrich Gottlieb] (1855): *Klopstocks sämmtliche Werke*. Neunter Band. Leipzig.
Kluge, Friedrich (1904): *Von Luther bis Lessing. Sprachgeschichtliche Aufsätze*. Vierte durchgesehene Auflage. Straßburg.
Koch, Christian Guillaume de (1790): *Réflexions sur le nouvel judiciaire adressées à l'Assemblée Nationale*. Straßburg.
La Harpe, Jean-François de (1825): *Lycée ou cours de littérature ancienne et moderne*. Paris.
Lessing, Gotthold Ephraim (1979): *Werke*. Achter Band. *Theologiekritische Schriften III. Philosophische Schriften*. Bearbeitet von Helmut Göbel. München.
Lüsebrink, Claire (1987): Un défi à la politique de la langue nationale: la lutte autour de la langue allemande en Alsace sous la Révolution française. In: *LINX*. Bulletin du Centre de Recherches linguistiques de Paris X Nanterre, mai 1987: 146-167.
Luhmann, Niklas (1980): *Gesellschaftsstruktur und Semantik. Studien zur Wissensoziologie der modernen Gesellschaft*. Band 1. Frankfurt/M.
Marmontel, Jean-François (1819): *Oeuvres Complètes*. t.1. Paris.

Penzl, Herbert [Barb.] (1980): Johann Christoph Gottsched. *Deutsche Sprachkunst: Varianten und Kommentar*. Berlin, New York (Johann Christoph Gottsched. Ausgewählte Werke herausgegeben von P. M. Mitchell VII/3).

[Pöhlmann, J. P.] (1804 [1801]): *Versuch einer practischen Anweisung für Schullehrer, Hofmeister und Aeltern, welche ihren Zöglingen und Kindern auf eine leichte angenehme Weise und in kurzer Zeit zu Buchstabenkenntniß, zur Fertigkeit im Buchstabiren und Lesen verhelfen und zugleich ihren Verstand bilden wollen*. Zweyte verbesserte Auflage. Erlangen, bey Johann Jakob Palm.

Rivarol, Antoine de (1880 [1784): *De l'universalité de la langue française*. In: Oeuvres choisies. Bd. 1. Paris (Librairie des Bibliophiles). 3-82.

Schatzberg, Walter (1986): Gottsched as a popularizer of Science. In: *Modern Language Notes* 83, 752-770.

Schlaeger, Jürgen (1984): Vom Selbstgespräch zum institutionalisierten Dialog – Zur Genese bürgerlicher Gesprächskultur in England. In: Stierle / Warning (1984: 361-376).

Schmölders, Claudia [Hg.] (1979): *Die Kunst des Gesprächs. Texte zur Geschichte der europäischen Konversationstheorie*. München.

Seibicke, Wilfried (1985): Fachsprachen in historischer Entwiclung. In: Besch, Werner / Reichmann Oskar / Sonderegger, Stefan [Hg.] (1985): *Sprachgeschichte. Ein Handbuch zur Geschichte der deutschen Sprache und ihrer Erforschung*. 2. Halbband. Berlin, New York. 1998-2008.

v. Stackelberg, Jürgen (1980): Die französische Frühaufklärung. In: v. Stackelberg, Jürgen [Hg.] (1980): *Europäische Aufklärung* III. Frankfurt/M. (Neues Handbuch der Literaturwissenschaft Bd. 13). 25-50.

Stierle, Karlheinz / Warning, Rainer [Hg.] (1984): *Das Gespräch*. München (Poetik und Hermeneutik XI).

Ulrich, André (1790): *Discours prononcé dans la séance allemande des Amis de la Constitution de Strasbourg le 6 juillet 1790*. B.N.U.S., Strasbourg. M. 5941, pièce 79.

Ulrich, André (1790): *Rede, gehalten in der Gesellschaft der Konstitutionsfreunde*, von dem Verfasser, und auf ihren Befehl zum Druck befördert. In: *Wöchentliche Nachrichten für die deutschsprechenden Einwohner Frankreichs*, besonders aber für die Handwerker und Bauern No. 30, 30. Juli 1790, 276/277 & No. 32, 13. August 1790, 287/288.

Waniek, Gustav (1897): *Gottsched und die deutsche Literatur seiner Zeit*. Leipzig.

Weithase, Irmgard (1961): *Zur Geschichte der gesprochenen deutschen Sprache*. Bd. 1 und 2. Tübingen.

Wieland, Christoph Martin (1796): *Göttergespräche. Gespräche im Elysium*. Leipzig (C. M. Wielands Sämmtliche Werke. Fünf und Zwanzigster Band).

Wieland, Christoph Martin (1799): *Gespräche unter vier Augen*. Leipzig (C. M. Wielands Sämmtliche Werke. Ein und Dreyssigster Band).

Wimmer, Raier (1985): Die Textsorten des Neuhochdeutschen seit dem 17. Jahrhundert. In: Besch, Werner / Reichmann, Oskar / Sonderegger, Stefan [Hg.]: *Sprachgeschichte. Ein Handbuch zur Geschichte der deutschen Sprache und ihrer Erforschung*. 2. Halbband. Berlin, New York. 1623-1633.

Stereotyper und internalisierter Dialog.* Fachgespräche in der Spätaufklärung

Brigitte Schlieben-Lange

Aufklärung hat immer zwei Aspekte: einmal sollen die Ansatzpunkte für die Emanzipation aus der Unmündigkeit der *préjugés* und der *superstition* gewonnen werden, zum anderen müssen diese Errungenschaften möglichst universell verbreitet werden, bis in die untersten Bevölkerungsschichten und die entlegensten Kulturen. Selbstaufklärung und Diffusion der gewonnenen Einsicht sind zwei Seiten derselben Medaille. Eine selbstgenügsame Aufklärung, die in elitären Zirkeln verharrt, wäre ein Widerspruch in sich selbst. Besonders deutlich ist dies in den zahlreichen Untersuchungen der letzten Jahre zur Sozialgeschichte der Aufklärung in Frankreich geworden: Provinzakademien, Lesegesellschaften, Sociétés, Clubs, Freimaurerlogen – all diese vielfältigen Sozietäten verstanden ihre Tätigkeit als praktizierte Aufklärung.[1] Hier wird Aufklärung in alle Schichten verbreitet und nur im dialogischen Vollzug kann es Aufklärung geben. Wir können also gegenüber der ersten These noch präzisieren: Aufklärung drängt auf Diffusion; die Diffusion wiederholt aber nicht nur einmal gewonnene Einsichten, sondern ist selbst Vollzug von Aufklärung.

Man hat sich angewöhnt, von einer historischen Phase der Spätaufklärung zu sprechen. Dies soll verhindern, daß die vielfältigen Formen des Übergangs zwischen Aufklärung und 19. Jahrhundert in einem historiographischen Vakuum unerforscht bleiben. Diese Spätphase der Aufklärung nimmt in den verschiedenen europäischen Ländern unterschiedliche Gestalt an: in Frankreich sind aufklärerische Bestrebungen ein entscheidender Strang im Verlauf der Französischen Revolution, vielleicht sogar der einzige, der von 1789 bis 1804 Kontinuität garantiert, in Italien und Spanien werden sie gerade als Teil revolutionären Gedankenguts rezipiert, in Deutschland trägt – um es einmal paradox zu formulieren – die Frühphase der Romantik spätaufklärerische Züge. Der Begriff der Spätaufklärung, der es gerade ermöglichen soll, Übergänge zu Restauration, Positivismus und Romantik erfaßbar zu machen, legt selbst die Vermutung nahe, daß sich die Einheit der aufklärerischen Bewegung auflöst. Eine mögliche Teilthese wäre die,

---

* Dieser Aufsatz steht im Zusammenhang des von mir geleiteten DFG-Projekts »Die Rezeption der Ideologen in Italien, Spanien und Deutschland«. (Mitarbeiter: Dieter Dräxler, Franz Knapstein, Elisabeth Volck-Duffy, Isabel Zollna).

1 Ich verweise hier auf Hans Ulrich Gumbrecht, Rolf Reichardt, Thomas Schleich (Hg.) (1981): *Sozialgeschichte der Aufklärung in Frankreich*, 2 Bde., München.

daß die Einheit von Philosophie und Diffusion, die so charakteristisch für die »Hoch«-Aufklärung war, zerbricht. Es wäre möglich, daß sich Philosophie und Wissenschaften einerseits selbstgenügsam weiterentwickeln (wobei – dies eine andere These für Spätaufklärung – auch die Einheit von Philosophie und Wissenschaften zerbricht), während andererseits ein fertiges »aufklärerisches« Wissen (das als fertiges nicht mehr aufklärend sein kann) in stereotyper und populärer Weise unters Volk gebracht wird.

Ob und in welchen Formen es ein solches Auseinanderbrechen von Aufklärung und Verbreitung von Aufklärung gegeben hat, soll am Beispiel von Fachdialogen während der Französischen Revolution untersucht werden. Ich wähle dazu zwei Textserien, die für breitere Tendenzen repräsentativ sind und sich dazu eignen, unsere Problemstellung zu illustrieren.

1. Fachgespräche in der »Feuille Villageoise«

Am 30.9.1790 erschien das erste Heft der »Feuille Villageoise«, einer Wochenzeitung im Umfang von jeweils 20 Seiten, herausgegeben von Cérutti, deren Sinn es war, die Neuerungen der Revolution *und* der Aufklärung in leichtfaßlicher Form an die ländliche Bevölkerung zu vermitteln:

> Persuadés enfin que les lumières naissent des lumières, et que l'esprit s'éclaire en proportion de ce qu'il est éclairé, nous vous présenterons, habitans des campagnes, toutes les découvertes utiles qui pourront rendre votre sort meilleur, enrichir vos retraites, faciliter vos travaux, et vous instruire des arts et des métiers qui peuvent vous ouvrir de nouvelles sources d'abondance. Vous êtes tout pour nous. Ceux qui s'occupent du bonheur des agriculteurs, travaillent utilement pour la patrie, et c'est le cultivateur éclairé qui féconde les campagnes. Recevez donc les lumières; qu'elles se répandent dans votre esprit comme la joie se répand dans le cœur: et n'oubliez jamais, que si la liberté se conquiert par la force, elle se conserve par l'instruction. (Feuille Villageoise: 6).

Diese Zielsetzung entsprang der nur allzu berechtigten Befürchtung, die Kluft zwischen der Dynamik der Ereignisse in Paris und dem Zustand der ländlichen Bevölkerung könnte sich immer weiter vertiefen. Im Verlauf der revolutionären Entwicklung häuften sich die Mißverständnisse und die Versuche, doch noch zwischen Stadt und Land zu vermitteln. Hierzu wurden zunächst Druckmedien eingesetzt, die versuchten, sich den Verständnismöglichkeiten der Landbevölkerung anzupassen. Als besonders geeignet hierfür galten dialogische Texte, von denen im folgenden die Rede sein soll, Erzählungen, knappe, einprägsame Definitionen in lexikonförmigen Veröffentlichungen. Als man sich über das Ausmaß des Analphabetismus klar wurde, diskutierte man die Möglichkeit, sich der Loyalität von *lecteurs patriotes* zu versichern, und schließlich entsandte man in der jakobinischen Phase französischsprachige *instructeurs publics*, die gleichermaßen Französischkenntnisse und patriotische Unterweisung vermitteln sollten.

Die »Feuille Villageoise« gehört zu den Bemühungen der ersten Phase, die Grundsätze der Revolution und der Aufklärung in volkstümlicher Weise der Landbevölkerung nahezubringen. Dazu gehören andererseits die vielen Katechismen, Canards, Almanachs, Pamphletwörterbücher, Affiches.[2] Die unter Zeitdruck stattfindende Aufklärung der unteren Volksschichten ist zwangsläufig stark vereinfachend, holzschnittartig, stereotypisierend und elementarisierend. Als besonders geeignet gelten all jene Verfahren, die an der oralen Kultur der aufzuklärenden Schichten anknüpfen.

1.1. Vorlesen: Die Eröffnung der Möglichkeiten

Der Herausgeber der »Feuille Villageoise« machte sich, im Gegensatz zu anderen Protagonisten der Revolution, keine Illusionen über den Grad der Alphabetisierung.[3] Gleich im *Avertissement* zur ersten Nummer empfiehlt er, seine Zeitung vorzulesen und gemeinschaftlich zu kommentieren:

> Les curés sont les percepteurs de la religion. Cet emploi important, à tous égards, le deviendroit encore plus, s'il s'ajoutoit à l'instruction chrétienne l'instruction civile. Ce seroit donc une sage pensée, et une idée vraiment pastorale, de rassembler dans leur maison ou dans la maison municipale, ou dans la cour des anciens châteaux, ou dans l'église villageoise, les principaux paysans, pour leur lire, chaque dimanche, notre Feuille, et pour leur expliquer les passages qui ont besoin d'être éclaircis ou commentés. Au défaut des curés, les chapelains, ou même les possesseurs de châteaux, pourroient rendre aux villages ce salutaire office, et s'acquérir par-là une domination bien préférable à celle qu'ils ont perdue. Au lieu de vassaux, ils auroient des disciples et des prosélites. Si le pasteur, le chapelain, ou le riche du hameau, ne pouvoient se charger de cette honorable instruction, les chirurgiens de la campagne, qui pour l'ordinaire sont animés d'un zèle patriotique, pourroient former chez eux une sorte d'école ou de club; et là ils développeroient nos préceptes; ils répondroient aux questions, et si quelquefois ils avoient besoin de nous consulter, ils nous écriroient, en affranchissant le port des lettres, aux frais de la petite communauté (2).

Die Vorlesesituation ist einerseits den Verstehensmöglichkeiten der Landbevölkerung angepaßt, andererseits ist sie aber auch offen.[4] Der Text ist nicht abgeschlossen, sondern wird verlängert in die Diskussion der entstehenden Schulen und Clubs. Die notgedrungen volkstümliche Form der Vermittlung erweist sich

---

2 Dazu viele Beiträge in Rolf Reichardt/Eberhard Schmitt (Hg.) (1988): *Französische Revolution – Bruch im Bewußtsein*, München.

3 Dazu Brigitte Schlieben-Lange, »Schriftlichkeit und Mündlichkeit in der Französischen Revolution«, in: Assmann, Aleida und Jan und Hardmeier, Christoph (Hg.) (1983), *Schrift und Gedächtnis. Beiträge zur Archäologie der literarischen Kommunikation*, München, 194-211.

4 Dazu Brigitte Schlieben-Lange (1983), *Traditionen des Sprechens*, Stuttgart.

letztlich als aufklärungsfreundlich, weil sie die Unabgeschlossenheit von Erkenntnis und die Fortführung des Erkenntnisprozesses im Dialog erfahrbar macht.

1.2. Fachgespräche: die Doppelung der Situation

Der größte Teil der Beiträge zur »Feuille Villageoise« ist dialogisierend, sei es in Form von Briefen, sei es in Form von fiktiven Gesprächen. Die Verfasser passen sich mimetisch den mutmaßlichen Verstehensmöglichkeiten ihrer Rezipienten an und erklären in dieser Weise komplexe Sachverhalte: die neue Konstitution, die Bedeutung von *égalité*, die Steuergesetzgebung, die Zivilverfassung der Geistlichkeit, die Beteiligung von Geschworenen an der Rechtssprechung usw. Es handelt sich also einerseits um Vereinfachung: orale Verfahren werden imitiert, um Verstehen zu erleichtern; andererseits aber spiegeln und doppeln die Dialoge die zugrundegelegte Vorlesesituation (1.1). Sie eröffnen Ansatzpunkte zur Re-Situierung und stereotypisieren, kanalisieren sie im gleichen Moment.

Sehen wir uns den Dialog »Le Paysan et son Seigneur« an, der in der Nr. 3 vom 14.10.1790 beginnt (S. 33-41) und in der Nr. 4 vom 21.10.1790 (S. 51-58) fortgesetzt wird. Ein Bauer bittet seinen Herrn, M. de Grezy, ihm die *Déclaration des Droits de l'Homme* zu erklären. Die Rollen liegen fest: Herr von Grezy ist ein aufgeklärter Adliger, der die Ideale der Revolution überzeugt erklärt. Der Bauer ist intellektuell unterlegen und bedarf der Unterweisung:

> J'ai donc voulu lire cette *déclaration des droits*; mais je vous avoue, Monsieur, que je ne l'ai pas bien entendue; il y a des mots qui sont au dessus de ma portée, car elle a été faite par des gens qui ont plus d'esprit que moi. (33)

Freilich lernt der Bauer schnell: zunächst paraphrasiert er verständig-konkretisierend die abstrakten Erklärungen des Herrn:

> Enfin ils se lient par des engagements et des promesses réciproques; ils font des conditions, précisément comme vous faites aujourd'hui, quand vous prenez des associés dans une entreprise.
> LE PAYSAN. J'entends, Monsieur, ils se disent les uns aux autres: tu protégeras mon champ, je protégerai le tien; tu ne me feras point de mal, je ne t'en ferai point; et si des étrangers viennent nous chercher querelle, nous nous réunirons pour les battre et pour les chasser. (35)

Im Verlauf des Dialogs wird er immer selbständiger (aufgeklärter) und berührt mit seinen Fragen wunde Punkte: ob denn nicht im Laufe der Geschichte der ursprüngliche *contrat social* verletzt worden sei, welche Mittel bestehen, zu den ursprünglichen Verhältnissen zurückzukehren, worin denn nun genau die vielzitierte *égalité des droits* bestehe, ob denn nun eigentlich der Angestellte dem

Herrn, der Soldat dem Offizier, der Mann aus dem Volk dem Beamten gleichgestellt sei, welche Kriterien eigentlich über den Verdienst der einzelnen Aufgaben entscheiden. Im Grunde sind es lauter intelligente, subversive Fragen, die aber in der historischen Situation gestellt werden dürfen und auf die der Adlige die Antworten der Assemblée Nationale bereit hat. Nun hat der Bauer zwar feststehende Antworten erfahren, eben gerade die, die in aufklärerischer Absicht zu vermitteln die »Feuille Villageoise« angetreten ist. Er hat aber auch gelernt, Probleme zu erkennen und darüber Fragen zu stellen, möglicherweise auch solche, die einen aufgeklärt aristokratischen Rahmen überschreiten. Und schließlich hat er etwas über das Herr-Knecht-Verhältnis gelernt, das Diderot im »Jacques le Fataliste« so vorzüglich dargestellt hat: der aufgeklärte Adlige ist auf seine Fragen verwiesen, und ohne sie wäre er nichts, jedenfalls kein aufgeklärter Herr. Zudem spiegelt, doppelt der Dialog die Vorlesesituation, in die hinein die »Feuille Villageoise« geschrieben ist. Er bietet Identifikationsmöglichkeiten: Wer möchte nicht der aufgeklärte Adlige sein, wer nicht der sich aufklärende Bauer? Er bietet Vergleichsmöglichkeiten: Bleibt der aktuelle Herr an Aufgeklärtheit und Vorurteilslosigkeit hinter dem idealen zurück? Er leitet an zur Überschreitung, diese Fragen wollen auch wir stellen, und noch einige andere mehr... Der popularisierende Fachdialog, entstanden aus Herablassung und Anpassung an beschränkte Verstehensmöglichkeiten, stellt gleichzeitig eine ideale Gesprächssituation dar, in der alle Fragen gestellt werden dürfen. Der Vergleich zeigt die Unzulänglichkeit der Situation; der mündige Frager wird sich aber vielleicht nicht einmal auf die im aufgeklärten Rahmen »zulässigen« Fragen beschränken, sondern neue Fragen stellen.

1.3. Katechismus: Geschlossene Fragen?

Wir hatten gesagt: im Rahmen der historischen Situation liegen die Antworten auf die Fragen fest: der aufgeklärte Adlige gibt bestimmte erwartbare Antworten in – vorhersagbarer – stereotyper Form. Gibt es diese Textsorte, die aus einem geschlossenen Katalog von Fragen und Antworten besteht, nicht bereits in der jahrhundertealten Form des Katechismus? Ist dies nicht gerade das orthodoxe Verfahren, die zentralen Dogmen in leicht memorisierbarer Weise festzuschreiben und zu überliefern? Wen wundert es also, wenn wir in der Nr. 5 vom 28.10.1790 den *Catéchisme de la Constitution Françoise* (S. 65-78) finden, der in Nr. 7 vom 11.11.1790 (S. 117-123) fortgesetzt wird? In einfachen, leicht zu merkenden Lehrsätzen werden die zentralen Errungenschaften der Französischen Revolution präsentiert. Es ist sicher nicht ganz verfehlt, hier Anklänge an ein autoritäres, geschlossenes System der Vermittlung von bereits existierendem Wissen zu vermerken. Es wird nur eine begrenzte Anzahl von Fragen gestellt – die Antworten liegen fest, der Prozeß der Aufklärung ist zum Stehen gekommen und macht der jahrhundertealten Tradition der Vermittlung von Dogmen Platz. Schauen wir jedoch genau hin, so stellen wir einen bemerkenswerten Rollenwechsel fest: der Frager ist nicht allwissend, und seine Fragen sind nicht harmlos; der listige Bauer setzt, trotz der anrüchigen Form, den Prozeß der Selbstaufklärung fort. Die Fragen sind Fragen von unten: das Verhältnis von Frager und Antwortendem ist dem traditionellen Verhältnis entgegengesetzt. Sogar in der Rückkehr zu einer eingefahrenen und tendenziell dogmatischen Form ist der Prozeß der Aufklärung nicht aufzuhalten. Jede Dialogsituation, und sei es eine jahrhundertelang als repressiv eingesetzte, enthält ein aufklärerisches Potential: nämlich die als problematisch erkannten Verhältnisse explizit in Frage zu stellen.

So sind die popularisierenden Dialoge in den Schriften zur Volksaufklärung möglicherweise herablassend gemeint, man will sich den Verstehensmöglichkeiten anpassen, feste Rollen vorführen, bereits gefestigte Inhalte ohne weitere Diskussion in memorisierbarer Form einhämmern. Es ist aber nicht ausgeschlossen, daß die Fachdialoge hinter dem Rücken ihrer Autoren und Verbreiter zu Vehikeln einer echten Volksaufklärung wurden: die prinzipielle offene Vorlesesituation lud ein zur Re-Situierung, ihre Doppelung im Lehrdialog machte Differenz erfahrbar, und selbst die Rückkehr zur festen Form des Katechismus konnte (und mochte?) das Potential der Selbstaufklärung nicht beschneiden.

2. Destutt de Tracys »Elémens d'Idéologie«: Der vielfach internalisierte Dialog

Unserer eingangs skizzierten These gemäß würden in der Spätaufklärung Philosophie/Wissenschaft einerseits und Diffusion der Aufklärung, Volksaufklärung andererseits auseinandertreiben. Wir haben bereits gesehen, daß – teilweise in Anlehnung an das traditionelle Genre des Katechismus – popularisierende Dialoge zum Zweck der Breitenaufklärung ohne eigenen philosophischen Anspruch geschrieben wurden. Andererseits ist es sehr leicht, Dokumente des verselbständigten philosophisch-wissenschaftlichen Diskurses zu finden, und wir wollen in der Folge ein zentrales Dokument dieser Richtung untersuchen: Destutts »Elémens d'Idéologie«. Freilich sind die Verhältnisse nicht ganz so einfach: wir hatten gesehen, daß die popularisierenden Fachgespräche sich der Aufklärung nicht ganz entledigen können und – möglicherweise gegen die Intention ihrer Autoren – aufklärerisches Potential freisetzten. Geht die Autonomisierung des wissenschaftlichen Diskurses reibungsloser vor sich?

Destutt de Tracy ist einer der Hauptvertreter der Philosophengruppe der Idéologues, die die französische Spätaufklärung beherrschten. Sie sehen sich selbst in der Tradition der sensualistischen Philosophie von Locke und Condillac. Ihr Forschungsprogramm besteht darin, genetisch-deduktiv die Entstehung der

Ideen aus den *sensations* und die Fortschritte der Ideen auf der Basis der Fixierung durch Zeichen zu rekonstruieren und auch prospektiv die Vervollkommnung des Denkens durch Vervollkommnung der Zeichensysteme zu planen. Die solchermaßen sensualistisch-genetisch-semiotische Ideenlehre, *idéologie*, könnte das Fundament für alle anderen Wissenschaften sein. In der Zeit von Robespierres Sturz bis zu Napoléons Machtübernahme hatten die Idéologues entscheidende politische Stellungen inne und schufen ein völlig neues Erziehungssystem mit Institutionen, die zwar teilweise bald wieder abgeschafft wurden, aber insgesamt doch die französische Bildungspolitik prägten (Ecole Normale, Ecoles Centrales, Institut National usw.).[5] Sie verstanden ihren philosophisch-wissenschaftlichen Gesamtentwurf als Fortführung der Aufklärung, gerade auch gegen ihre Gefährdung durch Terror und Despotismus.[6] Auch die Tatsache, daß sie ihre politische Macht – als Republikaner, die sich in der *Terreur* nicht kompromittiert hatten – vor allem zur Schaffung pädagogischer Institutionen nutzten, zeigt, in welchem Maße sie sich der Aufklärung in ihrem oben skizzierten Doppelcharakter verpflichtet fühlten. Andererseits ist unübersehbar, daß die Ideologen mit ihrem einheitswissenschaftlichen Konzept und ihrer auf Beobachtung und Experiment gegründeten Methodologie Wegbereiter des Positivismus waren.

Destutt de Tracy hatte seine *Elémens d'Idéologie* (1801-1815) als grundlegendes Werk für die neugegründeten Ecoles Centrales geplant. Nur der erste Band, die *Idéologie proprement dite* (1801) konnte in dem Glauben an diese Zwecksetzung vollendet werden. Im Vorwort zum zweiten Band, der *Grammaire* (1803), bedauert Destutt bereits das Verschwinden der Idéologie aus den Lehrplänen. Was als Lehrbuch geplant war und sich im öffentlichen Diskussionsprozeß bewähren sollte, geriet zur Privatbeschäftigung eines einsamen Wissenschaftstheoretikers:

> J'ai bien plus de regret de ne pouvoir plus dire que ces élémens sont destinés à *l'usage des écoles centrales*. La science dont ils traitent, n'est autre chose que la saine logique; et j'avoue sincèrement que je suis très-fâché qu'elle ne fasse plus partie de l'instruction publique en France (...)
>
> J'ai encore une autre raison de m'affliger de cette innovation. A peine mon premier volume avait paru, que déjà plusieurs professeurs célèbres lui faisaient l'honneur de le prendre pour texte de leurs leçons. Un grand nombre de jeunes gens pleins de sagacité, en faisaient le sujet de leurs études. Je recevais de toutes parts des observations intéressantes; et toutes me prouvaient que les questions que j'en avais traitées, étaient l'objet de discussions approfondies, et que les solutions que j'en avais données, allaient incessamment être adoptées ou modifiées, par une opinion éclairée et presqu'unanime. La théorie des signes, que je soumets aujourd'hui au jugement du public, aurait joui du même avantage. Les principes en auraient

---

5 Dazu Erika Hültenschmidt: *Die Ecole Normale des an III*, Habilitationsschrift.

6 Dazu Brigitte Schlieben-Lange/Franz Knapstein (1988), »Les Idéologues avant et après Thermidor«, in: *Annales Historiques de la Révolution Française*, 271: 35-59.

été examinés, éclaircis, reconnus en très-peu de tems; et ma troisième partie se serait trouvée toute faite, et établie sur des bases inébranlables. Je n'aurais eu pour la rédiger, qu'à me faire le secrétaire de tous les hommes éclairés de ce tems-ci.... (Destutt de Tracy, 1801-1815, [1977], Bd. II. VI-VIII)

Auch der dritte Band, die *Logique* (1805), und der vierte und fünfte Band, der *Traité de la Volonté* (1815) fanden keine Verwendung als Lehrbücher mehr.

Die *Elémens d'Idéologie* sind nicht Fachdialoge in dem strikten Sinne, wie es die meisten der in diesem Bande behandelten Texte oder auch noch die – wenn auch stereotypisierten – Gespräche in der *Feuille Villageoise* sind, von denen im ersten Teil dieses Beitrags die Rede war. Trotzdem finden sich in überraschend großer Anzahl dialogische Elemente. Diese dialogischen Elemente wollen wir nun einmal genauer untersuchen (2.1), der Frage nachgehen, ob sich ihr Vorkommen während der 14 Jahre, die zwischen dem Erscheinen des ersten Bandes und dem Erscheinen des letzten Bandes vergehen, verändert (2.2), und welche Funktion sie für die Konstitution dieses Textes und wissenschaftlicher Texte allgemein haben (2.3).

2.1. Vom Dialog zu den dialogischen Elementen

In realen oder fiktiven Fachgesprächen stehen sich zwei (oder mehr) reale oder fiktive Personen gegenüber, die argumentative Posititonen zeigen, vorführen oder entwickeln, herstellen. Personen sind mit Positionen zusammengebunden. Darüber hinaus ist es auch möglich, typisierend auf andere, nicht persönlich verkörperte, Positionen hinzuweisen, wobei diese freilich starr bleiben, da sie nur benannt und nicht in den dialogischen Prozeß eingebunden werden.

In wissenschaftlichen Texten, die nicht in dieser Weise der Fachdialoge Positionen an Personen anbinden, bestehen aber doch prinzipiell die gleichen Möglichkeiten der dialogischen Gestaltung. Einerseits können Personen angesprochen werden, und zwar mit Hilfe von Pronomina. Andererseits kann explizit oder implizit auf Positionen Bezug genommen werden, meist durch Nennung einer Forscherperson, gelegentlich auch durch Anspielungen auf Gruppierungen oder auf Texte. Dialogische Elemente sind häufig gerade Verfahren der Intertextualität, mit denen auf frühere oder parallele Texte verwiesen wird.

Der Status des Dialogischen ist ein grundsätzlich anderer: es besteht nicht die Möglichkeit, daß ein zweiter gestaltend in den Dialog und im wissenschaftlichen Dialog in den Erkenntnisprozeß eingreift. Dagegen besteht die Möglichkeit, unterschiedlichste Positionen, historisch lange zurückliegende, zeitgenössische und imaginierte zukünftige miteinander zum Sprechen zu bringen und damit den gesamten geschichtlichen Prozeß der Erkenntnisgewinnung als dialogischen aufscheinen zu lassen.

Wir werden also einerseits auf Pronomina als sprachliche Erscheinungsform von Personen zu achten haben und andererseits auf die Evozierung von Positionen, sei sie explizit in typisierender Nennung, sei sie implizit in Form von mehr oder minder zugänglichen Zitaten und Anspielungen.

2.2. Von der Idéologie zu De l'Amour

Folgen wir dem Text Destutts in fünf Bänden und sehen wir, wie er dialogische Elemente einsetzt und ob sich im Verlaufe des Abfassungszeitraums auffällige Veränderungen ergeben.

Bereits in der *Introduction* zum ersten Band werden eine Reihe von Beziehungen etabliert. Die wichtigsten Gesprächspartner sind die Schüler der Ecoles Centrales, die Destutt wieder und wieder direkt anredet als *jeunes gens, mes amis*. Ein großer Teil der Sätze hat *vous* als Subjekt: *vous voyez donc, En voulez-vous des exemples, il faut que vous sachiez* usw. usw. Diese direkten Anreden häufen sich gegen Ende der *Introduction*, in der die *jeunes gens* mit direkten Handlungsanweisungen versehen werden.

> Je n'ignore pas que la premiere fois que vous lirez ces premieres pages, sur-tout si vous les lisez seuls et sans guides, vous y trouverez des choses que vous ne comprendrez pas parfaitement: mais ce que vous en aurez saisi suffira pour ce que nous allons dire, et aura excité votre réflexion. Quand nous aurons été plus loin, vous y reviendrez: ce que nous aurons vu aura jeté un nouveau jour sur ce commencement, qui à son tour éclaircira ce que nous verrons après; et ainsi successivement, jusqu'à ce que vous soyez pleinement au fait de la science: alors nous pourrons faire des définitions rigoureuses. (Bd. I. 32)

Die Schüler werden einerseits belehrt, andererseits ist ihre Mitwirkung, ihr Kommentar konstitutiv für den Erkenntnisfortschritt, und zwar in einem doppelten Sinn. Der Autor will nicht monologisch lehren, sondern bedarf des Kommentars und der Korrektur. Zum zweiten sind die *jeunes gens* nicht nur Adressaten, sondern auch Thema der Einleitung. Sie sollen selbst auf ihre Erfahrungen und Verstehensmöglichkeiten zurückgreifen. Es handelt sich also sozusagen um einen Dialog zweiten Grades, der die Lehrinhalte selbst zum Erscheinen bringt.

Neben den Adressaten, den *jeunes gens*, erscheinen noch weitere aktuelle Gesprächspartner allerdings in der 3. Person herbeizitiert. Die Gesetzgeber werden interpretiert:

> J'avais encore un autre motif quand j'ai commencé à écrire ce petit traité. Je voyais que les auteurs de la loi du 3 brumaire an 4, qui ont rendu à la France une instruction publique dès qu'ils lui ont eu donné une constitution, avaient établi une chaire de grammaire générale dans chaque école centrale: je comprenais par là qu'ils avaient senti que toutes les langues ont des regles communes qui dérivent de la nature de nos facultés intellectuelles, et d'où découlent les principes du raisonnement; qu'ils pensaient qu'il faut avoir envisagé ces regles

sous ces trois points de vue pour connaître réellement la marche de l'intelligence humaine, et que cette connaissance non seulement est nécessaire à l'étude des langues, mais encore est la seule base solide des sciences morales et politiques dont ils voulaient avec raison que tous les citoyens eussent des idées saines, sinon profondes; qu'en conséquence leur intention était que, sous ce nom de grammaire générale, on fît réellement un cours d'idéologie, de grammaire, et de logique, qui, en enseignant la philosophie du langage, servît d'introduction au cours de morale privée et publique. (Band I. 8-9)

Die öffentliche Meinung wird angegriffen:

Sur ce point je pourrais bien m'être trompé: car je vois qu'à la fureur de tout détruire a succédé la manie de ne rien laisser s'établir, et que, sous prétexte de haïr les écarts de la révolution, on déclare la guerre à tout ce qu'elle a produit de bon: c'est une mode qui a remplacé nos anciens beaux airs. Autrefois on ne parlait que de réformes, de changements nécessaires dans l'éducation; aujourd'hui on voudrait les voir comme du temps de Charlemagne: on ridiculisait l'expérience sous le nom de routine; actuellement on croit donner une haute idée de ses connaissances pratiques en affectant du mépris pour les théories qu'on ignore: on soutient gravement que pour bien raisonner il n'est pas nécessaire de connaître ses facultés intellectuelles, et que l'homme en société n'a nul besoin d'étudier les principes de l'art social. Il semble que ce soit déjà un usage gothique parmi nous que celui de cultiver sa raison, et de l'affranchir du joug des préjugés. C'est ainsi que l'on a vu des hommes, novateurs effrénés, coiffés d'un bonnet rouge, accuser les philosophes d'être des réformateurs timides, et des amis froids du bien de l'humanité, qui maintenant les accusent d'avoir tout bouleversé, et en conséquence travaillent sans relâche à renverser encore les institutions utiles que ces mêmes philosophes sont parvenus à conserver ou à établir au milieu des murmures et des proscriptions;... (Bd. I. 9-11)

Mögliche Vorwürfe werden antizipiert:

En le lisant, bien des gens penseront peut-être que moi, qui vous promettais tout-à-l'heure des vous enseigner par la suite l'art que l'on nomme méthode, c'est-à-dire l'art de disposer ses idées dans l'ordre le plus propre à trouver la vérité et à l'enseigner, j'ai commencé par manquer moi-même aux regles de cet art, en vous parlant de beaucoup de choses dont je ne vous ai point donné de notions exactes, en me servant, pour vous en parler, de beaucoup de termes dont la signification précise n'est pas encore convenue entre nous. Ils croiront que j'aurais dû débuter par vous expliquer magistralement ce que c'est que faculté, pensée, intelligence, sensation, souvenir, idée, attention, réflexion, jugement, raisonnement, combinaison, etc., et par vous donner des définitions positives de tous les termes scientifiques que j'ai déjà employés et que j'emploierai à l'avenir; et ils seront persuadés que de cette maniere j'aurais été beaucoup plus clair. (Bd. I. 29)

Somit ist die praktische Kommunikationssituation abgesteckt: die Schüler der Ecoles Centrales sind die direkten Gesprächspartner. Sie müssen zum Erkenntnisgewinn angeleitet werden und sind gleichzeitig Gegenstand ihrer eigenen Beobachtung. Die Politiker werden auf ihre politischen Optionen verpflichtet;

theoriefeindliche Zeitgenossen werden zurückgewiesen, mögliche Vorwürfe vorwegnehmend entkräftet.

Gleichzeitig wird aber auch der Dialog mit den historischen Positionen aufgespannt: Von Buffon über Locke bis zu Condillac, dem eigentlichen Schöpfer der *Idéologie* ist ein ständiger Fortschritt zu beobachten, der aber noch der weiteren Vervollkommnung bedarf.

Die in der *Introduction* vorgefundenen Verhältnisse verfestigen sich im weiteren. Die Dialogachse Autor-*jeunes gens* strukturiert das erste Buch in einer fast übertrieben wirkenden Weise. Sehen wir uns einmal die Subjekte im ersten Absatz des ersten Kapitels an: Sätze mit *vous* als Subjekt dominieren, gefolgt von solchen mit einem Subjekt in der 3. Person Singular und solchen mit *je* als Subjekt. Wenn man die jeweils ersten Sätze eines jeden Abschnitts im ersten Kapitel durchgeht, so haben 7 *vous* als Subjekt, 2 eine 3. Person Singular, einer *nous*. Diese Verhältnisse bleiben bis zum Kapitel VII konstant; an dieser Stelle zeichnet sich ein deutlicher Wechsel ab: *je* und *nous* treten als Subjekte in den Vordergrund, die Verwendung von *vous* wird zunehmend ornamentaler. Wie soll man sich diesen spürbaren Bruch erklären? Wurde zu diesem Zeitpunkt klar, daß die Karriere der *Idéologie* als Schulfach zu Ende gehen würde? Die Handlungsanweisungen am Schluß jeden Kapitels bleiben jedoch bis zum Ende des ersten Buchs: man möge Geduld haben, nur jeweils das Wichtigste sich merken usw. Die Zusammenfassungen, ausführlichen Inhaltsangaben, systematischen Überblicke bleiben übrigens bis zum Schluß charakteristisch für das gesamte Werk. Offensichtlich ging es Destutt darum, sein Werk zugänglich und offen für Dialog zu halten, den Lesern den Einstieg immer wieder von neuem zu ermöglichen.

In dem Maße wie die *jeunes gens* als Adressaten in den Hintergrund treten, schieben sich andere Dialogpartner in den Vordergrund: das Bedürfnis zur Abgrenzung gegen historische Gegner und Vorläufer wird spürbar. Destutt wird sich selbst zum argumentativen Gegner:

> Autrefois j'ai été plus loin; j'ai soutenu que si nous ne connaissions d'existence que celle de notre vertu sentante, si nous ne connaissions pas les corps, nous ne ferions éternellement que sentir des impressions, et nous ne parviendrions jamais à sentir des rapports et des desirs: ainsi notre jugement et notre volonté n'auraient jamais commencé à agir. Je crois que j'avais tort:... (Bd. I. 121)

Der zweite Band beginnt recht undialogisch. Die *jeunes gens* als Gesprächspartner entfallen; man hat den Eindruck, daß Destutt eine Weile braucht, bis er dieses Vakuum füllt. Er behilft sich vielfach mit *nous*, bis er schließlich im fünften und sechsten Kapitel wieder zum *vous*, diesmal als Anrede an ein allgemeineres wissenschaftliches Publikum zurückkehrt. In den Ausführungen zur Schrift und zur Universalsprache verdichten sich dialogische Verfahren: die Leser werden wieder einbezogen und zur Zustimmung verpflichtet. Alle bisherigen Grammatiker werden in Hinsicht auf ihre Position in Schriftdingen angegriffen (*les uns ont cru... les autres ont pensé*); Vorwürfe werden antizipiert (*on ne manquera pas de me dire*). Die Zeitgenossen werden als Gewährsleute einbezogen, so Laromiguière (349), möglicherweise mit einer Anspielung auf die Universalsprache als *mouvement perpétuel*, Prévost (395). Diese auffällige Häufung dialogischer Elemente, insbesondere im Vergleich mit der Enthaltsamkeit in den ersten vier Kapiteln, scheint darauf hinzuweisen, daß Schrift- und Universalsprachenproblematik besonders aktuelle und umstrittene Themen waren.

Übrigens spricht sich Destutt gerade im Zusammenhang der Universalsprachenproblematik vehement für die Breitenaufklärung aus, und zwar nicht nur weil die Massen nicht vom Fortschritt ausgeschlossen werden dürfen, sondern auch weil der Fortschritt ohne den dialogischen Beitrag möglichst vieler gar nicht stattfinden würde.

> Serait-il utile qu'il y ait une langue savante universelle? Il est clair que l'universalité d'une langue savante est utile, en ménageant les tems des hommes studieux, et en leur épargnant la peine et les dangers des traductions; mais il ne l'est pas moins que, par-tout où cette langue savante n'est pas en même tems la langue vulgaire, cet avantage est compensé par un accroissement de difficultés dans la diffusion des lumières. Les savans dans cette position, communiquent plus facilement avec les savans étrangers, mais bien moins avec la foule de leurs compatriotes. Ceux-ci s'éclairent donc bien plus lentement que si l'on se mettait plus à leur portée. Or la masse du public réagit si puissamment sur ceux même qui l'instruisent, soit en les jugeant, soit en leur fournissant des sujets d'observation, soit en leur suggérant des vues, soit en leur montrant tous les procédés des arts, et toutes les institutions sociales dans un état plus perfectionné; en un mot, il est si difficile d'être à un haut degré au-dessus de ceux avec qui l'on vit: et l'on est si fortement influencé par l'état des lumières de sa patrie, que les hommes même qui sont faits pour surpasser leurs compatriotes, ont beaucoup à perdre à tout ce qui retient ceux-ci dans un état inférieur à celui auquel ils auraient pu parvenir. (Bd. II. 401)

Der dritte Band, die *Logique*, ist gekennzeichnet durch das Vorherrschen des internen Wissenschaftsdialogs, der freilich ausgelöst ist durch aktuelle Anfeindungen der ideologischen Art, Logik zu betreiben durch »...ceux qui s'élèvent avec tant de véhémence contre la manière moderne de traiter la logique« (Bd. III, S. 6). So entwickelt sich die ausführliche historische Einleitung zur Logik zum Dialog aller Logiker mit allen: Destutt beruft sich auf Bacon, der in seinem *novum organon* Aristoteles' altes Organon in entscheidender Weise überwindet. Auf Bacon bezieht sich Hobbes in gleicher Weise wie Port-Royal auf Descartes. Locke greift die Linie Bacon-Aristoteles auf und wird von Condillac weitergeführt. Condillac ist nun der direkte Gesprächspartner von Destutt, den er ausdrücklich um Verzeihung für seine Kritik bittet. Der frühe Destutt wird zum Gesprächspartner für den reifen Destutt. In der langen Fußnote auf Seite 279 ff. wird Degérando wegen seiner deutschfreundlichen Neigungen zur Rechenschaft gezogen. Es entsteht ein schwindelerregender Dialog aller Postitionen mit allen, dem durch Tod und Vergessen keine Grenzen gesetzt sind: es sind keine historischen Personen, die miteinander in den Dialog treten, sondern idealisierte Positionen, deren Austausch keine Hindernisse entgegenstehen.

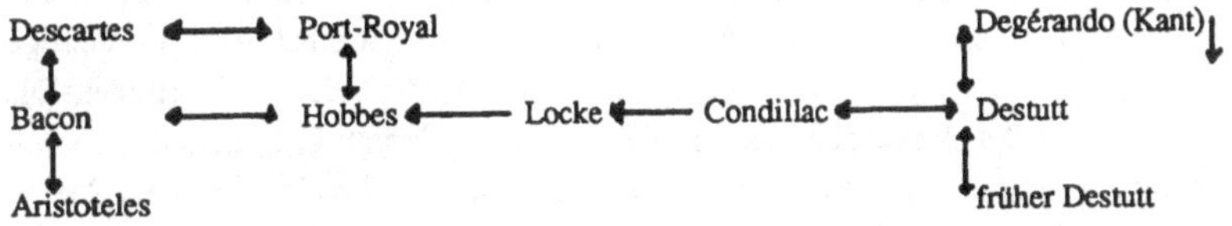

Am Ende des dritten Bandes erläutert Destutt seinen Gesamtentwurf, und mit vergleichbaren Erläuterungen setzt 10 Jahre später der vierte Band wieder ein; zwar betont Destutt, daß diese vielen Rückverweise auf Anstöße von außen zurückgehen; er verliert sich aber auch in diesen Anläufen zur Selbstverständigung. Zwei Dialogachsen geraten in Konflikt zueinander: »Le lecteur doit pardonner ces fréquentes rétrogradations« (Bd. IV, S. 8): einerseits sein Bemühen, die Kohärenz der Gesamtargumentation über lange Zeit aufrechtzuerhalten, andererseits der Anspruch der Leser auf eine vorwärtsorientierte zügig fortschreitende Argumentation:

Der Dialog mit den eigenen früheren Schriften selbst setzt sich dann doch sehr stark durch.

2.3. Von den Ecoles Centrales zur Community of Investigators

In einem ersten Durchgang haben wir gesehen, daß der Einsatz dialogischer Elemente in den verschiedenen Bänden der *Elémens d'Idéologie* ganz unterschiedlichen Zwecken dient. Im ersten Band steht die Stilisierung als Lehrbuch, das sich an ein aktuell gedachtes Studentenpublikum richtet, im Vordergrund, im zweiten Band werden Schrift- und Universalsprachenproblematik argumentativ nach rückwärts und vorwärts entfaltet (*on a dit – on nous dira*), im dritten Band treten historische Positionen zueinander in Dialog, und im vierten Band setzt sich die Sorge um die Kohärenz der eigenen Position durch. So treten in Destutts Werk in zeitlicher Abfolge unterschiedliche dialogische Verhältnisse in den Vordergrund. Während der ganzen Zeit sind in unterschiedlicher Weise Politiker und Zeitgenossen als Argumentationsgegner gegenwärtig.

Was bei Destutt in historischer Abfolge erscheint, könnte auch die Grundlage einer Systematik möglicher dialogischer Beziehungen in einem wissenschaftlichen Werk sein. Zunächst ist es wohl sinnvoll, zwischen pragmatischen und idealen Dialogpartnern zu unterscheiden.

In der pragmatischen Schreib- oder Sprechsituation wendet sich der Autor an ein Publikum, für das er schreibt/spricht. Gleichzeitig schreibt/spricht er auch gegen reale politische oder wissenschaftliche Gegner. Im wissenschaftlichen Diskurs entfaltet der Autor dann einen Dialog zweiter Ordnung, in dem die Dialogpartner als pragmatische Personen unwichtig werden und zu idealisierten Positionen werden, wobei es sich um vergangene (als Grenzfall die eigenen vergangenen Positionen), zeitgenössische oder antizipierte Positionen handeln kann. Freilich können die realen Gegner identisch mit den idealisierten Positionen sein, was wissenschaftliche Auseinandersetzungen so schwierig macht.

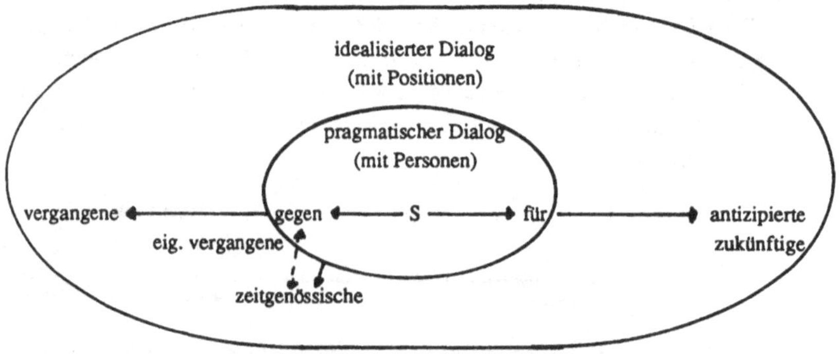

So erscheint Destutts Entwicklung als allmähliches Verlassen des praktischen Dialogs zugunsten des idealisierten Dialogs, als Abwendung vom pragmatischen Tagesgeschäft der Diffusion von Aufklärung hin zur Geschichte idealisierter Positionen. Dies würde die eingangs geäußerte These stützen, daß die Wissenschaft sich in der Spätaufklärung aus der Vermittlungsverpflichtung verabschiedet und zur selbstgenügsamen, gerade auch wissenschaftshistoriographischen Abwägung elitärer und mithin unverbindlicher Positionen gerät.

Dies mag tendenziell zutreffen; gleichzeitig eröffnet aber auch der Dialog mit idealisierten Positionen den Zugang zum Wissenschaftsprozeß selbst. Die Dialoggemeinschaft ist letztlich die »community of investigators«, die das Subjekt wissenschaftlichen Fortschritts ist. Und die Rekonstruktion des Dialogs innerhalb der »community of investigators« zeigt uns, wie Wissenschaft konstituiert ist und eröffnet den Zugang zum Herstellungsprozeß von Erkenntnis.

3. Zeigen und Verfertigen

Wir waren von der These ausgegangen, daß in der Spätaufklärung die Diffusion aufklärerischen Gedankenguts und die Produktion philosophisch/wissenschaftlichen Fortschritts auseinandertreten, daß also einerseits die Breitenunterweisung lediglich mehr Fertiges vermittelt, während sich die Dynamik der Wissenschaft von der Breitenunterweisung abkoppelt. Daß diese Tendenz das beginnende 19. Jahrhundert charakterisiert, kann nicht grundsätzlich in Zweifel gezogen werden. Unsere beiden Fallbeispiele sollten die beiden auseinandertreibenden Entwicklungen illustrieren: einerseits das dialogische Zeigen von bereits Verfertigtem in den popularisierenden Fachgesprächen der *Feuille Villageoise* und andererseits die autonome Verfertigung von Wissenschaft im internalisierten Dialog bei Destutt de Tracy. Im ersten Falle würde der Dialog dazu dienen, etwas Fertiges zu zeigen, im anderen Falle dialogische Elemente dazu, Erkenntnis zu produzieren.

Allerdings hat sich auch erwiesen, daß die Befunde doch erheblich komplexer sind als in der Ausgangsthese angenommen. Leitet das Zeigen im popularisierenden Dialog nicht auch zu Kritik und Fragen an? Und wird nicht bei der Verfertigung von Erkenntnis gleichzeitig gezeigt, wie die »community of investigators« konstituiert ist? Es ist also nicht auszuschließen, daß mit der Popularisierung des Fachdialogs einerseits und mit seiner Internalisierung andererseits nicht nur das Auseinandertreiben von Breitenaufklärung und Wissenschaftsdynamik besiegelt war, sondern auch neue Qualitäten geschaffen wurden: die Universalisierung des problematisierenden Dialogs einerseits und die Vergewisserung über die Prozeßhaftigkeit von Wissenschaft andererseits.

Quellen:

Destutt de Tracy, Antoine Louis Claude (1801-1815), *Elémens d'Idéologie*, Faksimile-Neudruck 1977, Stuttgart-Bad Cannstatt.

Cérutti, M. (Hg.) (1790), *La Feuille Villageoise, Adressée, chaque semaine, à tous les villages de la France, Prospectus*, Paris.

Kolibri 360 GmbH
Ferdinand-Jühlke-Straße 7
99095 Erfurt, Deutschland
produktsicherheit@kolibri360.de